徐有生 主编

第二版

# 科学养猪与猪病防制原色图谱

中国农业出版社

**图书在版编目（CIP）数据**

科学养猪与猪病防制原色图谱／徐有生主编．—2版．—北京：中国农业出版社，2017.7（2022.11重印）
ISBN 978-7-109-17671-3

Ⅰ.①科… Ⅱ.①徐… Ⅲ.①养猪学－图谱②猪病－防治－图谱 Ⅳ.①S828-64 ②S858.28-64

中国版本图书馆CIP数据核字（2017）第055802号

中国农业出版社出版
（北京市朝阳区麦子店街18号楼）
（邮政编码 100125）
责任编辑 武旭峰

---

北京通州皇家印刷厂印刷 新华书店北京发行所发行
2017年7月第1版 2022年11月北京第4次印刷

---

开本：889mm×1194mm 1/16 印张：15.75
字数：450千字
定价：99.00元

# 第二版编写人员


**主　　编**　徐有生

**副 主 编**　殷生章　汤明军　苟元文　谢　钦

**编写人员**　徐有生　殷生章　汤明军　苟元文
　　　　　　谢　钦　刘少华　鲁　琼

**图片摄影**　徐有生

# 第一版编写人员

主　　编　徐有生

副 主 编　刘　刚

编　　者　刘少华

照片摄影　徐有生

杨举　摄

# 主编简介

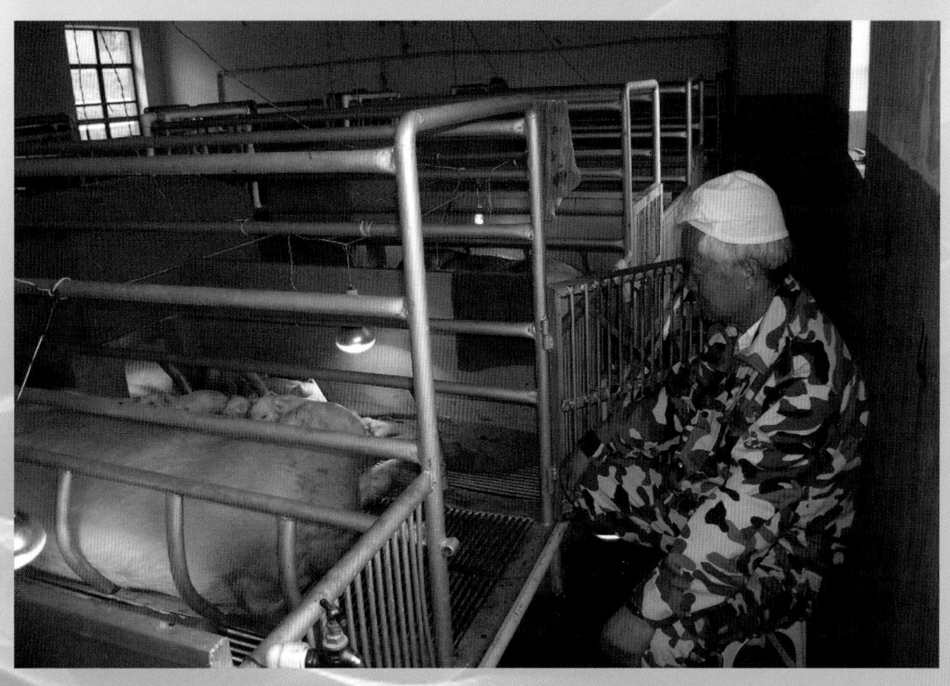

徐有生，云南省弥渡县人，1941年生，农业推广研究员。曾任云南省曲靖地区畜牧兽医站站长，曲靖市动物卫生监督所、兽药监察所所长，云南省原种猪场总畜牧兽医师，云南神农农业产业集团产业部技术总监，昆明安德利农牧科技有限公司顾问。

1979年7月11日，首次在云南省师宗县发现中国动物蓝舌病。曾主持水牛恶性卡他热、马鼻疽、马传染性贫血、羊梅迪－维斯纳病等多项课题研究，并获多项省、部级一二等奖和全国动物疫病防治先进个人。主编《云南省曲靖地区畜禽疫病志》《动物检疫检验彩色图谱》《瘦肉型猪饲养管理及疫病防制原色图谱》，编著《猪病理剖检实录》等著作。曾被评为省、地、市有突出贡献的科技人员、先进个人和离退休干部“老有所为”先进个人。近年来主要从事规模化猪场的管理和猪病防制工作，对猪场管理、生物安全、消毒、免疫程序和猪的保健及猪病治疗有独到见解。

# 本书有关用药的声明

随着兽医科学研究的发展、临床经验的积累及知识的不断更新，治疗方法及用药也必须或有必要做相应的调整。建议读者在使用每一种药物之前，参阅厂家提供的产品说明书以确认推荐的药物用量、用药方法、所需用药的时间及禁忌等，并遵守用药安全注意事项。执业兽医有责任根据经验和对患病动物的了解决定用药量及选择最佳治疗方案。出版社和作者对动物治疗中所发生的损失或损害，不承担任何责任。

中国农业出版社

杨举　摄

# 第二版前言

《科学养猪与猪病防制原色图谱》自2009年出版以来，受到广大养猪场技术员、职业兽医和基层畜牧兽医工作者喜爱，截至2016年该书已经重印6次，累计销售23 000多册。

近几年来科学养猪与猪病防制工作发生了很多变化，如精细化管理、智能化管理和疫病混合感染的防控等，对养猪造成的环境污染治理和猪病防治提出了更高的要求。为此，我们对《科学养猪与猪病防制原色图谱》进行修订，以期该书更符合养猪业发展的新形势。随着养猪科学技术的进步与猪场疾病防控面对的新问题，修订时对相关内容进行了调整。猪舍建筑方面新增猪舍“水泡粪”工艺，删除了易造成环境污染的猪粪堆集发酵方法。在猪的精细化管理方面丰富了母猪精细化管理的内容，特别对产仔母猪的预防性治疗进行详细介绍。在猪病防控部分删除了定性不太准确的“猪高热病”“高致病性蓝耳病”，将相关内容归并到“猪繁殖与呼吸障碍综合征”中进行深入介绍。近年来变异的“猪流行性腹泻病毒株”给养猪业生产造成了严重的危害，故将第一版中“猪传染性胃肠炎与猪流行性腹泻”改为“猪流行性腹泻”进行描述，重点描述了变异毒株引发的猪流行性腹泻。猪口蹄疫已成为常发病、多发病，对养猪业的危害日益严重，因此，在猪口蹄疫的阐述中增加了临床症状及病理变化的描述，并增加了典型症状的图片。针对我国一些养猪场在猪瘟免疫程序上出现问题，使慢性猪瘟在仔猪中广泛发生和持续存在，依据河南省豫大动物研究所汤明军老师在这方面积累的大量资料，对猪瘟等内容进行了补充，并增加了新生仔猪溶血性疾病。特邀药理学家殷生章老师对该书中全部猪病防治用药进行修订，并对修订中新增加的“抗生素应用概要”一章进行了审定。昆明安德利农牧科技有限公司总经理苟元文，从事饲料生产和养猪21年，从《科学养猪与猪病防制原色图谱》出版就喜欢上了这本书，多年来给职工和养猪客户发放该书，并收集了大量养猪者和猪兽医对本书的意见、要求，在此次再版修改时提出很多宝贵意见。西安通用牧业有限责任公司总经理、陕西安佑生物科技有限公司资深技术服务专家谢钦博士，用《科学养猪与猪病防制原色图谱》作为蓝本，给养猪场提供服务，在该书修订时提出许多有益的修改意见。在此，对所有关注本书、特别是对本书修订再版提出宝贵意见的养猪业朋友、专家表示衷心的感谢！

虽然本书的参编人员经历了近一年的认真修订，然而由于编写者水平所限，难免出现疏漏和谬误，在此恳请读者原谅并提出宝贵意见。

2017年春节

# 第一版前言

猪是人类最早驯化的家畜之一，为人类提供重要的食物与营养。古人认为“猪乃龙象，主升腾之意”，肥猪拱门，自古以来就被认为是吉祥的象征。有人说：希望有猪一样的胃口、有猪一样的睡眠、有猪一样的体魄、有猪一样的心宽，猪，受到人类的喜爱。

我国是养猪大国，活猪存栏占世界存栏总数的47.6%，猪肉总产量占世界猪肉总产量的44.6%（2002年），也是消费猪肉最多的国家。

我国的养猪业长期以来处于自然经济状况。改革开放以来，养猪业虽有较大发展，养猪正向着集约化、工厂化、现代化的健康养猪方向迈进。但是，“放牧养猪”“泔水喂猪”“养猪不赚钱肥了一块田”“养猪不赚钱，为了过个年”的自然经济状态还随处可见。以前图1至前图6和打油诗为证：

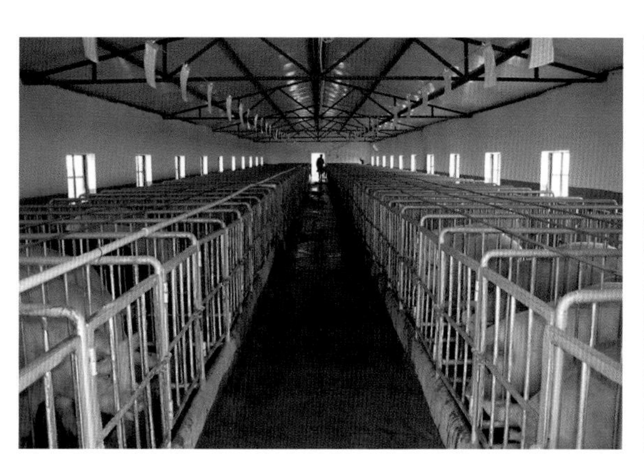
前图1　工厂化养猪中的定位栏

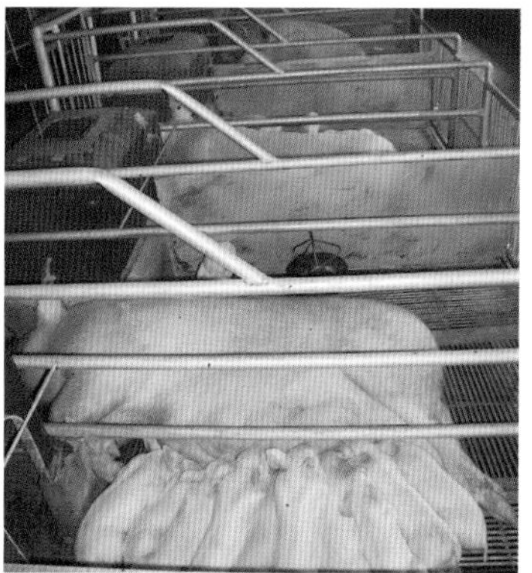
前图2　工厂化养猪中的产床

前图3　工厂化养猪中的保育栏

前图4　高速公路上放牛、猪

前图5　二十一世纪还放养猪、牛、禽

前图6　高速公路旁的“土鸡店”，人尝土鸡，猪吃鸡骨肉泔水

无量山啊山无量，　高速公路车繁忙，
养猪进入工厂化，　牧归猪儿照潇洒，
游人小店品土鸡，　泔水喂猪油岌岌。

一头猪要达到100千克体重，放牧饲养需要2年多时间，而集约化、工厂化、现代化的健康饲养只需5个月，相差5倍时间，放牧养猪无经济效益可谈。养猪业的发展对促进社会主义新农村建设，繁荣农村经济，调整农村产业结构，增加农民收入，促进农村进步，丰富城乡人民的“菜篮子”，扩大对外贸易以及维护社会安定、和谐都起着极为重要的作用。

养猪人和养猪科技工作者从事的是关系到社会安定、和谐和人类生存、健康、发展的艰苦事业，也是光荣的、伟大的事业。应该从各方面，特别是从科学养猪技术的普及提高上给于扶持。全国著名猪育种专家、国家畜禽品种审定委员会猪专业委员会主任盛志廉教授说：“有关养猪的科技书籍已不少，但专著和大专教材中理论方面的内容较多，科普读物又太简单，真正适用于产业化养猪生产的尚不多见”。本书编者总结了多年从事集约化、工厂化养猪的成功经验，把科学养猪的关键技术组装配套，标准化、程序化，用彩图加文字演示，一看就懂、就会做。

中国古典文学《菜根谭》有云：“遇人急难处，出一言解救之”，亦是无量功德。养猪者急难之处莫过于猪病，而作者具有丰富的猪病防治经验，故将40余年积累的猪病防治资料加以整理，以解养猪者之难。作者后半辈子只想做好养猪这件事。

艺术与传媒学教授于丹说过：世界上最美好的东西是最朴素的。本书的每一个养猪技术、每一张照片都是养猪生产中最朴素的、最真实的记录。因此，本书特别适合于养猪企业的管理层、科技人员、养猪工人学习提高之用，可以作为他们的工具书。

本书资料收集和摄影时得到杜金亮、鲁琼、李格乐、段彦林、马开福、严志海、郭贵昌、晏惠云等大力协助，特此致谢。

2008年元月

徐急

## 养猪专家语录

选好种猪品种、生产环境控制、饲料营养安全、饲养管理科学、生物安全到位是搞好养猪业的五大要素。它们之间相互影响、相互制约，其中任何一项对其他项乃至养猪业的整体发展都具有一票否决权。

# 编者说明

当今，饲料工业已经十分发达，专门研究饲料营养的机构及饲料营养方面的专著很多，生产饲料的大中型企业也不少，好的饲料品牌比比皆是。但是，我们还是常常见到：一本小小的养猪知识小册子，除了介绍猪品种、饲养管理、疫病防制……之外，还要介绍饲料种类、饲料营养、无机微量元素、有机微量元素、饲养标准、饲料配方等一些概念性的东西。一个百头的母猪场、千头的育肥猪场也要研究饲料营养、自制饲料配方、自己生产饲料，实在是得不偿失。因此，作者不主张每个养猪场都研究、生产自己的饲料，养猪者只要根据自己所饲养的不同品种、不同用途以及不同阶段的猪，选购一些大厂家的、好品牌的、相应的开口料、乳猪料、生长猪料、公猪料、妊娠母猪料、哺乳母猪料、育肥猪料等产品来喂猪，或选购预混料或浓缩料，自己照单加工成全价料喂猪就行了，基本能达到合理的营养水平。再说，中小型养猪场根本不具备人才、实力和设备进行饲料营养、配方的研究，只要能用好工厂化生产的现成饲料就很好了。这是本书没有专门谈饲料营养和饲料生产的原因。

# 目　录

# 第一章

# 建立生物安全体系　实现健康养猪

生物安全就是“生命安全”，生物安全体系是指采取疫病综合防制措施，预防猪传染病传入和在场内传播的一系列措施（包括工程措施）、方法、规章制度和技术规程。生物安全体系是现代养殖生产中保障动物健康的管理体系。现代养猪的特点是集约化、规模化、工厂化，高密度，可能导致空气污浊、粪便多、易发生和传播疾病。因此，集约化、规模化、工厂化养猪场必须建立生物安全体系，实施非常严格的生物安全措施，尊重猪的自然习性，为猪群创造一个良好的生长和繁育条件，实施福利养猪，为猪群创造适合发挥能动作用的条件和环境，让猪充分发挥自己的生物潜力应对一切可能的挑战，才能有效预防疫病的传入并能最大限度地降低猪场内的病原微生物，从而提高猪群的整体健康水平，给予养猪者优质高效的回报。

## 一、猪场的选址、布局及设施

### （一）选址

猪场要建在地势高燥、背风、向阳、便于排水的僻静地区；要远离村庄、居民区、学校、水源等处；要建在交通方便，便于饲料运入和猪只运出的地方，要有充足的供电；建在水源充足、不被污染，水质卫生良好之处（图1-1）。

图1-1　选址较好的猪场

### （二）布局

传染病传播的天然屏障就是距离。养猪场最先进的、最有利于防疫的布局是三点式生产，即配种、怀孕、产仔在一个分场，保育、生长猪在一个分场，育肥猪一个分场。各分场的距离最好在1 ～ 3km，猪舍与猪舍之间至少要有8 ～ 10m的缓冲带（图1-2）。

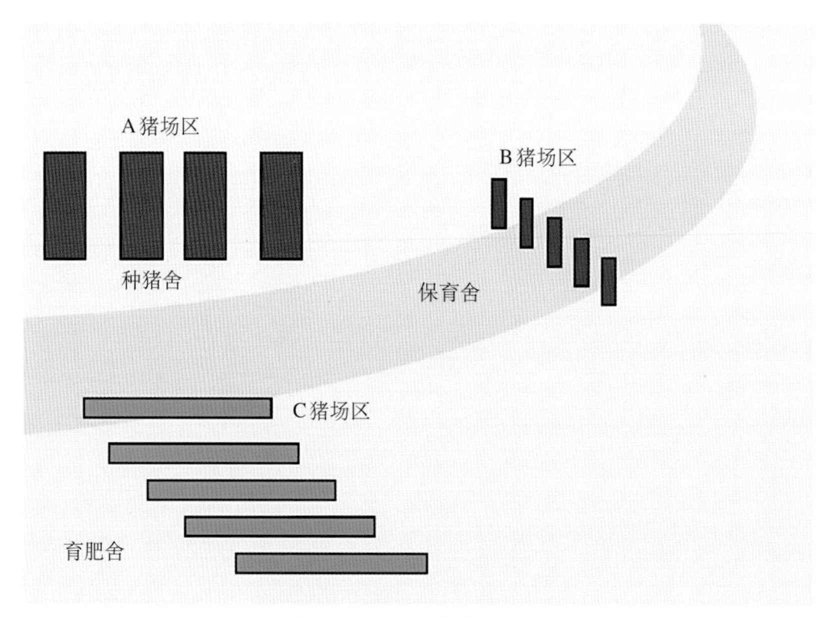


图1-2 三点式养猪模式图

图1-3是云南省漾濞涵轩绿色产业集团循环经济基地，整个山种植1万亩*大泡核桃，同时进行特种野猪生态养殖。左边一片白房子是场部（办公、生活区），山顶的白房子是种猪舍，山腰左边的白房子是保育舍，山腰右边的白房子是育肥猪舍。特种野猪三点式生态养殖有利于防疫，所产粪便堆积发酵后就地给核桃树施肥，减少了运输量。

图1-3 三点式养猪范例

* 亩为非法定计量单位，1公顷＝15亩。

### （三）设施

进行合理的猪舍设计，为猪群创造良好的生活环境是养好猪的基础。猪舍及其设施原则上要满足猪的生理需要，保证舍内适宜的温度和湿度、低含量的有害气体、足够的生活空间等。集约化养猪中高床产仔和高床保育是关健技术。

1．大栏　半敞开式、转帘、群养的大栏，主要饲养种公猪、种母猪、后备母猪、妊娠中后期母猪及生长育肥猪。大栏内采用待配母猪与公猪分别相对隔通道配置。公猪栏一般为3.0m×4.0m×1.4m，一栏一头公猪；母猪栏一般为4.4m×2.0m×1.0m（图1-4a、b）。

图1-4　半开放式猪舍及舍内大栏

2．限位栏　限位栏又称定位栏。每个栏位的尺寸为2.2m×0.6m×1.0m，栏后0.6m为漏缝地板。栏位数占母猪总数的20%。限位饲养的主要目的有两个：第一，防止流产，第二，限制饲料喂量。饲养配种至妊娠35天的母猪，妊娠36天转入大栏群养，增加运动，可提高母猪的利用年限，降低淘汰率（图1-5a、b）。

图1-5　工厂化养猪中的限位栏

3．产房　采取高床、全漏缝地板，用于临产母猪分娩。产床数占母猪总数的25%，每间产房一般设8～10个产床。全漏缝地板上装有母猪限位架（2.2m×0.6m×1.0m）、仔猪围栏（位于限位架两边，大小为2.2m × 0.5m × 0.6m）、仔猪保温箱（0.5m × 1.0m × 1.0m）、饮水器（母猪用0.6m高、仔猪用0.12m高）、母猪料槽及仔猪补饲槽。妊娠母猪提前3 ～ 7天上产床（图1-6a、b）。

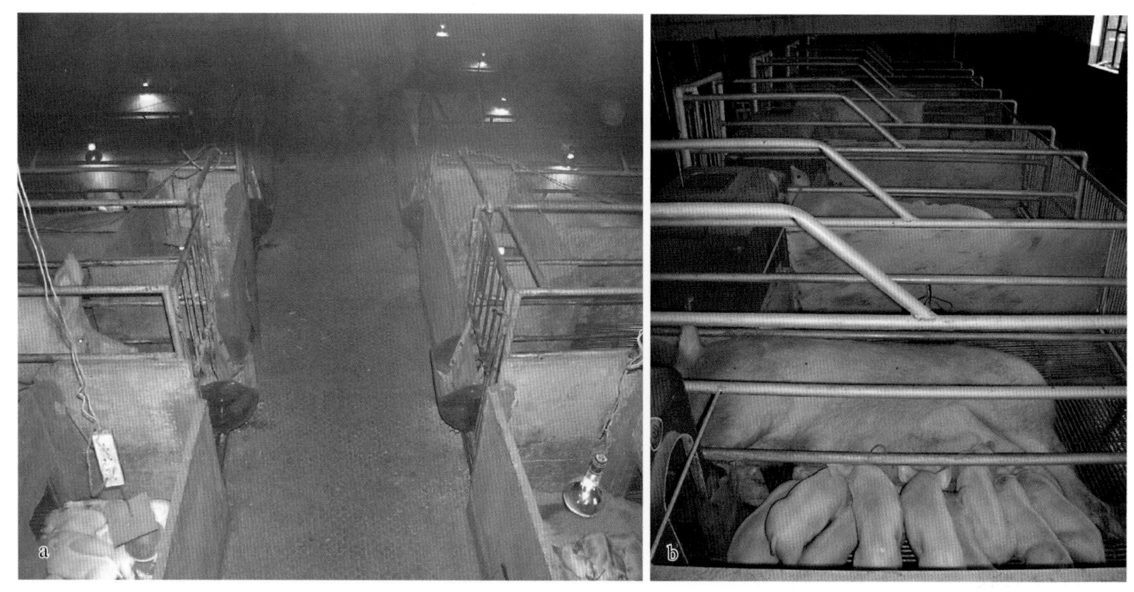

图1-6 工厂化养猪中的产房及产仔床

**母猪产房水泡粪工艺**：母猪产房最怕温度低、潮湿，只要温度低、潮湿仔猪腹泻就多、死亡率就高、生长速度就慢。母猪产房设计为水泡粪工艺可以减少清粪、冲水工作，降低产房的湿度并减少工作量，提高仔猪成活率和断奶重。母猪产房水泡粪（图1-7）的工艺设计，地上部分与高床产仔工艺基本一样，只是地面以下不设排粪坡和排粪沟，变为粪坑（图1-8），坑内装水，让网板上的散粪落入坑中泡在水里，待全部仔猪断奶后，一次性打扫产房卫生，排出粪坑中的粪水制作沼气，清洗后重新装水泡粪。

图1-7 母猪产房水泡粪全景

图1-8 粪坑

粪坑的长宽与母猪床+仔猪床的网板长宽一致，深度一般为50 ～ 70cm，四周砖砌，用高标水泥粉抹面，能积水不漏。排水口可以设两个，粪坑两边各设一个，排水口上方再设一个溢水口（图1-9、图1-10）；若不方便设两个排水口也可以只设一个排水口，然后把两个粪坑串通（图1-11），排水口一般设在粪坑的一边，粪坑在排水口一边稍深一些、另一边浅一点，相差3 ～ 5cm，以有利于排水排粪。如果

图1-9　粪坑内的排水口和溢水口

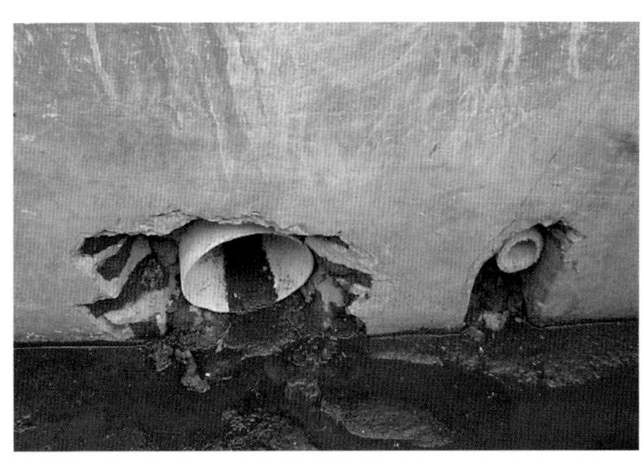
图1-10　粪坑外的排水口和溢水口

两个粪坑相串通，装排水口的粪坑就要比不装排水口的粪坑深3 ~ 5cm，以有利于未装排水口的粪坑内的水粪通过装排水口的粪坑排出。排水口装一个口径200mm左右的PV管，溢水口只要装口径100mm左右的PV管。排水口管口上装一个活动的帽子，帽子上的排水口最好偏向一侧（图1-12a、b），也可以帽子口径和排水管口径一样（图1-13）。溢水口不加帽，粪水多时自动溢出，以免淹过产床底网。

图1-11　两个粪坑串通的连通管

图1-12　偏口的排水帽

图1-13　直口的排水帽

水泡粪产房中的产床与中间走道、边走道（图1-14、图1-15）、母猪采食区（图1-16）和保温箱（图1-17）之间最好留出空隙，以便水、尿排入粪坑内，保持产床的干燥。

图1-14　中间走道

图1-15　边走道

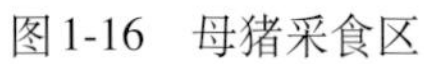

图1-16 母猪采食区

图1-17 保温箱

4. **保育舍** 采用高床、全漏缝地板。用于饲养保育期仔猪。一间保育舍一般设4个保育栏，每个栏的尺寸一般为2.0m×2.0m×0.7m，每栏饲养10 ～ 12头仔猪。漏缝地板上装有饮水器（高0.26m）和料槽。仔猪断奶后进入保育舍，保育期一般为5 ～ 6周。保育舍要做到既保温又通风（图1-18a、b）。

图1-18 工厂化养猪中的保育舍及保育栏

5. **猪舍地板** 猪舍地板的表面状态对猪只健康有重要影响。若种猪舍、后备猪舍及育肥猪舍的地板表面太滑，当有水或粪尿时，常常把猪滑倒，扭伤肢体，或致猪瘫痪。若猪舍地板表面太粗糙、特别是有尖角时，常常刺伤猪的蹄部，引起猪只蹄炎、化脓、跛行。因此，猪舍地板以做成蜂窝状最佳（图1-19）。

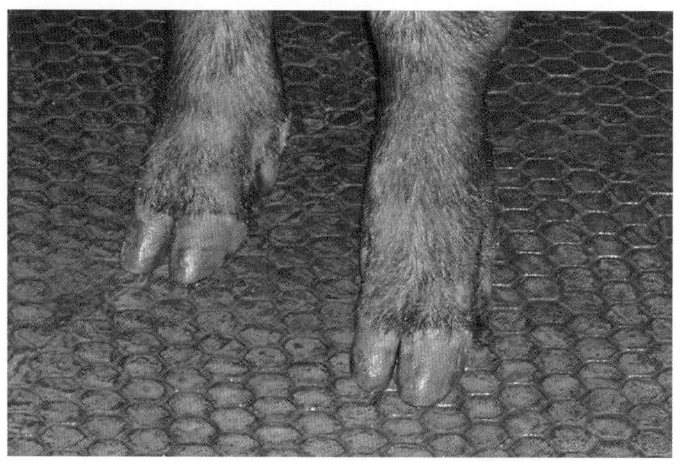

图1-19 猪舍蜂窝状地板

6. **投药桶（箱）** 产房、保育舍内的仔猪常发生腹泻等疾病，需要在饮水中投药预防或治疗。因此，在产房和保育舍内应设置投药桶（箱）。安装投药桶（箱）的方法一般有两种：一是整间产房或保育舍统一装一个投药桶（箱，图1-20），另一种是每个产床或保育栏上装一个投药桶（箱，图1-21）。前者的优点是简单、投资少，后者的优点是便于各个产床或保育栏单独使用。

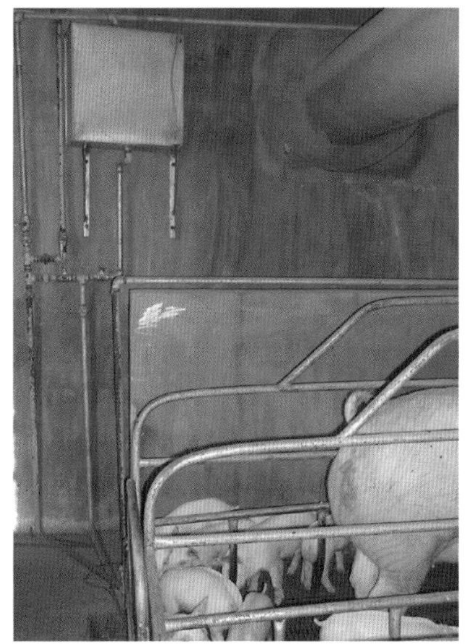

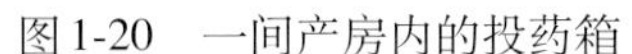

图1-20 一间产房内的投药箱

图1-21 移动投药桶

**单列水泥厩不宜养白皮猪**：图1-22这种猪舍，在我国20世纪70年代盛行。单列、水泥顶，后面是猪的卧室，约2m$^2$，无后窗，前面有一小窗，不通风、比较热。前面是2.25m$^2$的露天运动场，装有食槽、水槽。由于卧室内不通风、温度高，猪很不愿呆在里面，多数时间在外面，白皮肤猪多被灼伤，引起皮炎、脱皮，对猪的健康不利。

图1-22 老式猪厩

7. 装猪台　猪场都应设装猪台，以方便猪的运入和运出。装猪台最常见的有龙门吊桥式和砖堆式两种，以砖堆式多见，方便而造价低。砖堆式最少要分两层，每层都做成斜坡，宽120cm左右。猪进口处（斜坡底）安装1 000 ～ 2 000kg的秤。第一台出口底部距地面高度一般为110（小场）～ 135（中大场）cm，第二台出口底部距地面高度一般为210（小场）～ 230（中大场）cm。装猪台第一台高1.2m，第二台高2.0m，第三台高2.8m（图1-23a、b）。

图1-23 装猪台

### （四）污染物排放

控制养猪生产中的粪、尿、废水和恶臭对环境的污染，保护生态环境既是养猪场自身发展的需要，也是环境保护的要求。按照所处环境和养猪规模设计粪、尿、粪水处理设施，必须达到当地环保部门的要求。

## 二、猪场防疫卫生规程

（1）养猪场内不得饲养其他动物（图1-24），也不得从场外购买猪肉及其他可能危害猪只健康的肉品在场内加工、食用。因为牛、羊、猪可共患口蹄疫，犬可能传播狂犬病，猫可能传播弓形体虫病，兔可能传播伪狂犬病、巴氏杆菌病；鸭可能带有蓝耳病病毒、口蹄疫病毒、禽流感病毒，但其本身不发病；鸽子可能传播猪丹毒；禽流感病毒在猪体内可发生重组，等等，这些都有可能通过饲养其他动物或从场外购买其他动物肉制品而带入猪场。

图1-24　养猪场禁养动物图

猪舍中养鸡（图1-25），母猪料槽中有鼠粪（图1-26）均会传播疫病。

图1-25　猪舍周围养鸡

图1-26　料槽中的老鼠

（2）猪场大门、生产区门、猪舍门前应设消毒坑（池）（图1-27、图1-28）。

图1-27　猪场大门消毒池

图1-28　猪舍门口消毒池

（3）一切需进入养殖场的人员（来宾、工作人员等）必须走专用消毒通道，并按规定消毒。饲养管理人员进入猪舍时，必须更换清洁卫生并经消毒的专用工作服（含鞋、帽），经药液洗手，脚通过消毒池（药液深度应达10cm以上）、消毒通道（气化喷雾，使通道内充满消毒剂气雾，人员进入后全身黏附一层薄薄的消毒剂气溶胶），能有效地阻断外来人员携带的各种病原微生物（图1-29）。

图1-29　猪场生产区洗手和喷雾消毒设备

（4）严禁外来人员及车辆进入猪场。必须进入猪场的所有车辆，须严格消毒，特别是车辆的挡泥板和底盘必须用消毒药液充分喷透、驾驶室等必须严格消毒（图1-30）。按指定路线、固定的出猪台装载猪只。运猪车辆驶离后必须对出猪台、停车场地严格消毒。

图1-30　运猪车消毒

（5）每天坚持打扫猪舍、环境，保持清洁卫生（图1-31、图1-32），猪舍（含用具）和环境必须定期消毒。

图1-31　清扫猪舍

图1-32　运走猪粪

（6）消灭老鼠和蚊蝇，严防野生动物和鸟类进入猪场。

## 三、猪舍消毒

猪传染病的发生、流行必须具备传染源、传播途径和易感猪三个要素。这三个要素就像三个环，扣在一起就会发生传染病。要消灭猪的传染病就要想法打破构成传染病的这三个环（图1-33）。消毒就是杀灭病原微生物，消除传染源，切断疫病传播途径，保证猪只健康的最有效方法。新猪舍进猪前以及每批猪转群或调出后，必须严格、认真地按以下三道程序进行猪舍消毒，必要时进行带猪消毒。

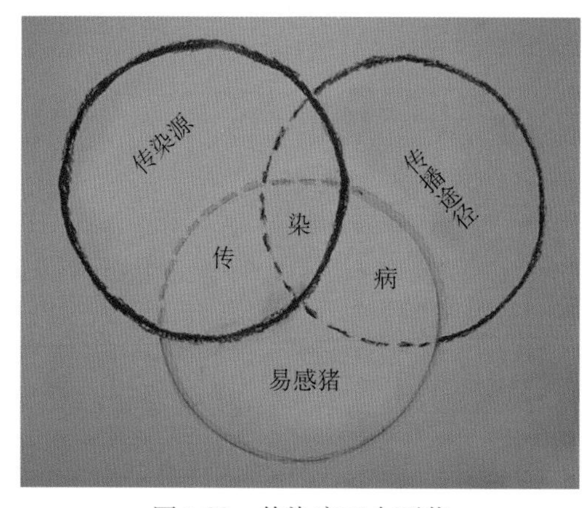

图1-33 传染病三个环节

（1）完全彻底地清扫灰尘、粪便、污物，用高压水冲洗干净（图1-34）；再选用具有清洁和清毒作用的药物，用低压喷雾器对高床、垫板、网架、栏杆、地面、墙壁和其他设备充分喷雾湿润，隔半小时后再用高压水冲洗干净。清扫消毒在清除病原中的作用很大，清扫占70%，清毒占30%，也就是说，要重视清扫，要清扫之后再进行消毒。

（2）选用化学消毒药液喷洒（图1-35）后，晾干，空置7天左右。

图1-34 高压水冲洗猪舍

图1-35 猪舍喷雾消毒

（3）进猪前用火焰消毒（图1-36）后方可进猪（喷塑猪床不能用此法消毒）。

（4）带猪消毒 猪舍饲养着猪的时候，为了杀灭猪体上的病原微生物或发生疫情时，应该进行带猪消毒（图1-37）。带猪消毒的药物应没有刺激性，药物浓度视需要浓度准确配制、现用现配，用消毒药液喷湿猪体和栏舍表面。

图1-36 猪舍火焰消毒

图1-37 带猪消毒

## 四、种猪场免疫程序

免疫接种是有效预防、控制甚至根除疫病的重要手段之一。科学的免疫程序是猪体获得有效免疫保护的重要保障。目前不存在普遍适用的最佳免疫程序。制定免疫程序时应根据本猪场的疫病情况，猪场周围地区猪传染病流行特点，结合本场猪的母源抗体及免疫抗体监测结果、猪的年龄以及使用疫苗的种类、性质、免疫途径等因素制定适合本场的、科学的、合理的免疫程序，有计划、有目的地进行免疫接种。一个场的免疫程序也不能固定不变，应根据应用以后的实际效果并随情况的变化而作适当的调整。免疫程序的好坏可根据猪的生产力和疫病发生情况来评价。由于我国猪病的复杂性和各地疫情的差异，不同地区猪场的免疫程序不可能完全相同，现将中小型猪场一般情况下的免疫程序举例如下（疫苗用法用量除特别注明者外均按产品说明书使用）。

### （一）哺乳仔猪的免疫

哺乳仔猪（图1-38）常规免疫程序如下：

7日龄：猪喘气病疫苗首免；

15日龄：猪链球菌病疫苗免疫；

21日龄：猪喘气病疫苗二免；

25日龄：仔猪副伤寒疫苗免疫；

35 ～ 40日龄：猪瘟弱毒疫苗首免。

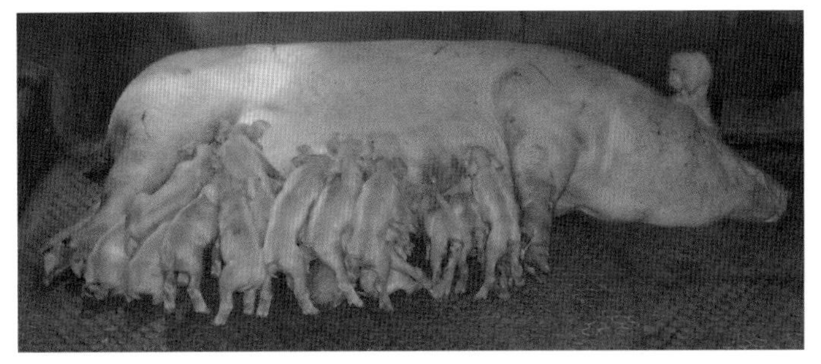

图1-38　哺乳仔猪

### （二）保育猪的免疫

保育猪（图1-39）常规免疫程序如下：

45日龄：猪传染性胸膜肺炎疫苗首免；

55日龄：猪肺疫苗免疫；

60日龄：猪瘟弱毒疫苗二免；

70日龄：猪传染性胸膜肺炎疫苗二免。

图1-39　保育猪

### （三）后备公母猪的免疫

后备母猪（图1-40）第一次发情后进行猪细小病毒病疫苗首免，接着每间隔5天依次进行猪瘟、猪伪狂犬病和猪乙型脑炎疫苗免疫及猪细小病毒病疫苗二免。其中乙型脑炎疫苗只在蚊子出现前免疫。第二个情期配种。

### （四）种公猪和经产母猪的免疫

每年3月和9月进行种猪的免疫接种。

1．公猪　进行猪瘟、伪狂犬病，乙型脑炎疫苗免疫，每种疫苗免疫后间隔5 ～ 7天再进行下一种疫苗的接种免疫。

2．母猪　进行伪狂犬病、乙型脑炎疫苗免疫，每种疫苗免疫后间隔5 ～ 7天再进行下一种疫苗的接种免疫（图1-41）。

图1-40　后备母猪

图1-41 配种后的母猪饲养在限位栏中

### （五）母猪产前、产后免疫

（1）妊娠母猪产前（图1-42）第31、30、29和16、15、14天，饲喂哺乳仔猪粪便，每天两次，用新鲜黄、白痢粪（图1-43），溶水拌料。

图1-42 妊娠后期母猪

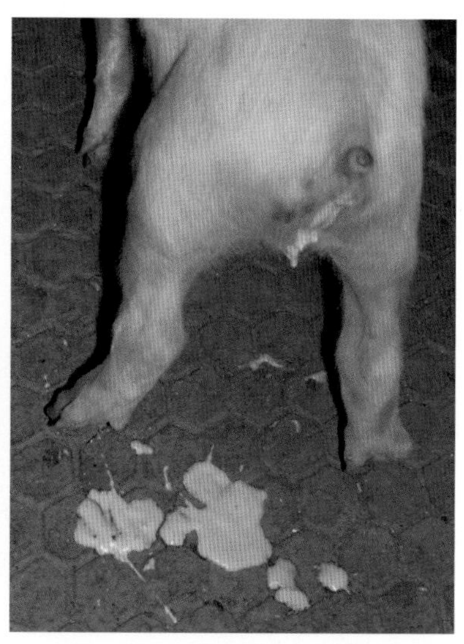

图1-43 仔猪排出白色稀粪

（2）产前30天进行伪狂犬病疫苗免疫。

（3）产前20天进行猪病毒性腹泻疫苗免疫。

（4）产后至断奶前进行猪瘟疫苗免疫（最好与仔猪猪瘟疫苗首免的同时进行）。

### （六）免疫警句

（1）猪的重大病毒病，如猪瘟、蓝耳病等的控制，最有力的武器是活疫苗（弱毒苗）。

（2）仔猪猪瘟疫苗首免过早是如今不少猪场断奶前后仔猪发病率、死亡率增加的重要原因。

仔猪猪瘟疫苗首免以35 ~ 40日龄为好、50 ~ 60日龄最理想，20日龄首免效果不好；有猪瘟疫情的地方，最好做超免；妊娠母猪进行猪瘟疫苗免疫会出现免疫耐受和猪瘟弱毒通过胎盘传递。

（3）2006年世界兽医大会肯定：猪喘气病用疫苗预防是经济有效的方法。肺炎支原体的母源抗体对仔猪没有保护力。肺炎支原体疫苗不会减少病原，所以生长猪、后备猪、母猪不必用疫苗免疫，可用泰乐菌素等抗生素来控制。肺炎支原体疫苗免疫后也可以减少猪繁殖与呼吸综合征病毒引起的肺炎。

(4) 仔猪伪狂犬病的母源抗体可达70日龄。仔猪感染伪狂犬病的高发日龄为15日龄以内。因此，母猪免疫过伪狂犬病疫苗，吃足初乳的仔猪不必再做伪狂犬病疫苗免疫。

### （七）免疫注意事项

**1. 严格消毒**　注射器、针头、注射部位要严格消毒，针头长度要适中，注射部位要准确，避免造成注射部位肿胀、化脓（图1-44、图1-45）。正确的肌内、皮下注射部位见第四章猪病防治，第二节猪的主要给药途径中5.肌内注射和6.皮下注射。

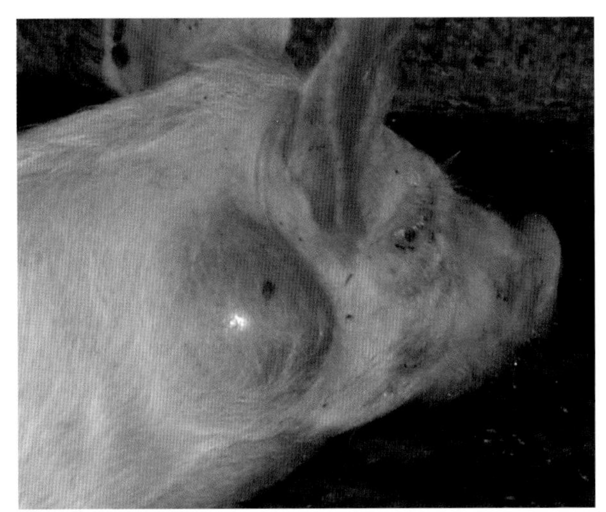

图1-44　颈部注射部位肿胀

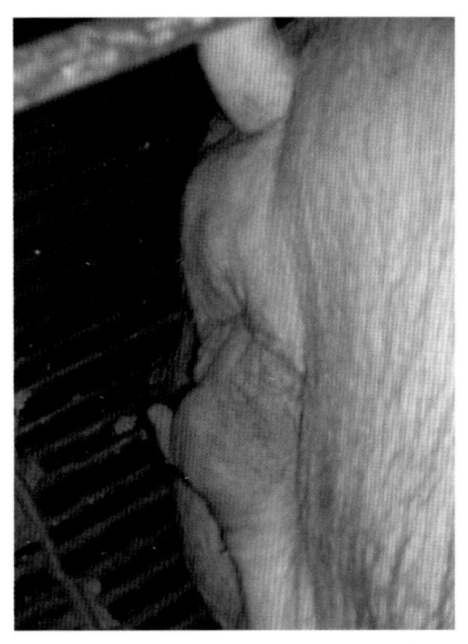

图1-45　后海穴注射部位肿胀

**2. 认真观察猪只注苗后的反应**　注苗后5分钟至1小时内要认真观察猪只注苗后的反应。如果猪免疫注射后5分钟至1小时内出现不安、流鼻液、淌口水、喘、咳、体温升高，甚至痉挛、死亡。要立即进行急救。

(1) 肌内或静脉注射肾上腺素（静脉注射时作1 ： 100稀释），每50kg猪体重0.5 ～ 1ml，20 ～ 30分钟后再注射一次（同样剂量）。也可用地塞米松，但要注意地塞米松这类皮质类药物属免疫抑制剂，会大大影响疫苗接种效果，注苗前使用过地塞米松会影响疫苗接种效果；妊娠猪不能用地塞米松，可能引起流产。

(2) 肌内或静脉注射抗组织胺类药物，如扑尔敏、异丙嗪，用量为每50kg猪体重0.5 ～ 1ml，以降低体内组织胺含量。

### （八）适时监测抗体　修正免疫程序

任何免疫程序不可能一成不变，无论何种疫苗免疫以后都需适时进行抗体监测（图1-46），根据抗体监测结果修正免疫程序，这样才能使猪只一生都处于免疫保护期，从而有效地预防疫病的发生。

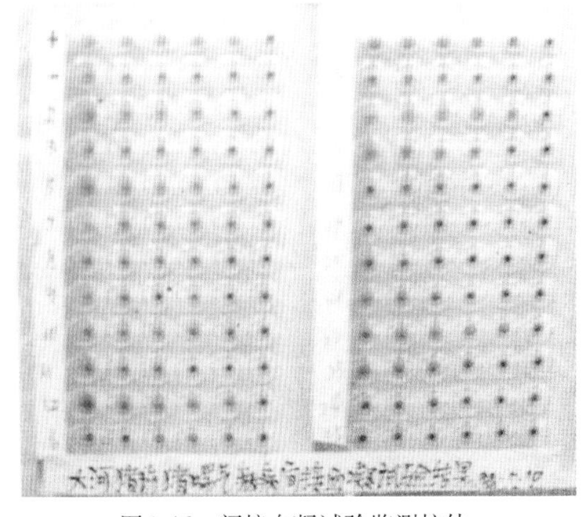

图1-46　间接血凝试验监测抗体

## 五、猪的福利保健

动物福利在国际上一般包括五个标准：动物免受饥饿的权利，免受痛苦、伤害和疾病的权利，免受恐惧和不安的权利，免受身体热度不适的权利，表达所有自然行为的权利。

为了使猪免受疾病的伤害、痛苦，最大限度地发挥生产潜力，对猪进行福利保健很重要。

目前，我国猪场发生的疫病种类繁多，有些疫病可通过疫苗接种达到预防的目的，有些疫病则没有疫苗或没有有效的疫苗可供使用。对此，除了加强饲养管理、搞好猪场的生物安全、做好消毒等综合防控措施以外，有针对性地选择适当的药物进行预防、保健用药，满足不同日龄、不同生产状态猪只的福利、保健，使每只猪都通过保健增强对疾病的抵抗能力，不发或少发病，使猪少受或免受疾病的伤害、痛苦；让猪最大限度地表达所有自然行为，最大限度地发挥生产潜力是目前、乃至将来一定时期内，不可缺少的疫病防控措施之一。

### （一）后备母猪保健

维生素E与繁殖的关系密切，硒不仅参与免疫反应，还可促进猪只生长。

后备母猪配种前7 ~ 15天，每头注射亚硒酸钠维生素E 5.0ml（含亚硒酸钠0.1%、维生素E 5%）可提高母猪受胎率和分娩率（图1-47）。

图1-47 用维生素E保健的后备母猪

### （二）产前母猪保健

（1）母猪产前及产后各7天，在每吨饲料中添加泰妙菌素125g + 多西环素200g + 阿莫西林200g，可切断肺炎支原体等病原由母猪传给仔猪，并能防止母猪产后泌乳障碍综合征。

（2）母猪产前24小时，注射亚硒酸钠维生素E 5ml，能提高母猪初乳中的免疫球蛋白和仔猪血浆中的免疫球蛋白，从而提高仔猪的抗病力（图1-48）。

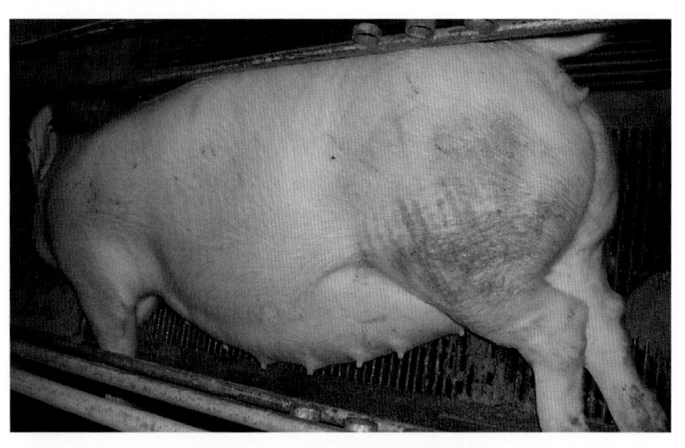

图1-48 经保健的产前母猪

### （三）产后母猪保健

（1）母猪产完仔，注射10%头孢噻呋注射液10ml可预防子宫内膜炎、阴道炎和母猪产后泌乳障碍综合征。

（2）母猪产仔后48小时内肌内注射氯前列烯醇2ml，能有效促进恶露排出和促使母猪泌乳，并可显著缩短断奶至发情的间隔时间（图1-49）。

图1-49 刚产完仔的母猪

### （四）经产母猪保健

据德国专家研究：从仔猪断奶的第3天起，在给母猪喂食时添加200mg维生素E和400mg胡萝卜直到母猪发情，将这两种添加剂的量各减一半，再喂至妊娠第21天。采用这一保健措施，可使母猪产仔数增加约22%，而且，母猪、仔猪的体况和成活率提高。

### （五）仔猪保健

（1）仔猪出生后掏净口中黏液（图1-50），立即滴服链霉素5万单位或庆大霉素5mg或适量，或肌内注射排疫肽0.3ml。半小时后喂奶，可以消炎制菌，预防仔猪腹泻，特别是预防新生仔猪腹泻的发生。

（2）初生仔猪充满着死亡的威胁，特别是疫病对其危害很大，常常造成哺乳仔猪大量死亡。因此仔猪3日龄、7日龄、21日龄分别肌内注射20%土霉素或10%头孢噻呋注射液0.2、0.3、0.5ml（图1-51）。可预防仔猪大肠杆菌病、血痢、猪喘气病、化脓性放线菌病及链球菌病等。

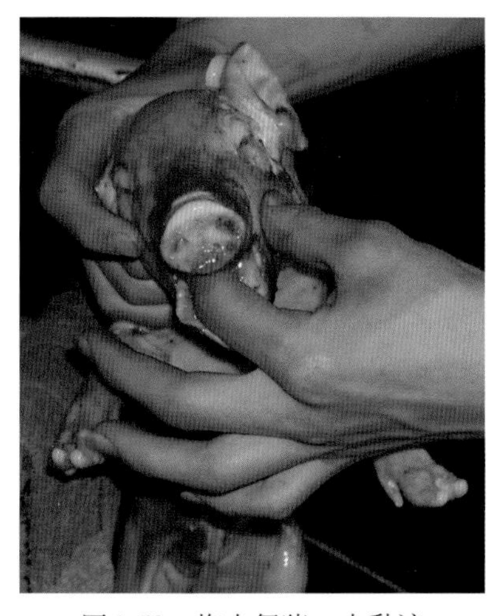

图1-50　掏出仔猪口中黏液

图1-51　三针保健的仔猪

### （六）断奶仔猪和保育猪的保健

仔猪断奶前和保育猪转入生长舍前7天，每吨饲料中添加泰妙菌素125g＋多西环素300g＋阿莫西林150g，可预防猪呼吸道病综合征及断奶性腹泻（图1-52、图1-53）。

图1-52　刚断奶仔猪

图1-53　保育6周的仔猪

### （七）生长育肥猪的保健

每月7天在生长育肥猪饲料中添加黄芪多糖粉1 000g + 2%氟苯尼考预混剂2 500g + 多西环素200g，可增强猪的体质，预防病毒性和呼吸道疾病的发生。出栏前30天不能使用。

### （八）猪的健胃增食

健康猪每隔7天，在早上喂料前先用少量饲料添加健胃增食剂喂给。健胃增食剂配方如下（1头成年猪用量）：陈皮、白萝卜籽、神曲各10g，大麦芽20g，共为末。

### （九）猪的驱虫保健

驱虫也是保健，而且是最基本的重要保健。集约化猪场的驱虫程序有不定期驱虫、3个月一次全场驱虫、阶段性驱虫等多种。现以阶段性驱虫为例介绍怎样驱虫：后备母猪配种前15天左右驱虫一次，怀孕母猪于产前15天左右驱虫一次，种公猪每年4月、10月各驱虫一次，保育猪转入生长群前7天左右驱虫一次。

驱虫药应选择广谱、高效、低毒者。最好使用复方驱虫药，如伊维菌素+阿苯哒唑（10% + 0.2%），该药包括怀孕母猪在内的各种猪都可以用，剂量是每吨饲料350 ～ 500g，用药时间一般为5 ～ 7天。

## 六、引进猪的隔离观察

（1）引入后备种猪后应该隔离饲养45天（图1-54），前30天认真观察猪只的静态、食态及动态，30天以后进行猪瘟疫苗和原有猪群免疫接种的其他疫苗接种。

图1-54 某场引入的后备种猪进入隔离室饲养

（2）免疫接种后进行自然感染接种，把原场内与引进猪一样大的猪，按引进猪与原场猪5 ∶ 1的比例进行混养。

（3）每天将原场内母猪的胎衣、死胎、木乃伊胎、哺乳仔猪粪、保育猪粪置于新引种猪栏内，让其自然感染接种，以获得原场内存在病种的免疫力（图1-55）。但要特别注意，如果原场内存在猪痢疾、C型魏氏梭菌病、猪丹毒、球虫病等，不能进行混养，不能用粪便接种。

图1-55 在隔离饲养的种猪中放入死胎、木乃伊胎、仔猪粪等进行自然感染接种

# 第二章

# 瘦肉型猪品种

## 一、瘦肉型猪品种介绍

我国饲养的瘦肉型猪品种主要是从国外引进的大白猪、长白猪、杜洛克猪及其二元杂种猪、三元杂种猪和PIC、托佩克等配套系猪，也有自己育成的三江白猪、湖北白猪等。

### （一）大白猪（约克夏猪）

大白猪原产于英国约克县。大白猪体大、毛全白，颜面微凹、耳大直立、背腰微弓、四肢较高，乳头数平均7对。

公猪162日龄达100kg体重，一般8月龄、体重在120kg以上时进行配种（图2-1），窝产仔数10.9头，21日龄断奶窝成活仔猪9头（图2-2）。体重90 ～ 100kg屠宰，胴体瘦肉率70%。

大白猪具有增重快、饲料利用率高、繁殖性能好、肉质好的优点，三元杂交中大白猪常用作母本或第一父本。用大白猪作父本与地方品种猪杂交，其一代杂种猪日增重和胴体瘦肉率较母本都有较大提高。

图2-1　约克夏猪公猪

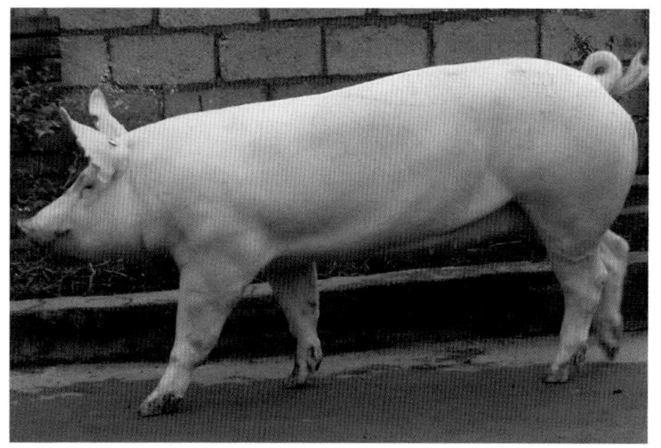

图2-2　约克夏猪母猪

### （二）长白猪

长白猪原产于丹麦。全身白色，体躯呈流线型，耳大、向前平伸，背腰比其他猪都长。乳头数7 ～ 8对。公猪158日龄达100kg体重。公猪体重达130kg左右（图2-3）、母猪体重达120kg以上配种。窝产仔数11.5头，21日龄断奶窝成活仔猪10头。体重90 ～ 100kg屠宰，胴体瘦肉率64%。长白猪具有生长快，节省饲料，瘦肉率高，母猪产仔多、泌乳性能好等优点（图2-4），三元杂交中长白猪常用作父本或第一母本。用长白猪作父本与本地母猪杂交，杂交优势明显。

图2-3　长白猪公猪

图2-4　长白猪母猪

## （三）二元杂母猪

以长白猪（L）为父本、约克夏猪（Y）为母本繁殖生产的二元杂种猪（图2-5a、b）或以约克夏猪为父本、长白猪为母本繁殖生产的二元杂种猪（图2-6a、b），其后代公猪去势育肥，母猪留作种用，用于繁殖生产三元杂育肥猪。

### 1. LY母猪

**（1）体形**　有2/3的猪表现母系（Y）体型，耳小、直立，体稍短，四肢粗（与L相比而言），背宽。

**（2）生产性能**　总产仔数11.5头，产活仔数10.2头，仔猪初生重1.4kg，断奶窝重9.4 kg（35日）。

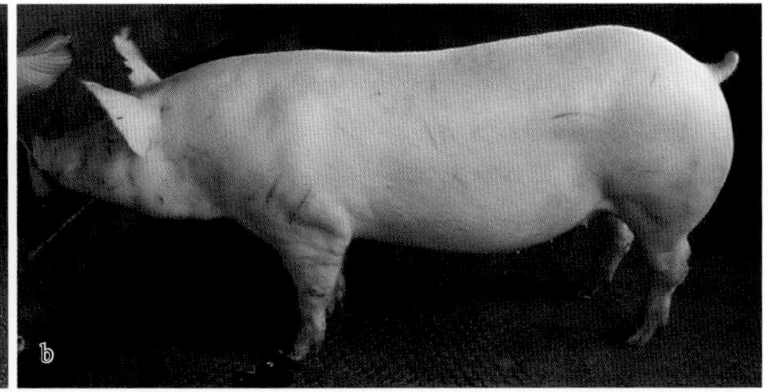

图2-5　LY母猪

### 2. YL母猪

**（1）体形**　有2/3的猪表现母系（L）体型，耳大、稍前倾，体长，四肢长、较细（与Y相比而言），小腹稍下坠。

**（2）生产性能**　总产仔数11.55头，活仔数10.2头，仔猪初生重1.55kg，断奶窝重9.5kg（35日）。

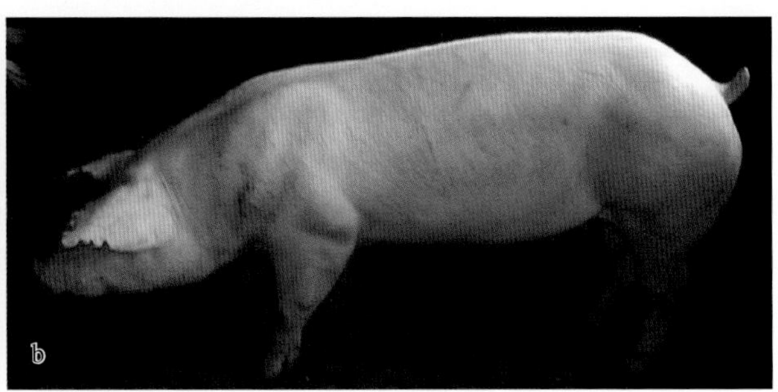

图2-6　YL母猪

### （四）杜洛克猪

杜洛克猪原产于美国纽约州，毛色从金黄色到暗红色，多为红棕色。颜面微凹。耳中等，耳后半部向前平伸，前半部下垂。体躯深广，肌肉丰满，四肢粗壮。公猪160日龄达100kg（图2-7），母猪窝产仔数9.5头，21日龄断奶窝成活仔猪9头（图2-8），胴体瘦肉率64%。杜洛克猪适应性强，对饲料要求较低，能耐低温，对高温耐力差。瘦肉猪三元杂交中常用作第二父本。

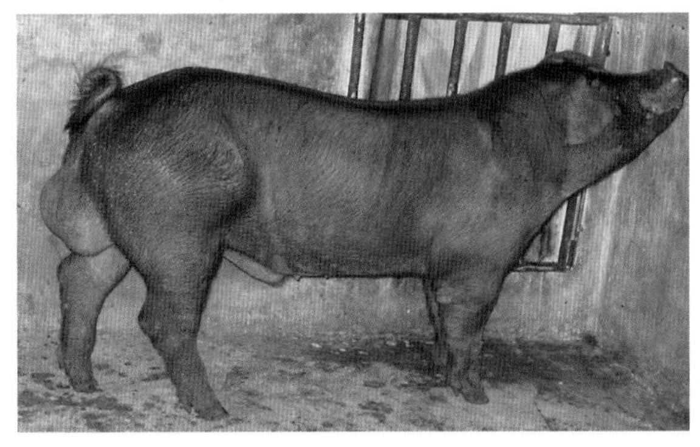
图2-7 杜洛克猪公猪

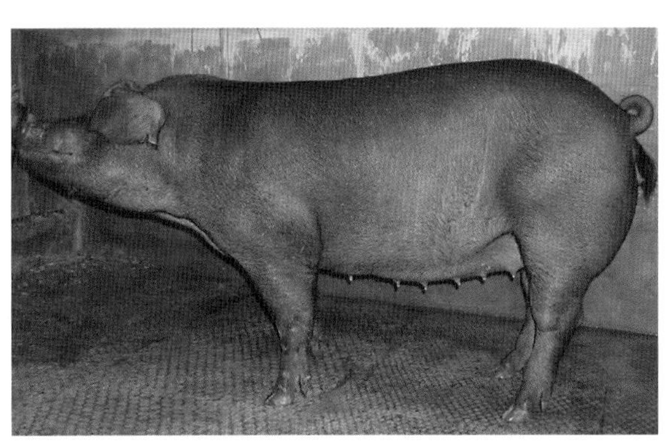
图2-8 杜洛克猪母猪

### （五）DLY与DYL育肥猪

以杜洛克猪（D）为父本，LY或YL母猪为母本，繁殖生产DLY或DYL育肥猪（图2-9）。DLY或DYL充分利用L、Y和D各自的优点，避免了各自的缺点，生长速度快、饲料报酬高、瘦肉率高、猪价好，实践证明是较好的三元杂交组合。但由于这个组合全都是外来猪品种，对营养、饲养、环境条件要求较高，在饲养时一定要注意尽量满足其对营养、饲养、环境条件的要求。

**生产性能**：日增重890 ~ 915g，DYL优于DLY10 ~ 20g左右，瘦肉率66%以上。

图2-9 三元杂肉猪

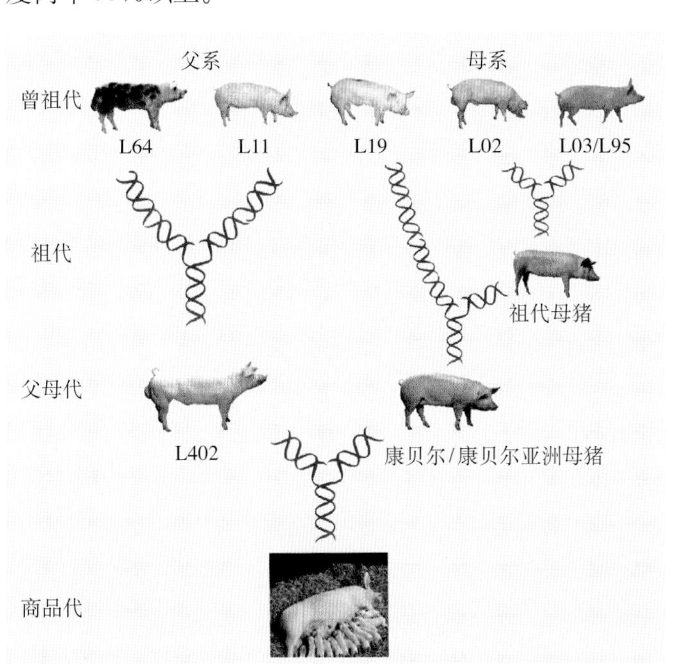

图2-10 PIC猪杂交模式

### （六）PIC配套系猪

PIC猪是英国PIC公司培育的五个专门化品系种猪。PIC猪采用五系配套杂交，利用长白猪、约克夏猪、杜洛克猪、皮特兰猪四大瘦肉型猪，导入太湖猪和英国维耳夫猪的高产基因，综合各品系的优点，利用杂交优势和性状互补效应，生产商品猪。

杂交模式（图2-10）：

（1）用曾祖代的L64（皮特兰）猪与L11（大约克夏猪）交配，在所生仔猪中选留公猪作种用，为父母代公猪（L402）（图2-11）。

（2）用曾祖代的L02（长白猪）与L03 / L95（大约克夏猪）交配，在所生仔猪中选留母猪作种用，为祖代母猪（L1050）（图2-12）。

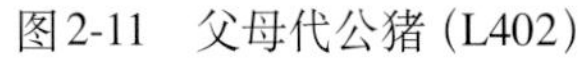
图2-11 父母代公猪（L402）

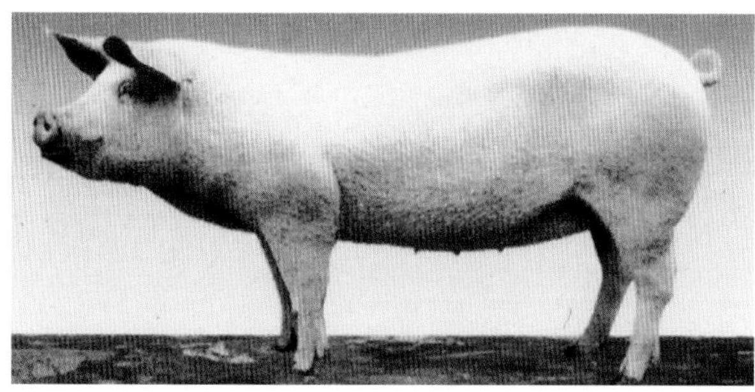
图2-12 祖代母猪

（3）用曾祖代的L19（白杜洛克猪）与祖代母猪L1050交配，在所生仔猪中选留母猪作种用，为父母代母猪——康贝尔22 ／康贝尔亚洲母猪。

（4）用父母代公猪L402作终端父本与父母代母猪康贝尔22 ／康贝尔亚洲母猪交配生产商品猪。

PIC母猪窝总产仔数13.17头、产活仔数12.53头、断奶仔猪10.91头，每头母猪平均年产仔2.4胎、产商品猪24头。体重25 ～ 50kg期间平均日增重560g，50 ～ 100kg期间平均日增重960g，150日龄达100kg体重、胴体瘦肉率66%。

### （七）野猪和特种野猪

1. 野猪　野猪在地球上已经生活很久很久，大约在1万年前中国人已经把野猪驯养成家猪。野猪适应性极强，至今仍然在亚洲、欧洲、非洲和美洲山林中生活着，我国从南边的海南岛直到北边的黑龙江都有野猪分布。

野猪和群性好、大多集群活动（图2-13）。毛一般为黑色（图2-13、图2-14）、灰黑色（图2-15）或棕红色（图2-16），毛粗而稀，鬃毛几乎从颈部直至臀部（图2-15）。蹄黑色，耳小而尖，吻鼻尖而长（图2-13至图2-16），头和腹部较小。背直不凹，尾比家猪短。野公猪犬齿尖锐呈“獠牙”，并伸向唇外往上曲翘（图2-16）。野猪的鼻子十分坚强有力，是搏斗的有力武器，可以用来挖洞或推动50kg的重物；野猪的嗅觉特别灵敏，可以用鼻子辨别食物的成熟程度；野猪的奔跑能力极强，可以连续奔跑15 ～ 20km。成年野猪的体重可达200kg以上，同等体积比家猪重10%左右。

图2-13 野猪群

野猪属山地森林环境中的杂食动物，常以嫩树叶、野果、青草、植物根茎、块根为食，也会食昆虫等小动物，喜欢拱土、翻石，还喜欢在泥水中洗浴。在人工饲养条件下，根据野猪的上述生活习性，仍应以瓜果薯类、植物茎叶、青绿饲料为主，适当拌些全价饲料。同时，野猪场还应围出一块地方，供野猪拱土、滚泥溏用。

野母猪的发情周期一般为20天，发情持续时间为1 ～ 2天，比家猪、特别是进口瘦肉型猪短1 ～ 2

天。因此，发情、配种时要特别注意。野母猪一般要到1.5岁才能配种，最佳年龄的野母猪年产仔2.0 ～ 2.2胎，妊娠期115 ～ 119天，比家猪长1 ～ 5天，每胎产仔6 ～ 10头，极个别的达10头以上乃至13头。自然情况下哺乳期达2个月以上。野仔猪身带条状花纹（图2-17），长到4 ～ 5月龄被毛换成黑色、灰黑色或棕红色，出生后的一年内体重能增加100倍，生长速度很快。

图2-14　野猪（公）

图2-15　野猪（母）

图2-16　棕红色野猪

图2-17　哺乳野仔猪

野猪耐粗饲、耐寒、耐热、抗病力都比家猪强，日饲量仅为家猪的1/3。野猪背膘薄、肉鲜嫩，瘦肉率53%以上，板油少，仅为家猪的1/6。

野猪全身是宝，野猪肉营养丰富，含有17种氨基酸，其中人体必需的亚油酸C18-2含量比家猪高2.5倍，所含有的亚油酸是目前科学界认为唯一的人体最需要和必需的脂肪酸，是有效的营养滋补保健食品。野猪蹄是护肤和增奶的最佳食疗品，能缓解和预防人的动脉硬化；野猪皮可消除人的高度疲劳症和儿童发育不良症。野猪肉所含亚油酸和亚麻酸具有降低血脂、有助于动脉硬化所致冠心病和脑血管硬化性疾病的防治，也是治疗冠心病的特效脂肪酸；对人体肠道出血症也有明显的疗效。运动员常吃野猪肉能增强暴发力和耐久力。总之，野猪肉味道鲜美可口，既是美味佳肴，又是极好的保健食品。

2．特种野猪　特种野猪是以优良纯种野公猪为父本，与优良家猪、主要以杜洛克猪为母本进行杂交，再经选育、驯化、基因较稳定的一种野猪，它不同于家猪，形似野猪，故称特种野猪（图2-18）。特种野猪表现出双亲特强的杂交优势，既保持了野山猪肉质鲜嫩、抗病力强和适应性广的优势，又稳定了杜洛克猪瘦肉率高、生长快、饲料利用率高、繁殖力强、性情温驯的特点，毛色似野猪，并克服了野山猪体型小、生长慢、繁殖力低、产仔少的缺陷。特种野猪被毛为灰褐色或棕红色，毛粗而稀，鬃毛几乎从颈上部直至臀部，蹄黑色，耳尖且小，嘴尖且长，头和腹部较小。

纯种野猪（公）

×

杜洛克猪（母）

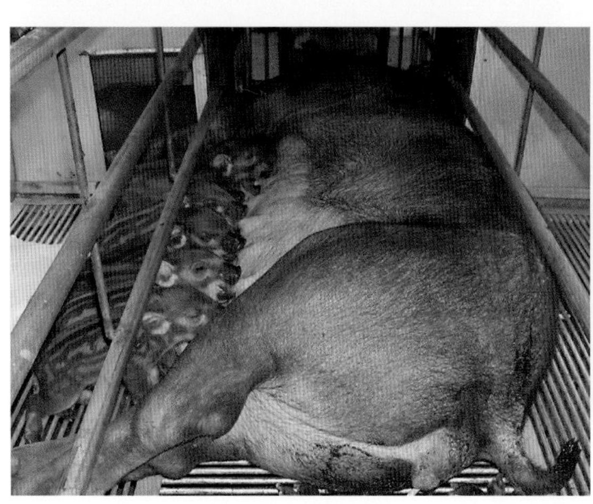

特种野猪哺乳仔猪

特种野猪育肥猪

图2-18 特种野猪杂交模式图

在选择野猪与家猪的杂交组合时，用长白猪和约克夏猪作母本时，后代的毛色多为白色，外形基本不像野猪（图2-19）；用长白猪与荣昌猪的二元杂种母猪作母本时，后代的毛色不理想，只有48%似野猪，纯白的占38%，白花的占14%，更重要的是生长速度和瘦肉率也不理想（图2-20）；用土种猪作母本时，后代毛色似野猪，但生长速度慢、瘦肉率也不理想（图2-21）。因此，最理想的杂交组合是以杜洛克猪为母本，野公猪为父本进行杂交。

图2-19 野公猪×长白母猪杂交所产仔猪

图2-20 野公猪×长荣母猪杂交所产仔猪

图2-21 野公猪×本地母猪杂交所生仔猪

## 二、瘦肉型种猪的选择

### （一）公猪的选择

常言道："公猪好好一坡，母猪好好一窝"，这充分说明选择公猪的重要性。公猪品质好，对猪的繁育起着非常重要的作用，人工授精一头公猪可以承担100头母猪的配种任务，年可生产上万头仔猪。因此，要认真选择种公猪。

1. 系谱选择　选择种公猪时，首先要了解其系谱，选择具有高性能指数的公猪。

2. 外形及种用特征选择　选择公猪的外形及种用特征很重要，公猪要具有本品种的特征，两个睾丸要发育良好、对称（图2-22a、b），包皮不积尿且不过长。种公猪的体型往往决定着后代的体型，身体结实非常重要，要有强壮的、端正的肢蹄，四肢开张有力，特别是后肢要粗壮结实，头颈要清秀、腮肉少，前胛和后躯丰满，8月龄体重达120kg以上。

3. 性欲选择　对公猪的性欲选择也很重要，所选公猪性欲要旺盛、会爬跨，公猪的眼神凶亮，比较骚动，阴茎时常伸出，遇到母猪或其他公猪时，会发出哼哼声，频频嚼口、口中流出白色泡沫状唾液，唾液越多，该公猪的性欲越强（图2-23）。而眼神温和、偏肥、嗜睡的公猪性欲差。

4. 乳头选择　对种公猪也要选择乳头，因为公猪可以遗传瞎乳头、翻转乳头给小母猪，要求乳头7对以上。可按母猪乳头的选育方法做。图2-24的公猪虽有7对乳头，但瞎乳头多，不能选作种公猪。

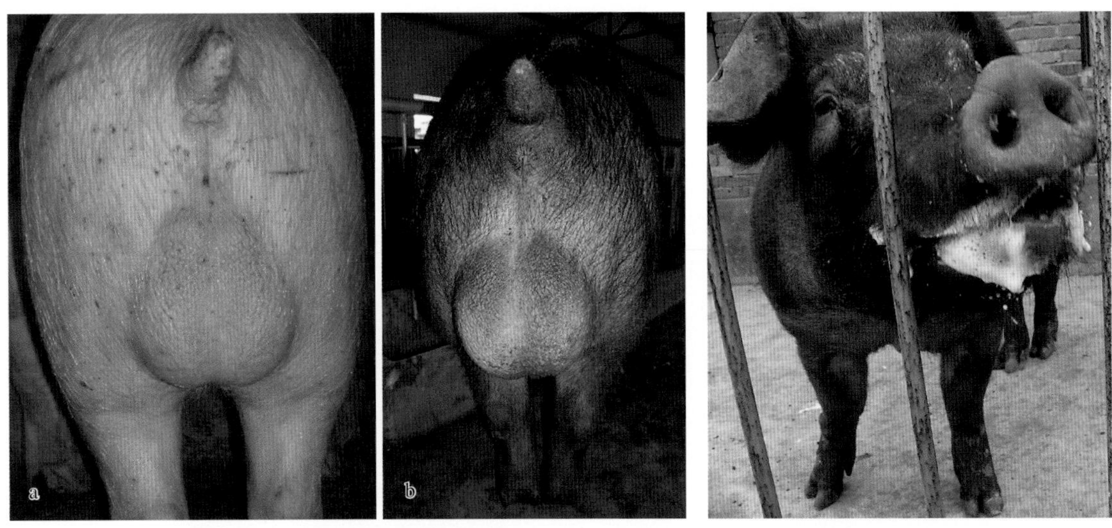


图2-22 发育良好而对称的睾丸

图2-23 口中泡多的公猪

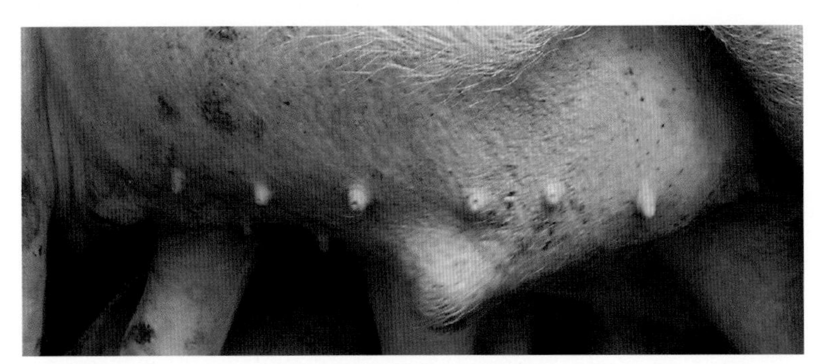

图2-24 瞎奶头多的公猪

**5. 公猪有以下几种情况的不能选为种用** 两性体猪不能选为种公猪（图2-25），疝气猪不能选为种公猪（图2-26）。

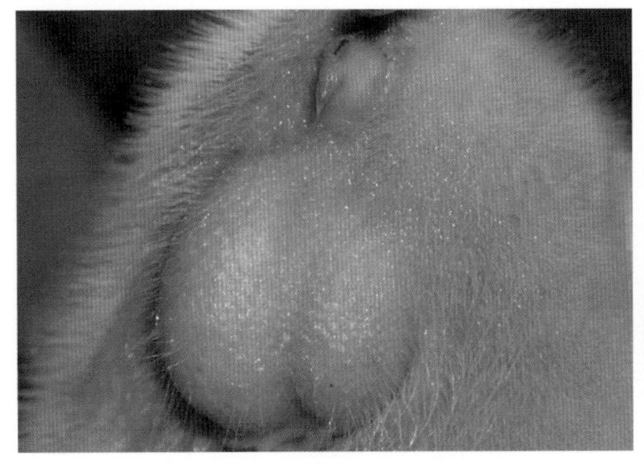

图2-25 有两性生殖器的猪

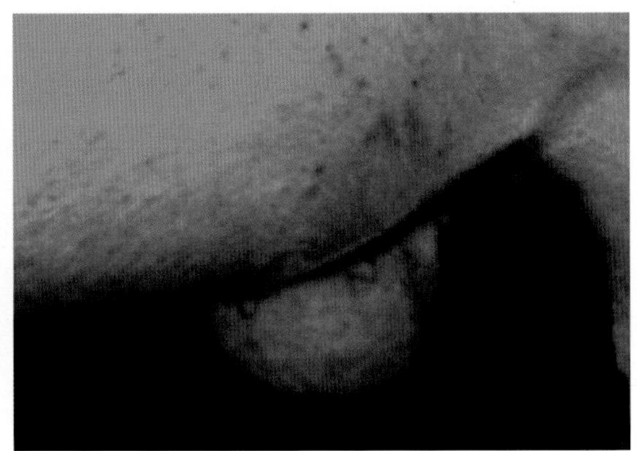

图2-26 脐疝公猪

单睾猪（图2-27a、b）不能选为种公猪，隐睾猪（图2-28）不能选为种公猪，两个睾丸差异太大的猪（图2-29）也不能选为种公猪。

耙脚猪（图2-30）、弓形背的公猪（图2-31a、b）也不宜作种用。包皮过大、积尿也属于遗传缺陷，严重时对精液品质有影响，因此，种公猪应选择包皮小的。

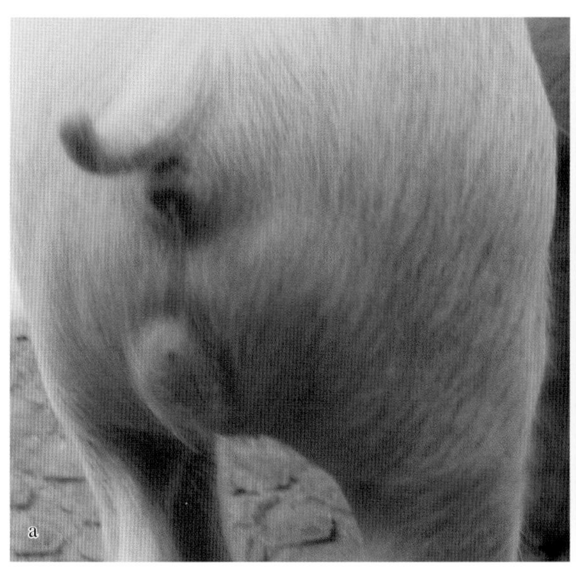


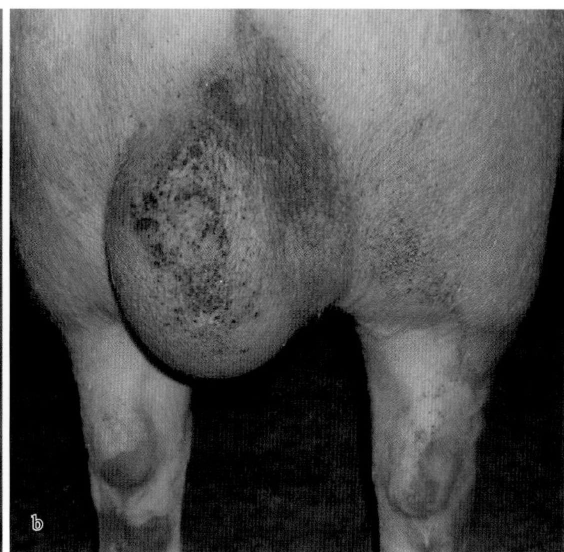


图2-27　单睾公猪

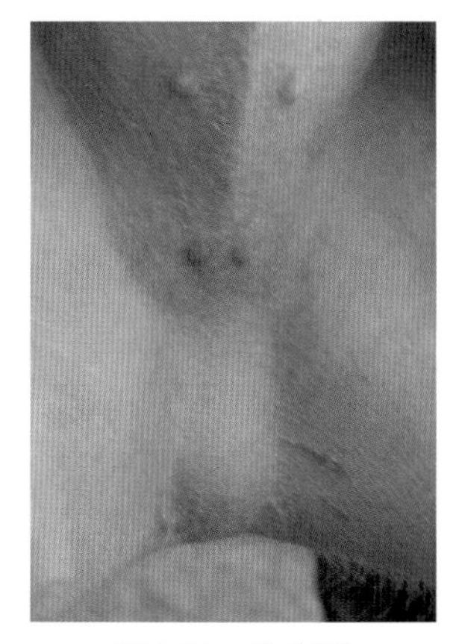

图2-28　隐睾猪

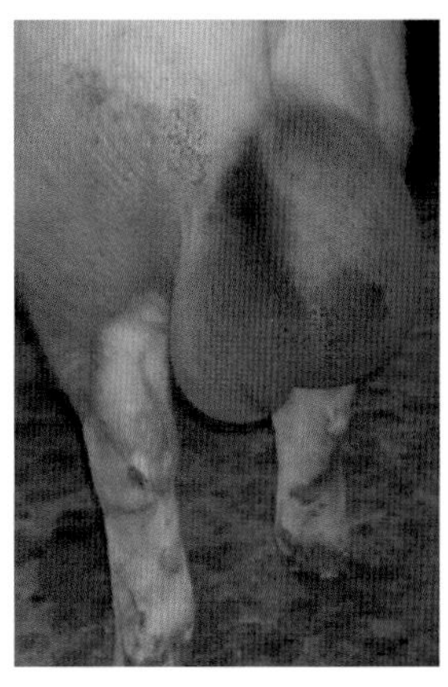

图2-29　两睾丸不对称

图2-30　耙脚猪

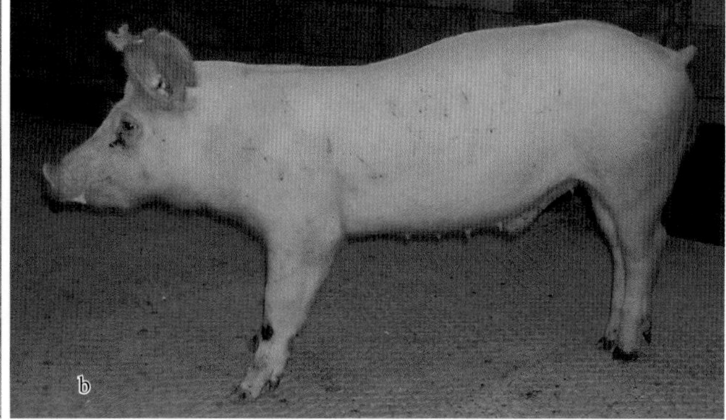


图2-31　弓背猪

## （二）后备母猪的选择

在规模化养猪生产中，每年大约有25%～35%的母猪被淘汰，为了保证猪场生产的均衡性，需要及时选择补充后备母猪。后备母猪的选择一般分2月龄、4月龄、6月龄、初配时期和产后五个阶段进行选择。

1. 2月龄选择 2月龄选择是窝选，就是在双亲性能优良、窝产仔数多、哺育率高、断奶体重大而均匀、同窝仔猪无遗传缺陷的一窝仔猪中选择。2月龄选择由于猪还小，容易发生错误，所以选留数量一般为需要量的1～2倍。

2. 4月龄选择 4月龄选择，首先要选出乳房发育好、有12个或12个以上功能正常、发育完整、沿着腹底线均匀分布、间隔适中的乳头的小母猪（图2-32）。淘汰那些生长发育不良、体质差、外形外貌及外生殖器有缺陷的个体。乳头排列不整齐以及有畸形乳头、有瞎乳头、翻转乳头的母猪不能留作后备母猪（图2-33至图2-35）。阴门过小（图2-36、图2-38、图2-39）、过分上翘（图2-37）、有两性体（图2-40）、疝气（图2-41）等异常情况的母猪都不能留作后备母猪。

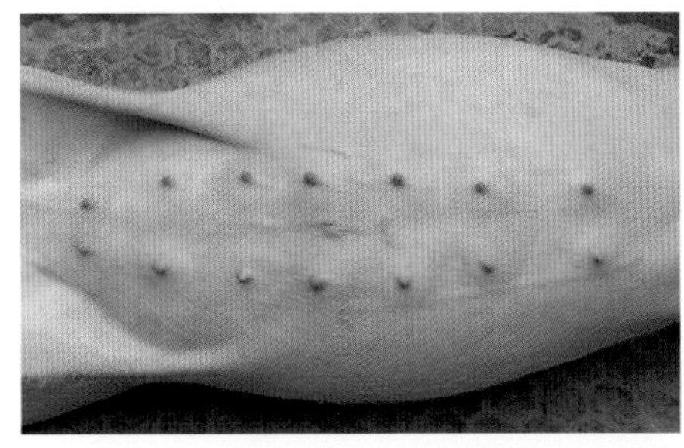
图2-32 分布均匀、间隔适中的乳头

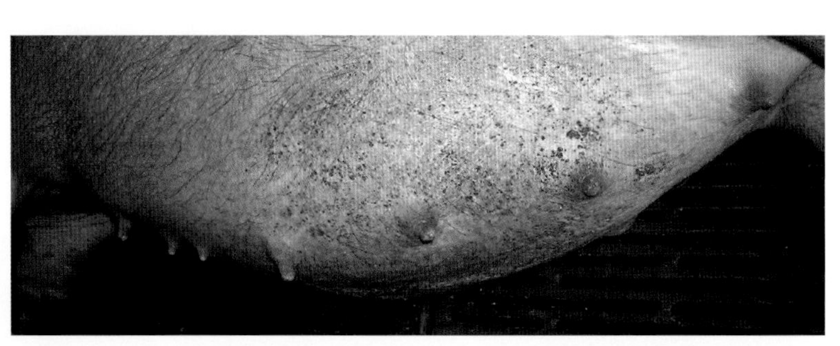
图2-33 乳头大小不一、分布不匀

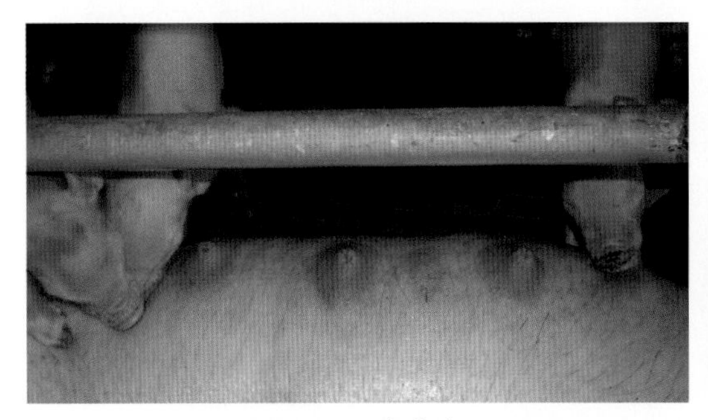
图2-34 瞎乳头

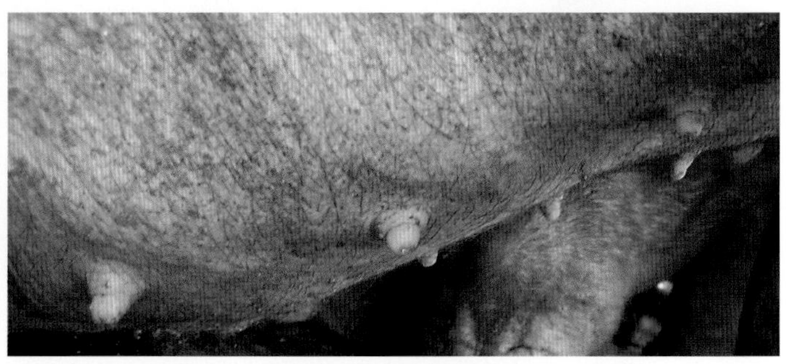
图2-35 翻转乳头

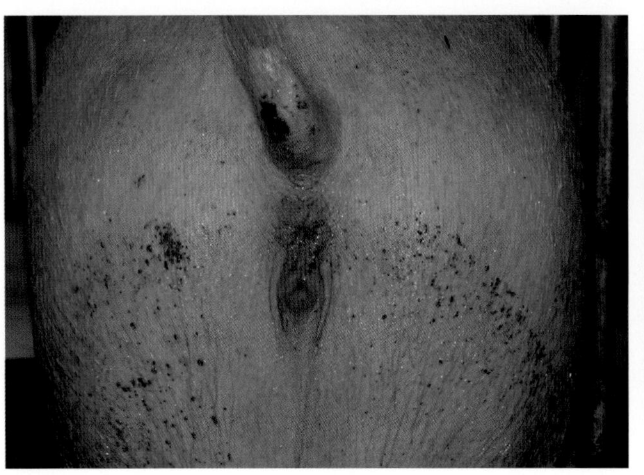
图2-36 母猪阴门过小

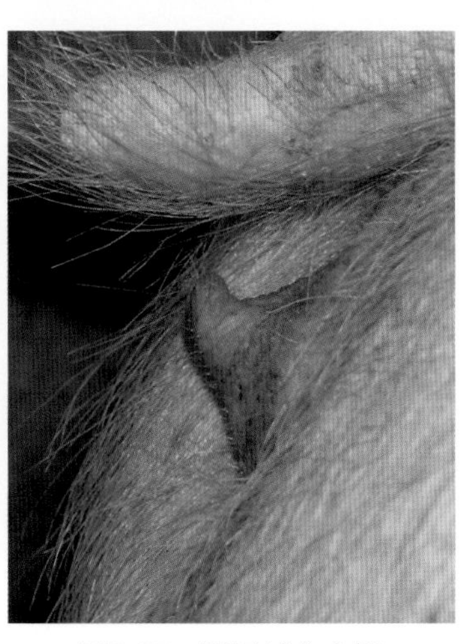
图2-37 阴门过分上翘

图2-38　右边母猪阴门小

图2-39　左边母猪阴门小

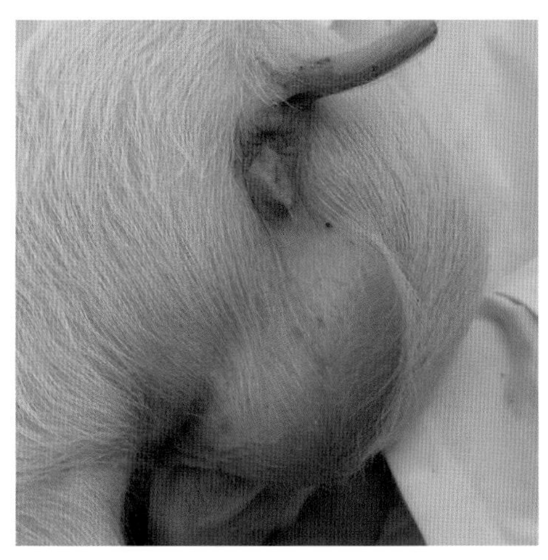

图2-40　两性体母猪

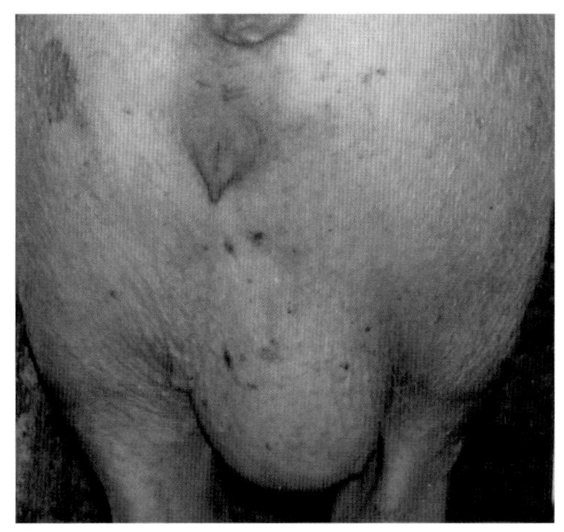

图2-41　母猪腹股沟疝

3．6月龄选择　6月龄选择要根据后备母猪自身的生长发育状况，以及同胞的生长发育及胴体性状测定成绩进行选择，淘汰那些自身发育差、体形外貌差以及同胞测定成绩差的个体。

4．初配时期选择　此时是后备母猪的最后一次选择，选择那些初情期早的母猪，淘汰那些发情周期不规律、发情征候不明显以及长期不发情的个体。

后备母猪身体要结实，肢蹄健壮尤为重要，因为母猪配种时要支撑公猪体重。母猪站立的肢势也应选择，后肢太直（图2-42）或太曲（图2-43）的都不能要，要选良好的（图2-44）。

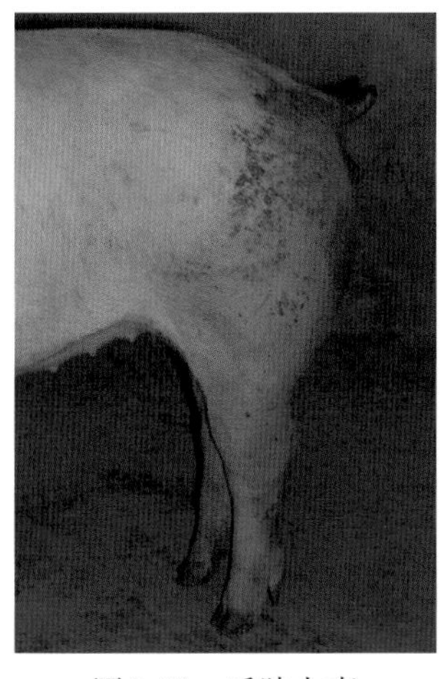

图2-42　后肢太直

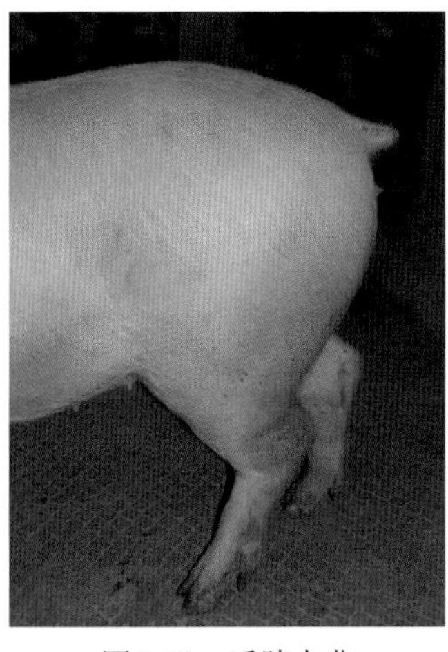

图2-43　后肢太曲

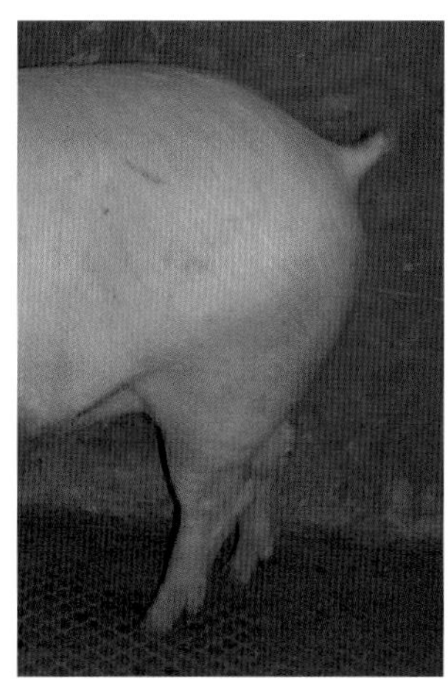

图2-44　后肢良好

选择后备母猪还要求有一定的年龄体重，如150日龄体重达100kg。

要选出好的后备母猪，应记住好的后备母猪有两长：脖子长、母性好（图2-45a、b），乳头长、奶水多（图2-46a、b）。

图2-45 脖子长的母猪

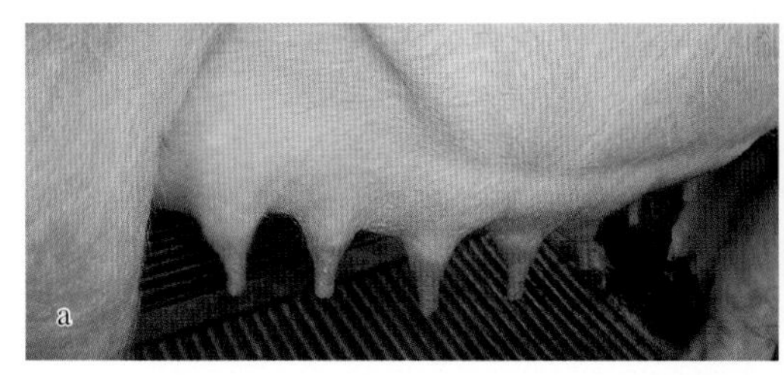
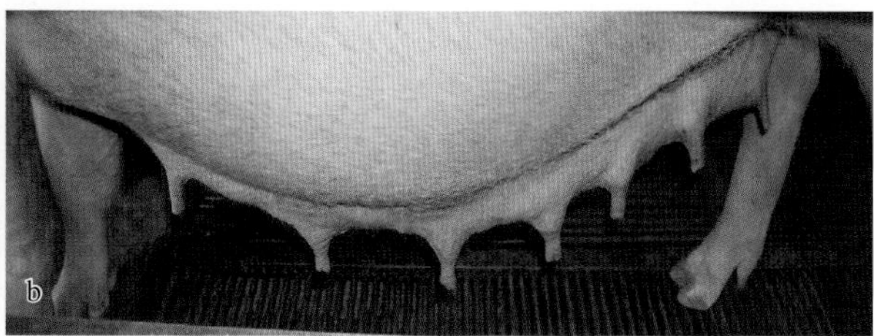

图2-46 乳头长的母猪

5. 产后母猪的选择 分娩过的母猪，再行配种前还要进行选择。淘汰那些身体结构有问题、性情暴躁、产仔头数极少（比全群平均产仔数低3头以上）和有母性不良记录的母猪。

# 第三章 瘦肉型猪的饲养管理

## 一、总体要求

猪的饲养管理是很精细的工作，要一丝不苟，每一项工作都有易被忽视的细节，决不允许在任何一处疏忽。荀子说过："千里之堤，溃于蚁穴"。检查、考核饲养管理工作时要斤斤计较，决不放过任何一个细节。只要严格按饲养管理操作规程，认真地进行猪的饲养管理，注意每一个细节，防范任何一处疏忽，将防病措施做精做细，就会拒疫病于猪场之外，养猪事业必定会成功。

### （一）规模猪场的种猪群结构

任何一个规模猪场首先要确定生产规模（头数），按生产规模的大小来配备种猪群的数量，种猪群的数量随生产水平的高低而变化。

如：一个年产万头商品猪的猪场，采用洋三元杂交（DLY）方式，母猪的生产指标是年产18头商品猪。那么，需要二元杂母猪（LY）560头，生产560头二元杂母猪需纯种约克夏猪（Y）母猪76头，按每头公猪负担25头母猪计算，则需要长白猪（L）公猪3头，杜洛克猪（D）公猪22头，母猪年更新率按30%计，还需约克夏猪后备母猪25头。

母猪各年龄阶段所占比例大致如下：后备母猪占17%、1 ~ 2胎母猪占31%、3 ~ 4胎母猪占25%、5 ~ 6胎母猪占17%、7 ~ 10胎母猪占10%。

繁殖母猪群的胎次分布可显著影响猪群的生产力，最佳繁殖母猪群胎次分布比例是：1胎母猪占20%，2胎母猪占18%，3胎母猪占17%，4胎母猪占16%，5胎母猪占14%，6胎母猪占10%，7胎以上母猪占5%。

繁殖猪群应该制定繁殖指标，目前世界上繁殖猪群的平均指标为：分娩率76%（60% ~ 89%），每头母猪年产仔窝数2.2窝（2.1 ~ 2.4窝），每头母猪年产断奶仔猪数22头（19 ~ 24头），母猪淘汰率40%（25% ~ 56%），母猪死亡率4.4%（1.7% ~ 8.0%）。

### （二）规模猪场的饲料计划

规模猪场的饲料计划一般以每100头成年母猪、25头后备母猪、4头成年公猪、2头后备公猪、年产商品肉猪1 800头来规划，一年需饲料550t。参数为：公母猪每头每天需2.2kg料，哺乳仔猪保育前的42天每头需15kg料，保育4周每头需30kg料，73 ~ 120日龄的中猪每头需60kg料，121 ~ 165日龄育肥猪每头每天需2.7kg料。在550t饲料中，公猪料约占0.6%、空怀及怀孕母猪料占10.8%、哺乳母猪料占6.5%、乳猪料占4.8%、小猪料占9.9%、中猪料占27.1%、大猪料占40.3%。所需计划如下：

① 成年与后备公母猪需饲料：2.2kg×（100+25+4+2）头=288.2kg；288.2kg×365天=105 193kg=105.193t。

② 哺乳仔猪需饲料：15kg×1 800头=27 000kg=27t。

③ 保育猪需饲料：30kg×1 800头=54 000kg=54t。

④ 中猪需饲料：（73 ~ 120日龄）60kg×1 800头=108 000kg=108t。

⑤ 育肥猪需饲料：（121 ~ 165日龄）2.7kg×44天×1 800头=213 840kg=213.84t。

⑥ 死淘猪分摊：（全程死亡率9%，每头死猪分摊280kg饲料）280kg×1 800头×9%

=45 368kg=45.36t。

⑦ 共需饲料：105.193t+27t+54t+108t+213.84t+45.36t=553.393t=553t。

### （三）猪对粗饲料的利用率差

猪的胃内没有分解粗纤维的微生物，几乎全靠大肠内微生物的分解作用，故猪对含粗纤维多的饲料利用率差，而且日粮中粗纤维含量越高，猪对日粮的消化率也就越低。因此，猪日粮中的粗纤维含量应适当。对于20kg的生长猪，粗纤维的最高水平是6%；到育肥后期可以适当高些，但不能超过8%；对于母猪，日粮中的粗纤维可达10%～12%。笔者要强调的是，传统养猪中有一种不恰当的说法："猪吃百样草"。因此，有些人把猪当食草动物来养，每天下大力气上山割草，特别是割禾本科的草来喂猪；还有些养猪者把麦秸、玉米秸秆粉碎来喂猪，而且在日粮中的比例还加得很大，这是不可取的。

## 二、种公猪的饲养管理

公猪品质好，对猪的繁育起着非常重要的作用，饲养公猪的目的是获得最好的精液品质、最大的精液量和延长公猪的使用寿命，实现高配种率，把良好的种用性能遗传给后代。

### （一）种公猪的饲养管理

公猪4月龄就开始具有性活动和产生精子的能力，在性成熟前采用群饲（图3-1）有助于减少公猪的蹄、腿病，并改善其将来的性行为。

图3-1 保育至4月龄公猪群养

公猪进入性成熟时要单独饲养，若一个猪舍饲养两头以上公猪，猪只会经常互相爬跨（图3-2），会降低性欲和出现自淫（图3-3）。

后备公猪体重达100kg以前，一般自由采食，一旦达100kg时每天的饲喂量就要限制在2～2.5kg，公猪在1～2岁时要限制能量摄入，放慢生长速度，日增重控制在180～250g之间。营养水平的高低对种公猪生长发育的影响很大，直接影响配种能力和精液品质。种公猪日粮的安全临界值为：蛋白质13%，消化能13MJ/kg，赖氨酸0.6%，钙0.95%，磷0.8%。饲喂适量的锌、碘、钴、锰对精液品质有提高作用。

图3-2 性成熟公猪互相爬跨

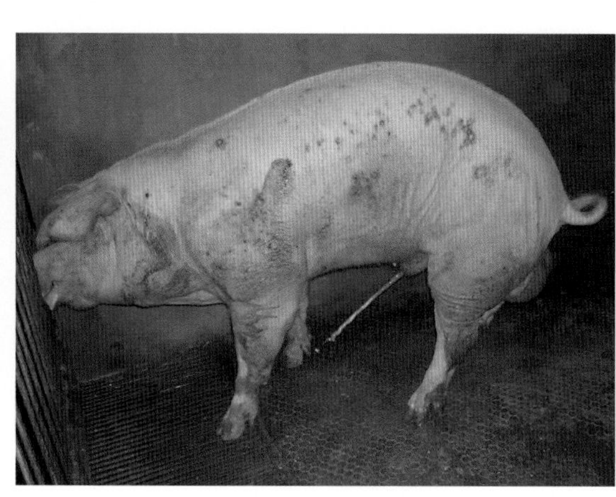

图3-3 公猪在自淫

公猪睾丸会一直长到12月龄，而精液产量需到18月龄才能达到最高水平。

公猪开始配种的时间不宜太早，最早也要在8月龄、体重120kg以上，一般在10月龄、体重达130 ～ 135kg时初配为好。种公猪正式投入使用时每头占地12m$^2$左右，室温23℃为宜。

如果公猪日粮能量水平低则睾丸变小，睾丸越大产生的精子才越多。如果蛋白摄入量低，公猪的性欲、精液量和精子量均会降低；如果公猪日粮中钙和磷不足，骨骼和关节会脆化；公猪日粮中应注意提供足够的维生素和矿物质，每千克饲料中含2g维生素C可以改善公猪的射精量，提高维生素E的含量可以改善精液品质，补锌和硒对精子的生成有重要影响。

营养过剩、配种负担不重、运动不足时，公猪易肥，会引起性欲降低、精液品质下降，影响配种效果。相反，配种频繁、运动过度而营养又不足，则公猪会过度消瘦，射精量少、精子活力降低，受胎率下降。

每天喂种公猪两次，饲料量每天每头2.5 ～ 3.5kg，具体来说公猪体重90kg每天2 ～ 2.2kg，1岁体重150kg时每天2.5 ～ 2.7kg，配种期每天3.0 ～ 3.5kg。

公猪营养、运动和配种利用三者之间必须保持平衡，运动是种公猪管理中的一项重要措施，运动可以增强机体的新陈代谢，锻炼神经系统和肌肉，增加骨骼的结实性，提高精液品质，提高繁殖机能。公猪应每天运动0.5 ～ 1小时，运动应避开一天中最热和最冷的时间进行（图3-4a、b、c、d）。

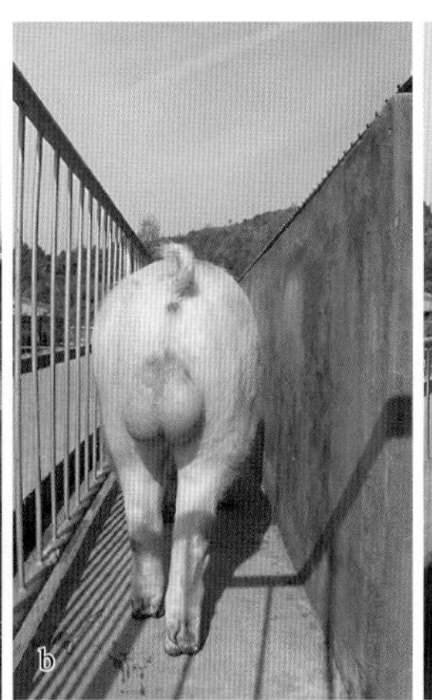

图3-4　公猪在运动道中自由运动

## （二）种公猪的淘汰

如果公猪日粮能量和蛋白质水平低、运动量不足、配种负担又过重，则会出现提前衰老，较早地进入老龄化，睾丸从外表看像老公猪的睾丸一样，表现出阴囊下坠、皱缩，睾丸过小；采精量偏低，活力差，不时出现死精，精液品质时好时坏，严重影响母猪受胎率（图3-5）。图3-6中公猪是一个饲养管理好的猪场的2岁约克夏猪公猪，睾丸发育良好、大、保满、对称、红润，每次采精400ml以上、活力好。图3-5a为1.5岁约克夏猪公猪、图3-5b为1.5岁杜洛克猪公猪、图3-5c为1岁长白猪还未配种公猪，均是一个饲养管理差的猪场的，由于上述原因，睾丸均已提前进入老龄化，每次采精量只有100 ～ 200ml，活力只有50%～ 60%。

种公猪年淘汰率一般在33%～ 39%，使用期2 ～ 3年。具体来说，公猪在出现以下情况时应考虑淘汰：

（1）繁殖性能差者；

（2）精液品质差，且持续2个月以上者；

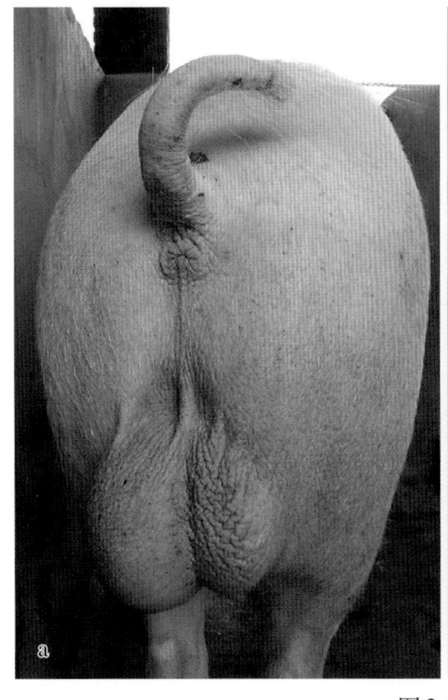

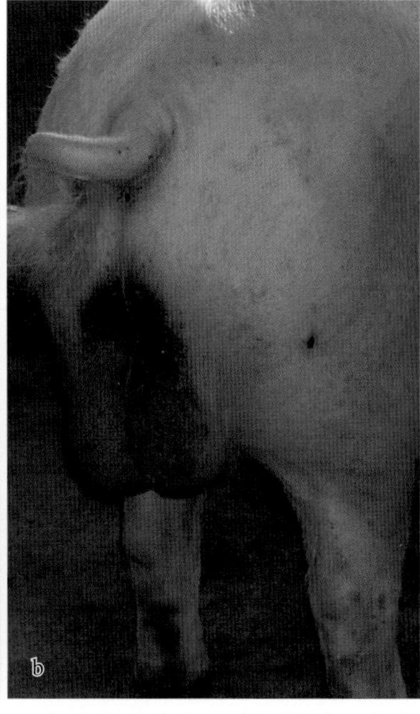

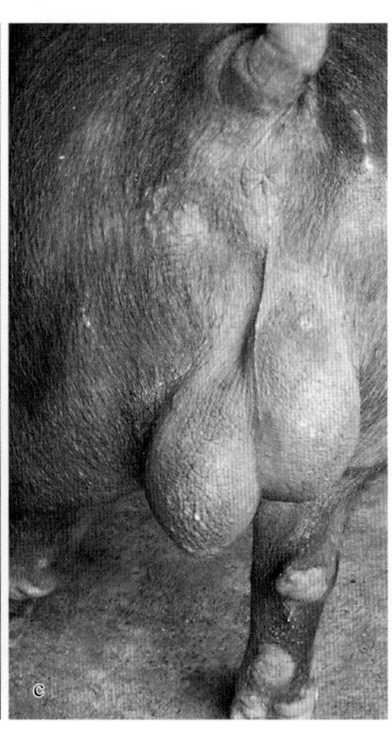


图3-5　年青公猪睾丸下坠、皱缩、变小

（3）健康有问题，四肢、全身患病难康复者；
（4）后代中有阴囊疝等遗传性疾病者；
（5）有恶癖、过分凶恶者；
（6）年龄达4岁以上者。

### （三）种公猪死精和无精

种公猪偶尔会出现死精和无精，死精子能够复活，死精子如同一个深睡眠的人，等到睡醒时，自然就会复活。死精子不等于无精子，经过确认的无精子者，可能再无生育能力。而死精子说明其精子具备完整的生长过程，只是因为精子在成熟过程中遇到了一些问题而死亡，也就是具有受孕的条件。

图3-6　最佳睾丸

## 三、母猪的饲养管理

### （一）种母猪饲养流程

种母猪必须分为后备期、妊娠期、哺乳期和空怀期四个阶段饲养。笔者在种母猪的饲养流程中把不同阶段、不同状态的母猪，在不同厩舍饲养的时间、喂什么饲料、喂多少量，以及注意事项作了说明，简明易懂，有操作性（图3-7）。

后备母猪配种后的饲喂可按图3-8进行。

初产母猪站立、躺卧和行走都有很大困难，如果初产母猪和经产母猪混养，通常会被排挤到条件最差的地方躺卧。因此，初产母猪最好是小群单独饲养，严防应激，特别要在刚配种和产前这两段时间加强饲养管理。最少要提前7天进产房。

1. 不同的厩舍养不同阶段的母猪　、不同阶段的母猪养在不同的厩舍　母猪妊娠早期在限位栏内饲养可防止胚胎附植前流产，并有利于妊娠前期限制饲料喂量。因此，母猪配种后至妊娠前5周采用限位栏饲养工艺是有好处的、是可取的。但是，妊娠母猪全程采用限位栏饲养工艺可使母猪的淘汰率增高、利用年限降低。限位栏饲养导致母猪无法自由活动、运动不足，犬坐增加、阴道炎发病率增加，

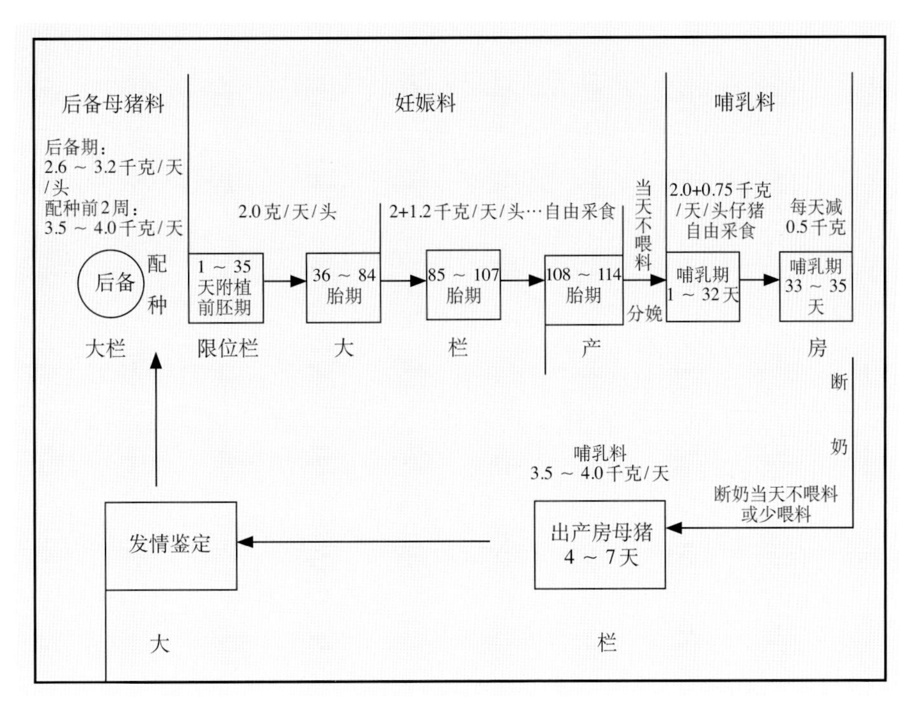


图3-7 种母猪饲养流程图

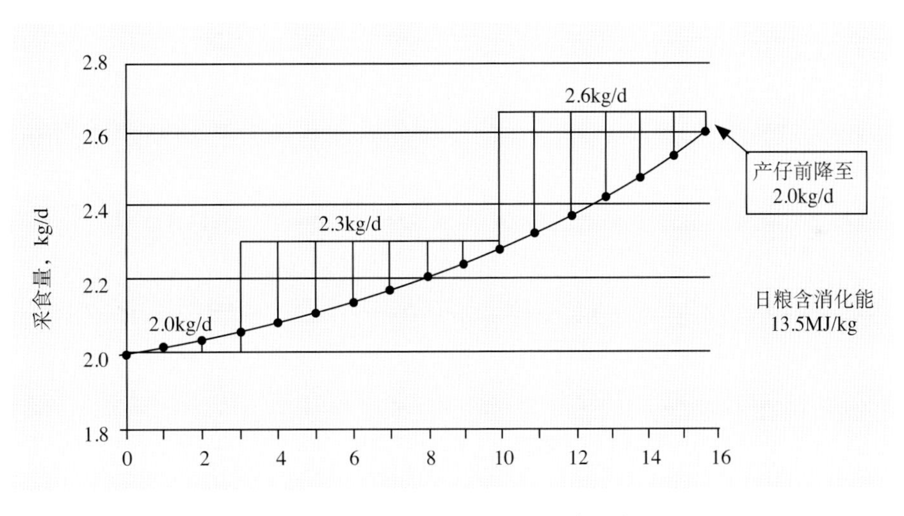


图3-8 怀孕期初产母猪的饲养方案

影响母猪的繁殖率；限位栏环境贫瘠，缺乏有效的环境刺激，母猪咬栏和空嚼等异常行为增多；限位栏饲养的母猪缺乏运动，肠肌无力、肠蠕动缓慢，导致便秘（图3-9）。

图3-10中右边的猪为限位栏饲养，左边的猪厩舍面积为4.84m$^2$，这两头猪紧相邻，喂一样的饲料，但右边限位饲养的猪粪便秘结成小团，左边厩舍面积为4.84m$^2$的猪粪便正常（图3-11）。限位饲养的猪难产率增高，体况下降、免疫力下降，难以承受任何疫病的攻击；限位栏饲养使肢蹄病增多；有专家研究发现：种母猪长期限位饲养直接影响心肺功能（剖检可见全心扩张、尤其右心室与右心房，心肌松软）。

妊娠期的前半段，饲料主要被母猪用于改善体况，其次是影响仔猪的均匀度。初生重的差异与妊娠第1个月内母猪的营养密切相关。

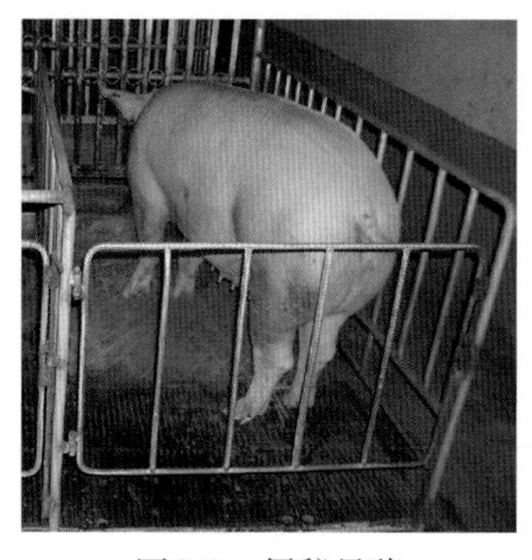

图3-9 便秘母猪

图3-10 两种饲养方式

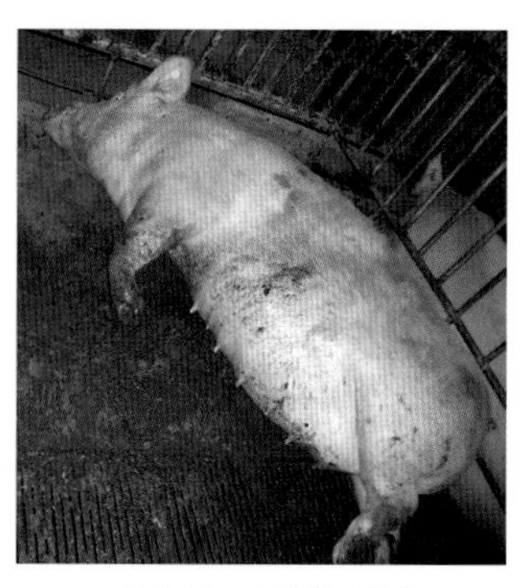

图3-11 正常母猪

确保妊娠母猪持续高效地采食和饮水，粪便应该保持松软，防止母猪分娩前乳房变硬和分娩后乳汁减少。

2. **按照母猪生产阶段的不同喂不同的饲料** 后备母猪的营养目标是：保证小母猪正常生长发育，保持适中的种用体况，性成熟与体成熟平行发展，能够如期发情。4月龄体重达45 ～ 55kg，210日龄体重达120kg。

后备母猪喂后备猪料，喂量：5月龄前敞开饲喂，6月龄以后适当限饲，每头每天喂2.6 ～ 3.2kg；配种前2周加料催情，每头每天喂3.5 ～ 4.0kg。

**怀孕母猪的饲养应特别注意：**配种后至85天高营养摄入将导致受精卵死亡、附植失败、乳腺发育不良。这个时期胚胎主要是形成各种器官，生长速度慢，妊娠90天以前，只长胎儿初生重的34%。这一时期高营养摄入，母猪过肥，不利于受精卵着床、使空怀比例升高、产仔数减少；这一时期的高营养摄入还会使母猪产后乳腺发育不良、泌乳性能下降。因此，母猪配种后的第一天就要改喂妊娠母猪料，配种至妊娠85天，每头每天2kg料，不能多喂，多喂有害无益。妊娠后期（最后1个月）是胎儿增长最快的时期，要长胎儿初生重的66%。因此，妊娠86 ～ 107天要增加饲料喂量，每头每天增加1.2kg，直到自由采食。

事物不是一成不变的，对于体况差的母猪也可以在配种后2 ～ 30日内适当增加饲喂量。配种后的高营养摄入对母猪的副作用受自身身体和能量状况的影响。体况较好的母猪，配种后的高营养摄入才会增加胚胎的死亡率，而对于泌乳期间饲料摄入量较少而体况较差的母猪，配种后2 ～ 30天内给予高的采食量不仅不会影响受精卵着床，还会降低胚胎死亡率。因此，在母猪配种后30天内，应根据母猪体况调整饲料喂量。

妊娠母猪按预产期提前7天进入产房，进入产房后喂什么料有两种意见：其一，改喂哺乳母猪料；其二，继续喂妊娠母猪料，理由是改喂哺乳母猪料产后奶稠，易导致仔猪下痢。母猪产前3天可只喂精料20%左右，增加青绿饲料。

母猪哺乳期营养需要量大，每头母猪哺乳期平均每天产乳6.8 ～ 11.4kg，20天产乳总量相当于母猪本身的体重（132kg）。

母猪产前1 ～ 2天适当减料；母猪分娩的当天不要喂料，分娩时母猪要努责，腹压较大，胃中料多会受到挤压，对胃的健康不利。但要供给充足的饮水。

母猪产仔后改喂哺乳母猪料，要增加饲料喂量，产后头两天吃不了多少料，就少增加一点。产后第1天喂料0.5 ～ 1kg，加饮麸皮水，第2天喂2 ～ 2.5kg稀料，第3天喂3 ～ 3.5kg，以后可随母猪食欲和哺乳需要逐渐加料，基础料2.0kg，每哺乳1头仔猪，增加0.75kg，直到7.0kg或自由采食。哺乳母猪最好喂稀料。

母猪断奶前3天要减料，减至每头每天1.8 ～ 2 kg。目的是减少料、减少乳汁，减轻乳房的负担。断奶当天可以不喂料或少喂料。

母猪断奶后出产房4 ～ 7天继续喂哺乳母猪料，每头每天3.5 ～ 4.0kg，有利于再发情。7天以后不发情者，就要换成大猪料。

### （二）母猪体况评分

母猪体况对繁育有很大的影响，过瘦或过肥都会导致母猪发情延迟、产仔性能降低、淘汰率增高等问题。太肥的母猪到哺乳期就没有很好的食欲，哺乳期没有很好的食欲将导致母猪体重下降，延长断奶到发情的间隔时间，减少怀孕，减少胚胎成活率。母猪太瘦不抗寒、不发情或减少排卵。因此，要评定母猪的体况，根据体况评定结果，确定饲喂量。

1分：髋骨、骨盆骨、脊柱及肋骨明显突出，触之很硬；尾根四周塌陷，腹胁明显内陷；背膘厚度13mm以下。

2分：髋骨、骨盆骨、脊椎凸出，略用力可触到硬骨；腰窄，肋间隙不明显，不易见到一根根肋骨，尾根四周下陷，两腹胁略扁平；背膘厚度15mm左右。

3分：髋骨、骨盆骨、脊柱都看不到，仅有肩部脊柱明显突出，用力才能摸到骨骼；骨上被覆肌肉、脂肪，有弹性，尾根不下陷；背膘厚度17mm左右。

4分：摸不出脊柱、腰椎、肋骨，肋间隙消失，臀部很大；尾根四周无凹陷；背膘厚度20mm左右。

5分：肥得圆滚滚，脊柱和腰椎上堆满肥肉；体中线凹陷，尾根四周丰满，腹胁隆起；背膘厚度23mm左右。

母猪体况一般分两次评定，即妊娠后30天和断奶后各评定一次。根据不同的体况，评定为1、2、3、4、5分，3分是理想体型（图3-12）。

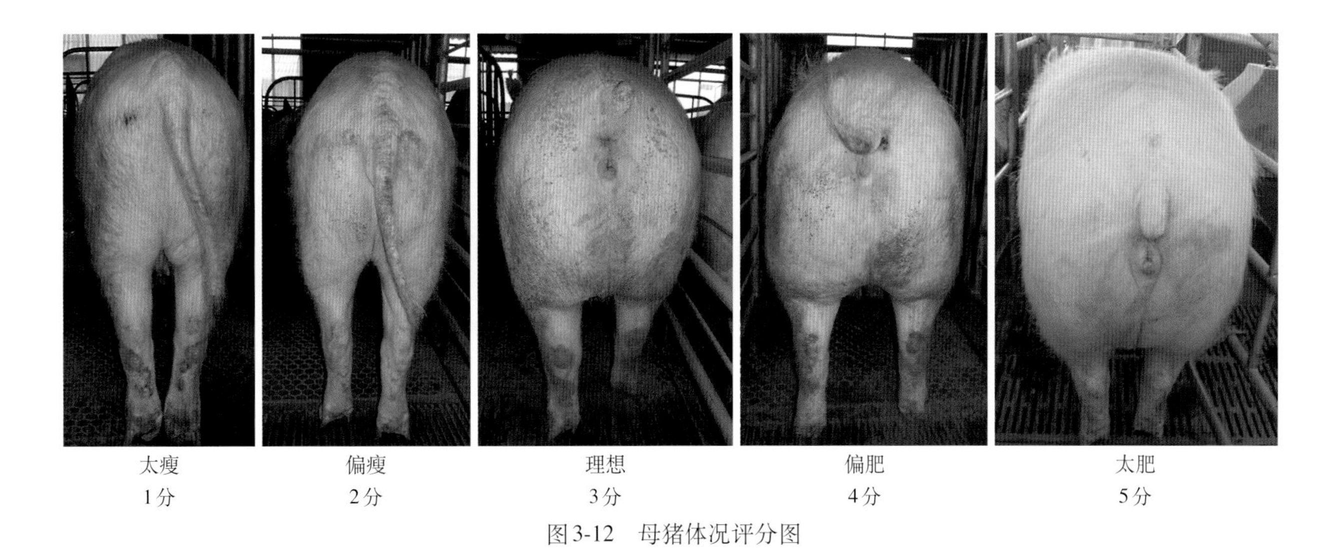

太瘦 1分　偏瘦 2分　理想 3分　偏肥 4分　太肥 5分

图3-12　母猪体况评分图

体况评分确定后就要根据每头母猪的得分调整饲料喂量：1分者每日加料600g左右、2分者加料300g；3分为理想体况，说明饲料喂量合适；4分者每日减料300g左右、5分者减料600g。

猪体髂骨突起处所覆盖的脂肪与母猪体脂含量关系密切，利用手指触摸猪体髂骨突起处的感觉，对照体形即可判断出母猪的肥瘦分数。例如，一头外观瘦的母猪，在髂骨突起处触摸时有肉的感觉，则代表该猪体脂多；另一头外观看起来肥的母猪，在髂骨突起处触摸即可感到髂骨突起，代表该猪脂肪少，应增膘。将外观体形判断与髂骨突起触摸相结合，不但可以正确判断，而且可以提早3 ～ 4天判断母猪的肥瘦(图3-13)。

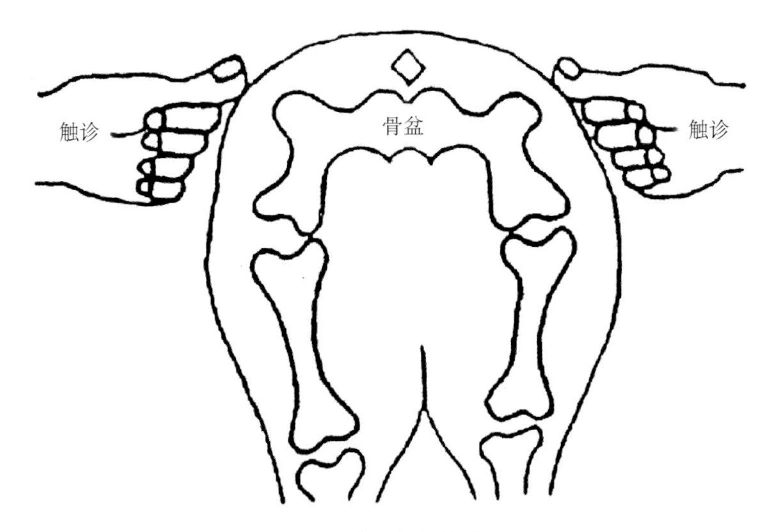


图3-13 髌骨突起触摸图

## 四、人工授精

人工授精是利用器械采集公猪精液并稀释、分装，再用器械将精液分别输入发情母猪的子宫内，代替公、母猪自然交配的一种配种方法。人工授精是现代养猪生产中一个重要的组成部分，它在降低养猪成本、疫病防控、种猪品质改良中有显著的作用。具体来说，人工授精至少有五个优点：①提高种公猪的利用率，人工授精1头公猪可以负担50 ～ 100头、甚至250头母猪的配种任务；而本交1头公猪只能负担20 ～ 25头母猪的配种任务；②提高母猪受胎率，在提高母猪受胎率方面不受时间、地区、气候等因素的影响；③克服公母猪体格上的差别，特别是公猪体大、母猪体小时不能本交成功；④防止传染病的传播。在猪有多种疫病可通过精液传播，采用人工授精可减少疫病传入的风险；⑤人工授精可淘汰精液品质差的公猪，从而提高母猪的受胎率。猪自然交配时是无法知道精液品质的。人工授精可分为精液采集、质量评估、稀释、分装、保存，母猪发情鉴定、输精、妊娠诊断八个步骤。

### （一）人工授精室

人工授精室（图3-14a、b）是检查、稀释、保存、分装精液的地方，要保持洁净、干燥的环境，防止污染精子。

图3-14 猪人工授精室

人工授精室的主要设备有低倍显微镜、电子精子计数器、电子天平、电子数字温度计、温水浴锅、超净水器、17℃冰箱、载玻片、保温板等，上述设备在人工授精室的摆放位置如图3-15。

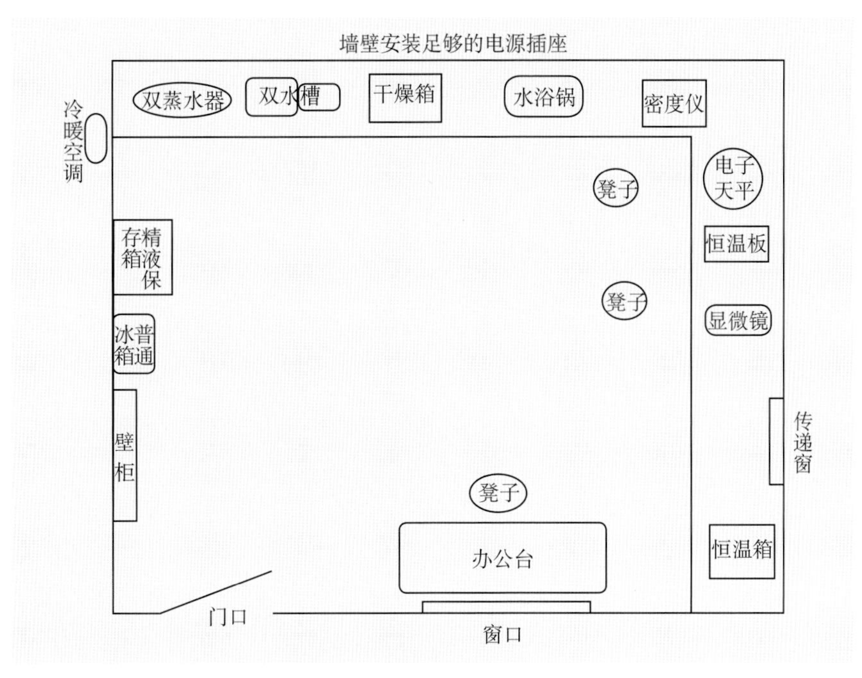


图3-15

清洗设备的时候，不要使用肥皂液或洗涤剂，只能使用热水。

采精前1小时必须开始实验室的准备工作：①洁净实验室；②打开水浴锅，配制足够的稀释液并放入水浴锅中预热到37℃；③准备好显微镜、恒温载物台、精子计数器等检测设备；④将集精杯放上集精袋和过滤纸、预热到37℃备用。

## （二）精液采集与稀释

公猪应定时采精，10 ～ 12月龄公猪一般每周采精1 ～ 2次，1岁以上公猪每周采精2 ～ 3次为宜。

1．采精室　采精室一般为长方形，长600cm、宽400cm为宜，内装采精架（假台猪）。假台猪有多种多样，现介绍一种木制采精架（图3-16a、b）：长120cm，头和胸的直径40cm，臀（尾）宽27cm、高13cm，两侧脚踏板长70cm、宽7cm、深（距背脊）30cm；高度可以升降，头顶距地面高度比尾距地面高度高10cm，头常用高度70cm、尾常用高度60cm。

图3-16　木制采精架

2. 新种公猪的采精驯化 后备公猪8月龄时可以开始调教，已本交配种的公猪也可进行采精调教。在采精架上涂抹上发情母猪的阴道分泌物和尿液，公猪精液和尿液。调教操作人员要有足够的耐性并掌握一定的技巧，先调教性欲较旺盛的公猪采精，让待调教公猪观看老公猪的采精过程，然后逐步训练待调教公猪骑在采精架的背上。对性欲较弱的公猪，用上述方法不易调教成功，可将发情旺盛的母猪赶到采精架旁边，让被训练的公猪爬跨；待公猪性欲旺盛时把母猪赶走，再引诱公猪爬跨假母猪，或直接将公猪由母猪身上搬到假母猪台上采精。调教时，尽量模仿发情母猪的叫声，可提高公猪的性欲。一旦爬跨成功，要连续几天对该公猪进行采精，以巩固刚建立起的条件反射。

3. 精液采集、检查及分装

**（1）采集精液** 先剪去公猪包皮部的长毛。公猪上采精架后，先将包皮囊内的尿液挤出，然后洗净腹部及包皮囊。让公猪刺激至高潮伸出阴茎后，裸手紧握猪茎尖端螺旋部，然后顺着公猪阴茎伸的推力缓缓拉出阴茎，用手紧握阴茎头，模拟子宫颈紧嵌阴茎头之式。待猪射精时让最初射出的5 ～ 10ml精液流弃，其后射出的精液通过滤纸滤入保温采精杯内的集精袋中（图3-17），送实验室。

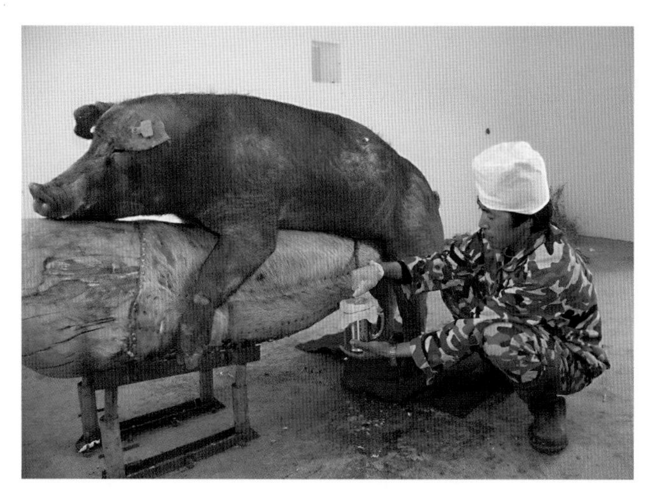

图3-17 采精

**（2）精液检查** 把保温采精杯内集精袋中的精液放入水浴锅内预热到37℃的烧杯中，进行精液称重和检查：猪的射精量一般为250ml（100 ～ 500 ml），刚性成熟的公猪（7 ～ 12月龄）射精量为70 ～ 150 ml，大龄公猪射精量在125ml以上。乳白色、黏稠性高的精液为好，呈红色、褐色、绿色等异常精液的不能用；猪精液略带腥味，有异常气味的应废弃。

测量pH，以pH计或pH试纸测量，正常范围为7.0 ～ 7.8。

用玻棒将精液滴在载玻片上并盖上盖玻片（图3-18）置于37 ～ 38℃的保温板上，在200 ～ 400倍显微镜下观察精子活力和密度（图3-19）。在视野中若100%的精子呈直线运动，活力评为1.0分，90%为0.9分，……，活力低于0.6分精液不能用。精子密度分密、中、稀三级，视野中精子所在面积大于空隙部分（精子与精子之间无空隙）为密，每毫升含3亿个精子以上（计算时以3亿为参数）；精子所在面积为空隙部分的1/2以下（精子与精子之间的空隙大于一个精子的）为稀、每毫升含1亿个精子以

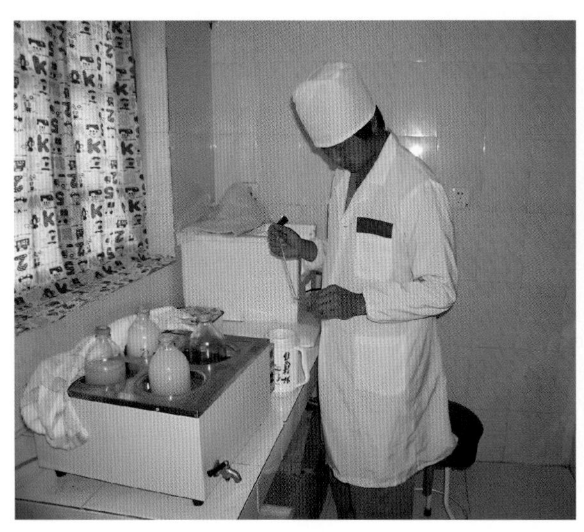

图3-18 精液检查

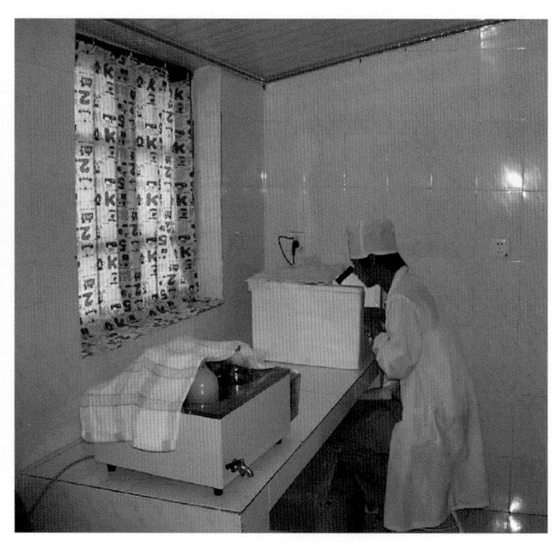

图3-19 显微镜下检查精子活力

下（计算时以1亿为参数）；介于两者之间为中，每毫升含1亿～3亿个精子（计算时以2亿为参数）。成年公猪的精液中一般含300亿～800亿个精子。稀级精子也可用于输精，但不能再稀释。亦可用白细胞计数板计数或精子密度仪测定精液中的精子数。

将一滴精液与一滴10%福尔马林混合均匀于载玻片上并盖上盖玻片，在600～800倍显微镜下检查精子形态。也可用伊红染色观察精子形态：精子涂片→干燥→甲醇固定→水洗→干燥→1%伊红染色5分钟→水洗→干燥→400～600倍或高倍显微镜下观察或精子涂片→干燥→中性福尔马林固定15分钟姬姆萨染色1.5小时→400～600倍或高倍显微镜观察。出现头缺损、无头、大头、小头、双头、双尾、无尾、颈弯曲等为畸形精子（图3-20）。计算畸形精子占所数精子数（三个视野、500个）的百分率，精子畸形率超过20%的不宜使用。

人工授精的几个重要参数：①公猪采精量大于250ml，以电子天平称量、按每克1ml计，避免用量筒等盛放容器测量精液体积；②精子活力在80%以上；③精子密度不低于1.8亿/ml；④精子畸形率低于18%。

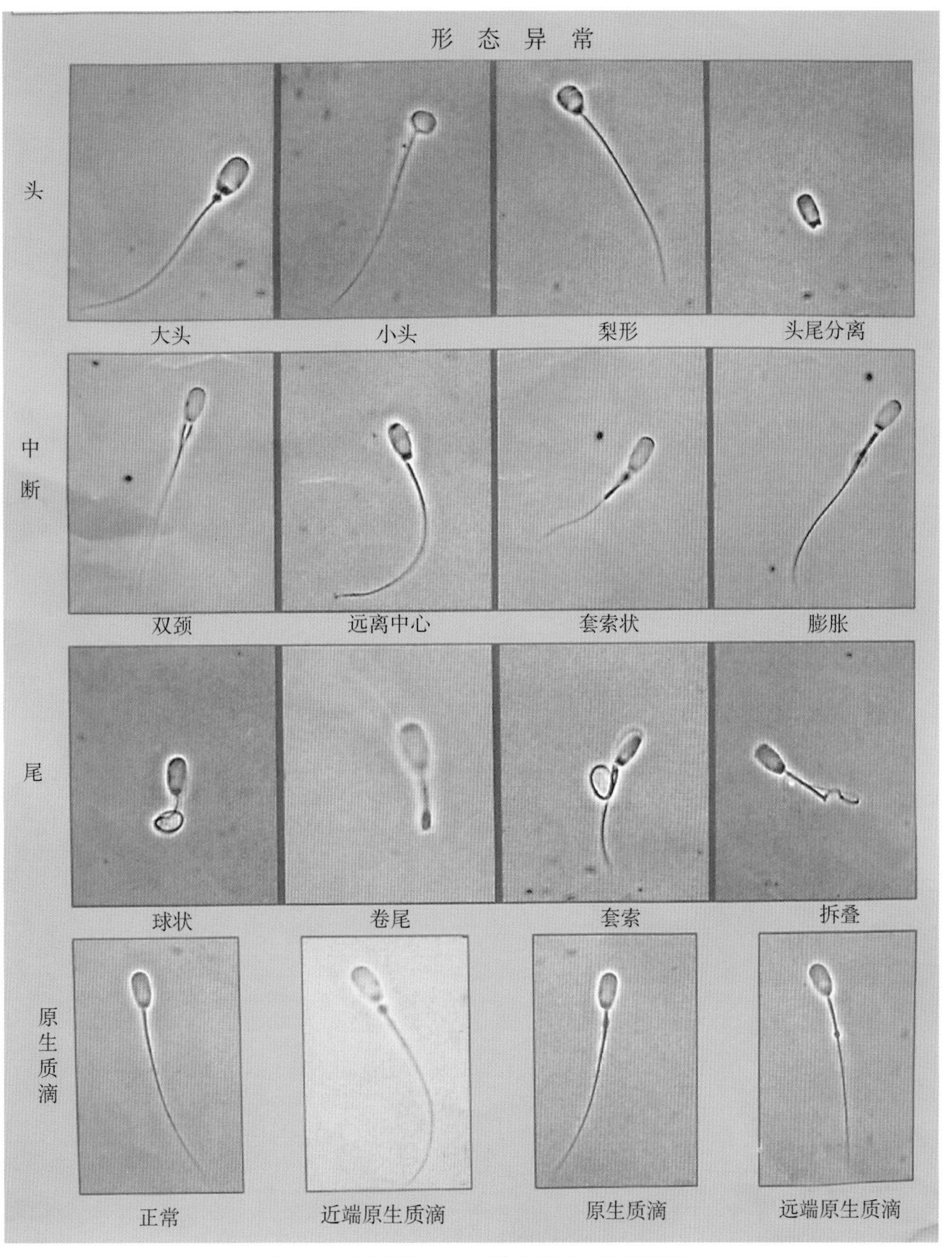


图3-20 精子形态图（该图摘自亚卫资料）

**（3）精液稀释** 将双蒸水配制的稀释保存液预热到37℃，按每80ml内含30亿个精子的标准计算出稀释保存液总需要量，顺着管壁缓缓加入到精液内，并轻轻摇匀（图3-21）。稀释液配方举例：无水葡萄糖60g、二水合柠檬酸三钠3.75g、乙二胺四乙酸二钠3.7g、碳酸氢钠1.2g（试剂以分析纯为好）、青霉素0.6g（100万单位）、链霉素1g、重蒸水加至1 000ml。稀释液应在准备好60分钟后使用。也有商品稀释液粉出售，购回加重蒸水就可使用。

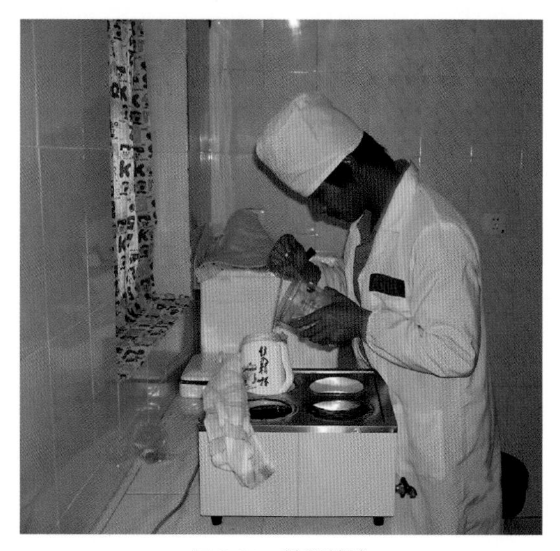

图3-21 稀释精液

蒙自金辰牧业稀释液配方：

无水葡萄糖55g、柠檬酸三钠3g、乙二胺四乙酸二钠1g、安钠咖10ml、青霉素80万单位、链霉素100万单位，重蒸水加至1 000ml。

1）稀释精液的计算方法

①计算每毫升原精内活的精子数：每毫升原精内的精子参数 × 精子活力=$X$亿 ×$X$%。

②计算每头份稀释后的精液内需要的原精量（ml）：30亿 ÷ 每毫升原精内活的精子数。

③计算原精量可以分装的头份数：原精量 ÷ 每头份稀释后的精液内需要的原精量。

④计算精液稀释后的总量：原精量可以分装的头份数 × 80ml。

⑤计算需要稀释液的量：精液稀释后的总量－原精量。

2）稀释精液的计算方法举例

例：一头杜洛克公猪在2008年12月6日早上，采得精液200ml，为乳白色，精液检查结果，密度为“密”，活力为“90%”。

精液密度为密，则每毫升原精内精子参数为3亿。

稀释精液的计算方法如下：

①计算每毫升原精内活的精子数：每毫升原精内的精子参数 × 精子活力，3亿 ×90% =2.7亿。

②计算每头份稀释后的精液内需要的原精量：30亿 ÷ 每毫升原精内活的精子数，30亿 ÷2.7亿 =11.1亿。

③计算原精量可分装的头份：原精量 ÷ 每头份稀释后的精液内需要的原精量，200毫升 ÷11.1亿 =18份。

④计算精液稀释后的总量：原精量可分装的头份数 ×80ml，18份 ×80ml=1 440ml。

⑤计算需要稀释液的量：精液稀释后的总量－原精量，1 440ml － 200ml=1 240ml。

精液稀释好以后，按每瓶80ml分装在精液瓶内（图3-22），每头猪每次输一瓶。剩余者放于17℃恒温冰箱保存。要保存的精液不能立即放入冰箱内，必须先在冰箱外放置1小时左右，让温度慢慢下降后再放入。保存时每隔12小时要轻轻摇匀一次，防止沉淀。保存的精液使用前要检查活力，合格者才能用于输精。随着精液保存时间（精子年龄）的延长，每次输精的剂量应该增加，以保持较高的受胎率。

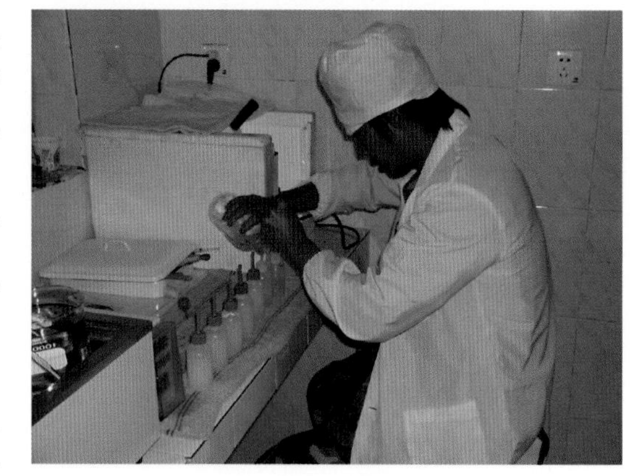

图3-22 分装精液

3）精液稀释注意事项

①精子怕紫外线、消毒药、烟等异味，因此无论采精、检查、稀释、分装、输精时都要特别留意，避免精子受到以上因素伤害。

②精液采集后应尽快稀释，原精贮存不超过20分钟，稀释时稀释液与精液要求等温，以精液温度为标准来调节稀释液的温度，两者温差不超过1℃。

③精液如作高倍稀释时，应先作低倍稀释（1 ： 1 ～ 1 ： 2），稍等片刻再将余下的稀释液沿壁缓慢加入。

4．精液质量影响因素　精子量受季节影响很大，每年从1月起逐渐降低，到7 ～ 8月达到最低，9月以后逐渐增加。以品种而言，杜洛克的精液量少、但浓度高，一般为120ml ± 19ml；长白猪精液量为298ml ± 19ml、浓度为每毫升（203 ± 23）$\times 10^6$。12月龄以下公猪的精液量少，18月龄左右达最佳，一直维持到5岁以上，以后慢慢变差。

疾病对公猪性机能影响很大，发热、特别是高热严重影响产精能力；热应激公猪性欲降低，精液量减少、无精、精子活力变差、畸形精子数增加；跛脚虽然不会影响产精能力，但会造成公猪失去交配欲望。

精子产生的周期为34天，而精子在睾丸精细管中成熟需10天。所以要恢复精子活力需45天。发现精子有衰退现象应立即查找原因。公猪连续不断使用时，精子数会一次一次降低，一头公猪如果在24小时内连续授精两次，其功能会减退，可能需24小时后才能恢复正常。

## （三）简易人工授精法

上述人工授精方法是国际化、标准化的方法，集约化、规模化养猪场和专业猪人工授精站应按此进行。但是，目前我国广大农户散养猪很难一步做到。因此，现将简易人工授精法也作一介绍，当然最终目标还是要按国际化、标准化的方法进行猪的人工授精。

所谓简易人工授精法就是在没有专门设施、设备的情况下，采精后马上用清洁的纱布过滤弃去精液中胶状物，将原精液现采现输精或作短暂保存。需保存的原精液放入预先灭菌带塞的细口瓶内，吊入水温15 ～ 20℃的保温瓶内短暂保存。精液要避光，取放时不要混入水，运输时要防止振荡。保存数小时以上的原精液，使用前要在38.0℃的温度下放置1 ～ 2小时，放置期间要多次轻轻上下摇动。此种精液使用时要做活力检查。

原精液输精量一般按每毫升精液含精子数2.4亿个计算，一次输精量需30亿个精子，即原精液12 ～ 15ml。如果需将原精液稀释，一般用5% ～ 6%葡萄糖液稀释，稀释后即用，不可稀释后保存。稀释用水必须是灭菌的蒸馏水。原精液的稀释倍数为2 ～ 3倍。

## （四）母猪发情鉴定及配种

### 1．发情鉴定

**（1）母猪发情表现**　猪是全年多次发情动物，母猪初情期平均为209天（160 ～ 180日龄）。让后备母猪与公猪隔栏相望或接触，通常会发情；经产母猪如果在哺乳期管理得当，无疾病、膘情适中，则断奶后一般4 ～ 7天便可发情配种。母猪发情周期为21天。

对上述母猪应该进行发情鉴定，每天要观察母猪的发情情况，每天早晨和下午喂料后半小时进行发情鉴定，每天两次，用试情公猪进行试情。

母猪休情期（不发情时）阴户呈粉红色，两片阴唇紧紧靠拢，中间一条直缝（图3-23）。

母猪发情，其表现主要有：精神兴奋，烦躁不安，不爱睡觉，来回走动（图3-24），渴望公猪常等在门口，爱爬跨（图3-25）。对环境敏感易激动，日采食量下降，饮水量增加。

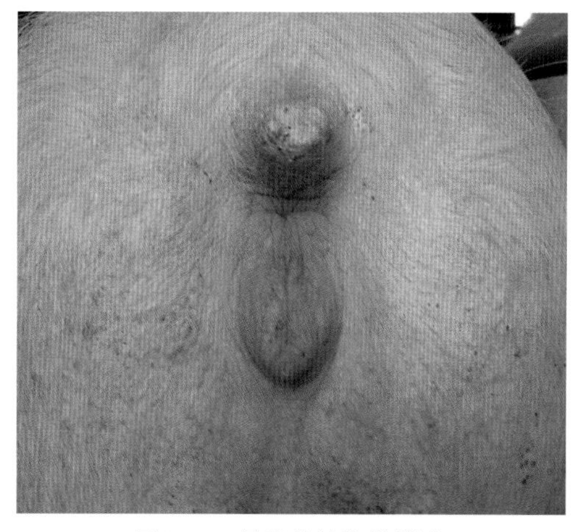

图3-23　母猪休情期的阴户

母猪发情初期阴户发红、肿胀（图3-26），扩张、流出少量水样黏液（图3-27）；随后阴户色变淡，流少数白色黏液（图3-28），阴门内潮湿，温度升高（图3-29）；发情中期阴户红肿达到高峰，色泽变成紫红色（图3-26）；发情末期阴户色泽变成淡红色，肿胀开始消退并出现皱纹，黏液为黏着乳白色或糊状黏液（图3-29）。此时，把手指放进母猪阴唇间，有温热、湿润的感觉（图3-30），醮黏液有黏性感、可拉丝，翻开阴门色白而干（图3-31）。

图3-24 母猪发情不爱睡觉，来回走动，渴望公猪常等门口

图3-25 母猪发情互相爬跨

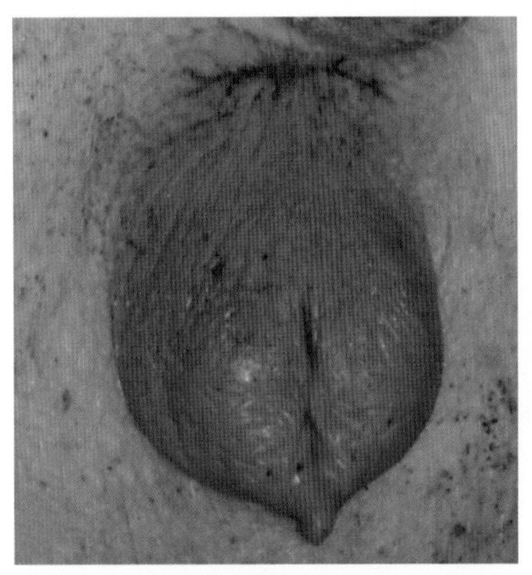

图3-26 母猪发情阴户发红、肿胀、呈紫红色

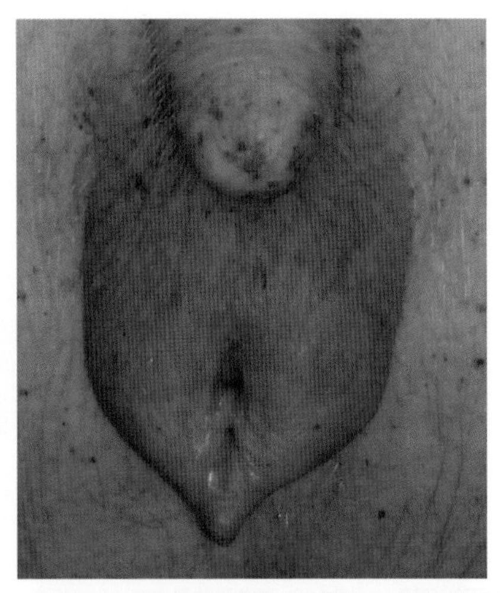

图3-27 母猪发情阴户扩张、流水样液

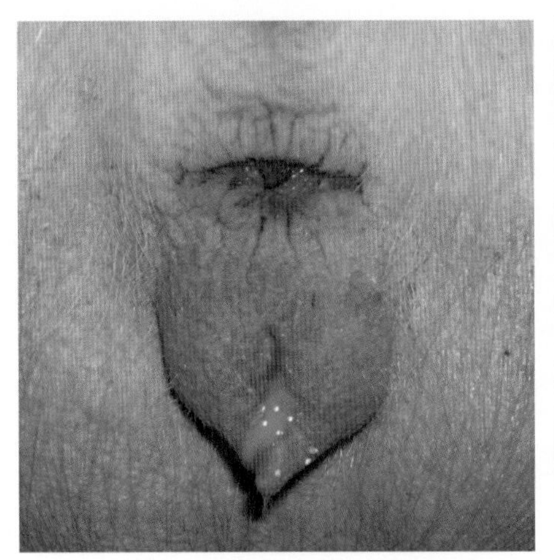

图3-28 母猪发情色变淡、流少量白色黏液

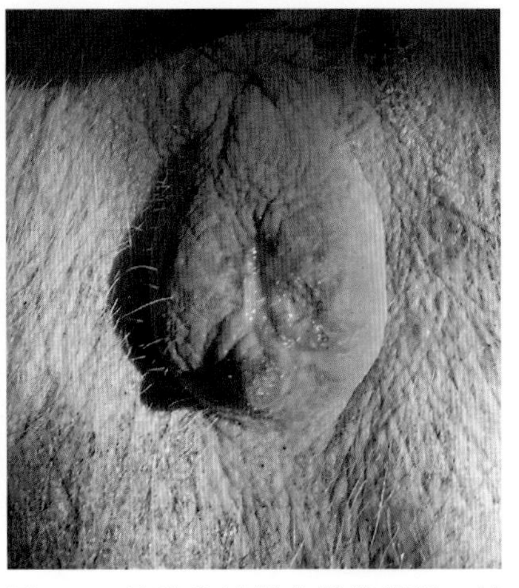

图3-29 母猪发情阴户肿胀消退、皱缩、黏液变为乳白黏着或糊状黏液

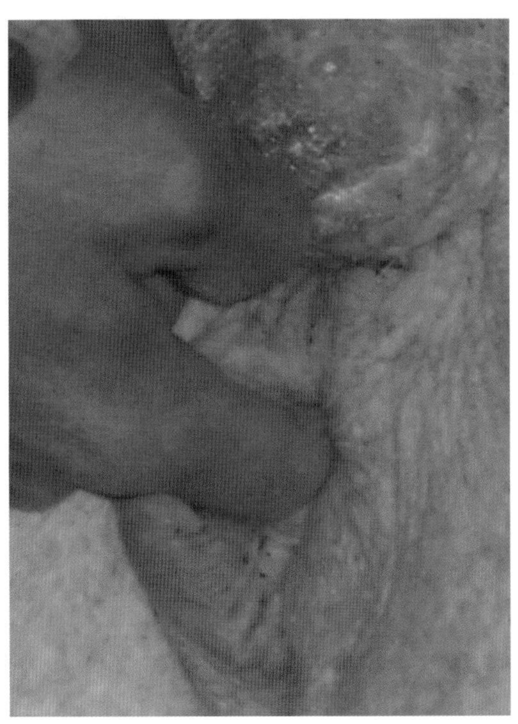

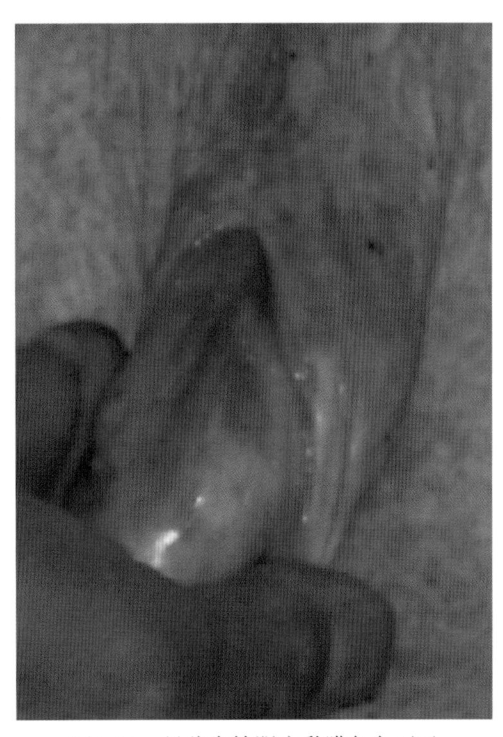

图3-30　母猪发情阴唇内温热、湿润

图3-31　母猪发情阴户黏膜色白而干

**（2）母猪发情鉴定**　饲养技术人员进行发情鉴定时身体紧贴母猪左腹部，右手抚摸母猪右腹部并提拉腹股沟。此时，如果母猪没有达到发情盛期，就会吠叫、挣扎、逃跑；如果母猪发情已可配种，就显得呆滞、安静、温驯、不出声（图3-32）。母猪发情到了可配种时，手压母猪背部静立反应明显，骑背试验时两耳耸立、站立不动（图3-33）。

母猪繁殖配种的关键在于发情鉴定，而发情鉴定的关键在于母猪的静立反应。要牢记：母猪发情是性生理过程，整个过程是渐进的、发展的，每个阶段是有特色、规律性很强的。发情鉴定时除掌握好每个阶段的特色外（图3-34），必须以发展的、整体的眼光看。

图3-32　发情鉴定　提拉腹股沟

图3-33　发情鉴定　骑背试验

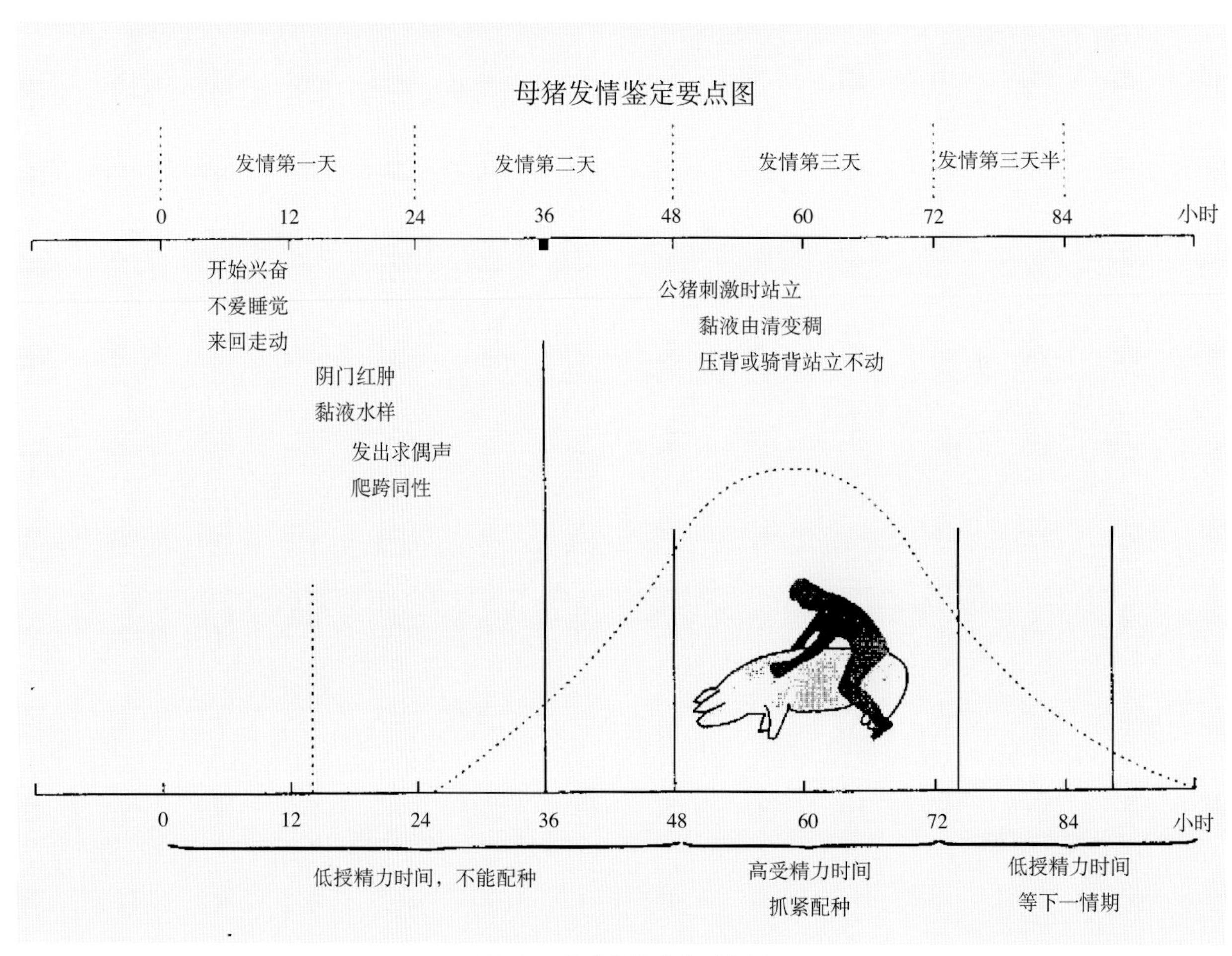


图3-34 母猪发情鉴定要点图

为了方便记忆和做好发情鉴定，笔者把母猪的发情表现编为顺口溜：

母猪发情很兴奋／一有动静就抬头／不爱睡觉来回走 ／渴望公猪等门口。

阴户平常紧闭拢／中间直直一条缝／发情松弛闭不严／缝缝弯曲色变深。

爬跨同性呈凶狂／阴门红肿黏液稠／骑背试验猪不动／抓紧时间快配种。

2. 配种

**(1) 配种时期** 后备母猪第一次发情不要忙于配种，在第二或第三个情期进行配种。

经过发情鉴定可配种的母猪，应选择适当的公猪与其放在一起交配（本交）或进行人工授精。要记住，很多母猪发情都是开始于傍晚之时，大约60%的发情母猪的发情开始于下午4时至早上6时之间，所有在上午检测到发情的母猪，都应该认为其开始发情已经有10小时了。由于母猪是多胎动物，在一次发情中多次排卵，因此，发情母猪一般要配种2 ～ 3次，第一次在发情鉴定出现静立反应时立即配种，间隔10 ～ 12小时再配一次。对于两次配种进行得不好并且仍表现“静立反应”的母猪应进行第三次配种，受胎率和产仔数都会提高。

在商品仔猪的生产实践中，采用本交和人工授精相结合，既能充分利用种公猪，又可获得较高的受胎率和较多的产仔数。方法是经鉴定发情母猪可配种时，第一次用公猪本交，第二次用人工授精。在一个情期内用2头或3头公猪交配（人工授精），可以获得更好的结果。在人工授精时，把不同公猪的精液混合后再输给母猪可提高受胎率和产仔数。

**(2) 输精方法** 人工授精给母猪输精前6 ～ 12小时阴户注射氯前列烯醇0.2mg可以提高受胎率。输精时先用手纸把母猪阴部擦净（图3-35），以防将病原微生物带入阴道。请注意：只能用纸擦净，不要用水洗，更不能用消毒药水洗；然后滴少量精液在阴门内（图3-36）；多次使用的输精管要经过严格清洗、消毒，临用时滴少量精液在输精管头部（图3-37），利于输精管插入。输精时输精员先用左手将母猪阴唇分开，右手将输精管轻轻插入母猪阴道（图3-38）；当插入15 ～ 20cm时，输精管顶端沿着阴道壁稍向上仰插（向上45° 角），随后将输精管恢复水平方向，朝母猪体左侧（逆时针方向）轻轻旋转前进；当插入25 ～ 30cm左右时，会感到输精管顶端有点阻力，这时输精管顶部已到了子宫颈皱褶处（图3-39），此时猪表现敏感，再稍一用力，输精管顶部就进入子宫颈两个硬皱褶的部位；用手再将输精管顺时针方向旋转一下，将输精管"锁定"，回拉时会感到有一定的阻力，此时便可进行输精。

输精前先赶一头公猪在母猪栏外，可刺激母猪性欲，促进精液的吸收（图3-40）。

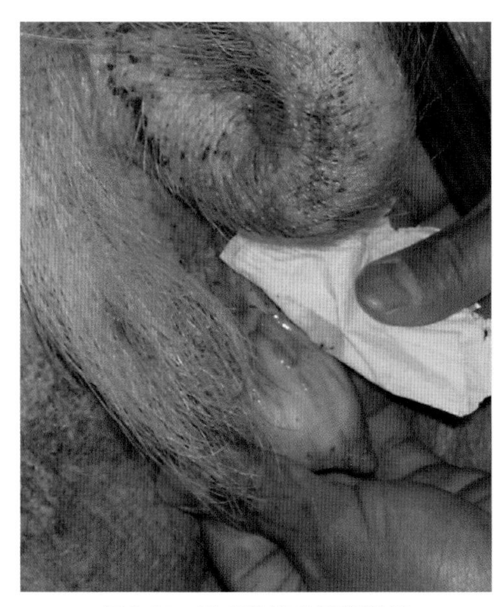

图3-35　用手纸擦净母猪阴部

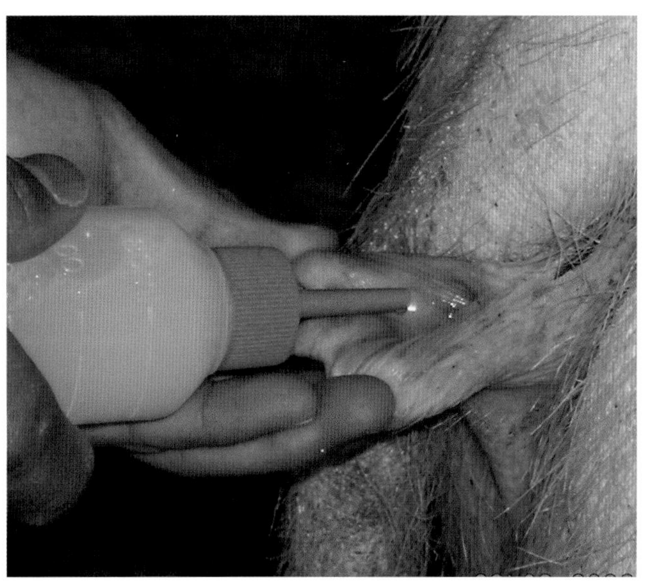

图3-36　滴少量精液在阴门内

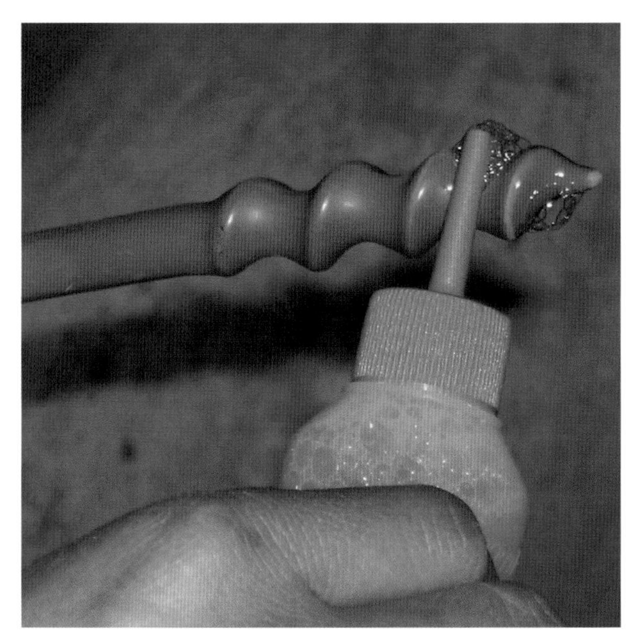

图3-37　滴少量精液在输精管头部

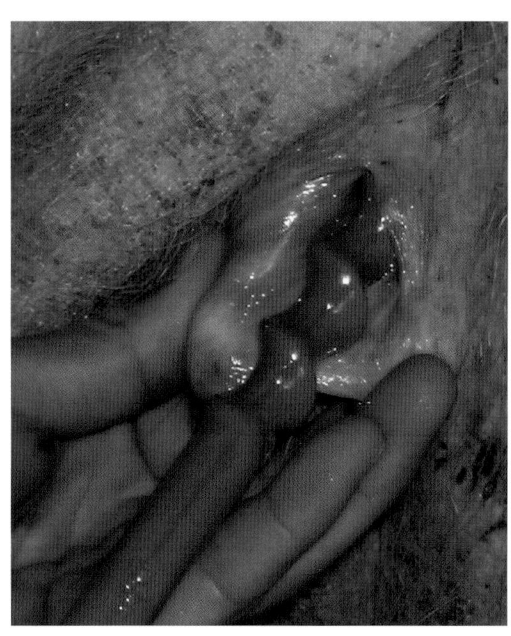

图3-38　插入输精管

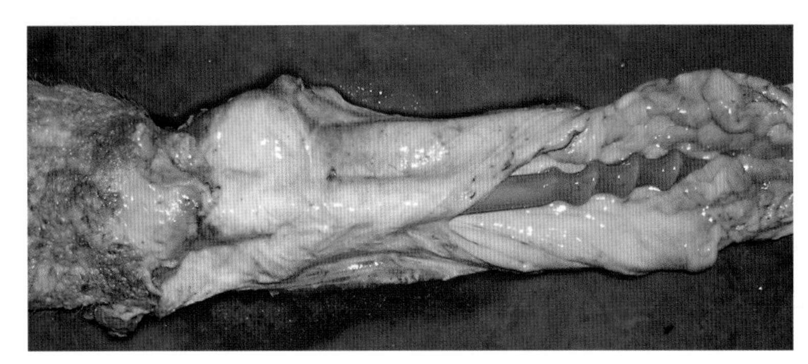

图3-39 输精管顶部到达子宫颈皱褶处

图3-40 用公猪刺激母猪性欲，促进精液吸收

输精员倒骑在母猪背上或按压母猪腰部；也可做一个重10kg左右的沙袋，搭在母猪背腰部，输精效果会更好。

正常的输精时间应和自然交配一样，一般为5 ～ 10分钟。时间太短不利于精液的吸收，太长则不利于工作的进行。输精时如果精液推不进去或发生倒流，可能是输精管顶端被黏膜阻塞，这时将输精管左右转动，稍微变动位置就可将精液输入。

图3-41 母猪栏前挂配种记录卡

当输精瓶（袋）内精液排空后，放低输精瓶（袋）于母猪阴户以下，观察精液是否倒流回输精瓶（袋）内。若有倒流再将其输入，为了防止精液再倒流，不要急于拔出输精管，让输精管在母猪体内停留2 ～ 3分钟，然后轻轻地、稳健地、朝左下方拉出输精管或让其慢慢滑落。

总之要掌握输精操作要点：慢慢插、适度深、轻轻注、缓慢出。

母猪配种后，在限位栏内或单独饲养，立即做好配种记录，特别要推算预产期，填写在配种卡上，并把配种记录卡挂在母猪栏前（图3-41）。母猪在限位栏内或单独饲养35天。

**3．母猪预产期的推算** 母猪的妊娠期平均为114天。预产期的推算方法有两种：

**(1)“三・三・三”法** 即在配种日期上加上3个月3周又3天。如一头母猪的配种日期是6月7日，那么，预产期就是10月1日。这样推算出来的：6+3=9月，7+（3×7）+3=31天，以30天为一个月。

**(2)“月加四，日减六”法** 即配种月份上加4，日期减去6。如上面这头母猪6月7日配种，推算方法是6+4=10月，7 － 6=1日，也是10月1日。

**4．早期妊娠诊断**

**(1) 早期妊娠诊断方法** 早期妊娠诊断有助于安排母猪的重配或淘汰从而减少母猪的非生产性饲养期。

①已配种而未受孕的母猪，在配种后的21天会再度发情（返情）。因此，从母猪配种后的18天开始，每天早、晚两次用试精公猪检查母猪是否有返情表现。做法是：两人，一人赶着公猪在母猪前，另一人在母猪后观察（图3-42a、b），一直检查到第23天。母猪一切正常的情况下，配种后20多天不再出现发情，可初步认为配种成功；等到第二个发情期仍不发情，就可以认为已经妊娠。用试精公猪查情的同时结合观察母猪的行为，凡配种后表现安静、贪睡、食量增加、上膘、皮毛光亮、性情变温驯、行动稳重、阴户收缩、腹部逐渐增大的，即是妊娠的象征。

②母猪配种后24 ～ 35天，用超声波探测仪检查母猪是否怀孕；36 ～ 42天再用超声波探测仪检查24 ～ 35天检查的阴性猪。

③激素注射妊娠诊断法：母猪配种后16 ～ 17天，在其耳根皮下注射3 ～ 5ml雌性激素，注射后出

现发情征状的母猪是空怀母猪，在5天内不发情的母猪是妊娠母猪。此法是在4.（1）办法可疑又无超声波探测仪的情况下使用。

图3-42 用试精公猪检查母猪是否返情

对前面查出的返情母猪和阴性（未怀孕）母猪，每天早、晚两次进行发情鉴定，对发情出现静立反应者，进行重新配种。

**（2）识别母猪假发情** 母猪配种后已怀孕，但在下一个情期又出现发情表现，叫做假发情。要认真识别假发情，假发情没有真发情那样明显，发情时间也短，一两天就过去。最重要的鉴别点是，假发情的母猪不再让公猪爬跨。

**（3）母猪返情原因**

①配种后3 ~ 18天内返情的，可考虑卵巢囊肿、子宫感染、饲料霉变；

②配种后20天内（18 ~ 19天）返情的，说明配种迟了；

③配种后21 ~ 23天内返情的，说明配种失败；

④配种后22天以后（23 ~ 24天）返情的，说明配种早了；

⑤配种后25 ~ 38天内返情的，说明母猪受孕但不能受胎，可考虑应激、饲料、 卵子活力、子宫内感染；

⑥配种后39 ~ 45天内返情的，说明错过了一个情期；

⑦配种45天以后返情的，说明母猪受孕但不能受胎，可考虑应激、饲料、疫病等原因而流产。

返情超过一次以上的母猪可能有生殖系统疾病，应予以淘汰。

### 5. 妊娠母猪转栏

（1）母猪妊娠36天以后，从限位栏转到大栏饲养，一般3 ~ 4头一舍，最初几天要特别加强护理，防止母猪互相咬伤（图3-43、图3-44）。

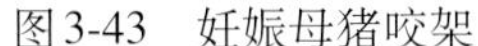

图3-43 妊娠母猪咬架

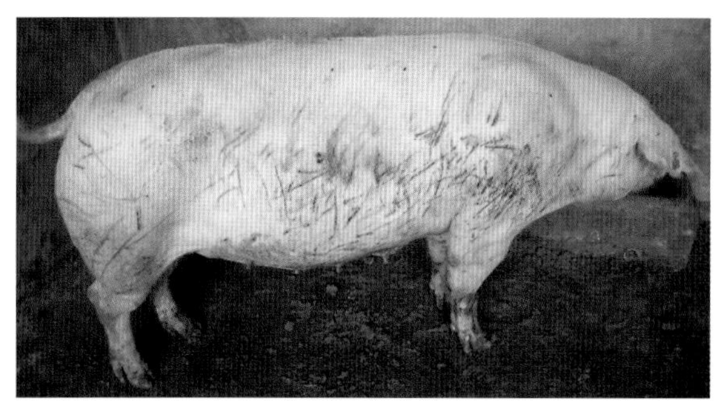

图3-44 这头猪全身被咬伤

（2）妊娠母猪进产房。妊娠母猪按预产期提前7天进产房，每头母猪进产房前要用清水（冬天用温水）把全身洗净，然后再用消毒药+杀螨药液把全身喷湿（图3-45、图3-46）。

图3-45 母猪进产房前洗净全身

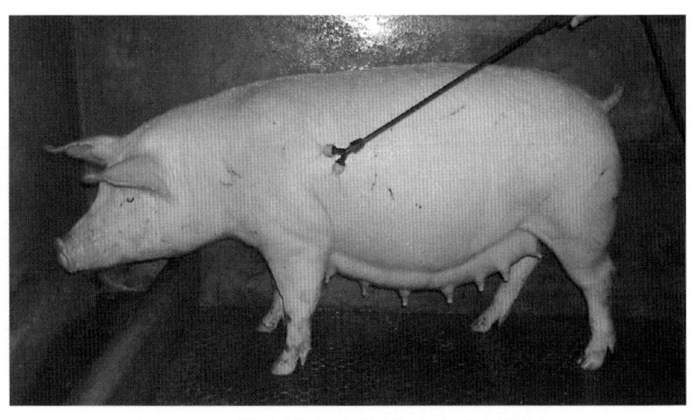

图3-46 母猪进产房前洗净全身并消毒

## 五、妊娠母猪的饲养管理

妊娠母猪的健康水平和正常生理代谢状况，决定了哺乳仔猪的健康状态。

妊娠母猪的营养、饲养管理，将影响分娩后的泌乳品质、仔猪育成率、断奶窝重及母猪下一胎的繁殖成绩。

仔猪初生重越小，死亡率越高；仔猪初生重越大，死亡率越低（表3-1）。

仔猪初生重与生长率的相关性：初生重增一两，断奶重增一斤，出栏重增十斤。

**表3-1 仔猪初生重与死亡率的相关性**

| 仔猪初生重（g） | 仔猪死亡率（%） |
| --- | --- |
| 800以下 | 56.5以上 |
| 800～1 000 | 33.0 |
| 1 000～2 000 | 20.0 |
| 1 200以上 | 10.0以下 |

**（1）保证妊娠母猪营养** 提高仔猪初生重的关键是在母猪妊娠85天后、重胎期的营养供应量：产前1个月的营养供给量由妊娠中前期母猪的膘情决定。妊娠后期饲料供应量越大，越能满足胎儿快速生长的需要，仔猪初生重越大。

**（2）母猪分娩前的饲喂方法** 母猪产前饲喂量过多，产后采食量减少，泌乳减少或缺乳。

**（3）预防妊娠母猪便秘** 母猪妊娠中前期长期便秘（图3-47），可造成受胎率降低、产仔数减少、流产增加；妊娠后期便秘，可造成产程延长、难产率增加、产后采食量下降、泌乳减少等问题。助产可能引起母猪子宫炎、乳房炎增多。

泌乳期便秘，可造成无乳或缺乳，仔猪腹泻增加，断奶母猪发情率低。

**（4）重视水营养** 产前母猪需要大量饮水，饮水不足易发生便秘和尿中出现石灰粉样沉渣（图3-48），饮水器的流量要达到每分钟3～4L。

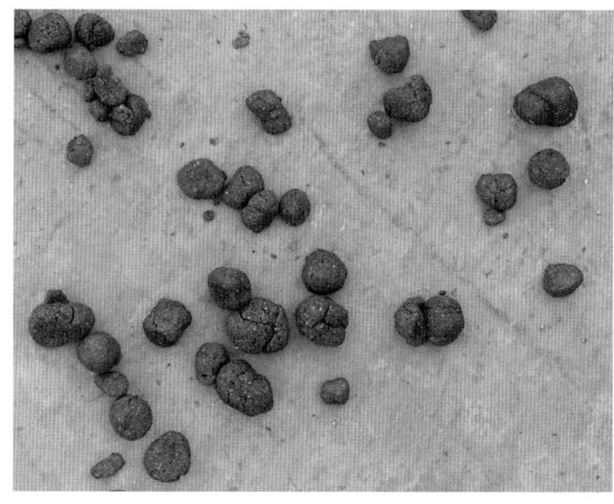
图3-47

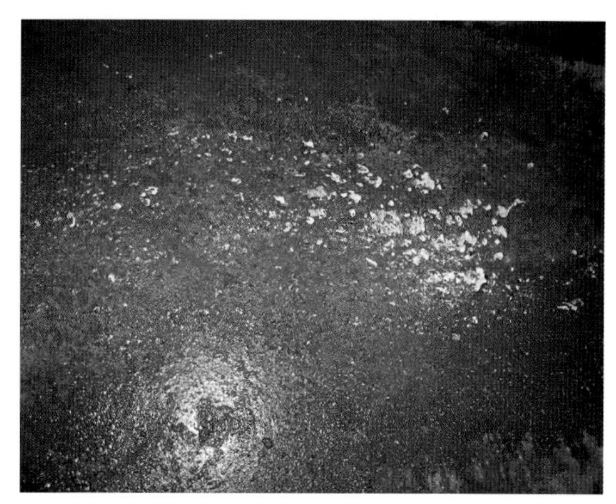
图3-48

**（5）供给妊娠母猪适量粗饲料** 添加粗纤维饲料或青饲料，可满足母猪的饱腹感及保持胃肠道的舒适和通畅，对提高产仔数有好处。

**（6）避免喂给母猪霉变饲料** 饲料中霉菌毒素会导致母猪繁殖性能下降。霉菌毒素可使母猪阴户红肿（3-49a、b）。

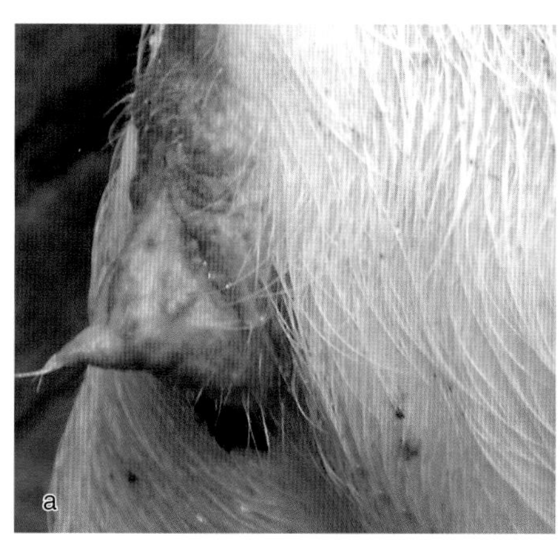


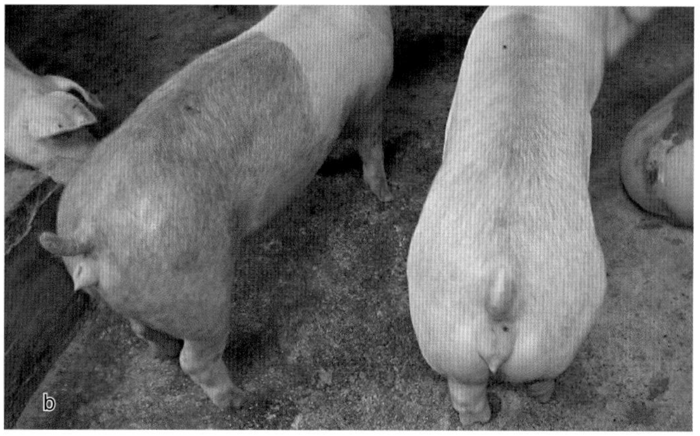


图3-49 霉菌毒素造成母猪阴户红肿

**（7）母猪妊娠期高纤维对窝产仔数的影响** 见表3-2。

**表3-2 高纤维日粮对母猪窝产仔数的影响**

| 原　　料 | 窝产活仔数 | 断奶仔猪数 | 统计窝数 |
|---|---|---|---|
| 苜蓿草粉 | −0.4 | −0.7 | 269 |
| 苜蓿草 | +0.5 | +0.8 | 647 |
| 玉米蛋白料 | +0.7 | +0.4 | 229 |
| 玉米酒糟 | −0.3 | −0.4 | 118 |
| 小麦秸秆 | +0.5 | +0.7 | 669 |

## 六、接产及仔猪培育

### （一）产前准备

仔猪在母体羊水中基本无菌，产出后到产房中会受到病原微生物的包围。因此，认真消毒产房，保持适宜的温度很重要。母猪适宜的温度是16 ~ 20℃，湿度65% ~ 70%。如果母猪在实心地板（如水泥地板）上产仔，采用高质量的木屑或柔软的垫草，可防止仔猪体温通过地面传导，而达到保温的目的。

1. 准备接产用具　预产期前2天检查母猪乳房，并将保温灯箱准备好，灯的瓦数为100W或175W，悬挂高度45cm，也可用电热毯。

2. 采取同期分娩　猪在进化过程中形成了母猪多数在夜间分娩的习惯，母猪在夜间分娩对工作人员接产护仔不利。根据动物分娩的原理——妊娠期满黄体逐渐溶化后，动物就开始分娩。因此，为了让母猪在妊娠期满的白天分娩，可以使用能促进黄体溶化的药物，如氯前列烯醇使母猪在白天分娩。方法是：母猪妊娠期为114天，可以在母猪妊娠期的112 ~ 113天时，注射2ml氯前列烯醇，猪就会在妊娠期114天的白天分娩。根据实践，注射氯前列烯醇的时间有两个时段，一是妊娠期112天的9：00左右注射，母猪就会在妊娠期114天的5：00左右开始分娩，20：00左右分娩结束；如果在妊娠期113天的13：00左右注射，母猪就会在妊娠期114天的中午开始分娩，到22：00左右分娩结束。

3. 母猪产前征兆　母猪产前有一定规律性的征兆：即食欲减少，不想吃料，呼吸加快，卧立不安（图3-50a、b、c），阴门松弛、红肿（图3-51），频频排尿，尾根两侧凹下；乳房膨胀、发亮、有光泽，两侧乳头向外八字形张开（图3-52），用手挤压乳头有乳汁排出，初乳出现12 ~ 24小时或最后一对乳头能挤出乳汁2 ~ 3小时即分娩（图3-53）。

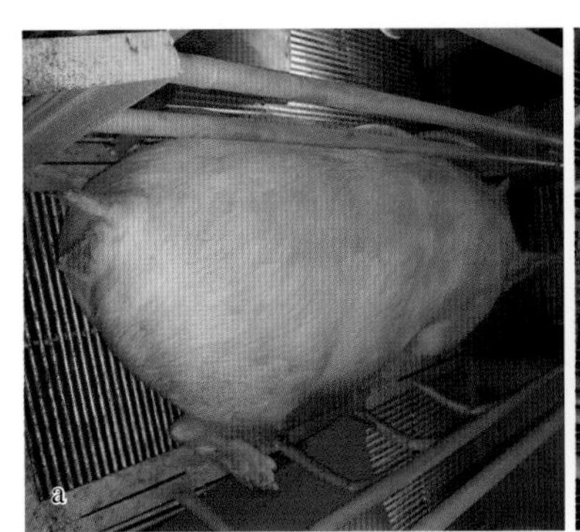

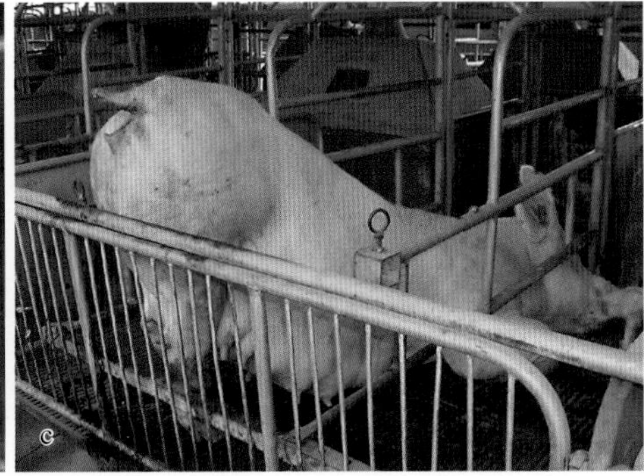

图3-50　母猪产前呼吸加快，卧立不安

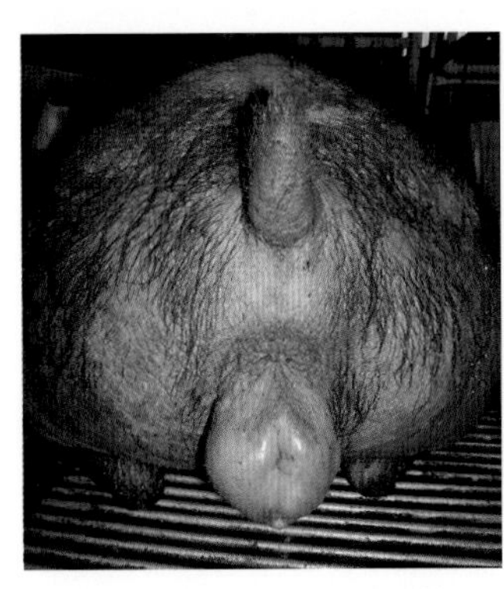

图3-51　母猪产前阴门红肿松弛

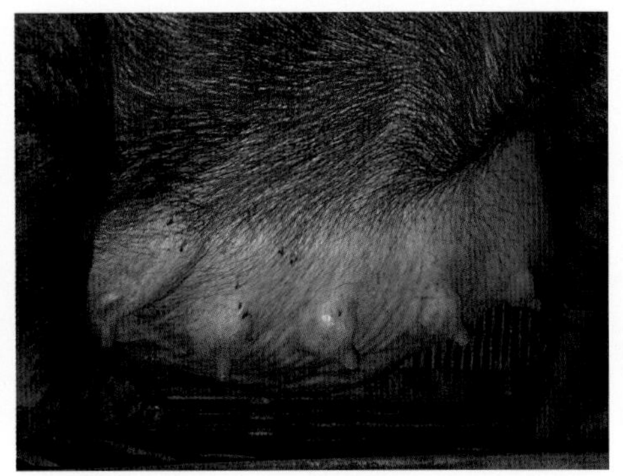

图3-52　母猪产前乳房膨胀、八字形张开

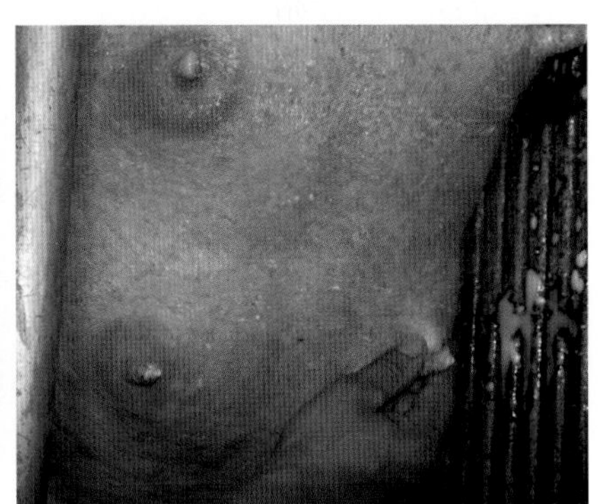

图3-53　挤乳确定产仔时间

为了便于记忆，笔者将母猪临产征兆编为顺口溜：

母猪产前有征兆／卧立不安吃食少／阴门红肿尾根凹／尿液频频来流下。

乳房膨胀有亮光／乳头向外八字脒／一挤乳头乳汁冒／产仔时间就来到。

## （二）接产

1．清洗母猪乳房和外阴部　母猪分娩破羊水后立即清洗乳房及阴门。清洗乳房（图3-54）和外阴部（图3-55）一般洗三次，第一次用清水洗净粪便污泥，第二次用肥皂水洗，第三次用无味、无刺激性的消毒药水洗，如用高锰酸钾，洗后擦干，这对预防仔猪腹泻很有效。

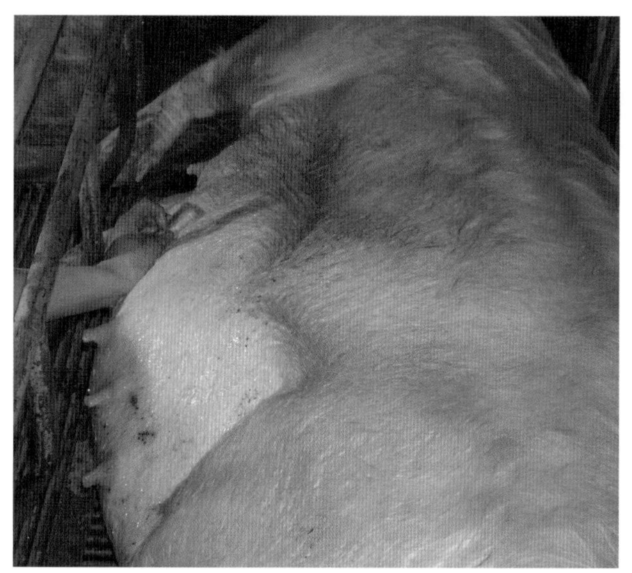

图3-54　清洗消毒乳房

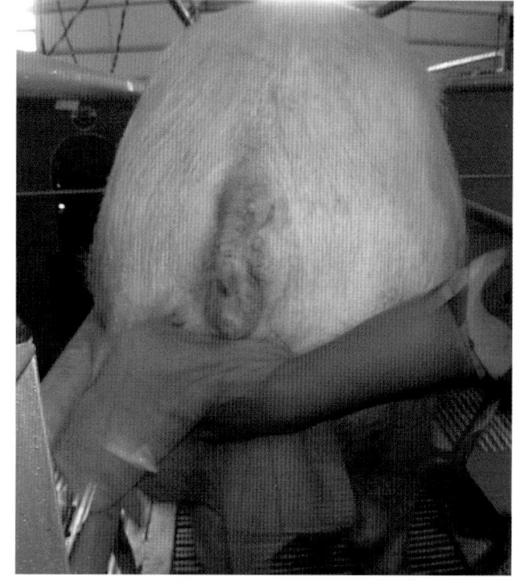

图3-55　清洗消毒阴门和臀部

2．接产　接产的任务是呵护母猪顺利产仔，护理仔猪。母猪正常产仔有正产和倒产两种，正产是头先出，有60%～70%的胎儿是正产（图3-56），倒产是两个后蹄先出（图3-57）。如果一支前肢或后肢先出，胎儿横着或臀部顶在阴道口，就是胎位不正。胎位不正时要纠正为正产或倒产位。母猪阵缩无力时，要给以适当的帮助，拉仔猪或注射催产素。仔猪出生后要立即护理（图3-58），防止假死、避免压死（图3-59a、b）和冻死。产仔舍要建立分娩值班监护制度，母猪临产前要有专人监护，晚上也

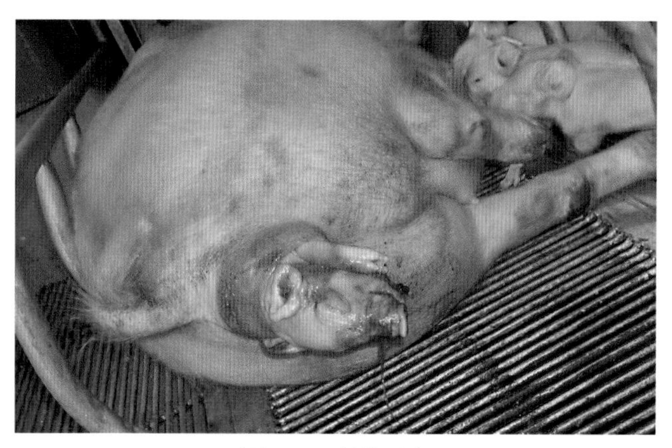

图3-56　仔猪正产

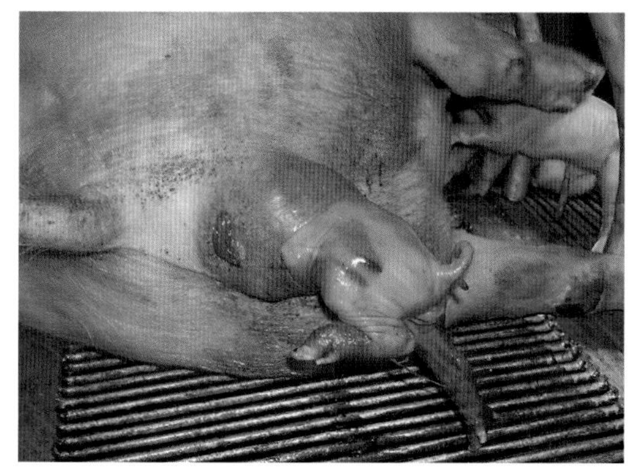

图3-57　仔猪倒产

图3-58　仔猪产下要立即护理

要值班。分娩监护的重要目的是减少分娩过程中胎儿死亡和初生仔猪死亡。产房内要尽可能保持母猪舒适，不到万不得已不要人为帮助母猪分娩。这样做可以明显降低死胎数及哺乳仔猪死亡率。

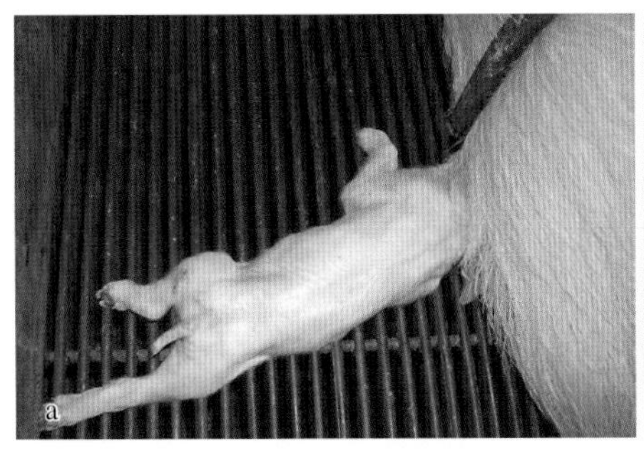

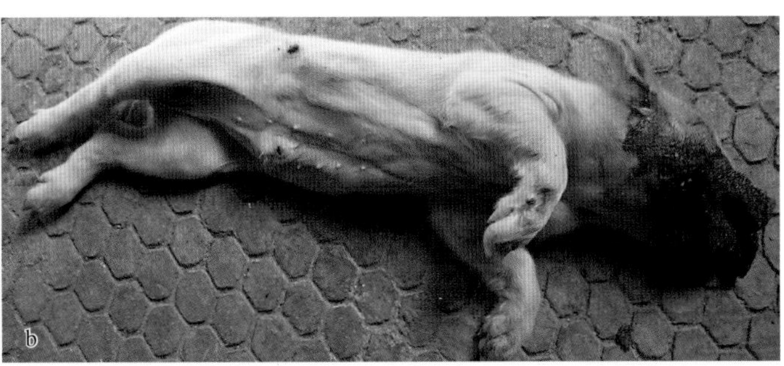


图3-59 仔猪被母猪压死

仔猪出生后，接产人员要快速让新生仔猪从胎衣中脱出，立即用毛巾或卫生纸将其耳、口、鼻腔中的黏液掏出并擦净（图3-60），再用抹布或木屑将仔猪全身黏液擦净（图3-61）。最好用干木屑擦仔猪全身，这样做有两个好处：一是干木屑吸附性强，很易吸净羊水、黏液，可防止仔猪皮肤水分蒸发带走热量；二是刺激仔猪皮肤，促进血液循环，提高初生仔猪的活力。

接产人员不许留长指甲，双手及手臂要严格消毒。

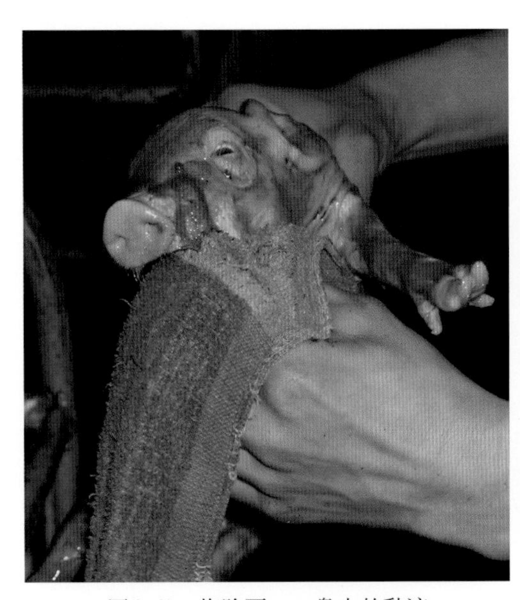

图3-60 掏除耳、口鼻中的黏液

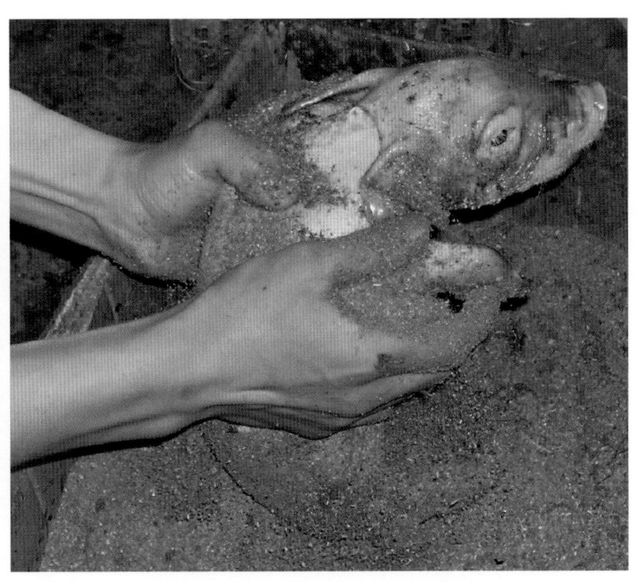

图3-61 用木屑将全身黏液擦净

**3. 假死仔猪的急救** 母猪分娩时两个子宫角内的胎儿都要从子宫角方向向子宫颈口移动，排队通过子宫颈口，进入阴道而产出（图3-62）。正常情况下，母猪分娩时间平均为4.5小时（1.5 ~ 6.5小时），每头仔猪的出生时间间隔平均为15 ~ 20分钟。第一头与第二头之间有较长的间隔是正常的（可长达2小时）。母猪分娩时间过长，体力消耗过大，仔猪不能及时排出，会造成仔猪在母体内脐带与胎盘过早断离或胎儿被脐带缠住停滞在产道内。由于仔猪在胎盘内通过脐带靠母体血液进行气体交换，供给氧气，排出二氧化碳。如果脐带与胎盘过早断离或胎儿被脐带缠住停滞在产道内，使氧气供应断绝，会造成仔猪缺氧而窒息，仔猪产下时即停止呼吸，但心脏仍在跳动，这种现象叫假死。

遇到假死仔猪，接产人员左手立即提住其后肢，头朝下，右手轻轻拍打屁股、背部，直到仔猪咳出声为止，假死仔猪就能活过来（图3-63）；另一种人工呼吸法是：将仔猪四肢朝上，一手托肩部，一手托臀部，一曲一伸，反复进行，直到仔猪叫出声为止（图3-64）。也可采用在仔猪鼻部涂酒精刺激仔猪呼吸，进行急救。对于舌头外露的假死仔猪，在急救前应先将舌头塞回口中。

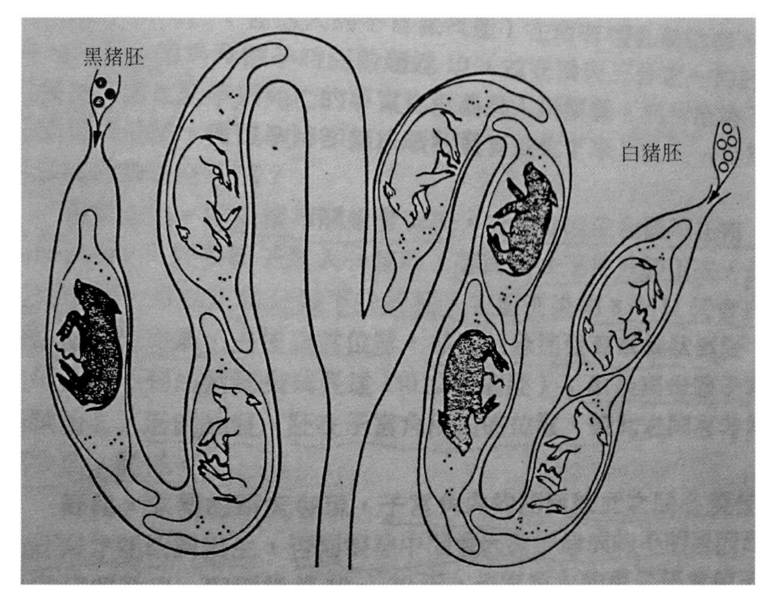

图3-62　猪胚迁徙示意图（Marreable，A，W..1971）

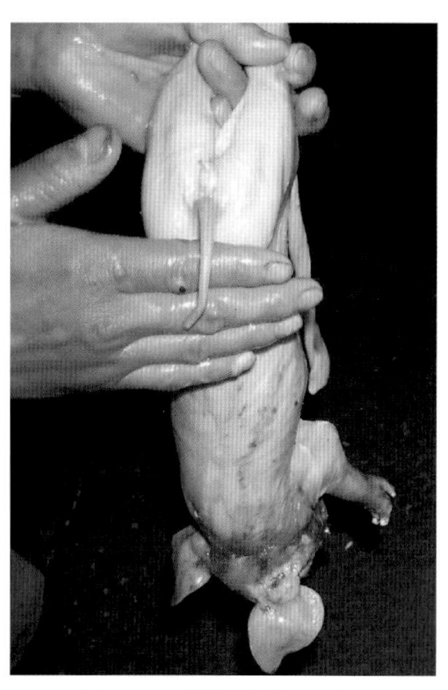
图3-63　倒提式人工呼吸

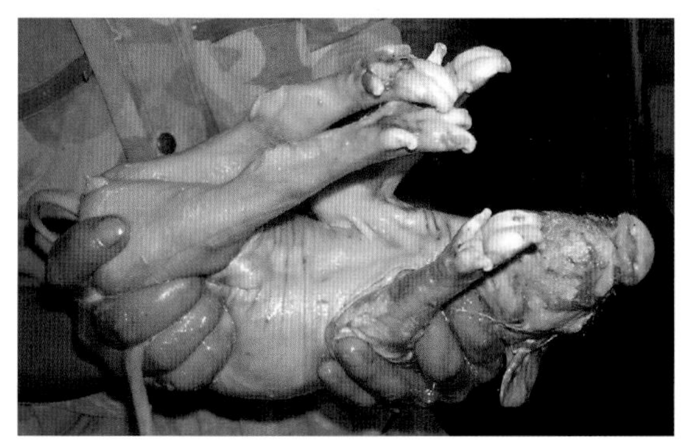
图3-64　曲伸式人工呼吸

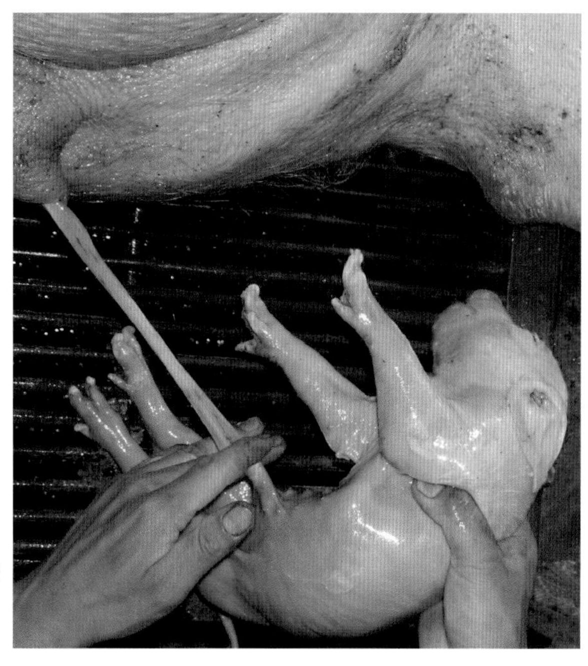
图3-65　将脐血挤回仔猪体内

4．断脐　仔猪出生后将脐带内的血液向仔猪腹部方向挤压，最大限度地把脐血挤回仔猪体内（图3-65）。现代医学研究发现，脐血有骨髓样作用，可治疗白血病，脐血是仔猪最好的营养来源。但也有专家认为脐血是废物，不宜挤回仔猪体内，相反要丢弃掉。在离仔猪腹部5cm左右处断脐，断脐时不要一刀剪断，这样会使仔猪体内的血液流失过多。较好的方法是：左手指头紧捏要断脐处，右手拽着脐带末端朝一个方向扭，慢慢地将脐带扭断（图3-66）。或待扭得很紧时，用线结扎牢固后，在扎线外0.5cm左右处剪断。也有专家认为断脐时以不结扎为好，可将脐带打个节后撕断。

断脐后要用5%碘酒对断脐处进行消毒（图3-67），这样不会流血，也不易感染。

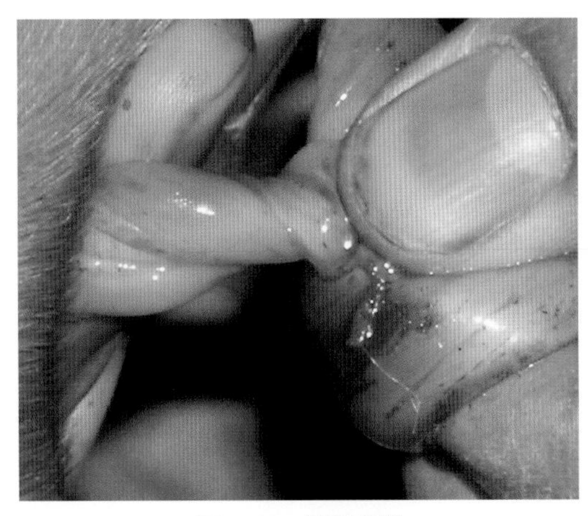

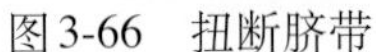

图3-66 扭断脐带

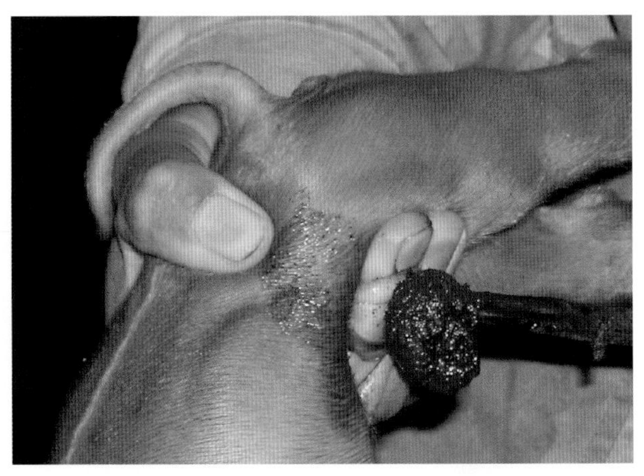

图3-67 断脐后用碘酒消毒

5. **称初生重** 初生重即初生个体重，是指仔猪出身后吃初乳之前称得的个体重（图3-68）；全窝活仔个体重的和即为初生窝重。

6. **剪牙** 仔猪吃初乳前要剪弃针状牙齿，每个仔猪有8颗针状牙（成对的上下门齿和犬齿共8颗），将每颗针状牙在稍高于牙床处剪弃（图3-69），以防咬破母猪乳房发生乳房炎和仔猪互相咬伤。剪牙时应小心，不要太靠近牙床，切勿伤及牙龈、牙床，避免把牙剪碎。一旦伤着牙龈、牙床，不仅妨碍仔猪吮乳，而且受伤的牙龈、牙床将成为潜在的感染点。

图3-68 称初生重

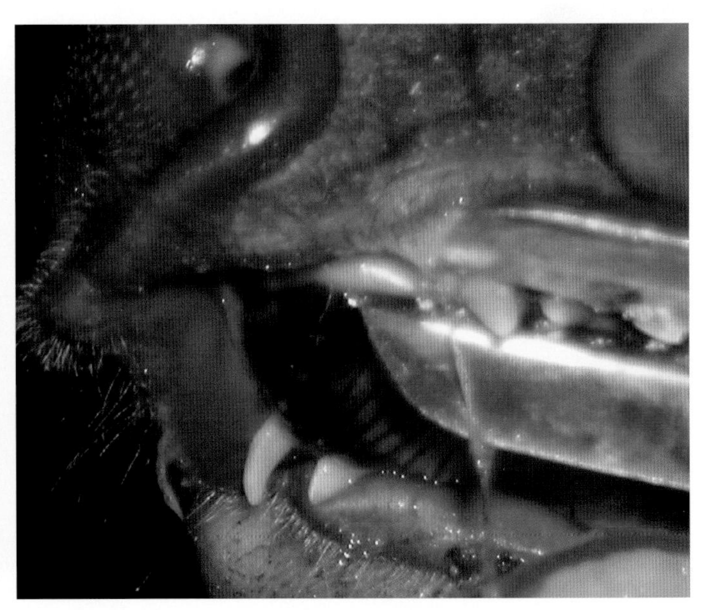

图3-69 剪针状牙

仔猪未剪针状牙，母猪乳头常被咬破、发生乳房炎（图3-70a、b）。

7. **断尾** 断尾可避免断奶后的保育、生长猪咬尾，在集约化养猪中是很必要的一项措施，一般和剪牙同时进行。留尾的长度一般以达到小母猪阴户末端和小公猪阴囊中部为宜，用断尾钳剪断（图3-71），然后涂以碘酒；也可将尾的断口在高锰酸钾原粉中蘸一蘸，使断面附上一层高锰酸钾粉，这样既能止血、又能消炎（图3-72）。

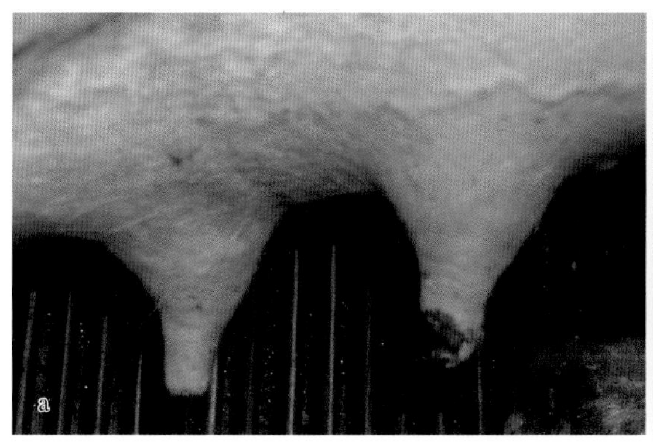

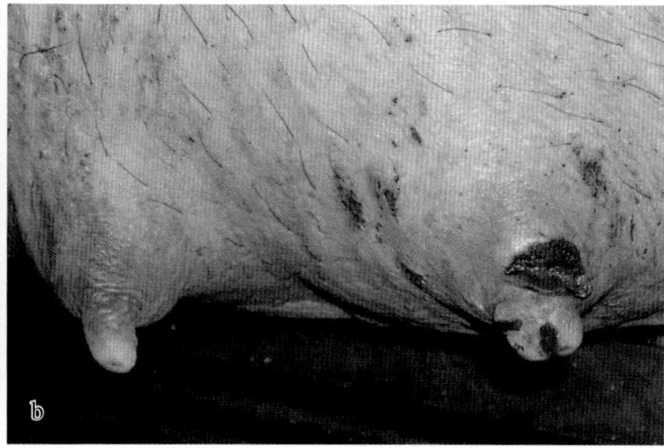


图3-70　被针状牙咬破的乳头

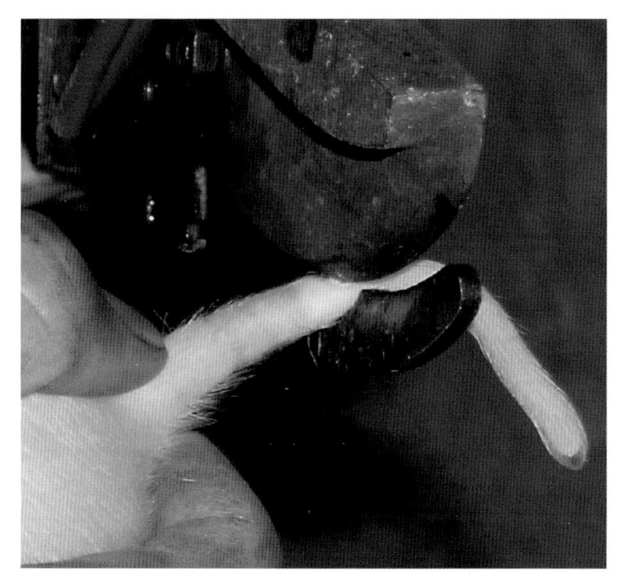
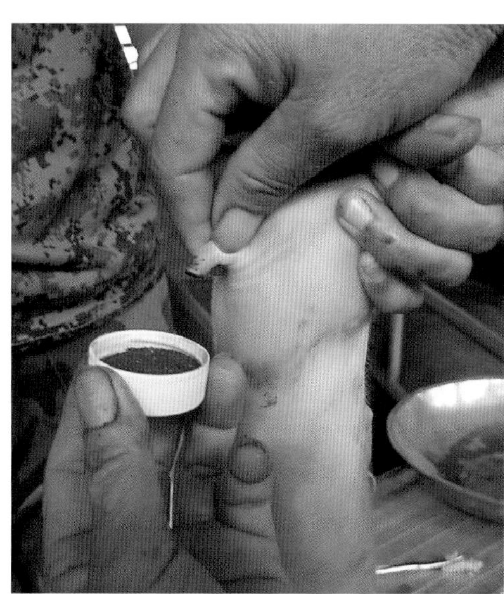
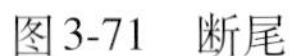

图3-71　断尾

图3-72　断尾后消毒

8．预防仔猪腹泻和弱仔低血糖　仔猪生后吃初乳前每头口服庆大霉素6万单位，8日龄再服8万单位可预防仔猪腹泻。初生体重轻的仔猪（初生重0.9kg以下）或弱仔，出生时多发生低血糖症。向体重较轻的仔猪胃内灌注葡萄糖（10ml左右）可以提高其成活率（图3-73）。要注意，不能用白糖，喂白糖易引起仔猪腹泻。

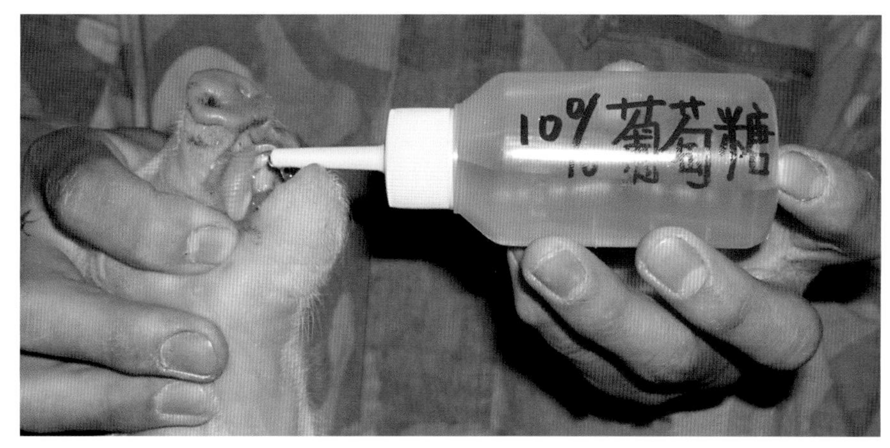


图3-73　给初生弱仔投服葡萄糖

9. 仔猪保温 仔猪在母体胎盘内生活在充盈、温暖而润滑的羊水中，处于恒温环境(39.0℃)，舒适而自在。生后环境骤然变化，加上仔猪皮薄、毛稀、皮下脂肪少、体表面积相对较大，散热快，以及体温调节能力差，所以仔猪怕冷，新生仔猪刚出生时的适宜环境温度为34.0℃。为了达到此温度，仔猪出生1～3天内需在保温箱、仔猪栏上面各挂一个红外线保温灯，灯泡高度为距箱（网）底45cm（图3-74）。对于6日龄内的仔猪保温非常重要。

图3-74 产床上的保温设施

10. 固定乳头，让初生仔猪吃足初乳 仔猪在母体中通过脐带从母体血液中获得营养，出生后要靠吸吮初乳和常乳获得营养和母源抗体。因此，乳猪吃足初乳至关重要。接产人员的另一项重要任务就是给每一头初生仔猪固定乳头，让初生仔猪吃足初乳。初乳指母猪分娩后3天内的乳汁，主要是产后12个小时之内的乳汁。初乳富含免疫抗体，维生素C含量也很高，含镁盐、有轻泻作用，可促进胎粪的排出和有利于消化道的活动，故初乳是仔猪不可替代的食物。仔猪出生擦干被毛、断脐、剪牙后，稍在保温箱中保暖，毛一干、仔猪能活动时，立即让其吃初乳，生一个哺乳一个、生两个哺乳一双。接产护仔人员要给每一头初生仔猪固定乳头（图3-75），帮助将乳头塞入仔猪嘴中并让其叼住，做到早吃、多吃、吃足初乳。仔猪一旦出生就要尽快（最好在几分钟之内）吸食初乳，这一点至关重要。

图3-75 给初生仔猪固定乳头

仔猪出生后2～3天内，给所有仔猪都固定乳头。固定乳头是一窝仔猪发育整齐的关键。猪的嗅觉非常灵敏，对气味的识别能力强，比犬高1倍。一个猪群个体之间、母子之间主要靠嗅觉保持互相联系。仔猪生后便靠嗅觉寻找乳头，3天后就能固定乳头，在任何情况下都不会弄错。帮助仔猪固定乳头以自然选择为主，个别调整为辅。不同乳头的泌乳量不同（表3-3），让弱小仔猪吃前3对乳头，强壮的仔猪吃后3对乳头（图3-76）。图3-77中的6头仔猪由于个体大的抢吃了前面乳头，弱小的只有吃后面乳头，结果个体大的越长越大，个体小的却长得很慢，相差很大。

图3-76 固定乳头让弱仔吃前乳头

图3-77 未经人为固定乳头的仔猪生长不齐

表3-3 乳头顺序与泌乳量

| 乳头顺序 | 1 | 2 | 3 | 4 | 5 | 6 | 7 |
|---|---|---|---|---|---|---|---|
| 泌乳量（%） | 23 | 24 | 20 | 11 | 9 | 9 | 4 |

固定乳头、让每一个乳头都有仔猪吸乳，有利于母猪乳房的整体发育（图3-78）。如果有的乳头没有仔猪吸乳，就会像图3-79中母猪的乳房一样“用进废退”，有仔猪吸乳的乳房发育就好，没有仔猪吸乳的乳房会失去功能。

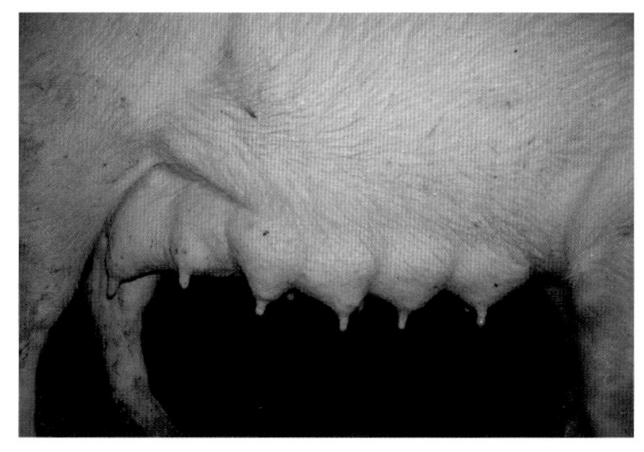
图3-78 断奶母猪乳房发育整齐

图3-79 断奶母猪乳房发育不整齐

母猪分娩过程中或分娩之后，可以收集一些初乳，人工喂给弱小以致不能吮乳的仔猪，收集60ml左右初乳，可供3 ～ 4头仔猪使用一次（每头一次喂初乳15ml左右），用胃管喂，在24小时内每头仔猪应喂初乳3 ～ 4次。

11．寄养 母猪间的交叉寄养是提高仔猪成活率的有效方法之一。母猪产仔数太多、乳头不够，母猪无乳或母猪死亡，个体小的仔猪抢不到乳吃等情况下，可将个体小的仔猪，部分或全部寄养给其他母猪，使窝内仔猪数与仔猪体重趋于平衡。过去认为寄养一般应在仔猪出生后24小时内进行，实际上仔猪从出生到断奶的任何阶段都可以寄养。

寄养的方法有多种：

（1）母猪产仔太多、乳头不够时，将个体较大的仔猪寄养给后产仔而仔猪少的母猪喂养，这些个体较大的寄养仔猪更容易接受新环境，并能和原窝仔猪竞争而吃到乳。如将图3-80中的仔猪寄养给图3-81中的母猪喂养。

图3-80 产仔数多余母猪乳头数

图3-81 产仔少的母猪

（2）后产仔的母猪产仔少，可将先产仔母猪中个体小的寄养到其中，这些小个体的寄养仔猪会有更好的机会吃上乳。

(3) 把所有表现营养不良（但无病）的仔猪，寄养给刚断奶而产奶旺的母猪等。寄养仔猪时注意将原窝仔猪和寄养来的仔猪全部放到保温箱中，混合仔猪身上的气味，或用无刺激的、芳香的消毒药水喷洒到全部仔猪身上，使母猪不易识别寄养来的仔猪，待母猪乳房发胀时，再让全部仔猪一起吃乳。还有两点要特别注意：一是让仔猪吃足初乳再寄养；二是有病的仔猪不能寄养，要及时隔离。

12．难产处理 母猪妊娠期延长，胎位不正，阴门排出血色分泌物和胎粪，没有努责或努责微弱不产仔；母猪产出1 ～ 2头仔猪后，仔猪体表已干燥且活泼，而母猪1小时后仍未再产仔，分娩中止；母猪长时间剧烈努责但不产仔等，都为难产。

**常见的两种难产处理方法：**

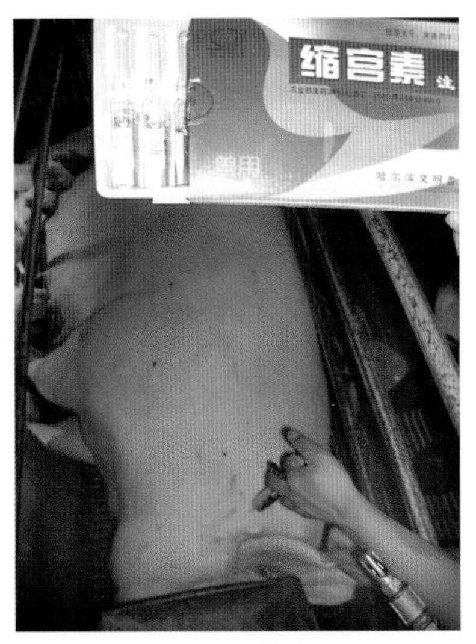

图3-82 母猪注射缩宫素

**(1) 子宫收缩无力型难产** 子宫收缩无力型难产多出现在体质差、带仔多的母猪。治疗上采用：

①给难产母猪肌内注射氯前列烯醇2ml。

②每隔30分钟肌内注射催产素20IU（图3-82）。小剂量重复使用催产素比一次性使用大剂量有好处。注射催产素必须在母猪已流胎水后和经检查确定产道已经开张、胎位正常和不存在产道堵塞时，方可注射。

**(2) 胎儿阻塞型难产** 胎儿阻塞型难产主要由于胎儿过大或胎位不正引起，多出现在膘情过肥的母猪。处理时采用掏猪助产，接产员手伸入母猪阴道时的形状如图3-83和图3-84。具体做法是：

消毒母猪阴门。接产员修短指甲，用肥皂水清洗手和臂，并用2%的碘酒消毒，掌心向下，五指并拢，慢慢进入母猪阴道内纠正胎位，抓住仔猪双脚或下颌部，随着母猪努责开始向外拉仔猪（图3-85），动作要轻，不要强行向外拉。拉出仔猪后应及时帮助仔猪呼吸。用抗菌素治疗母猪。遇到大胎儿时，接产员用手勾住仔猪颌下才能拉出（图3-86），如果把仔猪皮肤拘破，缝合后加强护理（图3-87）仍生长良好。母猪产仔后要注意胎盘的排出。

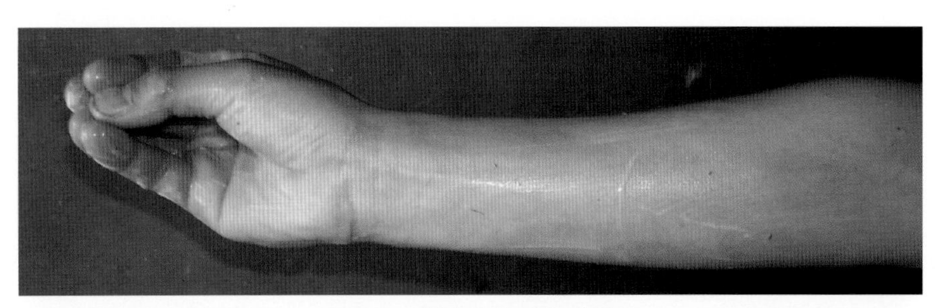
图3-83 掏猪助产时的手形

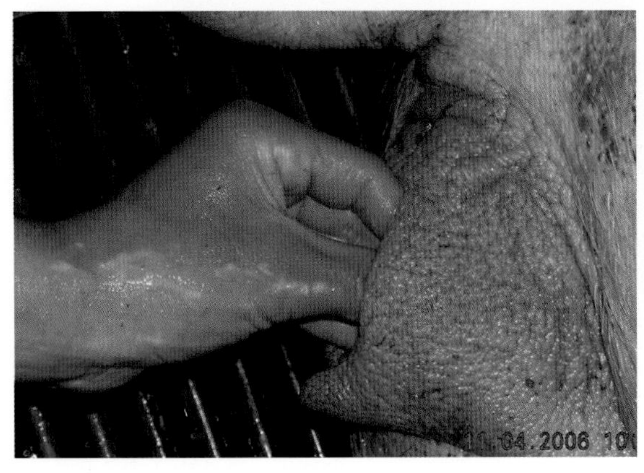
图3-84 缓慢伸入母猪阴道

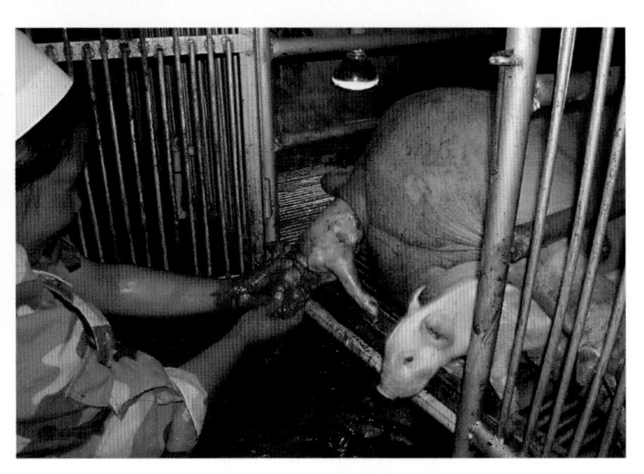
图3-85 向外拉仔猪

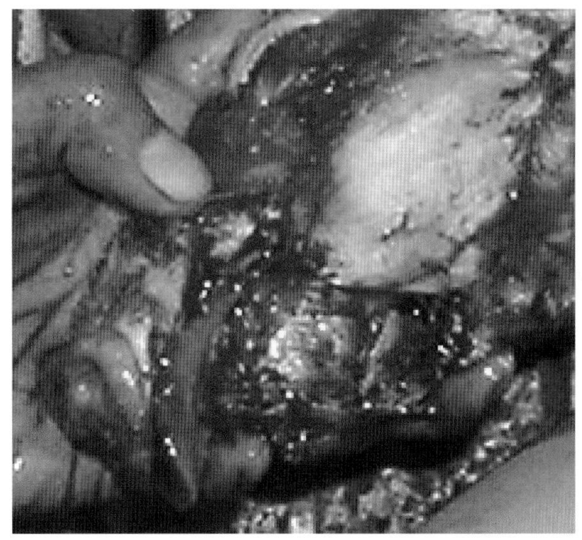
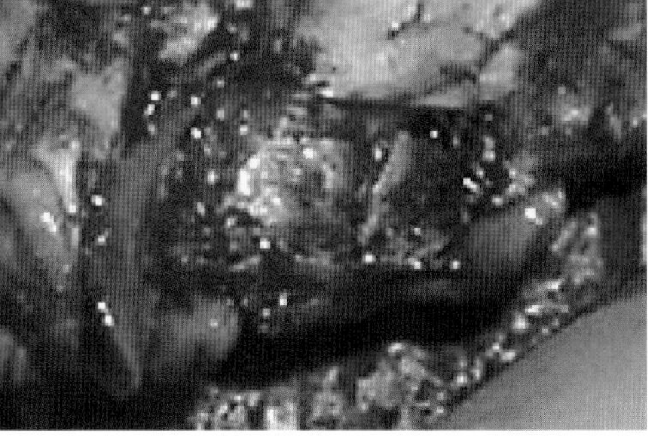

图3-86　勾住颌下拉出的仔猪

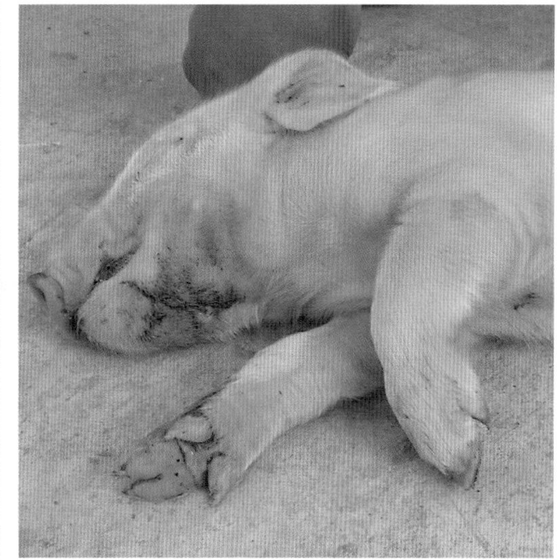

图3-87　进行颌下缝合

### 13. 母猪的保健与护理

**（1）母猪产仔期间的补液**

第一组：5%葡萄糖生理盐水500ml + 维生素C 30ml + 鱼腥草40 ～ 60ml。

第二组：10%葡萄糖500ml + 维生素$B_1$ 10ml + 5%氟尼辛葡甲胺10ml。

第三组：甲硝唑300ml（缓慢注入）。

补液原则：先盐后糖，先快后慢。

**（2）产仔母猪的饲喂**　母猪产仔当天不喂料。每天用NE（电解质＋多维＋氨基酸）800g＋参芪粉200g＋葡萄糖粉或红糖适量饮水。目的：①使母猪肠道内容物腾空，迎接分娩，使分娩过程顺畅，减少死胎；②维持母猪产后食欲；③增加营养和能量，使母猪分娩有力，减少应激，提高免疫力。

**（3）母猪产后子宫保健**　先用5%～ 8%温盐水（40 ～ 45℃）3 ～ 5L灌洗母猪子宫，然后肌内注射缩宫素，排出子宫内的恶露和炎性产物；母猪子宫内灌注0.1%高锰酸钾溶液等药物；将一粒达力郎塞入母猪子宫内。

**（4）保证母猪采食量**　母猪哺乳期要使用各种方法使其采食量达到最大。

**（5）母猪产后护理**　产后恢复快的母猪如能站起觅食、喝水，先喂给少量热水泡麸皮＋多维电解质；母猪产后非常疲劳，生产正常的母猪一般侧卧休息。如果母猪面朝下府卧，且表现烦躁不安，反复起卧，说明母猪不正常，如死胎未产完、胎衣不下、子宫炎、乳房炎、感染、腹痛、寒冷等，应及时治疗。

**（6）母猪产后管理要点**　产后连读3天，每天早、晚给母猪测温一次，发现不正常及时治疗，连续用药3天；如果母猪产后8小时不能站立，应加强观察和治疗；如果母猪产后3天阴道还流出恶露，应按子宫、阴道炎治疗。

**（7）母猪哺乳期需知**　哺乳母猪泌乳高峰期每天可产乳10 ～ 13kg。常乳指标：7%脂肪、6%蛋白质、5%乳糖、80%水，干物质达20%。

每头乳猪每天需1kg左右常乳，才能满足日增重达220 ～ 240g的需要。

母猪泌乳期营养不良会导致泌乳量下降或乳质下降，仔猪腹泻，育成率低。

母猪掉膘过多，断奶后发情配种困难。

**（8）头胎母猪哺乳问题**　头胎母猪泌乳力较差，为了促进日后泌乳和乳房发育，尽量让其适当多带几头仔猪，最好有几个乳头带几个仔猪。“用进废退”，这样可促进各个乳房的发育，避免出现废乳头（图3-88）。

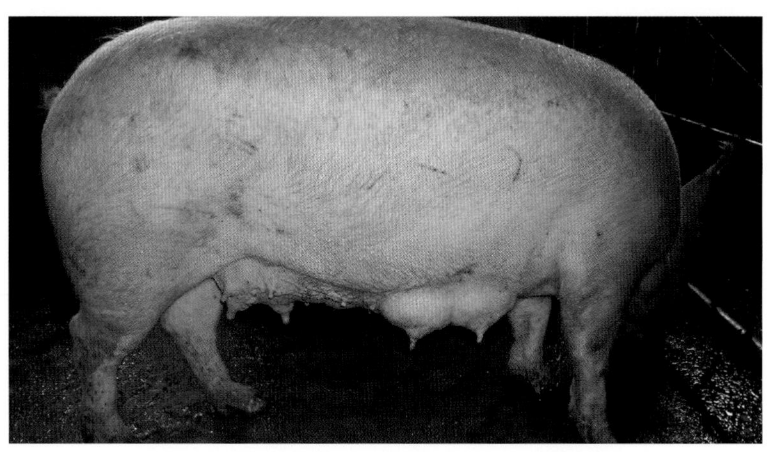

图3-88 母猪产仔后没利用的乳头会成为废乳头

**(9) 断乳母猪的短期优饲** 断乳母猪要喂能量较高的哺乳母猪饲料。喂料量视母猪乳房收奶情况而定：收奶情况好的母猪，马上增加饲喂量至每天5kg；收奶情况不好的母猪，每天1kg饲料或不喂料只喂青料，当收奶情况改善后，马上增加至每天5kg饲料。

**(10) 断奶母猪的诱情** 断奶后发情不好母猪比例多的猪场，尤其是夏天或头胎母猪多的猪场，母猪断奶后第二天喂春之来催情散50g＋维生素E 800mg，可提高发情率和产仔数，提高母猪的使用年限。

## （三）仔猪培育

仔猪培育是搞好养猪业的基础，仔猪阶段是猪一生中生长发育最迅速、物质代谢最旺盛、对营养不全最敏感的时期。仔猪培育的好坏直接关系到断奶成活率高低和断奶体重的大小，影响母猪生长力和肥猪的出栏时间。仔猪培育的目标是尽量减少哺乳和断奶阶段的死亡率，提高育成率和断奶重，并保证仔猪在断奶阶段安全均衡地成长。

1．及时淘汰体弱和有病个体，降低饲养成本，防止疫病发生 母猪所产的弱仔和有病仔猪（图3-89a、b）与正常仔猪本是同窝生，差别如此大，很可能感染了某些病原，成为细菌、病毒的携带者，就像一枚定时炸弹，随时会发生爆炸，但一下子又难于确诊而往往被人们所忽视。图3-89a中的僵猪扑杀剖检后大体病变为肋软骨联合处有灰白色骨化线，肾表面沟壑状变并有针尖状出血，脾边缘出血性梗死；肺尖叶、心叶、附叶及部分膈叶“肉变”；肝表面有灰白色、针尖状坏死点；胃黏膜散在出血点，肠系膜淋巴结肿大、出血，盲肠黏膜黄色麸状物附着（图3-90）。单从上述大体病变看，该猪至少患有慢性猪瘟、仔猪副伤寒、猪支原体肺炎（图3-89a）等。图3-89a中的杜洛克弱仔猪扑杀剖检后肺严重“肉变”和“胰变”（图3-90）。饲养者总是下不了决心将这些体弱和有病的个体淘汰或处理掉。他们认为，将这些体弱和有病的个体淘汰或处理掉是一种损失。殊不知，留下这些体弱和有病的个体，隐藏着极大的隐患，很可能会发生疫情使整个猪场全军覆没，毁于一旦，给饲养者造成巨大的、无可挽回的损失。

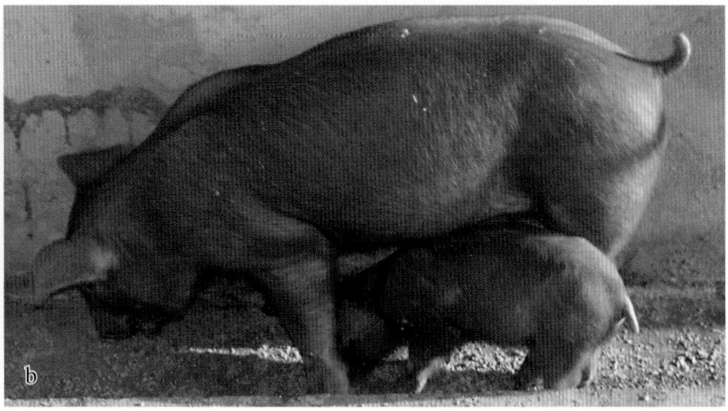

图3-89 本是同窝生，差别竟如此大

图3-90 图3-89中吸水那头弱仔猪剖检后的病变

母猪产出弱仔有的是由于某种原因胎儿从脐带获取的营养不良所造成，例如，2010年1月19日某猪场一头耳号为Ly5816的母猪，共产仔13头，活仔12头，死胎1头，平均初生重为1 404g。在活仔中产下的第4头仔猪是弱仔，初生重只有450g，但这头仔猪的活力和精神状态都好，只是个体太小（图3-91）。原因是这头仔猪在胎盘羊水中浮动时，自己将脐带打了一个节，这个节没有打死、很易打开，也能有血液流通，但血流量大大减少，造成脐带供血不足，胎儿发育中营养不良，长得很小（图3-92）。

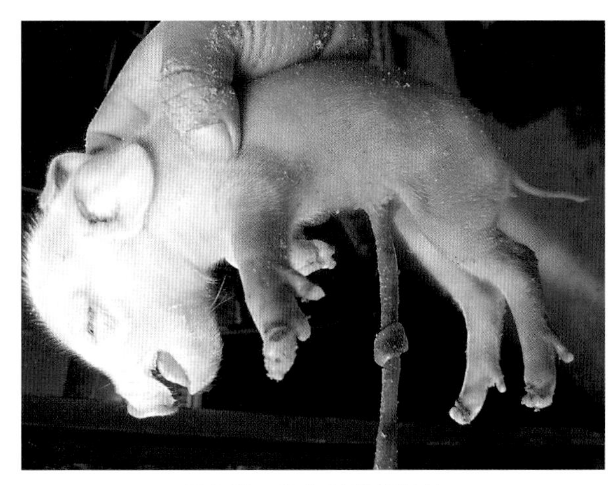

图3-91 出生时脐带打结

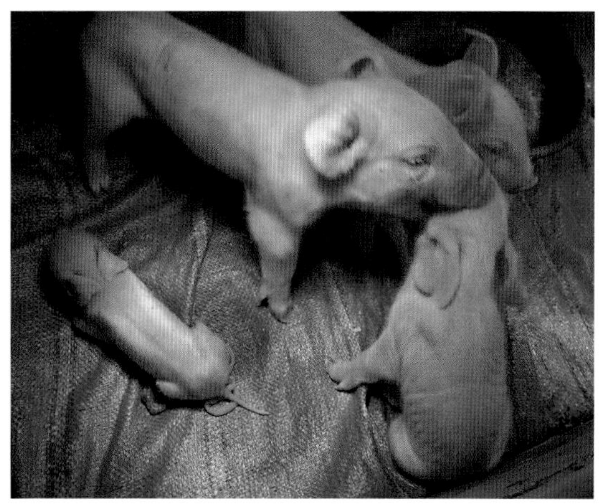

图3-92 营养不良导致个体小

规模养猪场对病猪要实行五不治的原则，即传染性强、危害性大的病猪不治，无法治愈的病猪不治，治疗费用高的病猪不治，治疗起来费时费工的病猪不治，治愈后经济效益不合算的病猪不治。

2. 补铁 仔猪出生后体内贮有的铁最多只能维持6 ～ 7天的需要，远远不能满足仔猪生长发育的需要。如果不及时直接给仔猪补铁，仔猪便出现贫血症状。补铁的方法是：仔猪3日龄时肌内或皮下（股内侧）注射含100 ～ 200mg铁的右旋糖酐铁注射液，可提高仔猪体内血红蛋白含量，防止贫血的发生，提高仔猪断奶窝重15%～ 20%。补铁后10天若仍表现贫血的仔猪再补注一次。

3．仔猪诱食和补饲 仔猪出生后生长很快，产后10天母乳的供应量已达到最大，以后乳汁供应不足，仔猪生长就受到抑制。为了满足仔猪快速生长及减少断奶后吃料的不适应，防止母猪营养和体况过度消耗，刺激仔猪胃肠道的发育，促进其对植物性饲料的适应和消化酶活性的提高，需要给仔猪诱食、补饲。仔猪4日龄开始诱食，将诱食奶用冷开水调成流汁、灌入仔猪口中（图3-93），或者调成糊状、用小勺或手指挑取糊状物放入仔猪口中或涂抹于仔猪嘴唇上，让其舔食（图3-94），重复几次（图3-95），仔猪便能自行吃料（图3-96）。为了预防仔猪腹泻可在1 000g诱食奶中加入1g安来霉素。仔猪7日龄就用妈咪妙加诱食奶补饲（100 ： 20），补料要少喂勤添，保持料的新鲜度，料槽中和保温箱底放入少许料，不可多装饲料。要注意，仔猪流出的口水、饮水时口中带的水、甚至把尿撒在料中，会使饲料结块、发霉，而被仔猪拒食。如果母猪奶少或无奶，可在1 ～ 3日龄时将诱食奶用冷开调成流汁，每天多次给仔猪适量喂服。

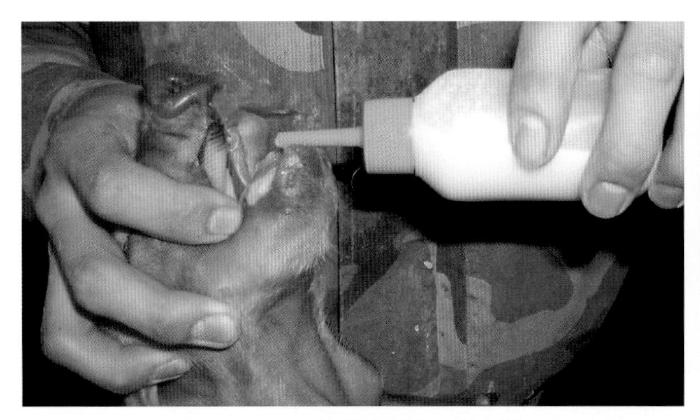

图3-93 4日龄仔猪喂流汁诱食奶

图3-94 6日龄改喂糊状诱食奶

图3-95 仔猪抢吃诱食奶

图3-96 仔猪争吃颗粒料

4．调教仔猪饮水 母乳含脂率高，仔猪吃了易口渴。加之仔猪4日龄开始诱食，需要的水分更多，因此，仔猪开始诱食的同时要训练仔猪饮水。如果早期不给仔猪饮水，仔猪口渴时就会喝污水或尿液，就会引起仔猪腹泻。训练仔猪饮水时用手指轻轻按压饮水器的舌环或用小木条塞住饮水器的舌环，使之有少量水流出，引诱仔猪吸吮。只要有一头仔猪会喝水，其他的就会跟着饮水（图3-97a、b、c）。

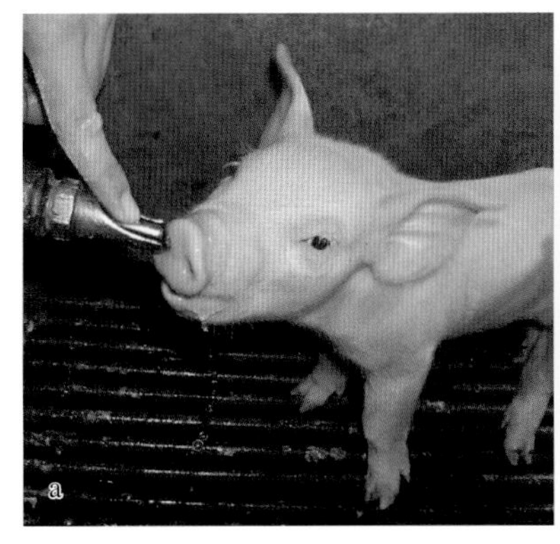
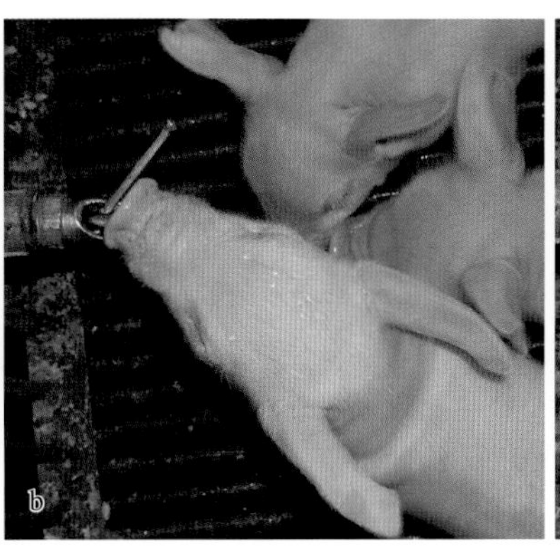

图3-97　4日龄开始教仔猪饮水

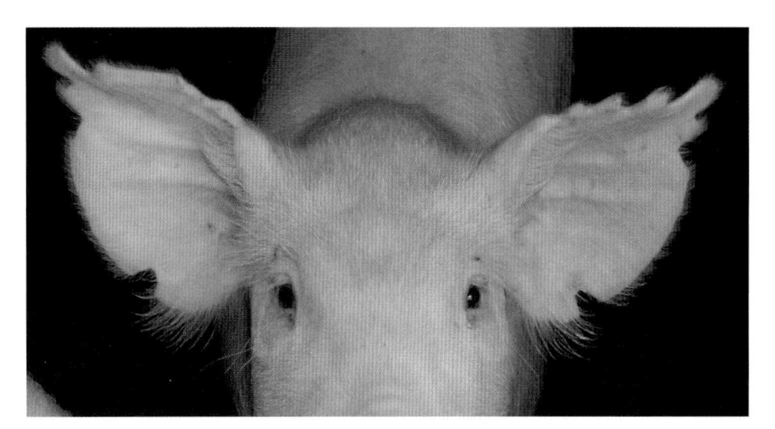

图3-98　给仔猪打耳号

5. 打耳号　仔猪编号的意义重大，编号就是该猪的名字。通过编号能分清每头猪的来源和血缘关系，对生长发育和生产性能以及后备猪的选育有重要意义。给仔猪编号的方法很多，最常用的是剪耳号。用耳号钳在仔猪的两耳边缘剪缺口，一个缺口代表一个数字，把几个数字相加即是猪的号数。缺口代表的数字有多种，最容易识别的是“尖1根3，即耳尖处一缺代表1，耳根一缺代表3”，“右耳上缘为个位、下缘为十位，左耳下缘为百位、上缘为千位”法，如图3-98中猪的耳号为7558号。

6. 去势　瘦肉型商品仔猪育肥一般只需去势公猪，母猪不必去势，因为母猪还未发情就可以出栏了。仔猪去势日龄越早、应激越小，而应激越小、仔猪恢复就快。仔猪最适宜的去势日龄为10日龄左右。给10日龄以下的仔猪去势可选用站立夹猪保定法，先将仔猪术部用消毒药水洗净，然后把仔猪头朝术者后面紧夹于两大腿内（图3-99a），在术部两个睾丸处从下至上切开阴囊皮肤直达睾丸（图3-99b），挤出睾丸及附睾，然后钝性分离（图3-99c），再从阴囊皮肤切口注入适量2%碘酒或碘伏（图3-99d）。

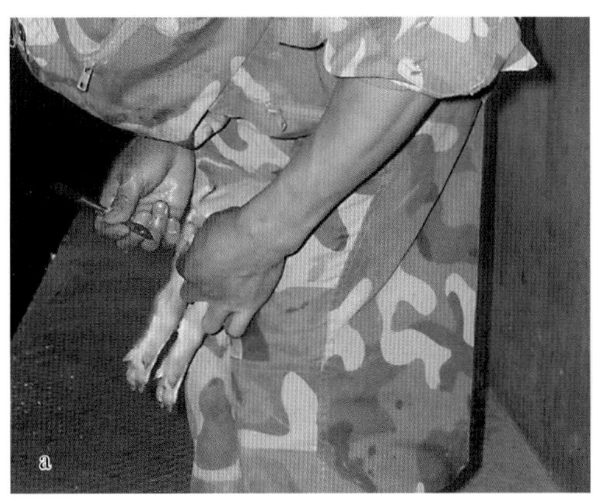
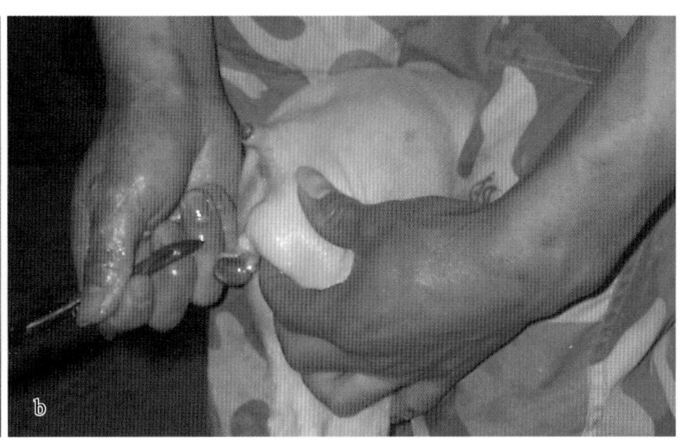

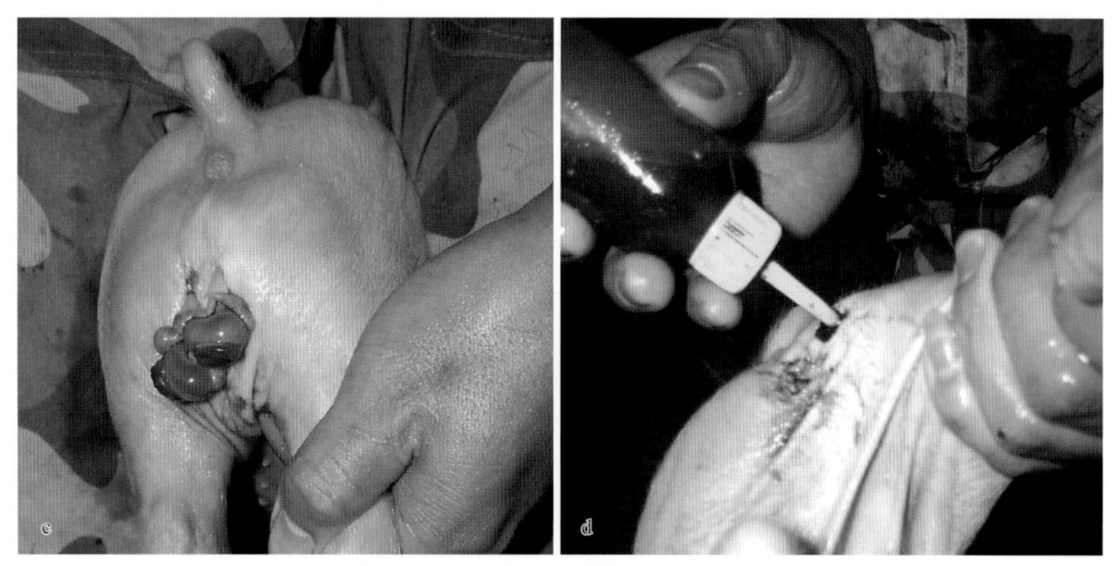

图3-99 小公猪去势

体格大用腿夹不住的仔猪，采用卧地保定。去势时先用消毒药水洗净术部，再用5%碘酊涂擦；术者的手、手术刀等严格消毒，剥离睾丸时要注意止血，睾丸摘除后创口内用5%碘酊涂擦，然后撒布青霉素粉。创口不必缝合（图3-100a、b），手术完成放猪前挤去阴鞘内蓄积的尿液。

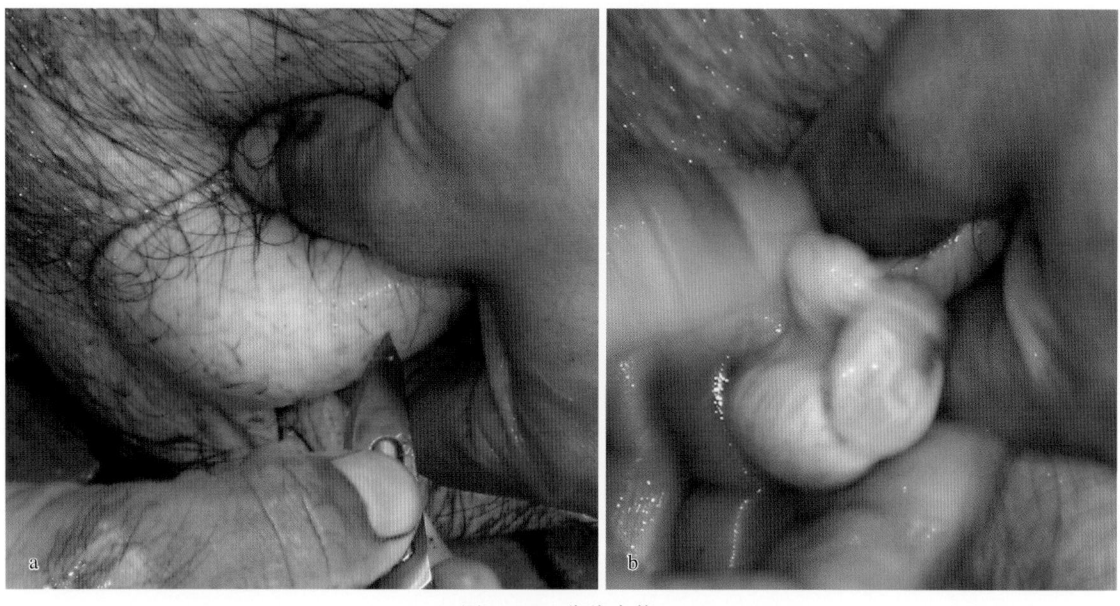

图3-100 公猪去势

## 七、保育猪的饲养管理

仔猪断奶后就进入保育期，这一阶段一般为35 ～ 42天。

1．适时断奶 断奶对仔猪来说是一个应激、是一个极为关键的时期，这一阶段的生长情况会极大地影响仔猪到后备猪（商品猪）的生产性能和经济效益。因此，保育期的目标是让断奶仔猪平稳度过困难的断奶期并保持稳定的生长速度。

仔猪在28日龄断奶是非常恰当的时候，此时母猪泌乳高峰已过，断奶不易造成乳房炎；母猪卵巢刚恢复，可以再发情、排卵；子宫角也恢复正常，可以接受新的怀孕。

2. 仔猪断奶后管理　由于断奶后的头几天仔猪的采食量较低和体脂损失较大，保育舍的温度应该比产房温度稍高2℃，达到25℃最为合适（图3-101）。保育期日温差不应过大，断奶后第1周，日温差超过2℃，仔猪就会腹泻、生长不良。为了预防仔猪腹泻和细菌性呼吸道疾病，仔猪断奶时每头肌内注射30%氟苯尼考0.3ml；仔猪断奶前后各1周在每吨饲料中加入2%氟苯尼考预混剂2 000g+泰妙菌素80g。

图3-101　刚断奶的仔猪

3. 保育猪饲养　保育舍每头猪占地面积0.3 ~ 0.4m$^2$，一般10头猪一个栏，食槽的采食面用钢筋分开，两根钢筋之间距离8cm左右较合适，一只仔猪的头能伸进去。要保证保育舍空气流通，但又要避免有贼风进入。保育猪的饲养管理要做到全进全出，在一间保育舍内只养日龄相近、体重差别不大的仔猪；按公母分栏（图3-102、图3-103）、大小分栏饲养。注意圈舍卫生，随时清除网床上的粪便，

图3-102　保育栏中同日龄小公猪

图3-103　保育栏中同日龄小母猪

精心护理。保育猪的饲喂方式为自由采食、不限量，刚进保育舍不要急于换料，继续喂乳猪料1周，第2周的第1天乳猪料中加25%的仔猪料，第2天加50%的仔猪料，第3天加75%的仔猪料，第4天才单独喂仔猪料。饲料要少量勤添，要防止猪只进入料槽中拉尿、拉尿、睡觉，污染饲料，传播疾病（图3-104）。

保育猪转群前口服丙硫苯咪唑（每千克体重10 ~ 20mg）或其他驱虫药。

图3-104 保育猪进入料槽中睡觉、拉尿、拉粪

## 八、生长育肥猪的饲养管理

生长育肥猪一般认为是从25kg或30kg到120kg重的阶段。每头占地面积只需1m$^2$。

生长育肥猪消耗了其一生所需饲料的75% ~ 85%，约占养猪总成本的50% ~ 60%。

环境温度影响猪的采食量，从而影响育肥猪的营养需要和生产性能。育肥猪最适宜的温度是18℃。如果饲养在低温环境里，产生的热量将用于维持体温；相反，在高温环境中，机体为了减少产热量会降低采食量。

饲养生长育肥猪有五点要特别注意：

1. 合理分群、保持相对稳定 生长育肥猪要按去势公猪、小母猪、强弱、大小分群。猪喜群居，常会保持其睡窝、饮食、排粪排尿地点的固定。一般是：门对面墙边是饮水、排粪排尿处，门两侧是采食、睡觉的地方（图3-105a、b）。当猪进入新舍时，在猪睡觉处放一些草，把粪扫在排粪尿一角暂不除弃，告诉猪哪里是睡觉的地方、哪里是排粪尿的地方，待猪习惯以后，再把草和粪打扫干净。在养猪过程中，如果能巧用以上方法，有利于清洁卫生、便于管理。

图3-105 猪固定睡觉、排粪排尿之地

2. 确定合理的饲料用量、降低料肉比 生长育肥猪要按去势公猪、小母猪确定不同的营养水平。

3. 合理淘汰 剔除僵猪、消灭慢性病猪是生长育肥猪管理的重中之重。

4. 驱虫 整个生长育肥期最好分两次驱虫，进入生长育肥期前第一次驱虫，体重达50kg时再驱虫一次。

5. 适时出栏 育肥猪在体重90 ~ 100kg出栏最合适，这一体重出栏其仔猪成本、饲料报酬、增重速度、屠宰率、瘦肉率、肉质和市场需求等综合经济效益最佳。

从场外购入商品仔猪，为了预防细菌性腹泻和呼吸道病可在每吨饲料中加入2%氟苯尼考预混剂2 000g+80泰妙菌素125g。

6. 饲喂育肥猪注意事项

(1) 育肥猪日粮中纤维含量一般应在3%以内，日粮中每增加1%的纤维，蛋白质、能量以及干物质的消化率至少降低1%。

(2) 育肥猪日粮中脂肪添加率每提高1%，日增重就提高1%、而饲料利用率则改善2%。

(3) 育肥猪的采食量和生长速度是影响猪场利润率的主要因素，生长速度很重要，生长缓慢的猪其分摊的固定成本就会高于生长快的猪，要从生长缓慢的猪赚到钱是非常困难的。

可在育肥料中适量添加碳酸氢钠，在育肥猪饲料中添加碳酸氢钠有以下好处：①将碳酸氢钠加到缺乏赖氨酸的猪饲料中，可以减轻赖氨酸不足的影响，并有利于粗纤维的消化吸收，使猪长肉多、增重快；②碳酸氢钠能中和胃酸，溶解黏液，降低消化液的黏度，并加强胃肠的收缩，起到健胃、抑酸和增进食欲的作用；③碳酸氢钠在消化道中可分解释放出二氧化碳，由此带走大量热量，有利于炎热时维持机体热平衡；④碳酸氢钠还可以提高血液的缓冲能力，维持机体酸碱平衡状态，提高猪抗热应激的能力。碳酸氢钠在饲料中的添加量每千克饲料为250mg。

# 第四章

# 猪 病 防 治

## 一、认真观察猪群　及早发现病猪

认真观察猪群、及早发现病猪既是饲养管理工作的重要内容之一，也是防控猪病的一项基础性工作。这项工作非常重要，做好了就可以把疫病扑灭在萌芽状态。猪的抗病力较强，往往在发病初期不易发觉，一旦出现病状病情已相当严重。因此，饲养人员应经常留意、观察猪的日常动态，发现有失常现象应查找原因，及时采取防治措施。

观察猪群的要领可归纳为：远看猪只睡觉、站立和走动姿势；近看尾巴、耳朵和吻突形态；要特别注意观察眼睛、肛门和阴门；皮毛同样重要，一定要仔细观察。

观察猪群每天至少3次，即早上详细观察猪群的整体情况，两次喂料前、后观察采食状况，找出病猪。

### （一）看猪睡觉、站立、走动姿势

早上第一次进猪舍时先观察猪的睡觉姿势是否正常。猪听到饲养员的脚步声一般都会站起来，对不站起的猪要人为赶起，以便观察猪站立、走动的姿势，观察猪腿和蹄是否正常。

猪休息、睡觉正常的姿势有两种，即侧卧和伏卧。图4-1右侧2头猪和图4-3两头猪是侧卧，图4-1左侧2头猪和图4-2三头猪是伏卧。图4-4中的保育猪打堆、耳发紫，表明这些猪已患病、发热；图4-5这栏保育猪极度消瘦、大小不匀、皮肤发紫，说明患有传染病；图4-6中的猪后躯瘫痪，站立不起来；图4-7中的猪蹄开裂；图4-8和图4-9中的猪都是关节脓肿。

图4-1

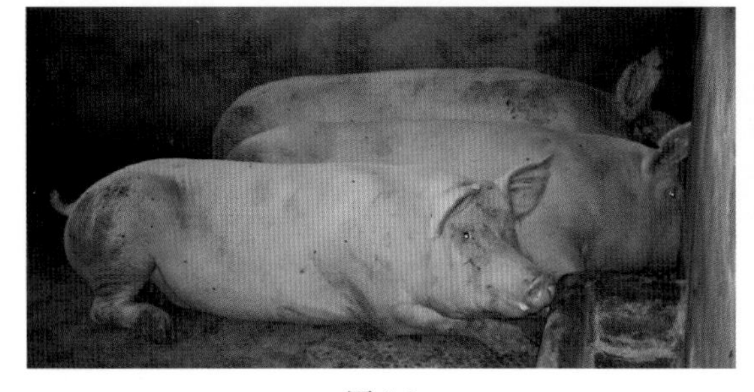

图4-2

图4-3

图4-4

图4-5

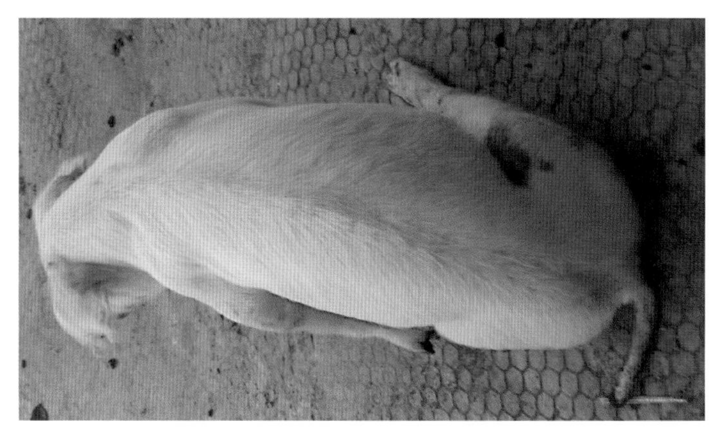
图4-6

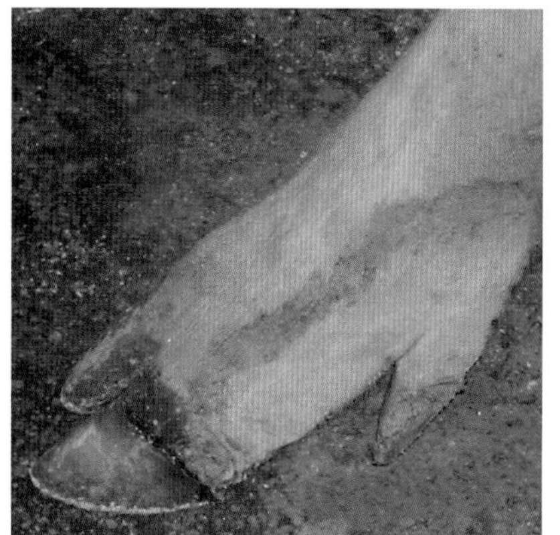
图4-7

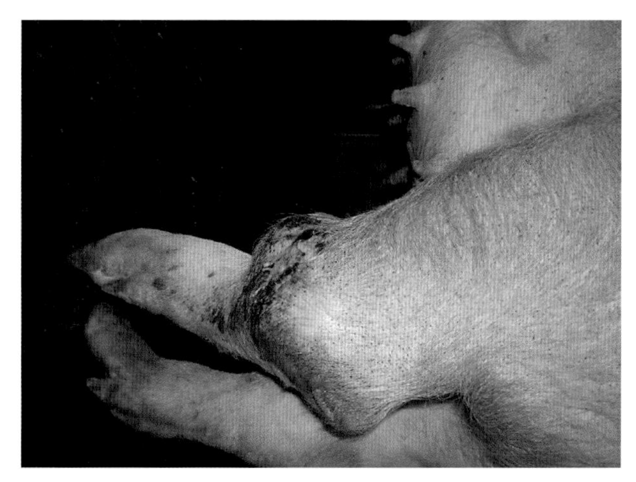
图4-8

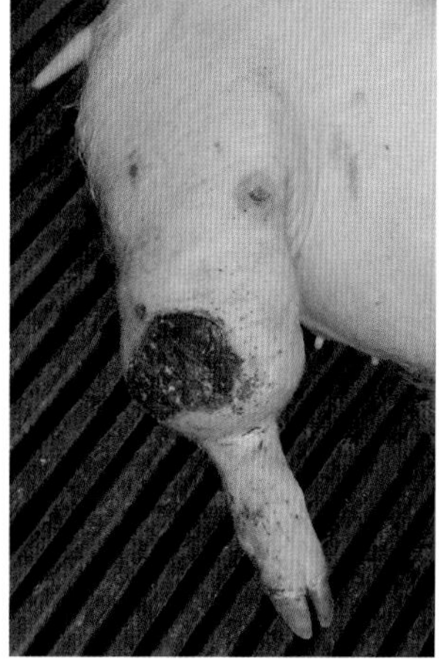
图4-9

保育前、保育及保育后的猪只出现神经症状，如“观星状”或“划水症”（图4-10至图4-12），常为猪链球菌性脑膜炎，因脑部产生的液体对脑形成压力而出现“观星状”或“划水症”，除“观星状”症状外，右后肢飞节处有链球菌肿；猪水肿病（大肠杆菌败血症）导致眼水肿、眼沉陷，鼻端、耳朵和腹部发紫，有脑膜炎的猪也会出现“观星状”或“划水症”；副猪嗜血杆菌病、李氏杆菌病也能出现“观星状”或“划水症”。猪只出现上述症状时往往被误诊为伪狂犬病。

图4-10

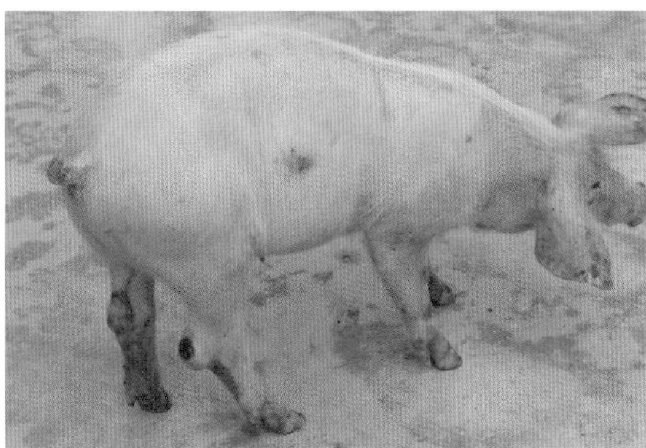

图4-11

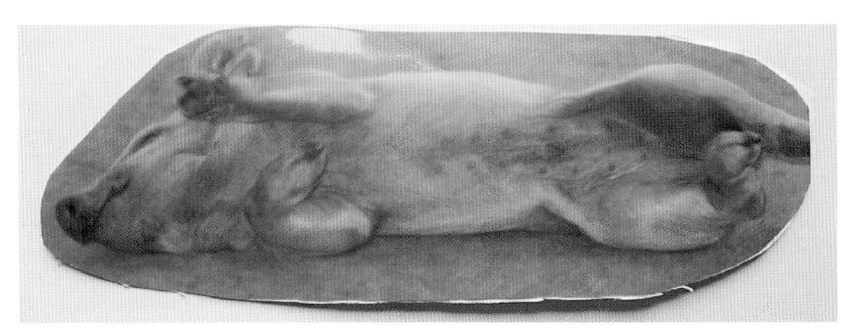

图4-12

### （二）看尾巴、耳朵和吻突形态

1. 看尾巴 健康猪的尾巴频频摆动或上举或向上卷曲（图4-13、图4-14），病猪的尾巴不动、下垂（图4-15）。

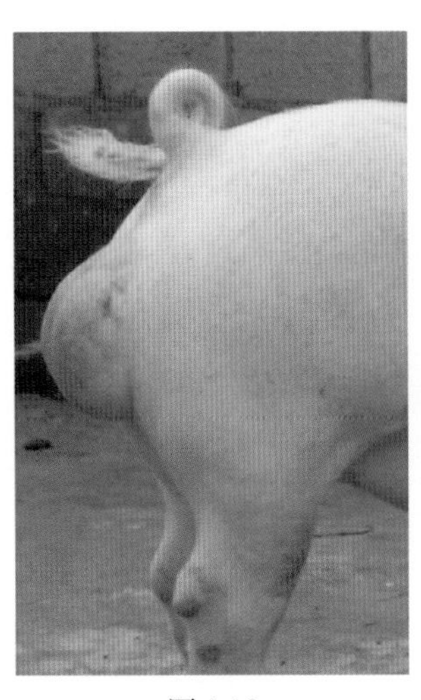

图4-13

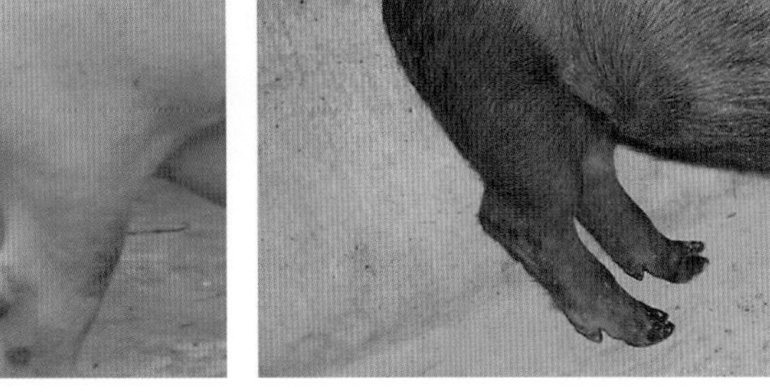

图4-14

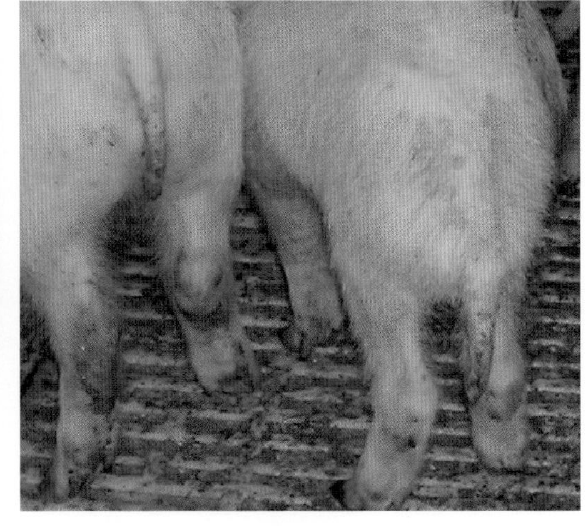

图4-15

2. 看耳朵 健康猪的耳朵干净、光滑、对外界音响反应灵敏，手摸有温热感（图4-16）；若耳不灵活、耳根发热或有冷感、发绀、肿胀即为有病（图4-17、图4-18）。

图4-16

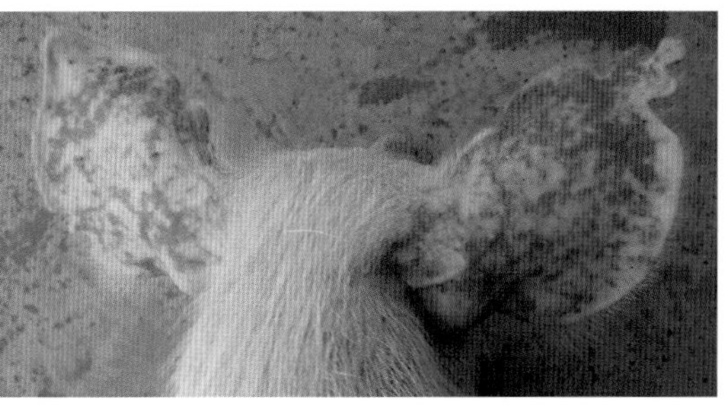
图4-17

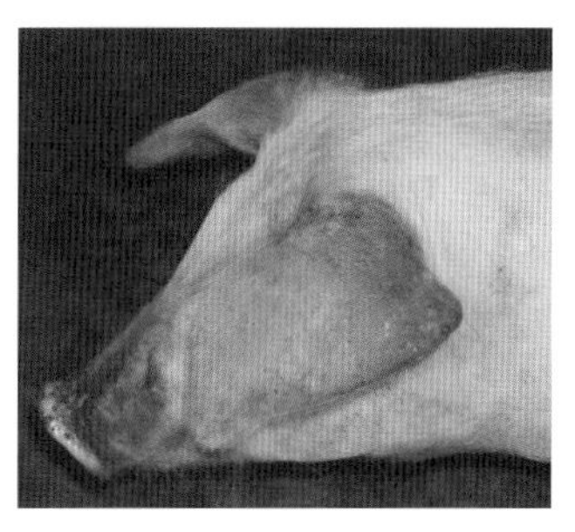
图4-18

3. 看吻突 健康猪的吻突湿润、清洁，常有微小汗珠（图4-19）；吻突干燥（图4-20）、开裂（图4-21）、有鼻液（图4-22）时猪已有病。

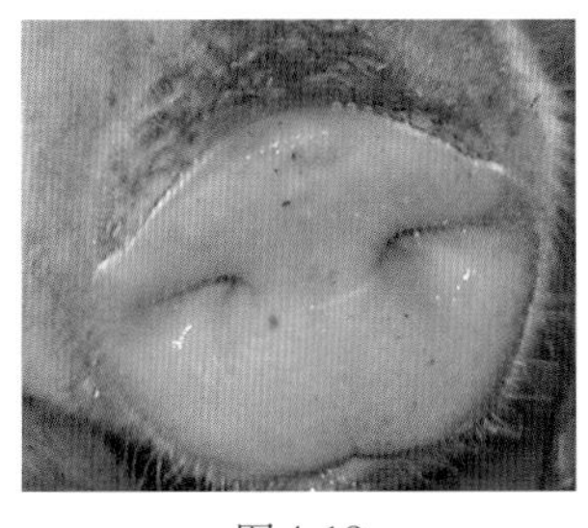
图4-19

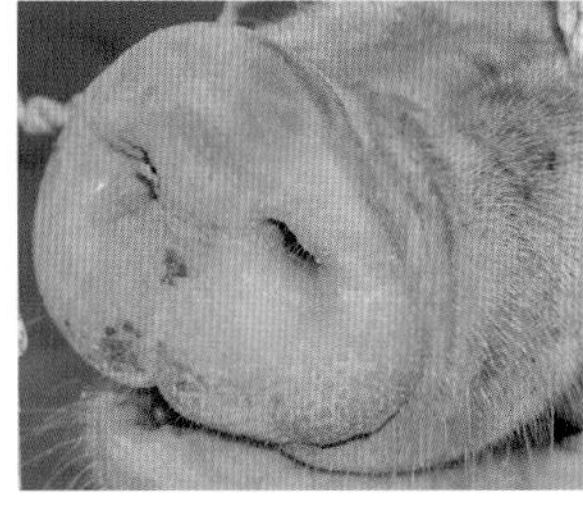
图4-20

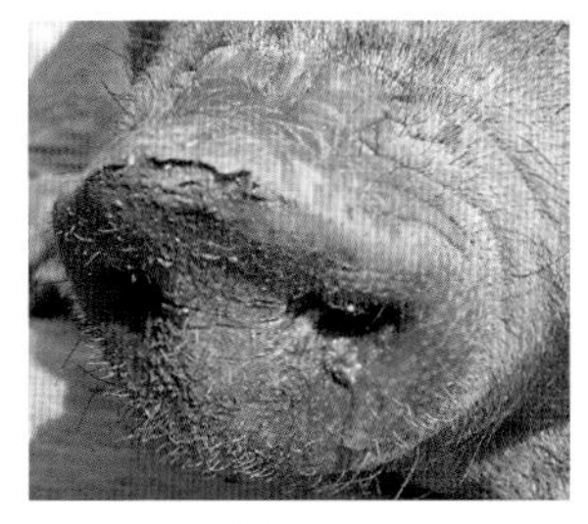
图4-21

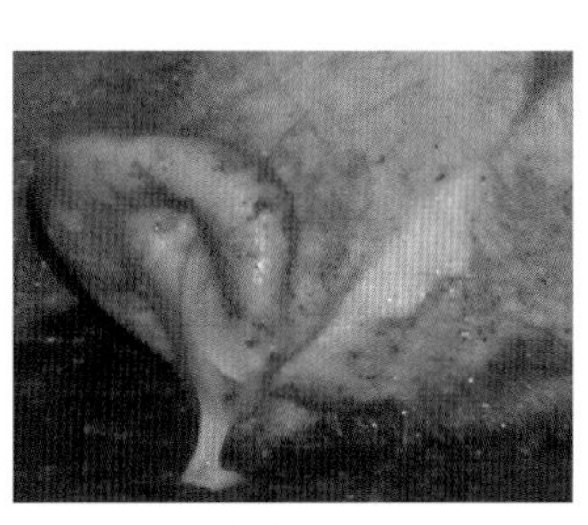
图4-22

## （三）看眼睛、肛门和阴户

1. 看眼睛 健康猪的眼睛清洁、明亮、有神，结膜粉红色（图4-23）；如果眼睛无神、红、肿、流泪、有眼屎、结膜苍白、角膜混浊（图4-24、图4-25）均为病态。

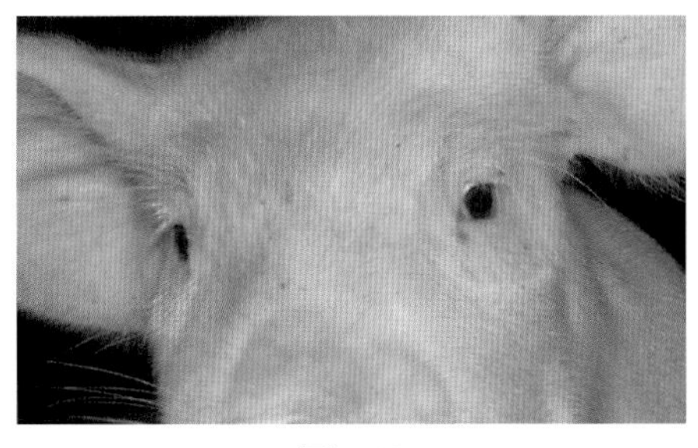
图4-23

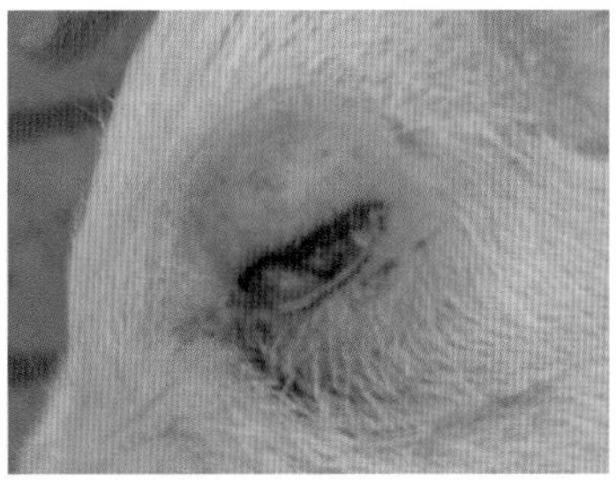
图4-24

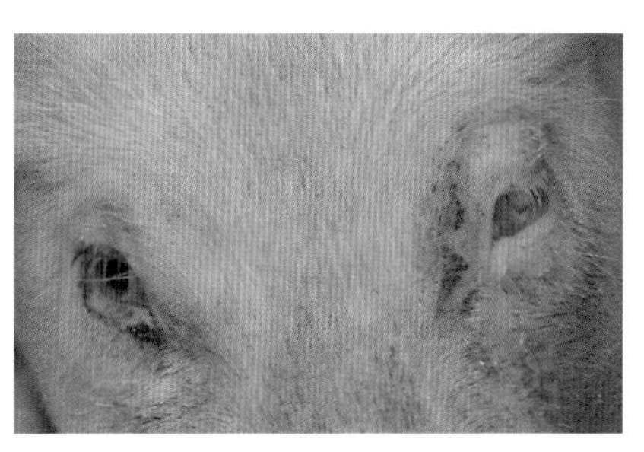
图4-25

2. 看肛门、查二便

**(1) 看肛门** 健康猪的肛门干洁、收缩紧（图4-26）。仔猪肛门周围及地板上沾有稀粪者，为仔猪腹泻（图4-27、图4-28）；肛门松弛为腹泻时间长、脱水（图4-29）；

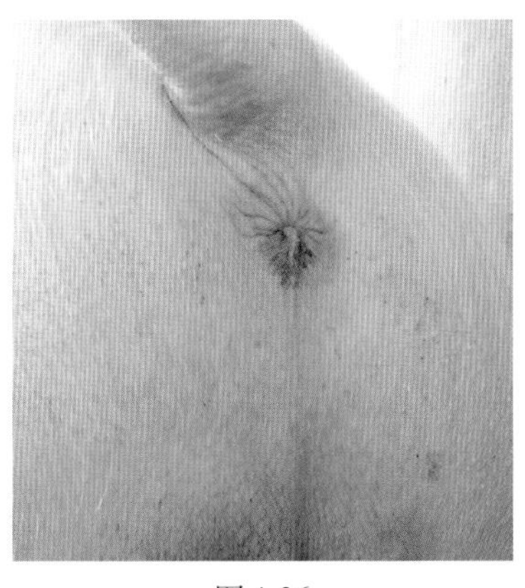
图4-26

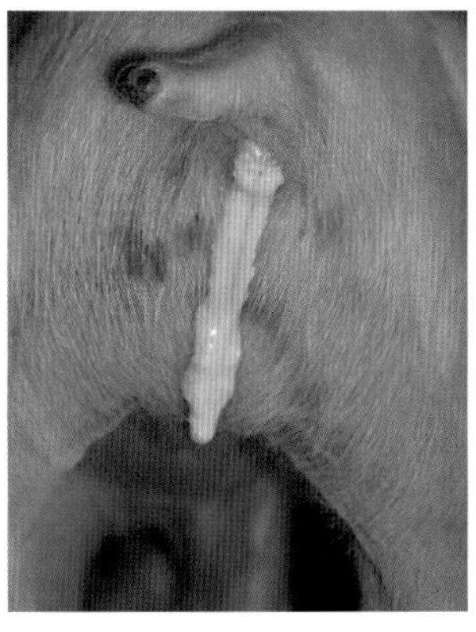
图4-27

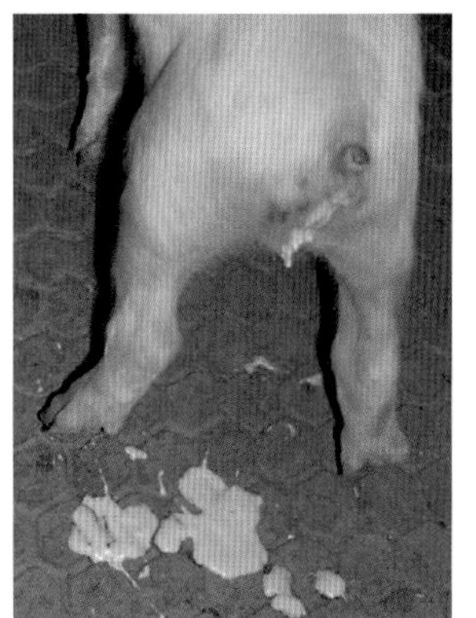
图4-28

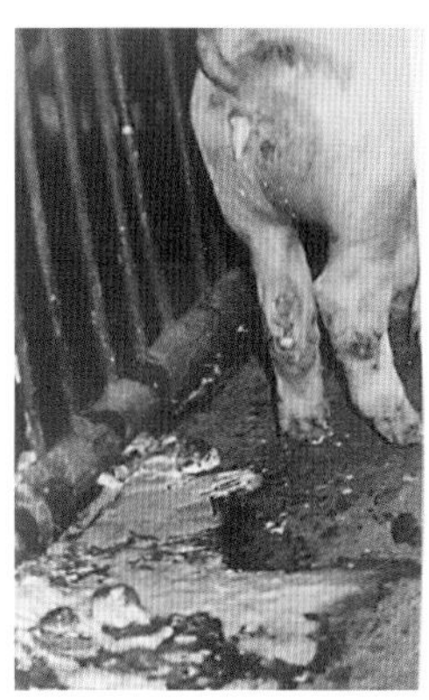
图4-29

**(2)检查粪便** 猪在采食后5分钟后一般都要排尿和排粪，另外在两次饲喂间隔和早晨睡觉站起后也会排尿和排粪，先排尿、后排粪。猪的排粪量一般为采食量的50%～70%。

检查粪便主要看猪粪的颜色、形状。正常猪粪呈灰黑色或灰绿色，成堆、潮湿、松软、一碰即碎（图4-30a）。粪稍干成堆、表面干裂、常附有黏液或毛屑、重碰才碎（图4-30b、c）；干粪团硬、表面光滑干燥、不易破碎（图4-30d、e）；图4-31a是正常猪粪；图4-31b是一头母猪排出的颗粒样干粪。

图4-30

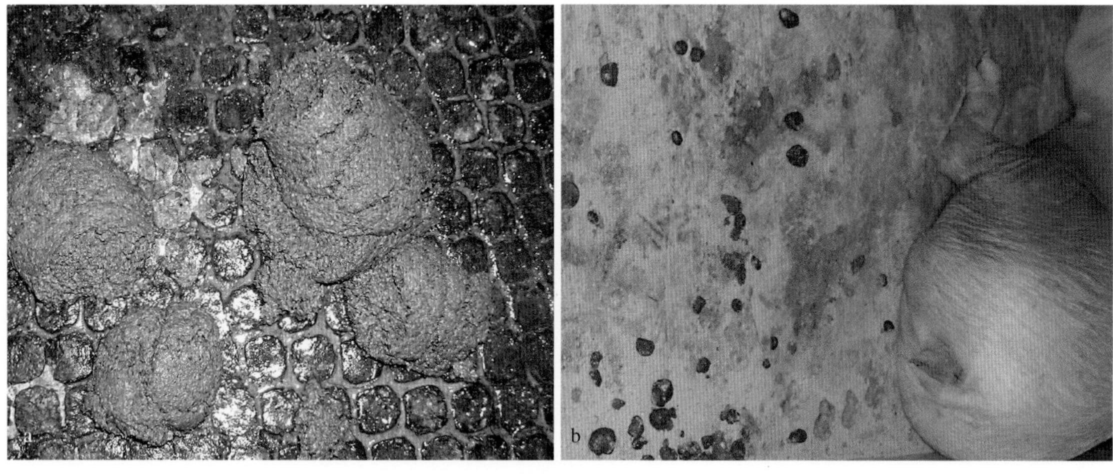


图4-31

图4-32是胎粪，图4-33、图4-34是黄稀粪，图4-35是白稀粪，图4-36黄、白稀粪同时存在，图4-37是红褐色稀粪，图4-38灰稀粪喷在墙上、流在地上，图4-39灰色糊状稀粪，图4-40糊状稀粪中有未消化的饲料，图4-41稀粪中带血液，图4-42沥青样粪。

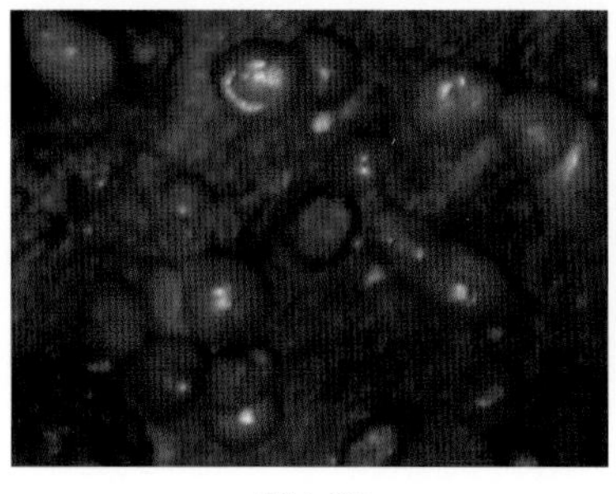

图4-32

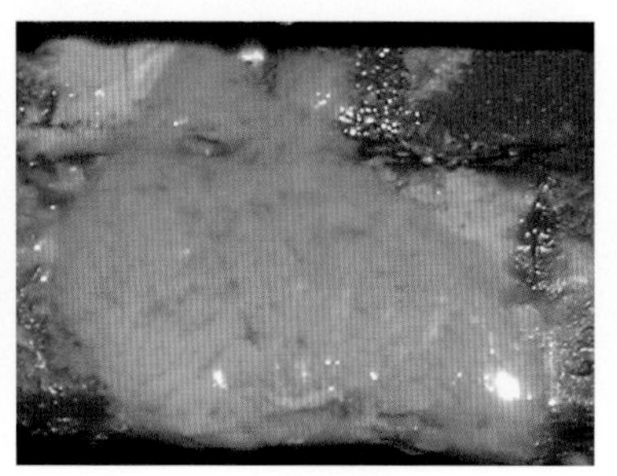

图4-33

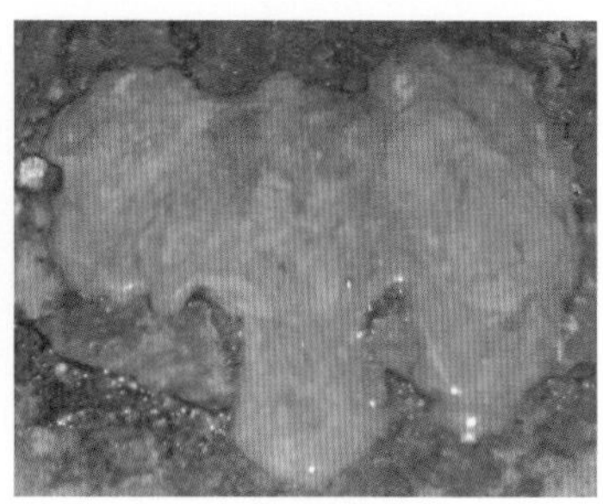

图4-34

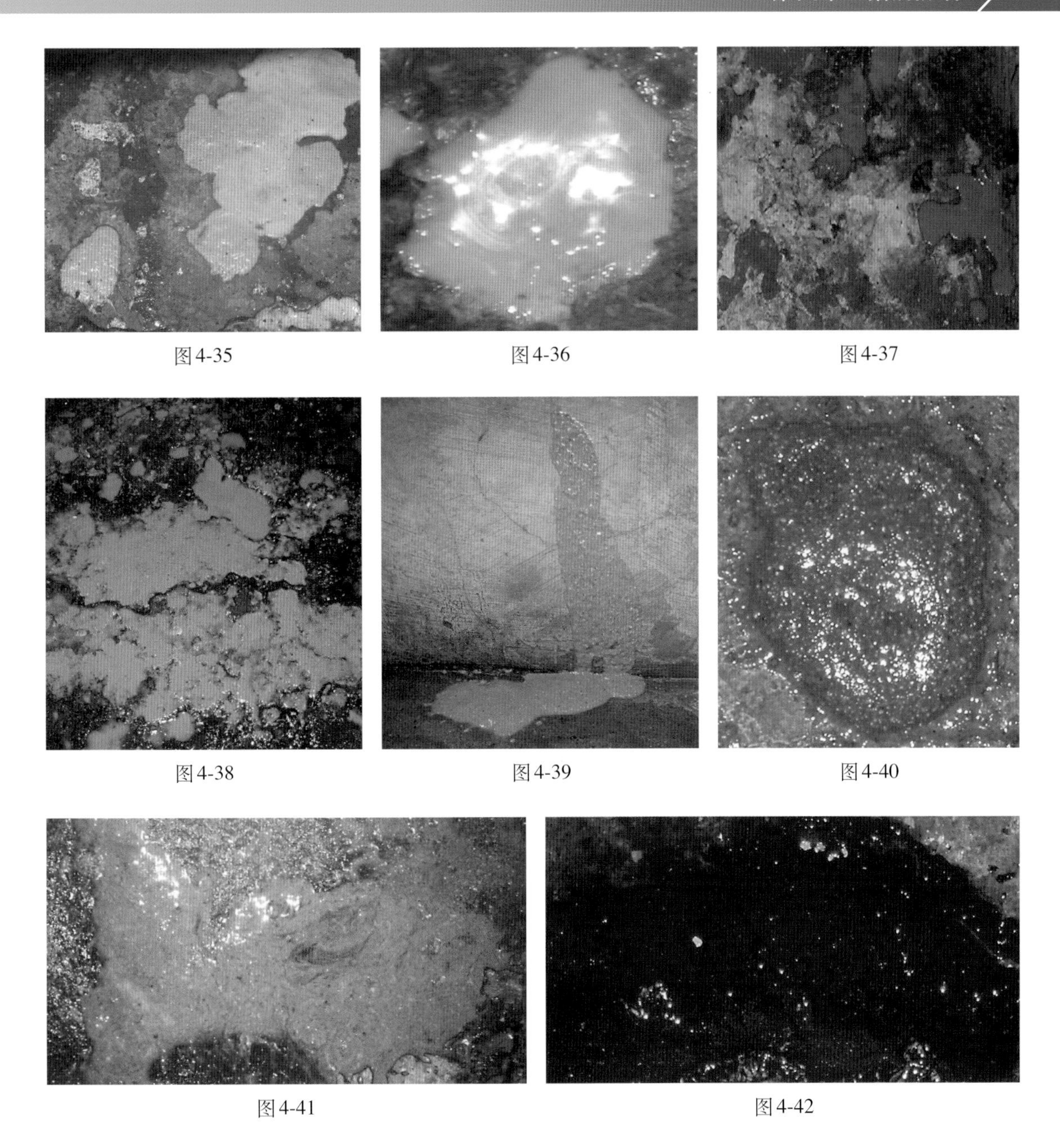

图4-35　图4-36　图4-37

图4-38　图4-39　图4-40

图4-41　图4-42

图4-43、图4-44 病毒性腹泻稀粪直喷出，喷在墙上、流到地上。

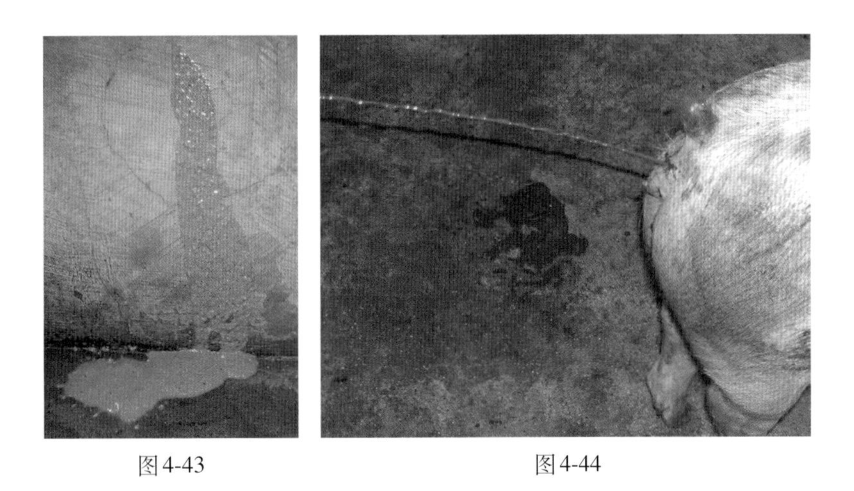

图4-43　图4-44

**（3）观察尿液** 前面谈过猪在采食后5分钟后一般都要排尿和排粪，另外在两次饲喂间隔和早晨睡觉站起后也会排尿和排粪，先排尿、后排粪。公猪站立排尿，姿势与平常站立一样（图4-45）；母猪排尿时两后肢分开、微弯曲，臀部稍向下倾，尿液不断地排出（图4-46）。

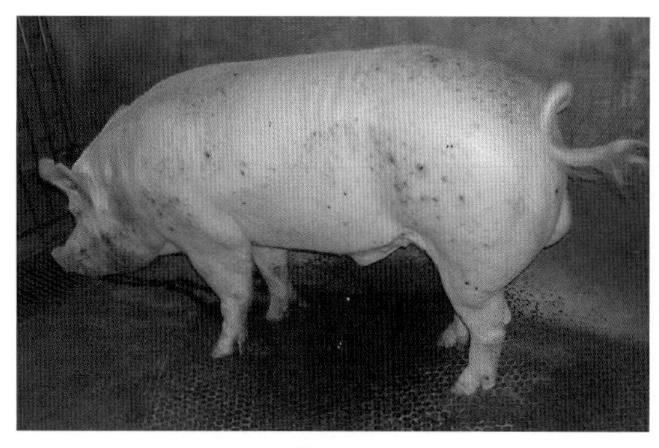
图4-45

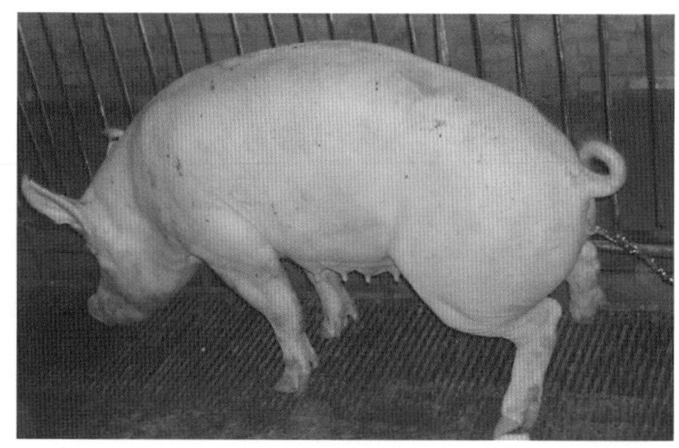
图4-46

健康猪的尿液透明、清亮、清水样无色或带浅黄色，尿中无异物（图4-47）。尿液不透明、不清亮，变色：变黄（图4-48）、变蓝（图4-49）混浊及尿中有异物（图4-50）、尿血（图4-51）则为病态。

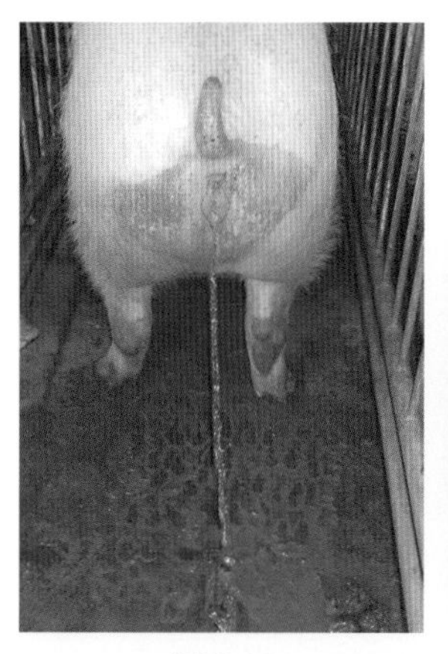
图4-47

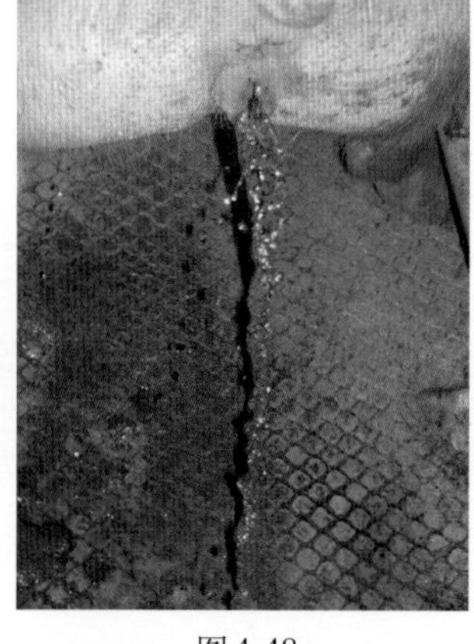
图4-48

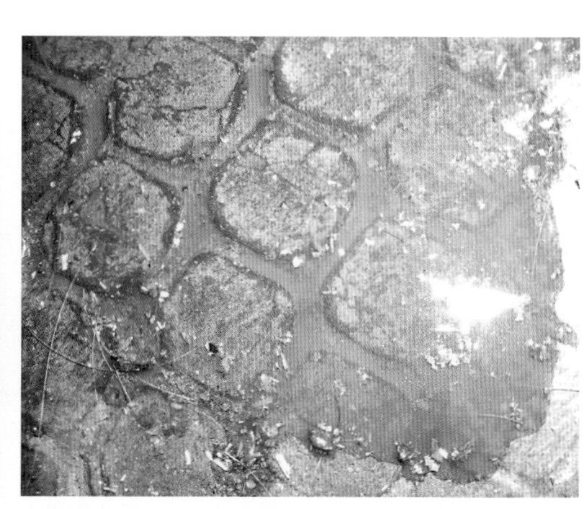
图4-49

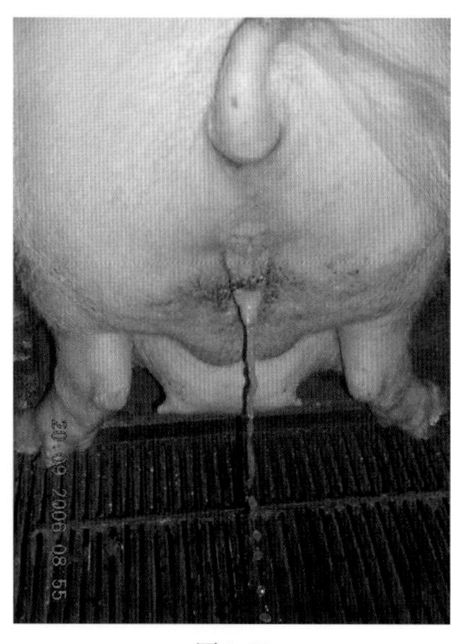
图4-50

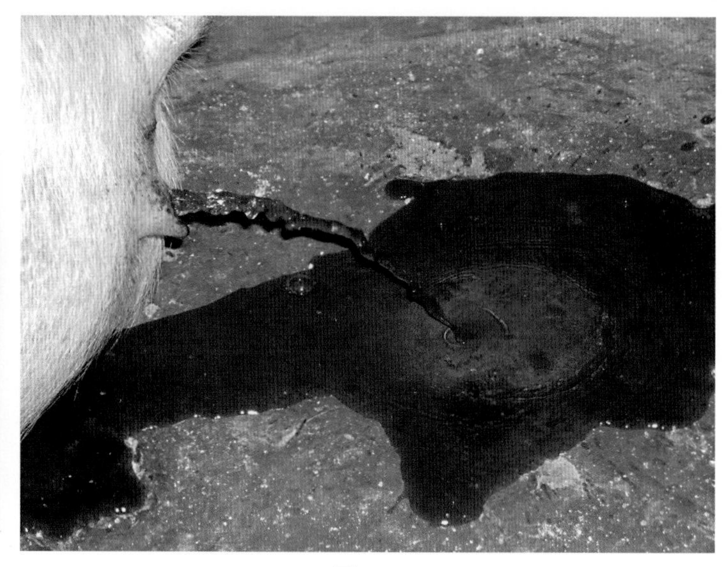
图4-51

公猪排尿时背腰弓起、颤抖、使劲努责（图4-52）；母猪排尿时臀部过分下倾、耻骨接近地，痛苦状（图4-53），即为泌尿道有病。

图4-52

图4-53

3. 看阴户　健康猪的阴户粉红色、干净（图4-54）。若阴道内流出恶露残留在阴户上、流淌在地上者即为阴道炎、子宫内膜炎（图4-55）；尿液中有结晶物、阴户上有灰白色石灰粉状残留（图4-56）是膀胱感染的征兆，饮水不足是膀胱感染的主要原因。

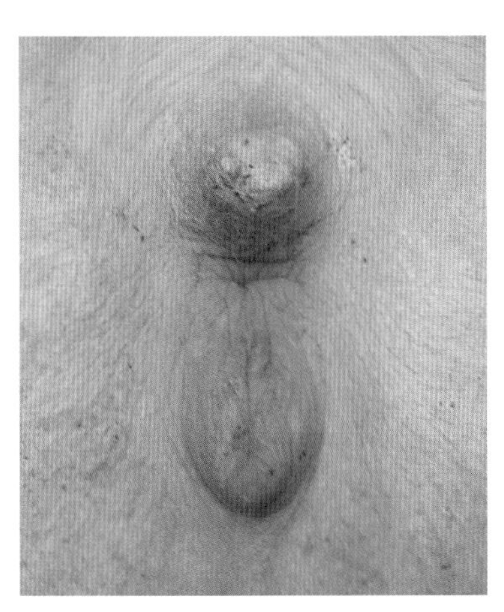

图4-54

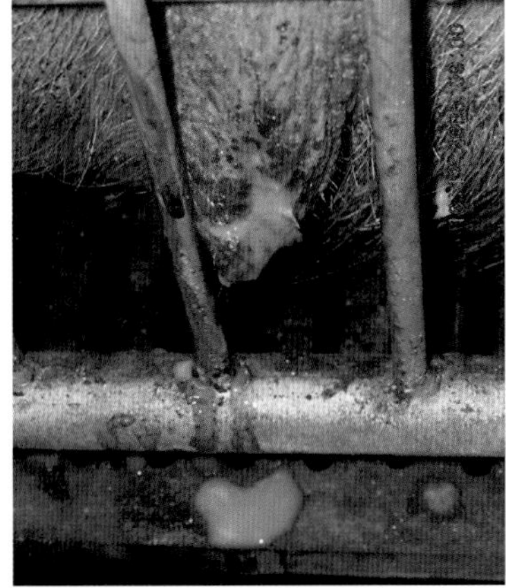

图4-55

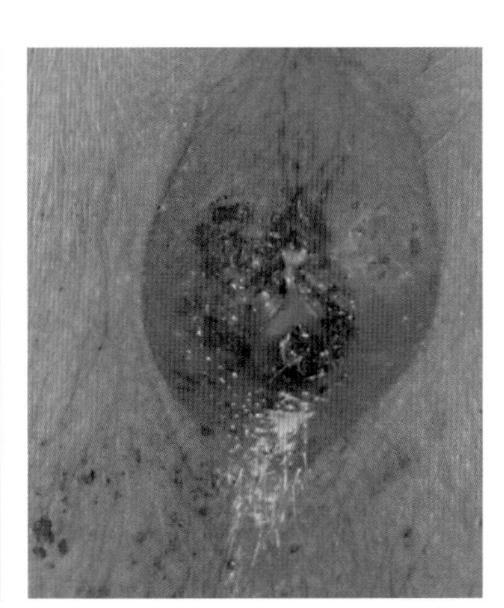

图4-56

## （四）看看猪的体表、皮毛是否正常

健康猪的皮肤干净、有弹性、皮毛发亮（图4-57）。若猪只大小不匀、体瘦、毛长（图4-58），皮肤苍白、黄染（图4-59），皮肤表面发生肿胀、溃疡，出现小结节（图4-60）、红斑（图4-61）、毛囊出血（图4-62）等为病态。

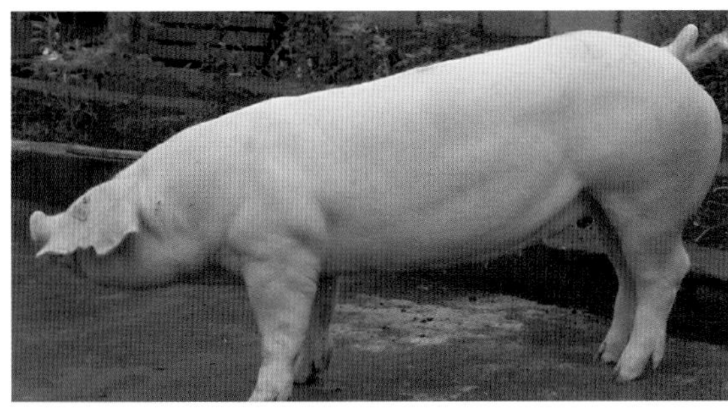

图4-57

图4-58

图4-59

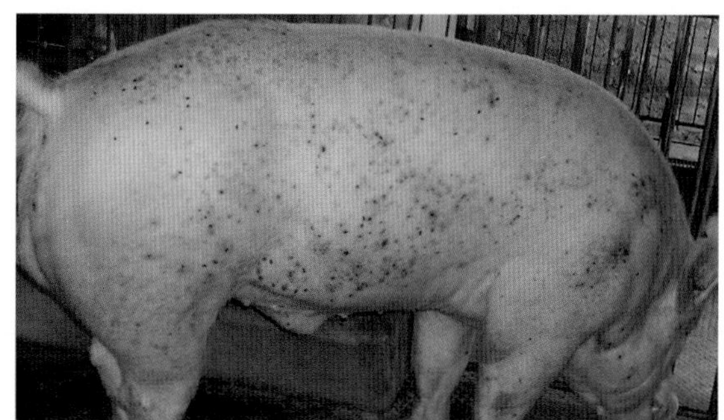
图4-60

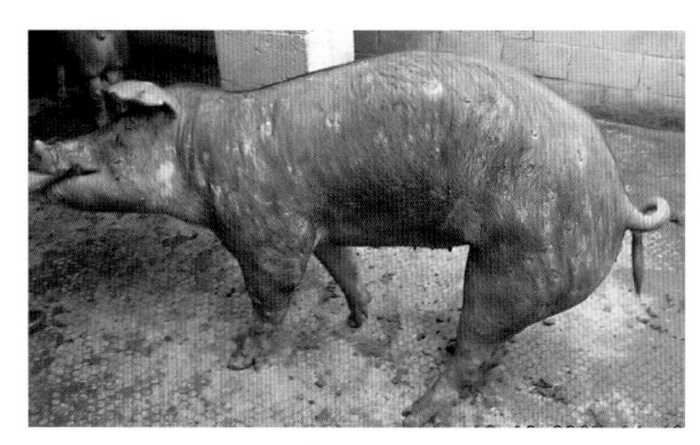
图4-61

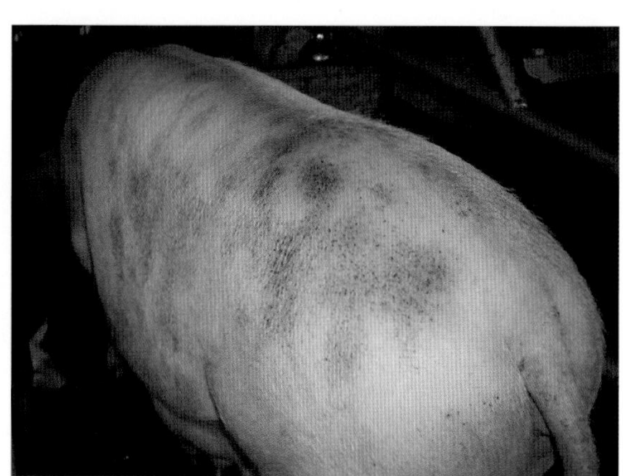
图4-62

## （五）听声音、看呼吸

健康猪的叫声清脆，病猪则叫声嘶哑、哀鸣。健康猪的呼吸均匀，吸气时通过肋骨抬起和推动横膈膜向后扩张而实现（图4-63）；横膈膜、胸肌收缩和肺部弹性收缩形成呼气（图4-64）。猪感冒、发热时呼吸加快、困难。猪呈犬坐式张口呼吸、腹部频频收缩扩张，发出喘鸣声，猪体温正常者，常为支原体肺炎（图4-65）；出现上述症状，体温升高，口中有白色泡沫，多为传染性胸膜肺炎（图4-66）。

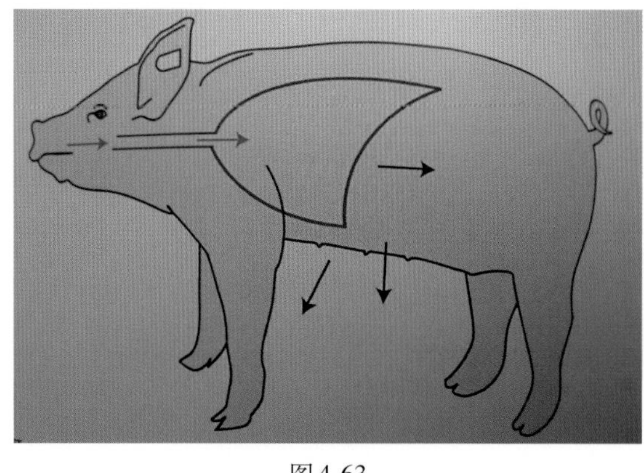
图4-63

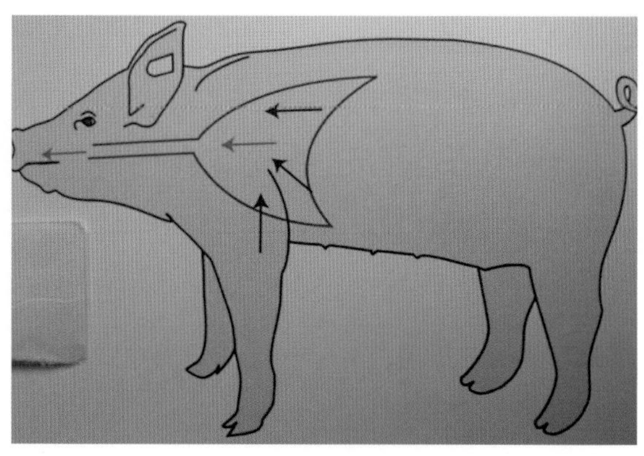
图4-64

图4-65

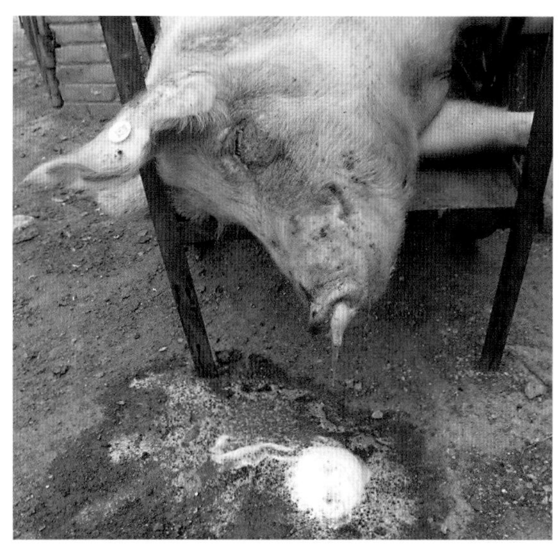
图4-66

### （六）喂料前后观察猪的采食情况

1. 喂料前观察　健康猪只食欲旺盛，生物钟很规律，到喂料时间健康猪就开始活动，做好采食准备，并发出叫声呼唤饲养员来喂料。此时，病猪常趴在墙边、地角不动，精神沉郁。当饲料加在槽中或采食区，健康猪忙着、抢着采食，病猪还是照样趴在墙边、地角不动（图4-67至图4-69）。

图4-67

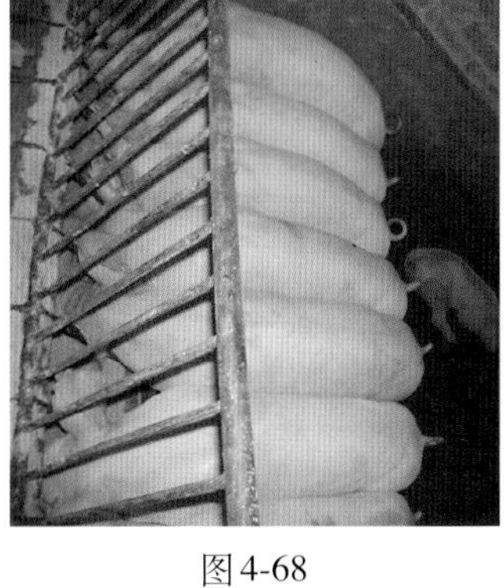
图4-68

图4-69

2. 喂料后观察　健康猪的食欲旺盛，吃食快而多，一般在10～20分钟内就把料吃光。而病猪采食很少或不吃料、甚至嗅嗅就离开，料槽中的料都还在（图4-70）。

图4-70

发现以上症状等，就记下猪的耳号、栏号（栏位）、主要临床表现、同样病猪的头数，然后测量病猪的体温，报告兽医就诊；发现死猪或流产胎儿、胎盘立即拿走，并及时清洗消毒污染场地。每天下午下班前要综合当天的观察情况，写出书面报告。兽医接到疫情报告，如果发现同样临床症状和病理变化的猪群发，多数猪的体温升高，疑似传染病时，首先要了解分析是细菌性传染病还是病毒性传染病。如果群发病猪是在一个栏内逐渐地出现多数猪发病，再逐渐地传到另一个栏，再向外传播，这提示是细菌性传染病；如果病猪在一个栏内迅速地传到大多数猪发病，又迅速地传到另一个栏的多数猪发病，多提示为病毒性传染病。

## 二、猪的主要给药途径

为了给猪保健、防疫和治病，经常要给猪用药，给猪用药的主要途径主要有以下几种。

### （一）猪群体给药

猪的保健、驱虫和防止疫病恶化、扩散，常常采用猪群体给药途径，猪群体给药一般采用在饲料中添加药物。

### （二）治疗猪病时的主要给药途径

治疗猪病时的主要给药途径有口服、肌内注射、皮下注射、静脉注射及腹腔注射五种。除肌内注射外，其他四种给药途径都需要保定猪只。

1. 给药时猪的保定方法　对不同大小的猪有不同的保定方法。

**（1）哺乳仔猪的保定**　保定哺乳仔猪时先用左手抓住仔猪的腰部并提起（图4-71），快速用右手托住它的胸部，再用左手抓住后肢（图4-72）。

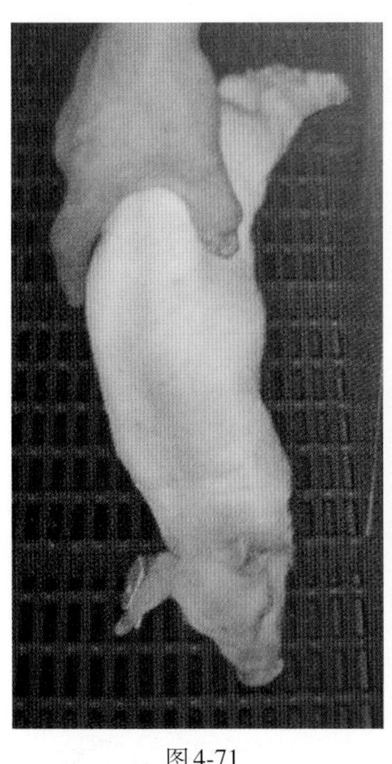

图4-71

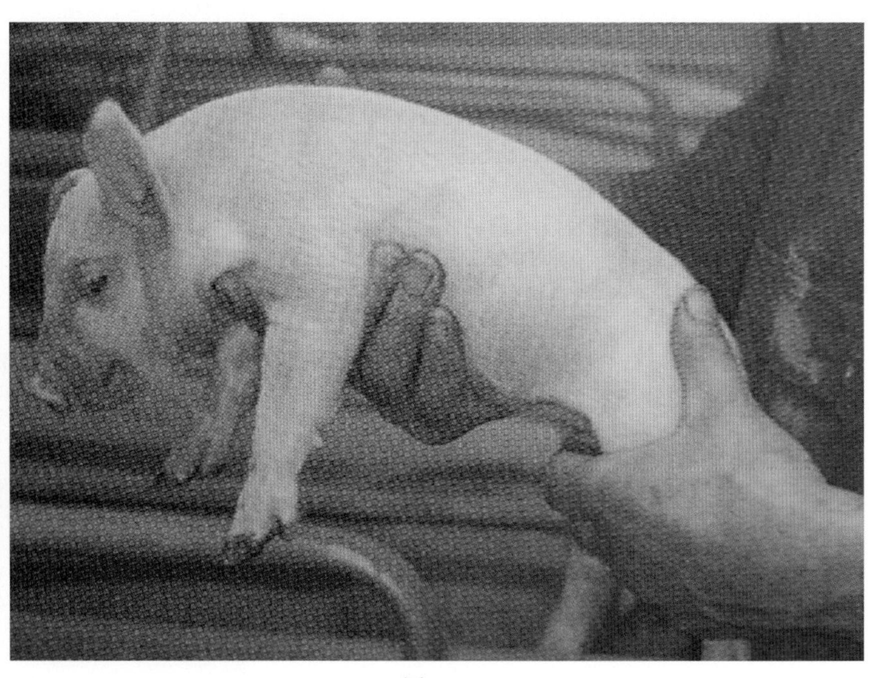

图4-72

**（2）保育猪的保定**　先用右手抓住猪的一个后腿（图4-73）、再将左手掌放在猪胸下方抓住，托起（图4-74）、抱住猪靠拢人，右手抓住猪的后肢（图4-75）。

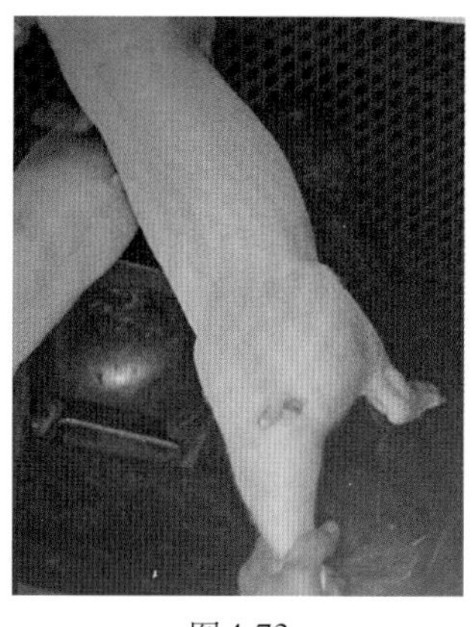

图4-73

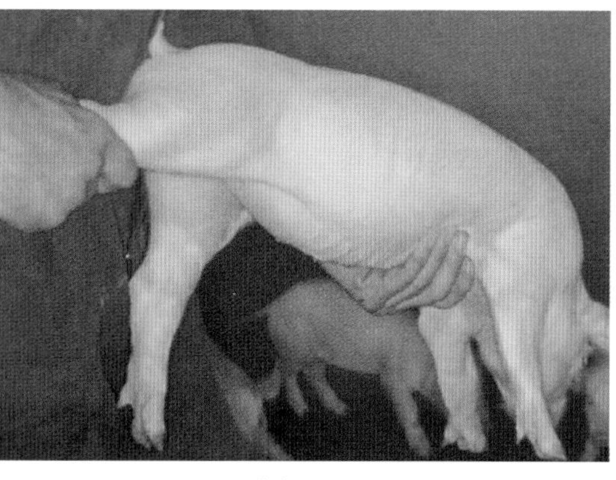

图4-74

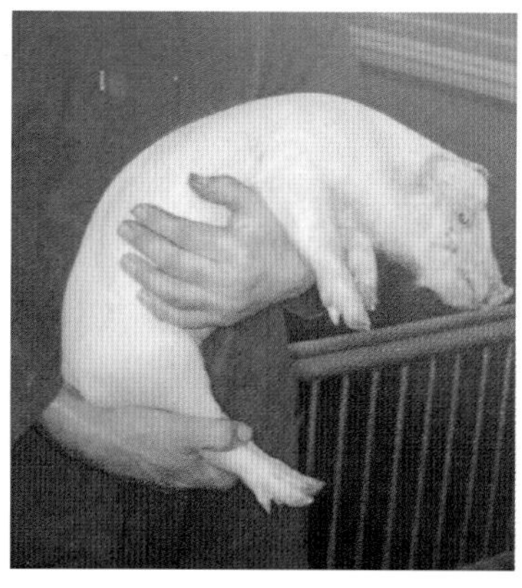

图4-75

**(3)大猪(公猪、母猪、肥猪)的保定** 制备一根1.5m左右长的保定绳，绳的一端有绳扣(图4-76)。临保定猪时，做一个套扣，将绳的套扣套在猪的上鼻唇(图4-77)，用保定绳把猪头固定在拦柱上(图4-78)。

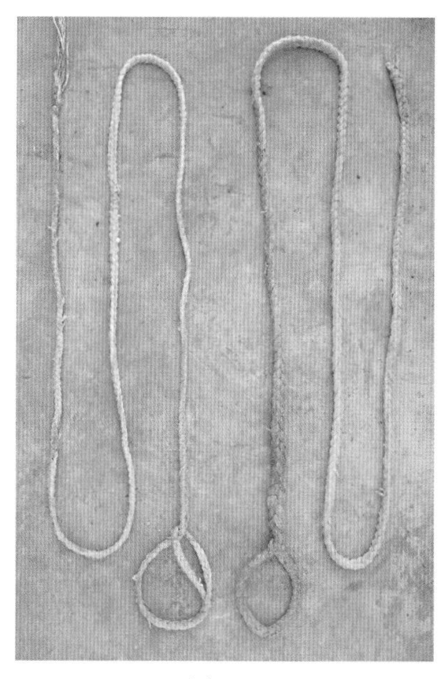

图4-76

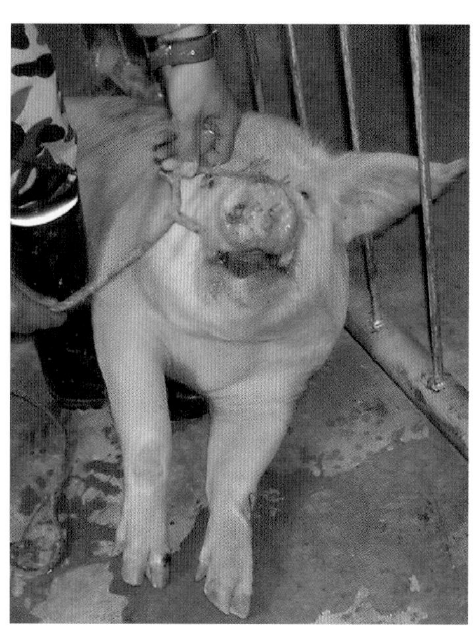

图4-77

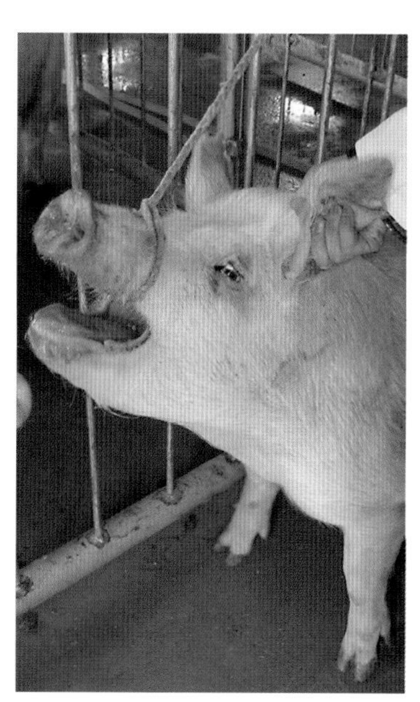

图4-78

2. 经口灌药 片剂、丸剂、舔剂及水剂药物可给猪经口灌服。猪站立保定后，将片剂、丸剂直接从猪口角处送入舌背部，舔剂可用药匙或竹片送入，水剂药物可用长颈药瓶或带桶的塑料管直接灌入(图4-79)。

图4-79

3. 静脉注射 静脉注射是将药物注入静脉血管内的一种给药方法，主要用于大剂量的输液及急救时需速效作用的给药；一般刺激性较强的药物及皮下、肌内不能注射的药物可经静脉注射给药。猪的静脉注射常用耳静脉注射法。将猪站立或侧卧保定，耳静脉消毒后，一人用手捏住猪耳根部的静脉部，使静脉怒张，或用指头弹，或用酒精棉球反复擦局部，以引起血管充盈、怒张。术者用左手抓紧猪耳并托平，右手持接有输液管的针头沿耳静脉径路刺入血管内，确认回血后打开关闭的活塞输入药液（图4-80至图4-82）。

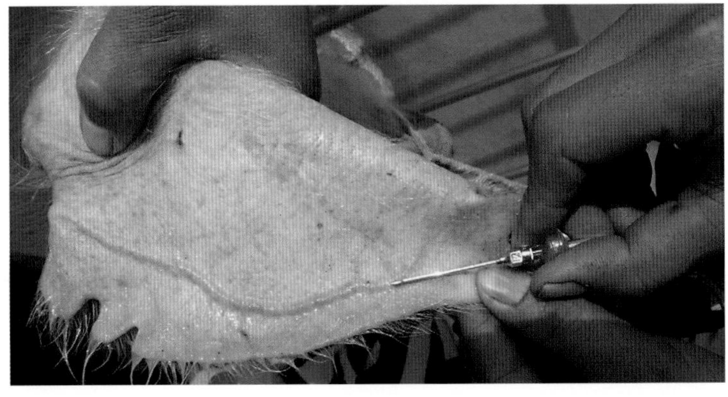

图4-80

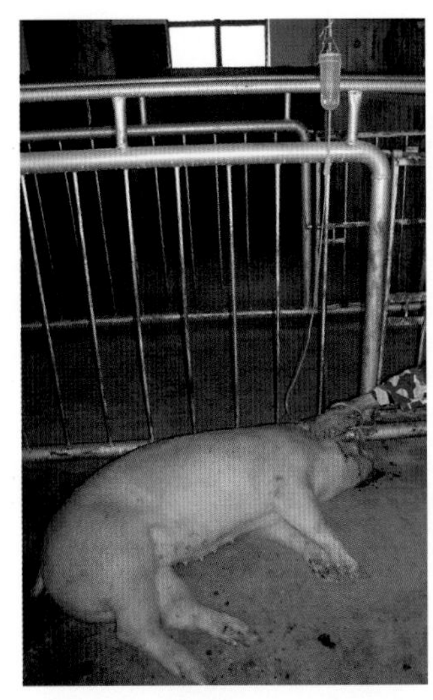

图4-81

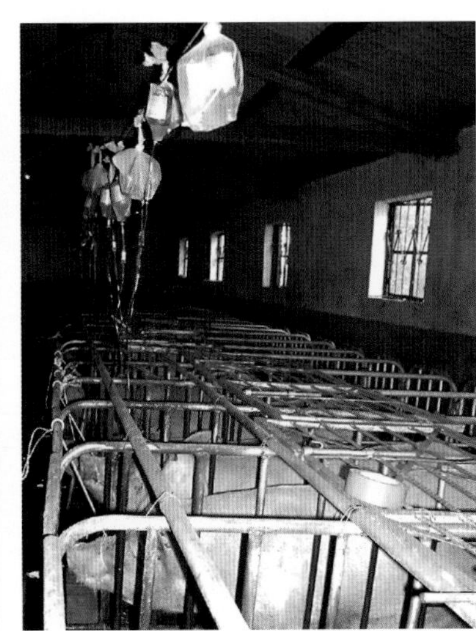

图4-82

4. 腹腔注射 仔猪脱水补液或其他猪只耳静脉注射失败后可将药液注入腹腔。

腹腔注射前将猪的两后肢分开、捆在栏柱上。注射部位是在猪的任何一侧、倒数1～2对乳头之间（最后两对乳头之间），针头朝着对侧肩关节方向刺入，手感针头在空洞处时，即可注入药液（图4-83）。

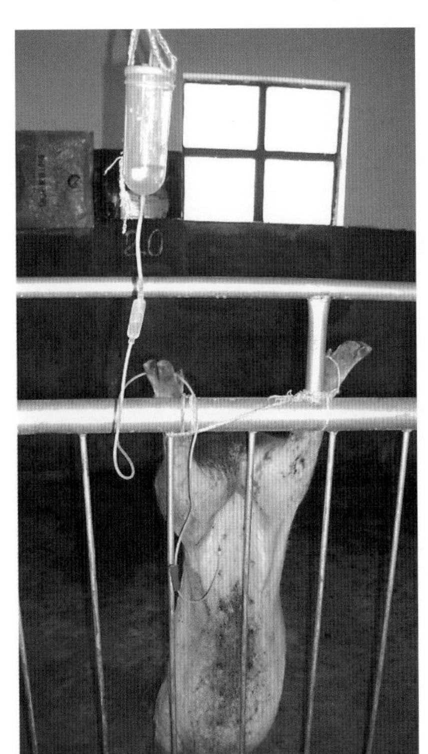

图4-83

5. 肌内注射（IM）肌内注射是兽医临床上最常用的给药方法之一。由于肌肉内血管丰富，药物注入肌肉后吸收较快，且肌肉内感觉神经较少，注射疼痛轻微，所以一般刺激性强和难于吸收的油剂、乳剂药液，血管内注射后有副作用的药物，疫菌苗等常采用肌内注射。猪肌内注射的最佳部位是颈部耳根后，臀部或股内侧也可进行肌内注射。

颈部是猪肌内注射最常用的部位，颈部正确的注射部位是一个正边三角形，以大猪为例：三角形的底边于肩前2cm，顶角距耳后2cm，上边于项韧带下，注射点最好在三角形中部（图4-84、图4-85）。注射部位太高药液（疫苗）会注于项韧带、脂肪层，吸收不良，药效或免疫反应不良；注射点太低药液（疫苗）会注入腮腺、刺伤颈椎；注射点偏后会刺伤肩胛骨（图4-86、图4-87），不仅药效或免疫反应不良，还会产生炎症、肿胀。

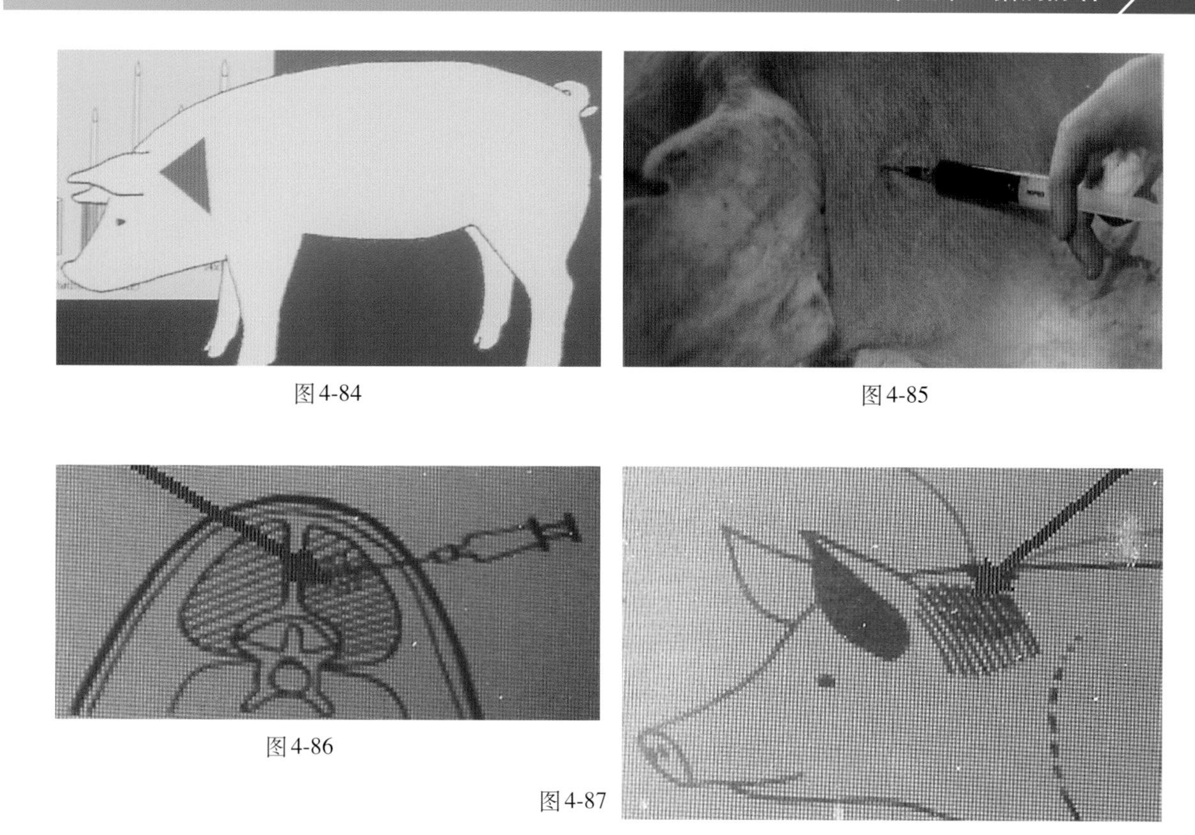

图4-84 图4-85

图4-86 图4-87

肌内注射要根据猪的大小，选择合适型号的针头（表4-1）。

表4-1 猪用注射器针头选择

| 猪 重（kg） | 针 长（mm） | 针 型 号 |
|---|---|---|
| <10 | 12～25 | 20～21 |
| 10～30 | 25 | 18～19 |
| 30～100 | 25～38 | 18 |
| 100以上 | 38 | 16 |

针头短注射深度不够，药液（疫苗）注入皮内或脂肪层，不易吸收，不仅药效或免疫反应不良，还会产生炎症、肿胀。图4-88中左边和图4-89中左、右两边的针头都注入38mm，正好达到肌肉中间，图4-85中右边的针头只注入25mm，还在脂肪层内。

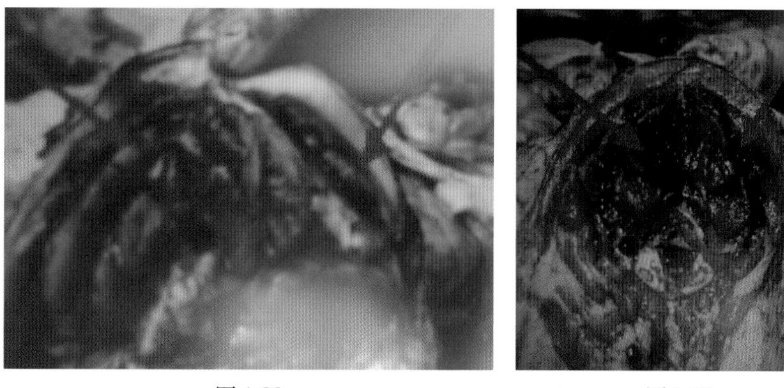

图4-88 图4-89

6. **皮下注射** 皮下注射也是兽医临床上常用的给药方法之一，是将药液（疫苗）注入皮下结缔组织内，经毛细血管、淋巴管吸收进入血液循环，而达到防治疫病的目的。凡是易溶解、刺激性不大的药液（疫苗），均可作皮下注射。

皮下注射点一般选在皮肤较薄、皮下疏松易移动、活动性较小的部位，股内侧（图4-90、图4-91）和耳根后（图4-92、图4-93）是最常作皮下注射的部位，小猪多在股内侧，大猪多在耳根后。注射时用左手中指和拇指捏起猪注射部位的皮肤，同时以食指尖下压皱褶使呈陷窝，右手持装有药液带针头的注射器，从皱褶基部陷窝处刺入皮下注入药液（图4-92至图4-95）。

皮下注射使用的针头参照肌内注射的针头。

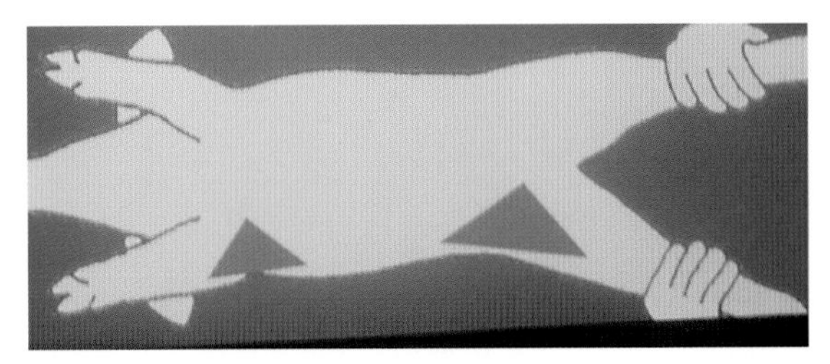
图4-90

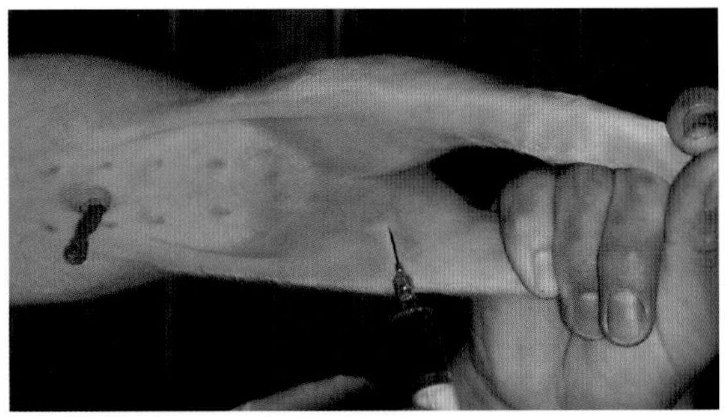
图4-91

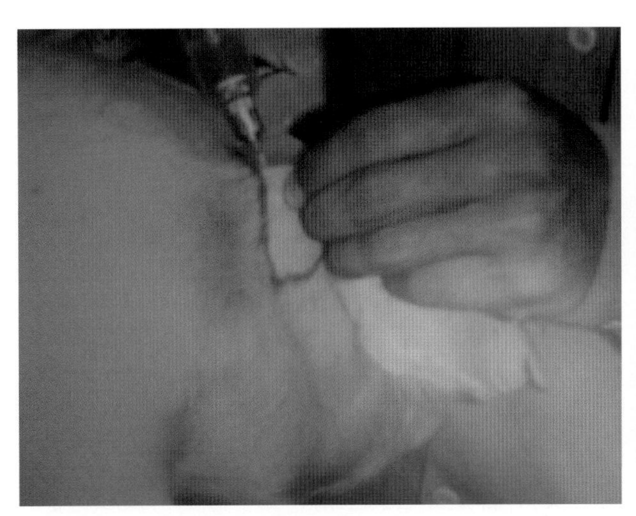
图4-92

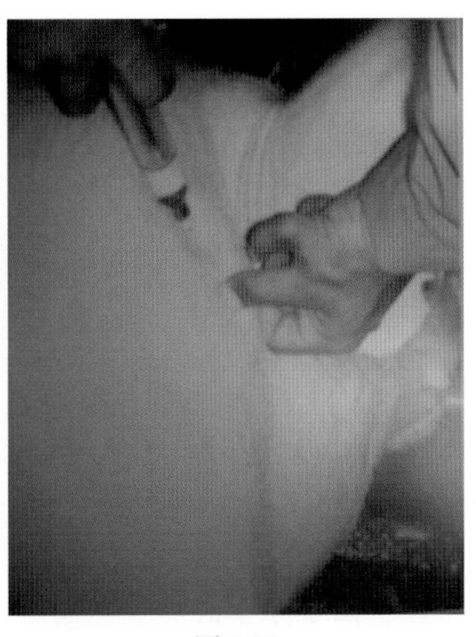
图4-93

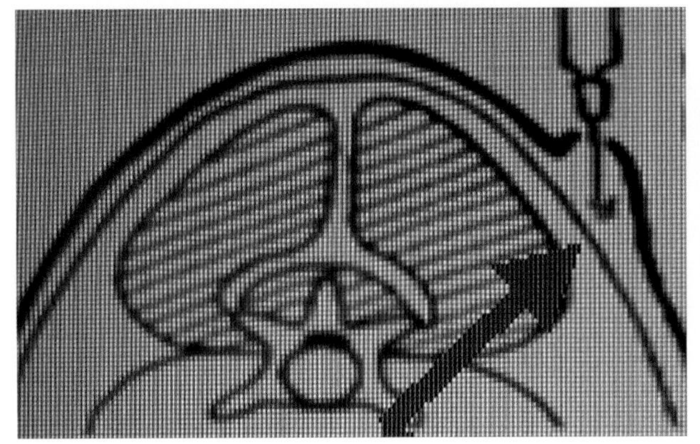
图4-94

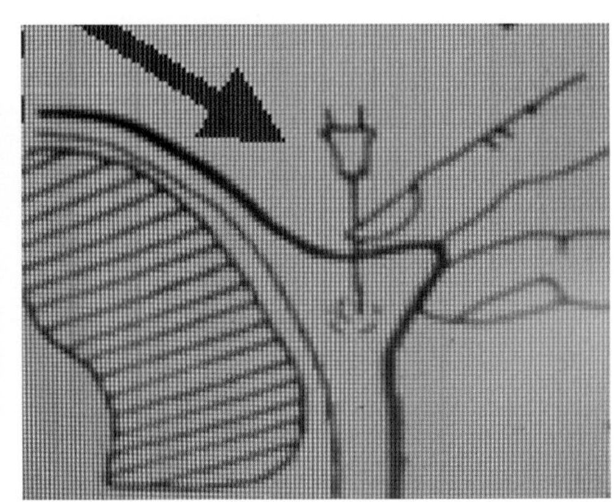
图4-95

# 三、重大疫病

## 口　蹄　疫

口蹄疫是由口蹄疫病毒引起的偶蹄类动物共患的急性、热性、高度接触性传染病。临床特征为口黏膜、蹄部和乳房发生水疱和烂斑。主要感染牛、猪、羊、骆驼、鹿等家畜及其他野生动物，人也能被感染，但十分罕见。

### （一）病原

口蹄疫病毒有7个血清型，即O、A、C、SAT1、SAT2、SAT3（南非1、2、3型）和Asia-1型（亚洲1型）。我国口蹄疫主要为O、A型和亚洲1型。Asia-1在我国主要有3个毒株，即云南保山型（YN / BSH / 58）牛型、新疆（XJL）牛羊型和江苏（JSL）牛羊猪型。

1997年在云南省耿马县分离获得耿马毒株（GM-97.牛源），第二年又在缅甸分离获得缅甸98毒株（Mya-98），这两个毒株成为2009—2010年的主要流行毒株。2006—2008年在我国的病猪中又分离获得新病毒1（TW / 97），2008—2010年又分离获得新病毒2（GX / 09-7），这两个毒株在养猪场中长期存在，很难控制。

口蹄疫病毒的理化特性及抵抗力：①口蹄疫病毒对酸、碱特别敏感，如1%～2%氢氧化钠溶液能在1分钟内杀灭口蹄疫病毒；②在低温下口蹄疫病毒十分稳定，而对热敏感。在小块猪肉中的病毒，85℃ 1分钟即可被杀死；③在自然条件下阳光中的紫外线和高温可杀死口蹄疫病毒。

### （二）流行特点

1. 发病季节与易感动物　口蹄疫一年四季都可发生，但也有淡季和旺季之分。由于口蹄疫病毒怕热不怕冷，所以在每年6、7、8月炎热季节少发，为淡季；11、12月及来年1、2月寒冷季节多发，为旺季。

口蹄疫病毒主要感染偶蹄动物，自然感染最易发病的动物有黄牛、乳牛、牦牛、犏牛、水牛、猪、山羊、绵羊、鹿和骆驼。仔猪越年幼发病率越高，患病越重，死亡率越高，可达95%～100%。

鸭子可以携带口蹄疫病毒，但其本身不发病，是一个重要疫源库。

人也可以感染口蹄病毒。1695年人口蹄疫病例首先在德国被证实，在全世界确诊的人口蹄疫病例共50多例。欧洲、非洲、南美洲都有。作者在1999年暴发牛羊猪口蹄疫时，见一农户家的6头黄牛全部感染口蹄疫，由于家中的两个儿童（一男一女），都是赤着脚生活，和牛有亲密接触，手和脚上都出现了口蹄疫病灶。

2. 流行途径　口蹄疫病毒可以通过发病动物呼出的空气、唾液、乳汁、精液、眼鼻分泌物、粪、尿以及母畜分娩时的羊水等排出体外，急性感染期屠宰的动物及污水可以排放大量病毒，病畜的肉、内脏、皮、毛均可带毒成为传染源，被污染的圈舍、场地、水源和草场等亦是天然的疫源地。饲养和接触过病畜人员的衣物、鞋帽，运输车辆、船舱、机舱、猪笼，被病畜污染的圈舍、场地、饲槽、饲草饲料、饲用工具、屠宰工具、厨房工具、洗肉水、食堂饭馆的残羹剩菜、泔水、兽医器械等都可以传播病毒引起发病。

口蹄疫流行的最大特点是传播速度快，某一地区一旦疫源进入，从少数动物突然发病开始，疫情可迅速传开。

猪口蹄的流行有其特点，主要为接触传染。在农村农户分散圈养的情况下，多为点状发生；而集中饲养的猪场一旦发生，可很快传开造成暴发。随着仔猪、肥猪的长途运输，往往把口蹄疫带到很远的地方，造成新的疫点。

### （三）临床症状

被口蹄疫感染的牛、羊、猪，潜伏期一般为2～7天，最短的12小时就发病，最长的14～21天。在潜伏期内，病畜还未表现临床症状就已经在排毒，只要和病畜同群的牲畜，一般都已感染。

猪病初体温上升至40～41.5℃、稽留3～4天；食欲减少，精神不振;相继在口黏膜、吻突、蹄、乳房上发生水疱（图4-96）。口蹄疫的水疱无论出现在什么部位，出疱过程都相似：水疱初起时疱皮较厚、水疱液较少，随着水疱逐渐增大，疱皮变薄、水疱液增多、水疱臌胀；水疱胀破或被碰破，水疱液逐渐流出，水疱变瘪。水疱液多为灰白色混浊液体，少数带有血液而呈淡红色，有这种水疱液的水疱呈淡紫色。水疱皮破溃后现出红色烂斑，这是特点。

图4-96

图4-97至图4-102为猪吻突上不同状态的水疱。

图4-103至图4-106为吻突上的水疱破溃后留下的红色烂斑。

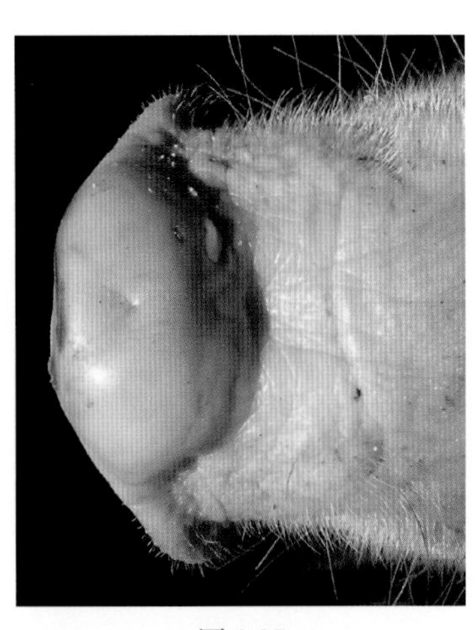

图4-97

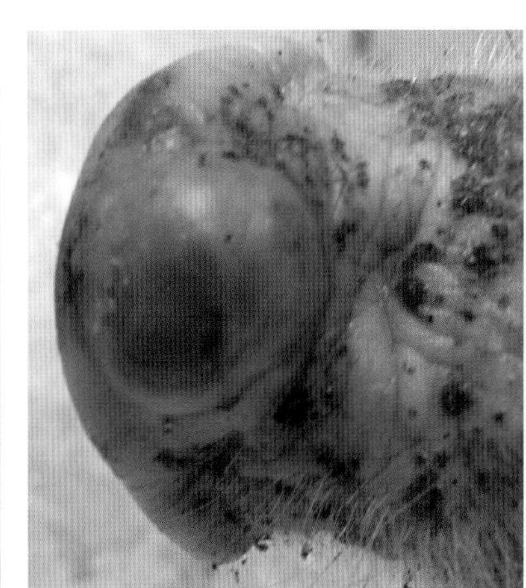

图4-98

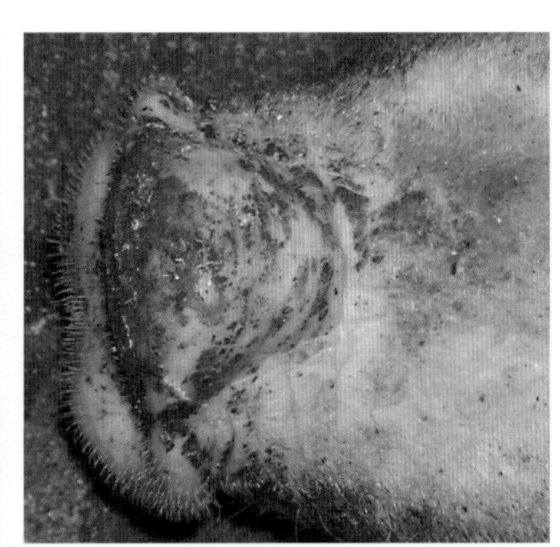

图4-99

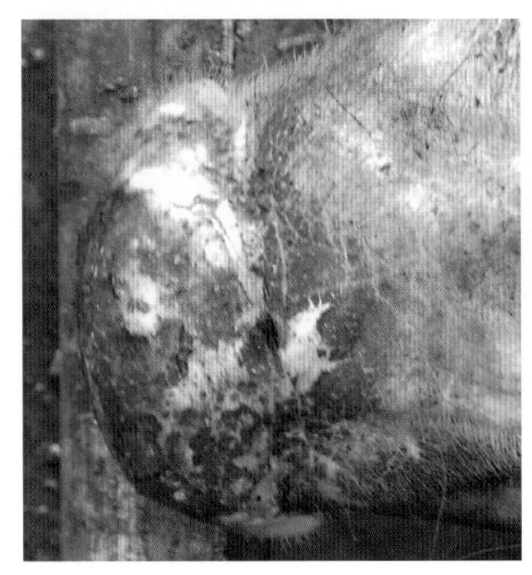

图4-100

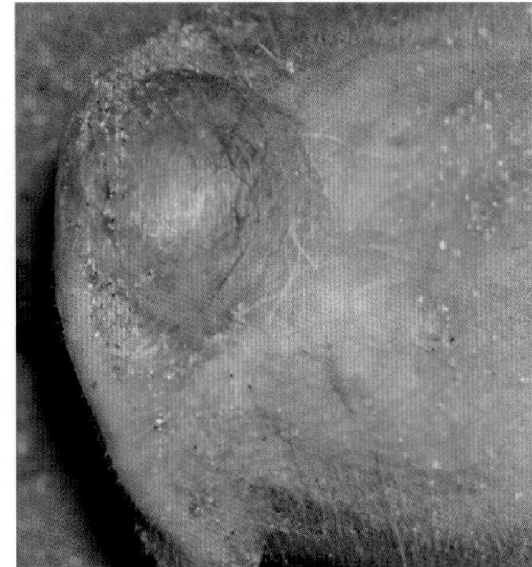

图4-101

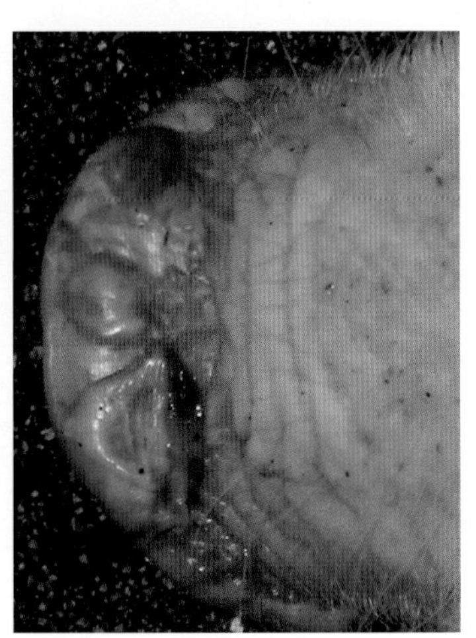

图4-102

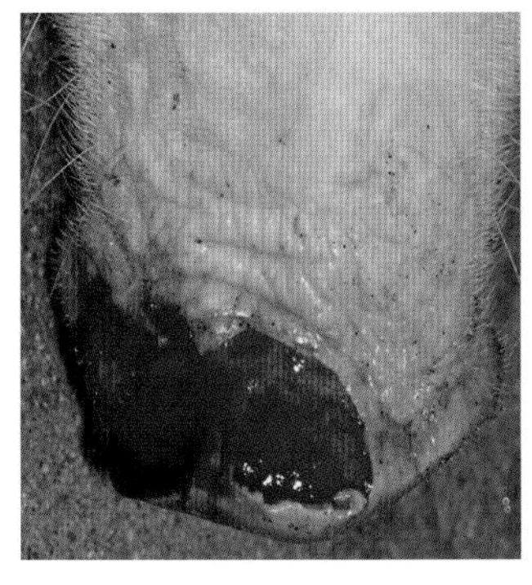

图4-103

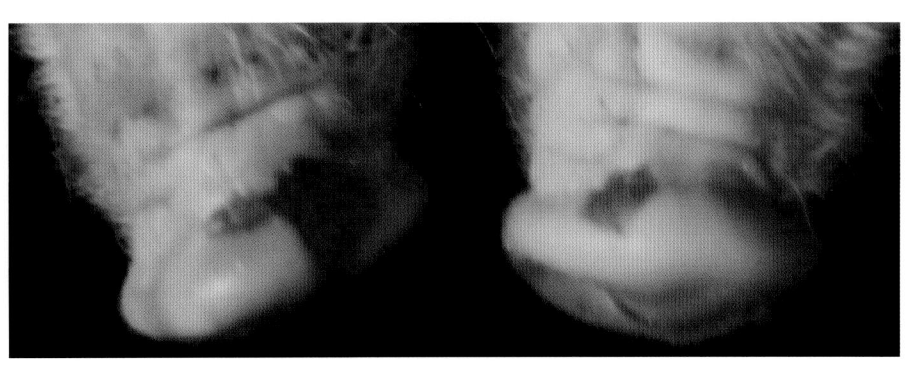

图4-104

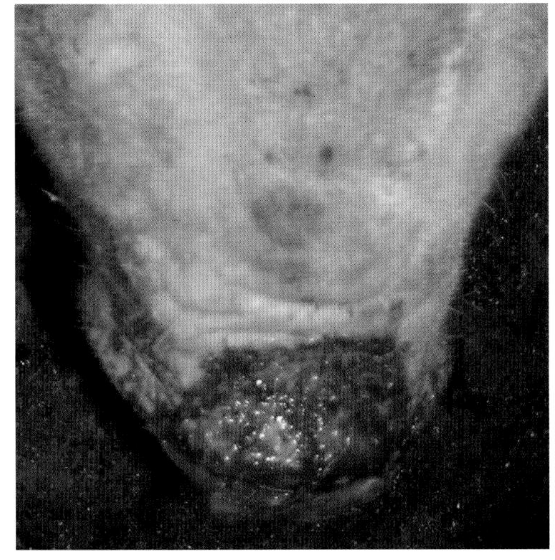

图4-105

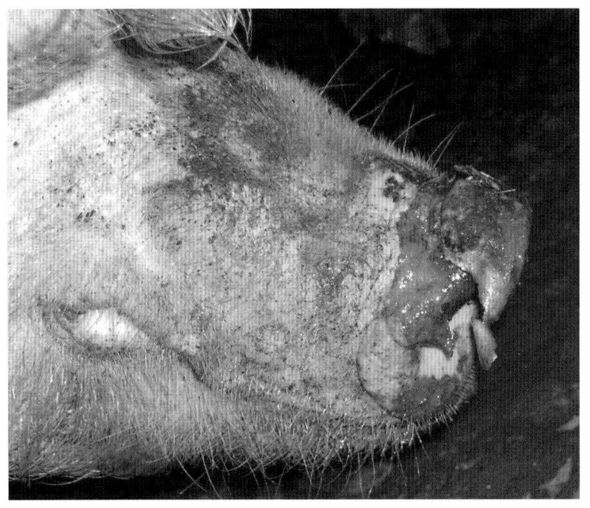

图4-106

猪口蹄疫的另一典型症状是:蹄上出现水疱、跛行，蹄上的水疱多出现在蹄冠及悬蹄周围，偶尔前臂部和腕部也会出现水疱，蹄冠上的水疱多呈条状（图4-107至图4-110），猪蹄上出现水疱造成猪跛行（图4-111、图4-112）。水疱破溃后出现红色烂斑，红色烂斑是本病的主要鉴别点。严重者蹄部破溃、蹄壳脱落，肉蹄鲜血淋漓，地板有许多血蹄印，偶尔可见脱落的蹄壳（图4-113至图4-120）。

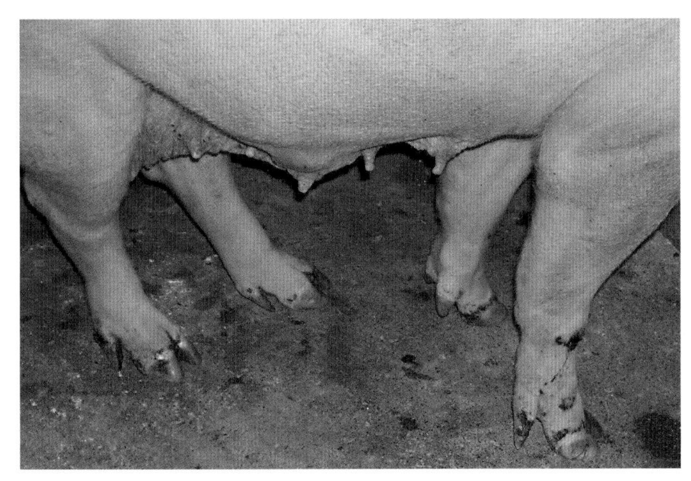

图4-107

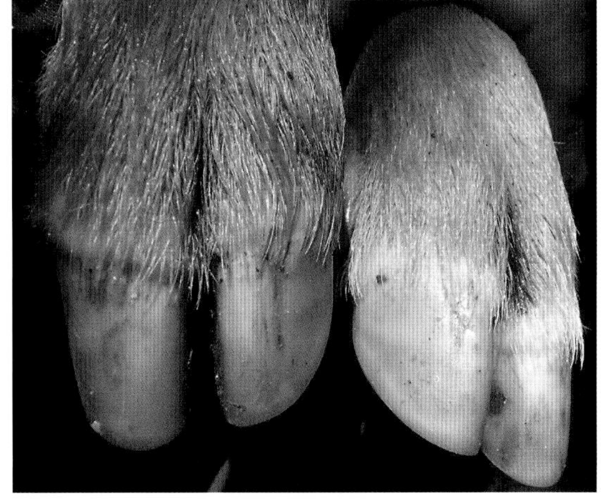

图4-108

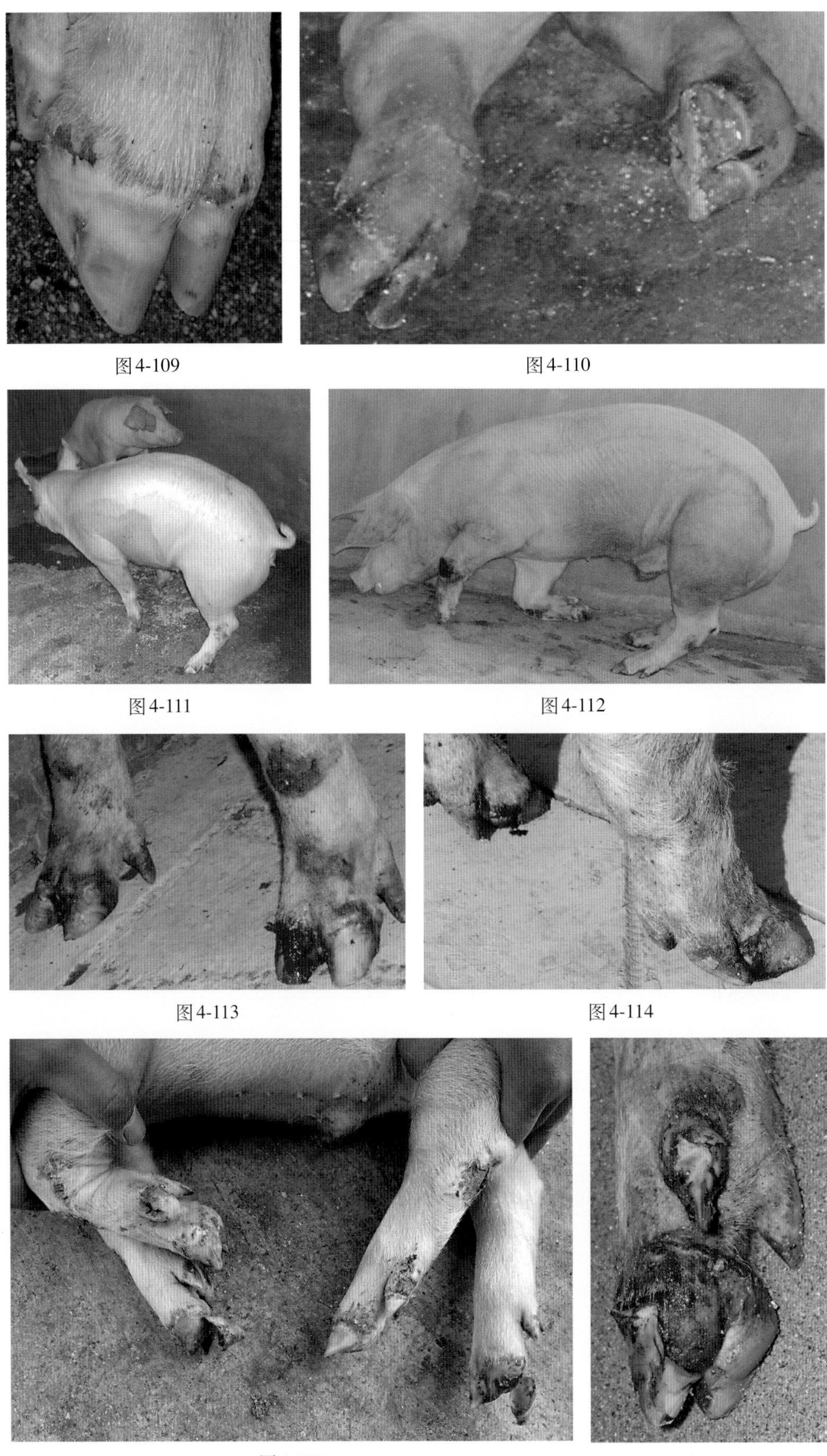

图4-109

图4-110

图4-111

图4-112

图4-113

图4-114

图4-115

图4-116

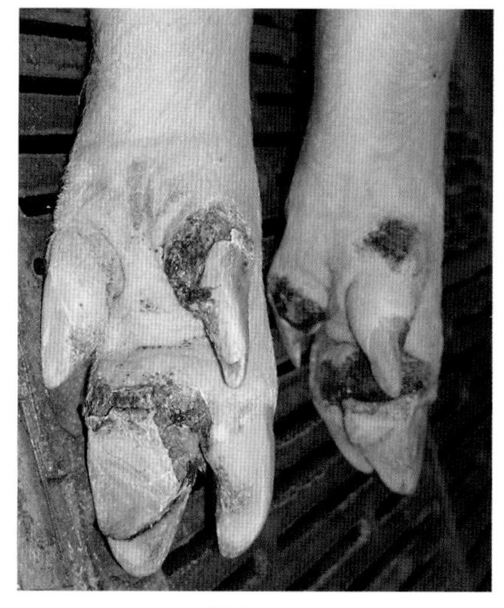
图4-117

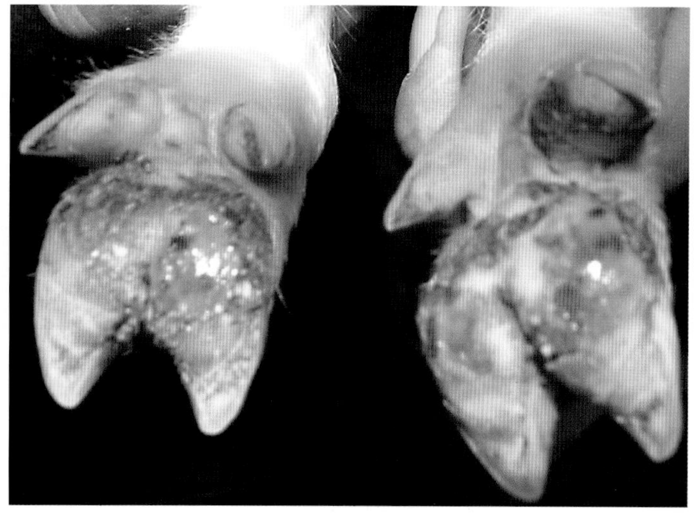
图4-118

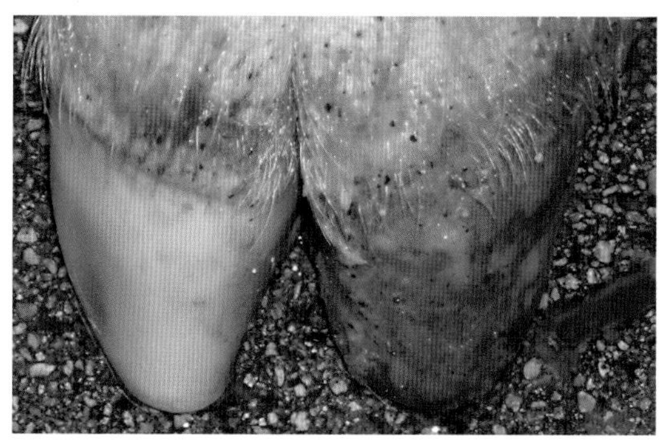
图4-119

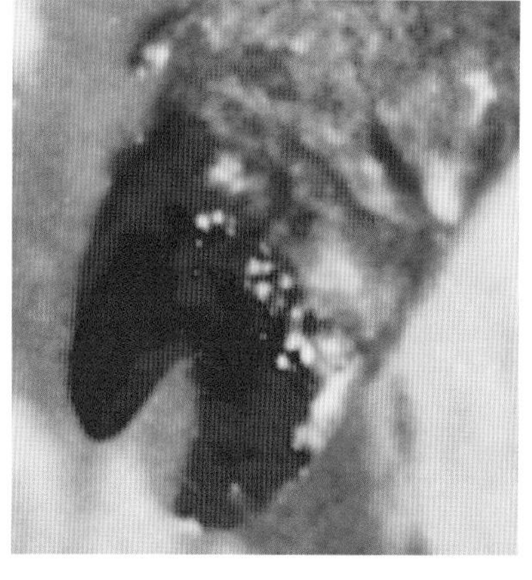
图4-120

厩舍卫生不良时，蹄部水疱多发生细菌继发感染，病变向深层组织扩散形成溃疡，发生化脓性炎症和腐烂性炎症。如无继发感染，10天内可形成黄色痂皮，2周左右患部皮肤可恢复正常。

母猪乳房上也易发生水疱，乳房上的水疱一般先发于乳头，乳房上长出很多豆大的小水疱，随着发展小水疱融合成大水疱，几乎乳房下部和乳头就成了一个大水疱，水疱破溃时脱落下一大张水疱皮，现出一大块红色烂斑（图4-121至图4-125）。

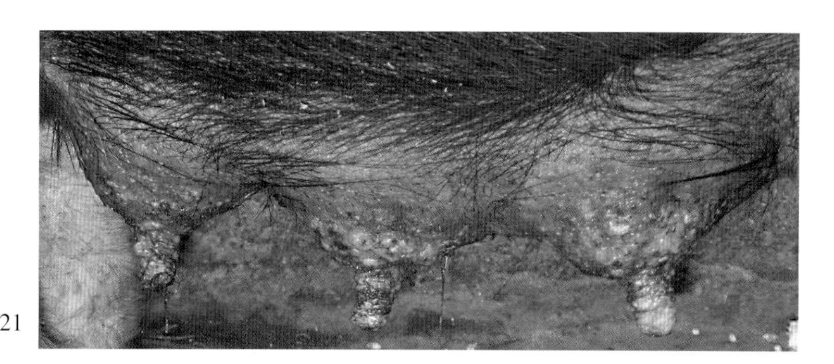
图4-121

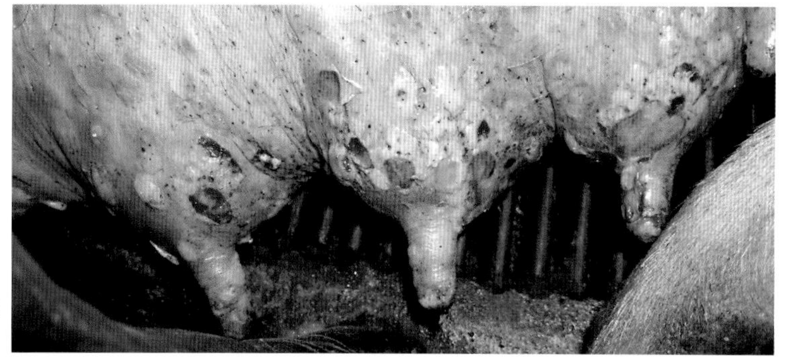
图4-122

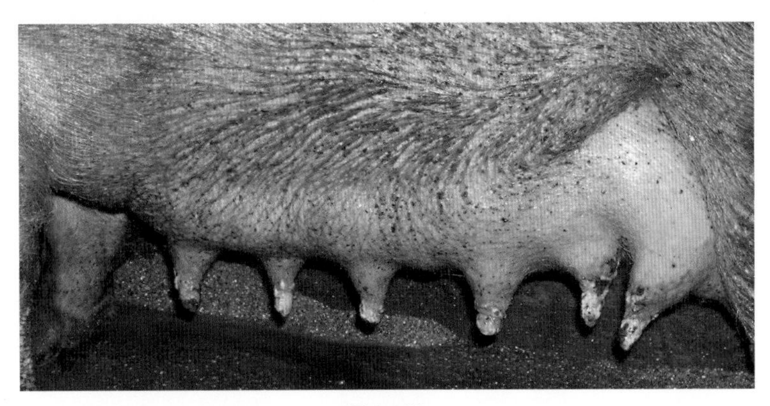

图4-123

图4-124

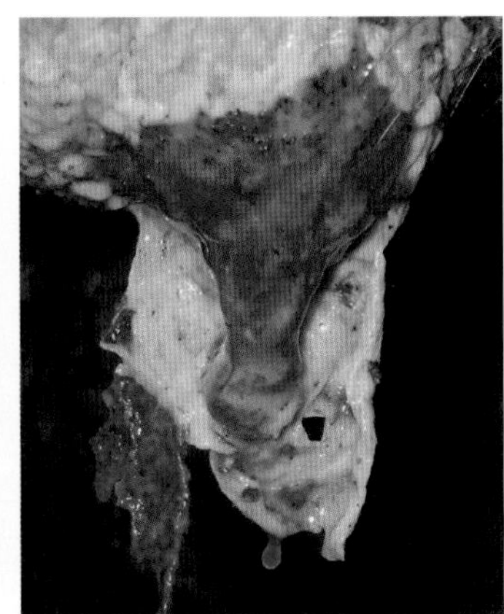

图4-125

### （四）剖检病理变化

突然死亡的初生仔猪可见股内侧淋巴结肿大、出血、坏死（图4-126、图4-127）；心包积液多呈血红色，心肌浊肿，心外膜血管树枝状充血或条块状出血；成年重症病死猪的心外膜上可见红白相间的条纹状变性坏死灶，学术上称为“虎斑心”。29日龄仔猪口蹄疫就出现“虎斑心”图4-128至图4-131。肝表面有血疱（4日龄），这是特征性病变，以前未见资料报道（图4-132）；有时肾肿大、瘀血，皮质易破碎、坏死（图4-133）。

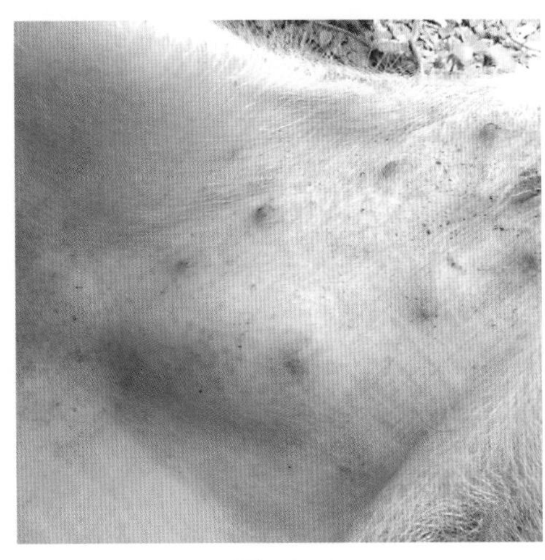

图4-126

图4-127

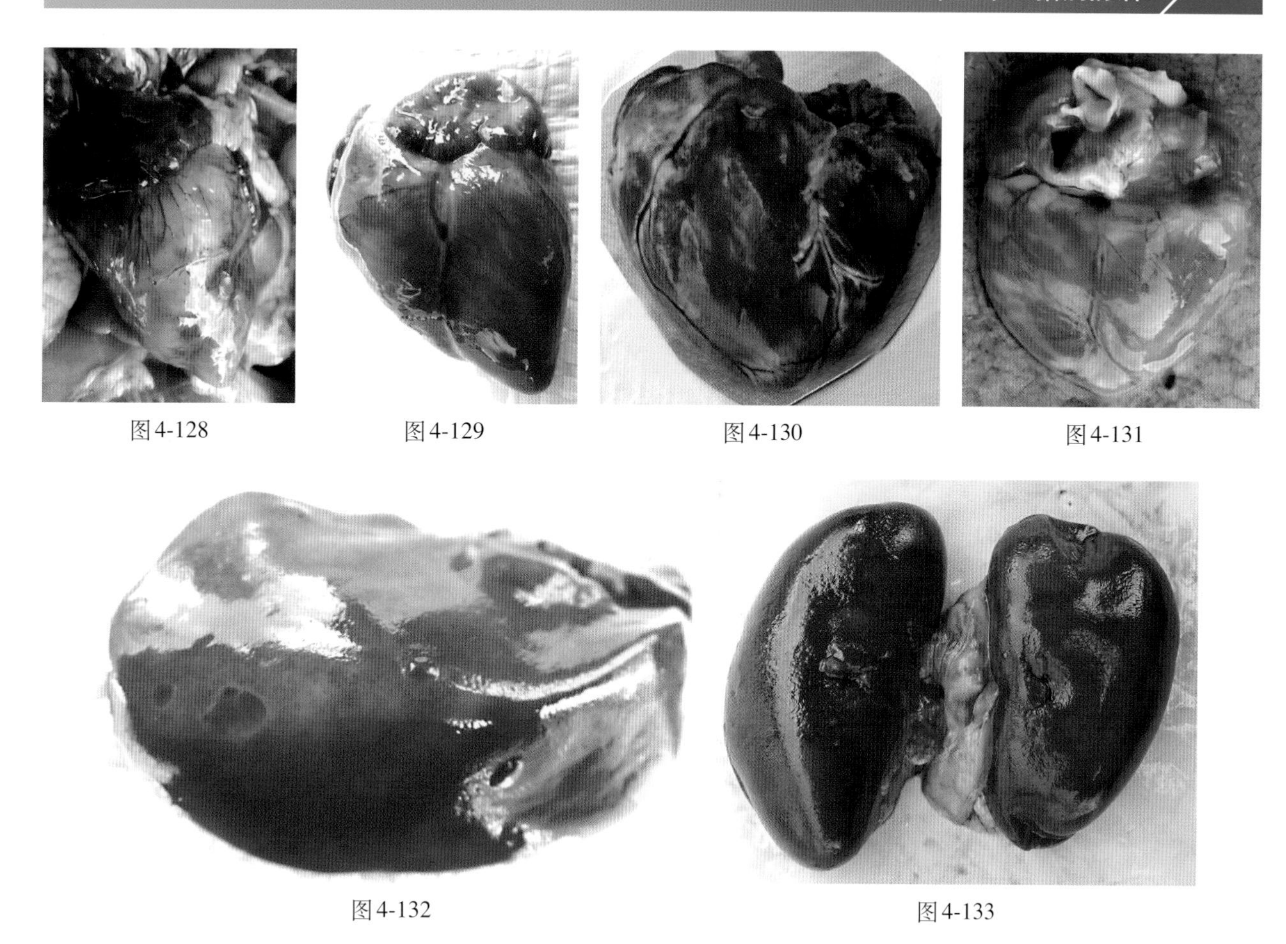

图4-128 图4-129 图4-130 图4-131

图4-132 图4-133

### （五）综合防制措施

扑灭口蹄疫病的原则是“早、快、严、小”四个字，“早”即早发现可疑畜、病畜；“快”是防疫工作行动要快，快确诊、快隔离、快封锁、快消毒、快处理感染畜、快通报等；“严”是严格执行口蹄疫防控预案的一切措施，防止口蹄疫传播蔓延；“小”是划定疫点的范围要小，减少工作量和工作阻力，努力使损失降到最低。具体的综合防制措施是五个强制，两个强化：强制免疫、强制封锁、强制扑杀、强制检疫、强制消毒；强化疫情报告、强化防疫监督。

## 猪　　瘟

猪瘟是由猪瘟病毒引起的一种急性、热性、高度接触性传染病，是严重危害养猪业发展的一种烈性传染病。

目前，猪瘟的发生有两种情况：一种是猪瘟强毒引起的古典型猪瘟，另一种是由弱毒引起的温和型猪瘟。

### （一）古典型猪瘟

古典型猪瘟发病急、感染率和死亡率高，以全身败血、内脏实质器官出血、坏死和梗死为特征。不同年龄、品种的猪都易感，一年四季都可发生。潜伏期5～10天，短的只有2天，最长可达21天。

1．典型症状　古典型猪瘟的病猪体温40.5～42℃稽留，行动迟缓、怕冷、寒战、钻草或互相堆叠在一起（图4-134）；口渴、特喜饮脏水，先便秘、后腹泻或腹泻便秘交替发生，排出恶臭稀烂或带有肠黏膜、黏液和血丝的粪便。

病猪腹下（图4-135）、四肢内侧（图4-136、图4-137）等处皮肤上出现大小不等的紫红色出血点，指压不褪色；

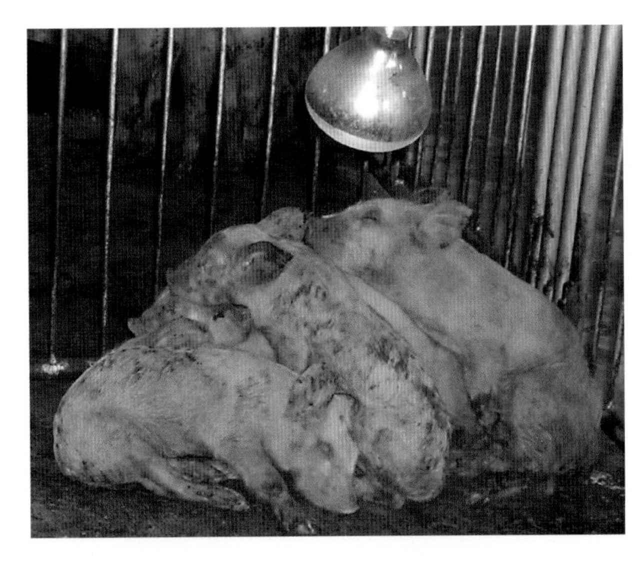
图4-134

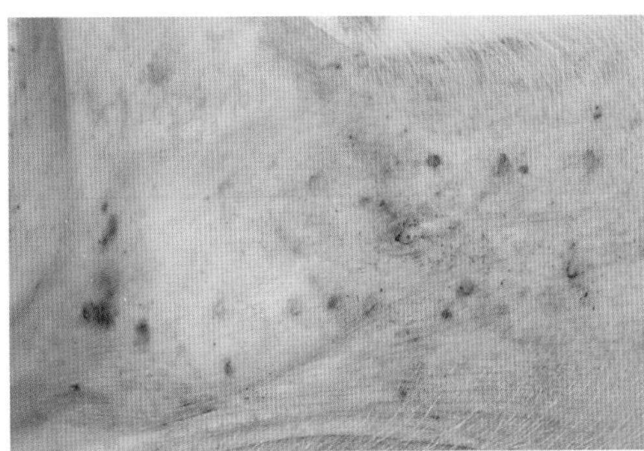
图4-135

2. 剖检病理变化　古典型猪瘟的特征性剖检变化之一是喉头、会厌软骨出血（图4-138），扁桃体出血、溃疡（图4-139、图4-140）；肠系膜淋巴索状肿大（图4-141）、周边出血（图4-142）；膀胱浆膜出血、坏死（图4-143、图4-144），膀胱黏膜出血、坏死（图4-145）；肾脏出血（图4-146），肾皮质出血（图4-147），肾乳头出血（图4-148、图4-149）；盲肠、结肠黏膜“纽扣状溃疡”是猪瘟的特征性病变（图4-150至图4-153）。

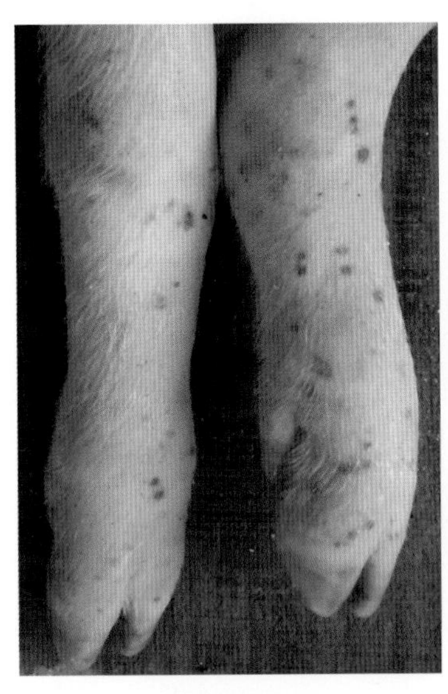
图4-136

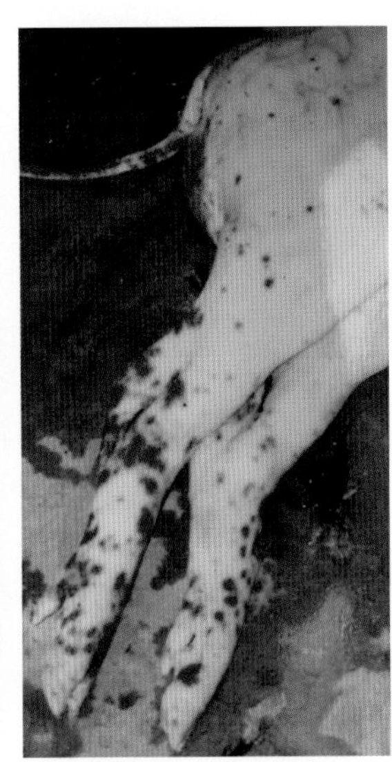
图4-137

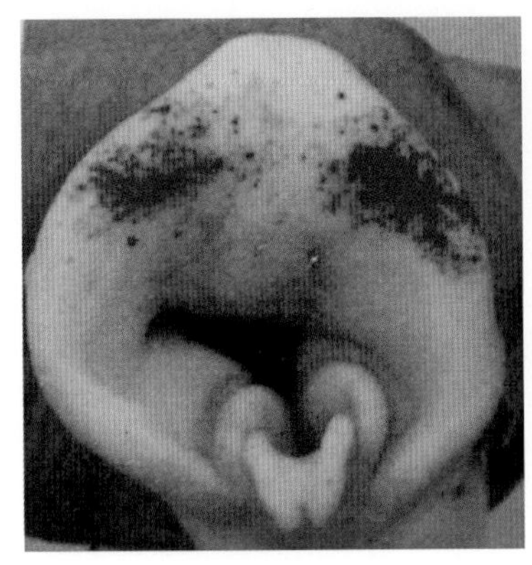
图4-138

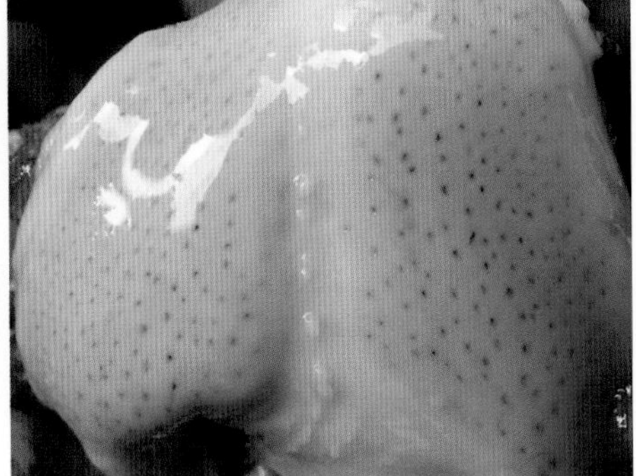
图4-139

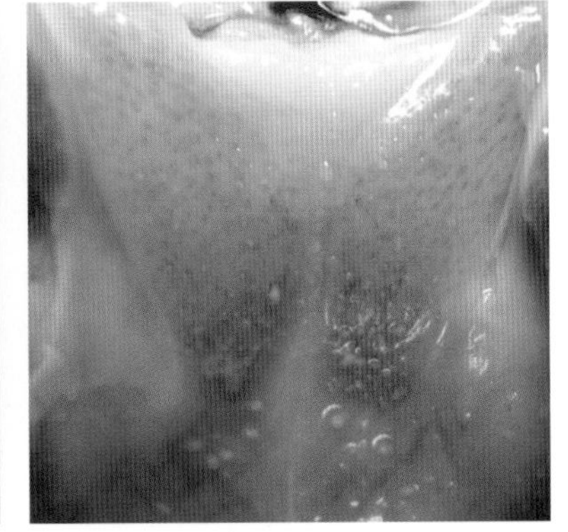
图4-140

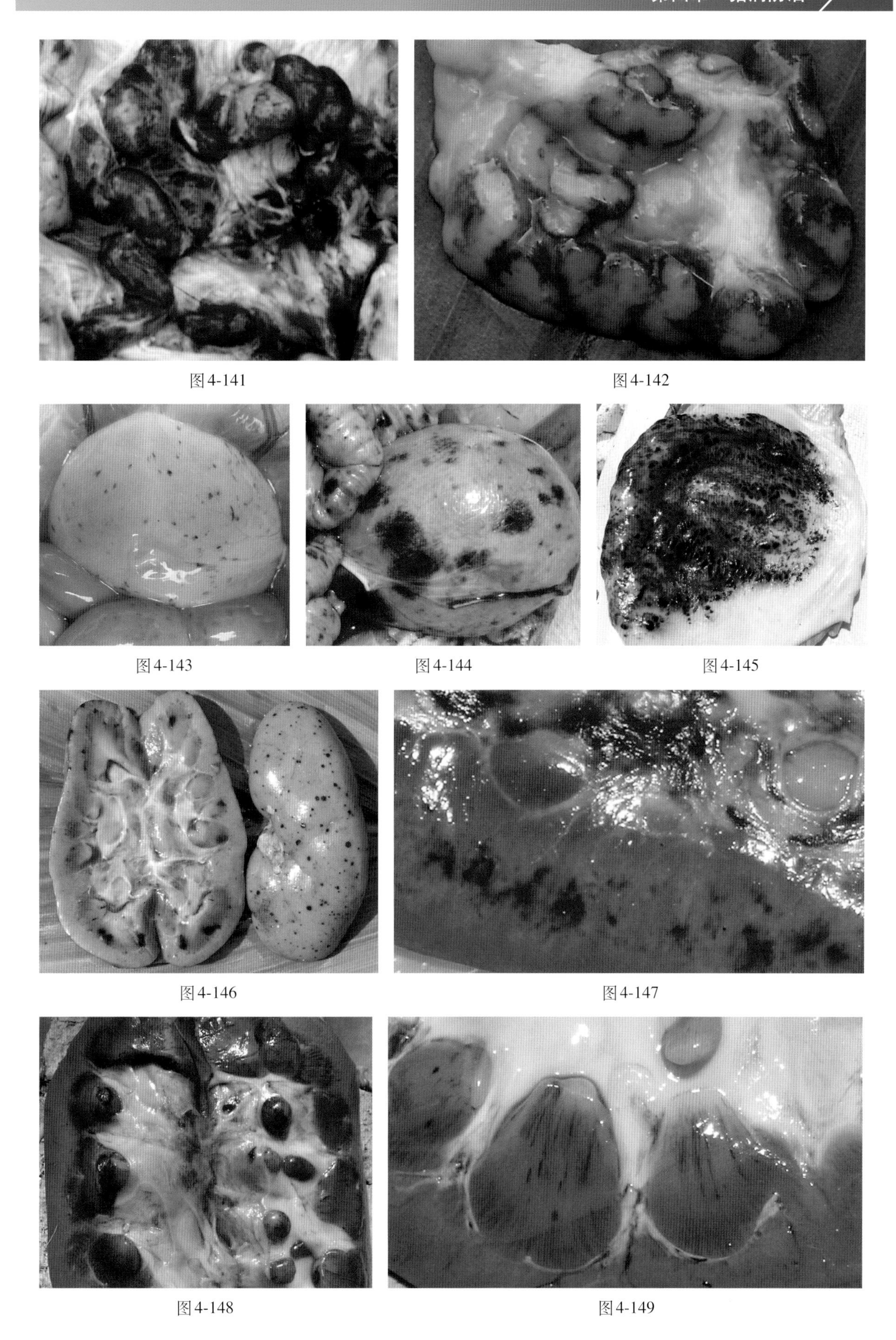

图4-141　图4-142

图4-143　图4-144　图4-145

图4-146　图4-147

图4-148　图4-149

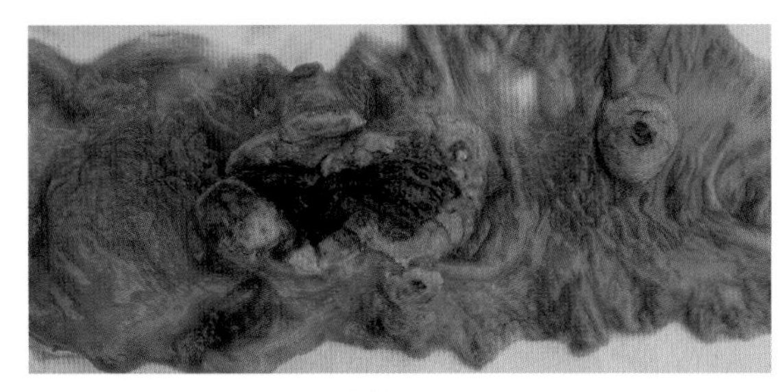

图4-150

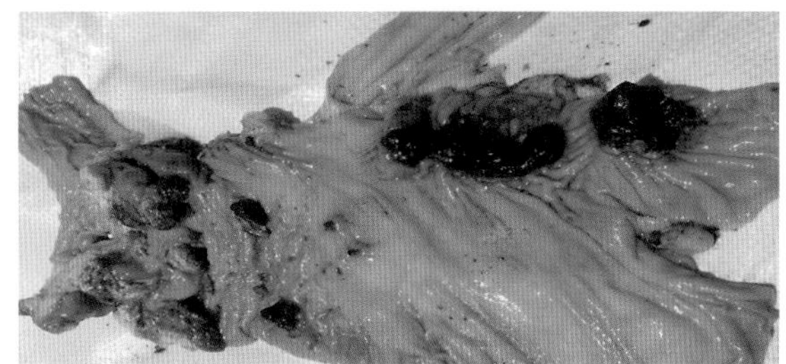

图4-151

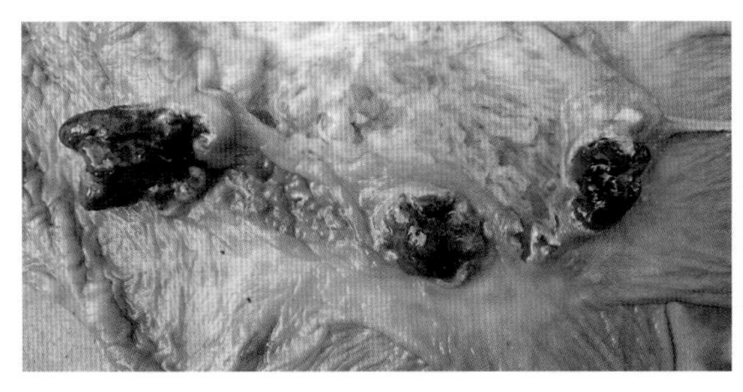

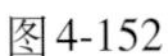

图4-152

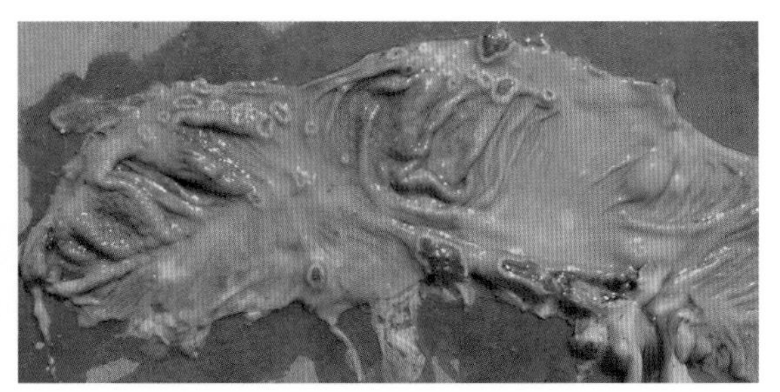

图4-153

慢性型猪瘟病猪肋骨末端与软骨交界部发生钙化，呈黄白色骨化线（图4-154）。出现这样的病变就可诊断为慢性型猪瘟。2015年6月11日至2016年7月25日，在河南省豫大动物研究所主办的《猪病实战技术培训班》5～10期上共剖检病死猪74头，有21头出现肋骨末端与软骨交界部发生黄白色钙化线，占剖检病死猪数的28.4%（有2头猪肋骨中部也有骨钙化2～3个（图4-155、图4-156）。有4头猪同时出现大肠上的“扣状溃疡”，有1头盲肠、结肠、直肠黏膜上均有“扣状溃疡”（图4-157、图4-158）。这21头猪都为30～40日龄的仔猪。其中2016年4月24日第8期培训班剖检病死猪12头，有5头出现骨钙化线，占 41.7%。有一饲养户外购仔猪400头，发病死亡41头，剖检4头，有3头出现肋骨上的骨钙化线，占剖检数的75%；其中1头同时出现盲肠黏膜上的“扣状溃疡”。另一户饲养母猪20头，1头母猪产仔15头，到30日龄死亡12头，剖检1头，也有骨钙化线。这些猪几乎具备了全部猪瘟的典型病理变化。说明猪瘟病毒2005年来的经典性、稳固性。作者在云南省从1965—2016年51年内剖检病死猪上万头，只看到1头60日龄左右的僵猪出现过这个慢性猪瘟的骨钙化线（图4-154）。

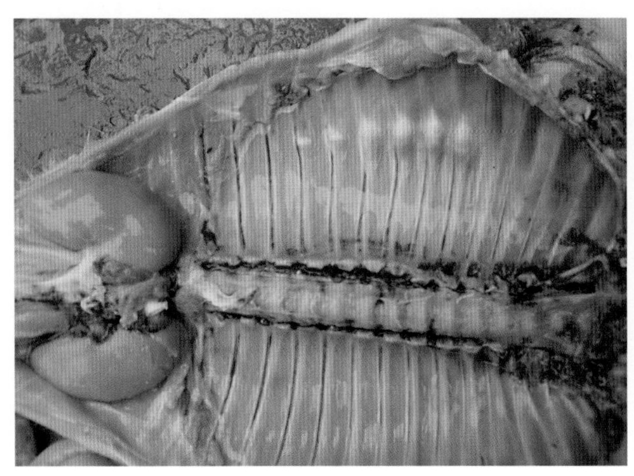

图4-154

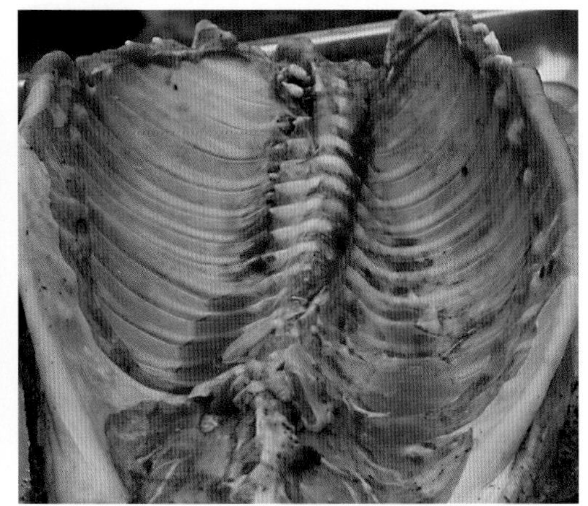

图4-155

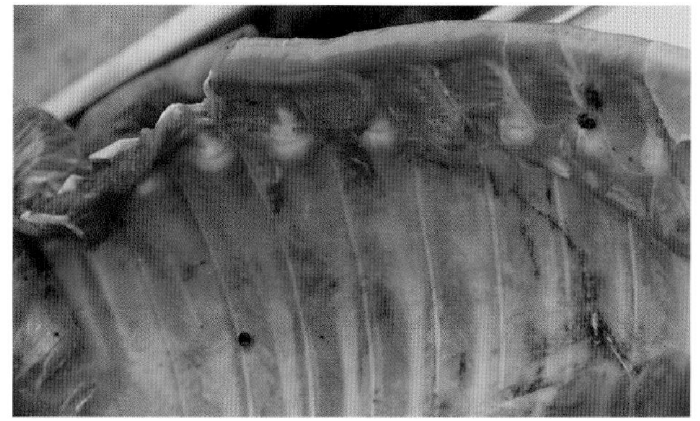

图4-156

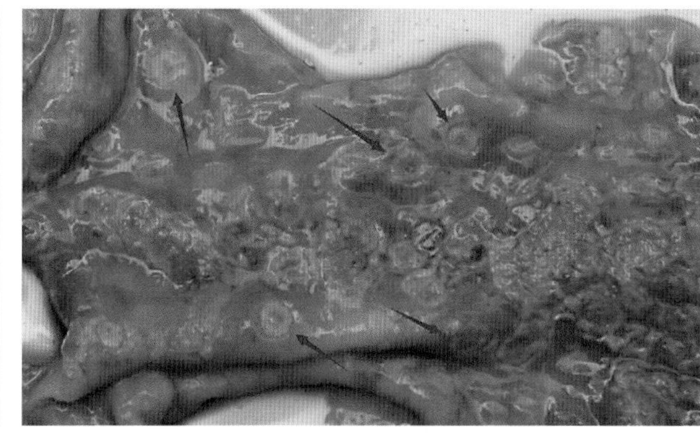

图4-157

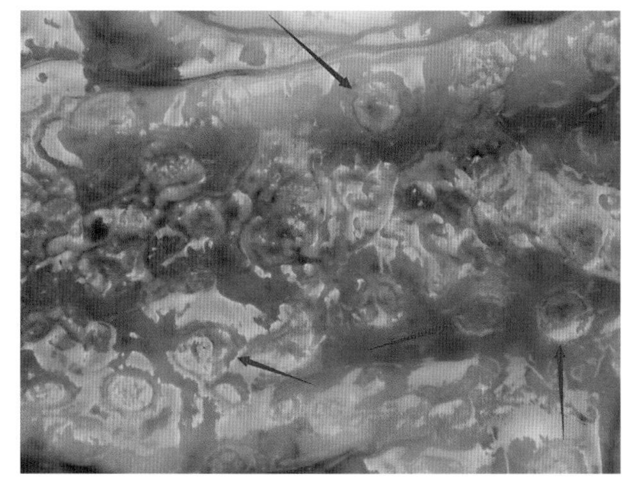

图4-158

## （二）温和型猪瘟

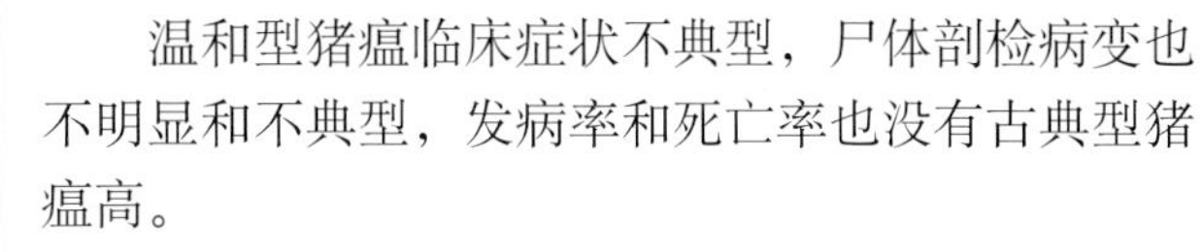

温和型猪瘟临床症状不典型，尸体剖检病变也不明显和不典型，发病率和死亡率也没有古典型猪瘟高。

温和型猪瘟肾表面隆突不平、出现沟状结构（图4-159、图4-160），或有米粒大乃至指头大小的灰白色坏死灶（图4-161、图4-162），坏死灶深入皮质内（图4-163）。

图4-159

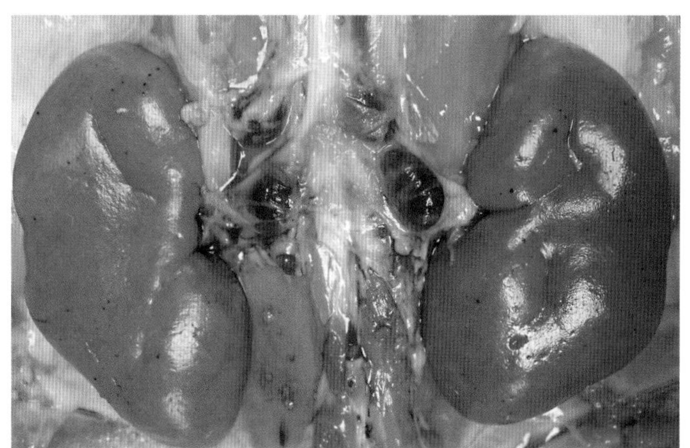

图4-160

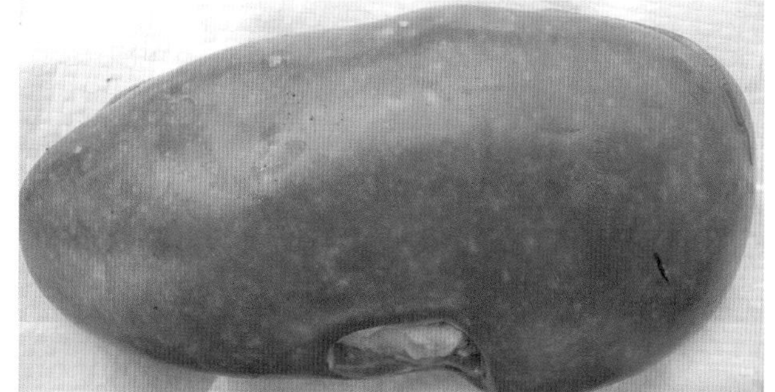

图4-161

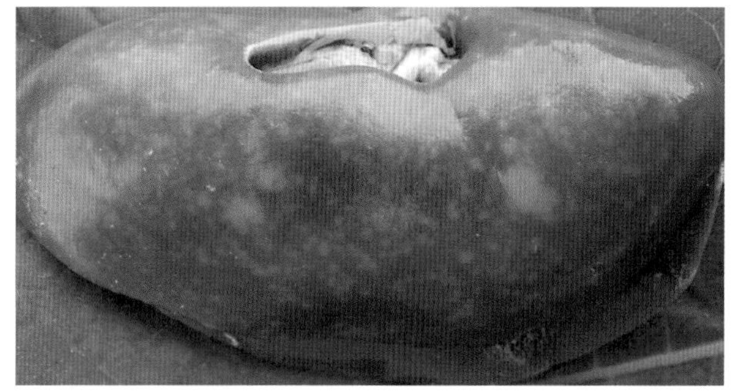

图4-162

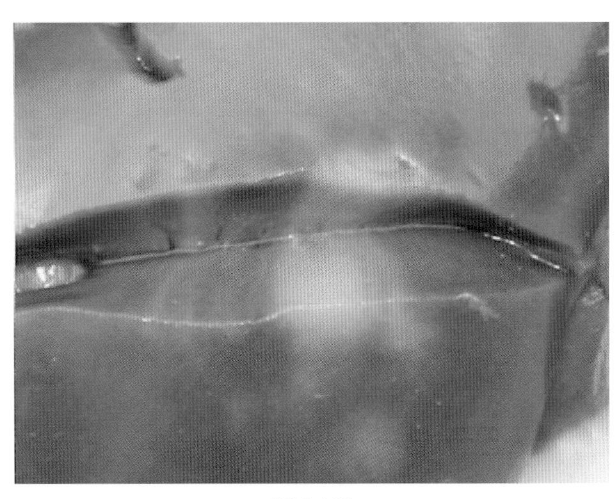

图4-163

### （三）防制措施

防制猪瘟需要采取综合性措施，但最重要的是做好猪瘟疫苗的科学免疫接种。适当提高疫苗的免疫剂量，每头猪的剂量用3～4头份是比较合理的。

推荐猪瘟免疫程序：

**（1）首免** 35日龄，用猪瘟弱毒疫苗1头份，肌内注射。

**（2）二免** 60～65日龄，用猪瘟弱毒疫苗2头份，肌内注射。后备猪、空怀母猪配种前用猪瘟弱毒疫苗4头份，肌内注射。种公猪每年3月和9月用猪瘟弱毒疫苗4头份，肌内注射。妊娠母猪禁用猪瘟弱毒疫苗免疫接种。

## 猪流行性感冒

猪流行性感冒（简称猪流感）是由猪流感病毒引起的急性、热性、高度接触性呼吸道传染病。其特点是突然发病、很快感染全群，病猪表现体温升高、咳嗽等呼吸道炎症，一般能自愈，但伴发猪肺疫等感染时死亡率升高。

### （一）病原

猪流感病毒属A型流感病毒，A型流感病毒可以感染多种不同的动物，也可感染人。1918年全世界流感大流行时，估计有2 000万人死亡，同时猪群中也流行流感，是首次报道猪流感。猪感染人的H3N2病毒已于1970年被证实；猪源H1N1病毒不仅能传播到禽中并可引起火鸡发病，还可以感染人。2015年2月27日凤凰网报道：印度近3个月以来，猪流感（H1N1）由最初的900人感染，跃升到1.6万人，致死875人，是自2009年以来最严重的流感疫情。

### （二）流行特点

感染猪的流感病毒具有感染人的能力，猪发生流感能在人-猪之间互相感染。猪是人流感病毒与禽流感病毒基因重组的主要场所。美国研究人员发现了一种新的猪流感病毒H2N3，这种病毒属于H2流感病毒组，是由禽流感和猪流感的基因共同组成的。从猪流感H2N3病毒中可以分离出H2和N3混合基因片段，正是这种基因特性赋予了H2N3病毒具有感染猪的能力。猪可能充当起“病毒携带”的角色，把流感病毒由禽类、猪携带给人类。猪在新的流感大流行毒株传给人的过程中可能起着重要作用。因此，猪流感是重大传染病，在公共卫生中有重要意义，必须引起高度重视。

### （三）主要症状

本病发病突然，很快传至全群，病猪体温多在40～42℃，厌食或一点不吃食，粪便干硬；呼吸急促，阵发性、痉挛性咳嗽；眼发红、流泪（图4-164、图4-165），严重者角膜混浊（图4-166）；鼻有浆性（图4-167）、黏液性（图4-168）、脓性分泌物（图4-169）。无继发感染时，多数猪在1周左右康复，继发肺炎、胸膜炎时病情加重或死亡。

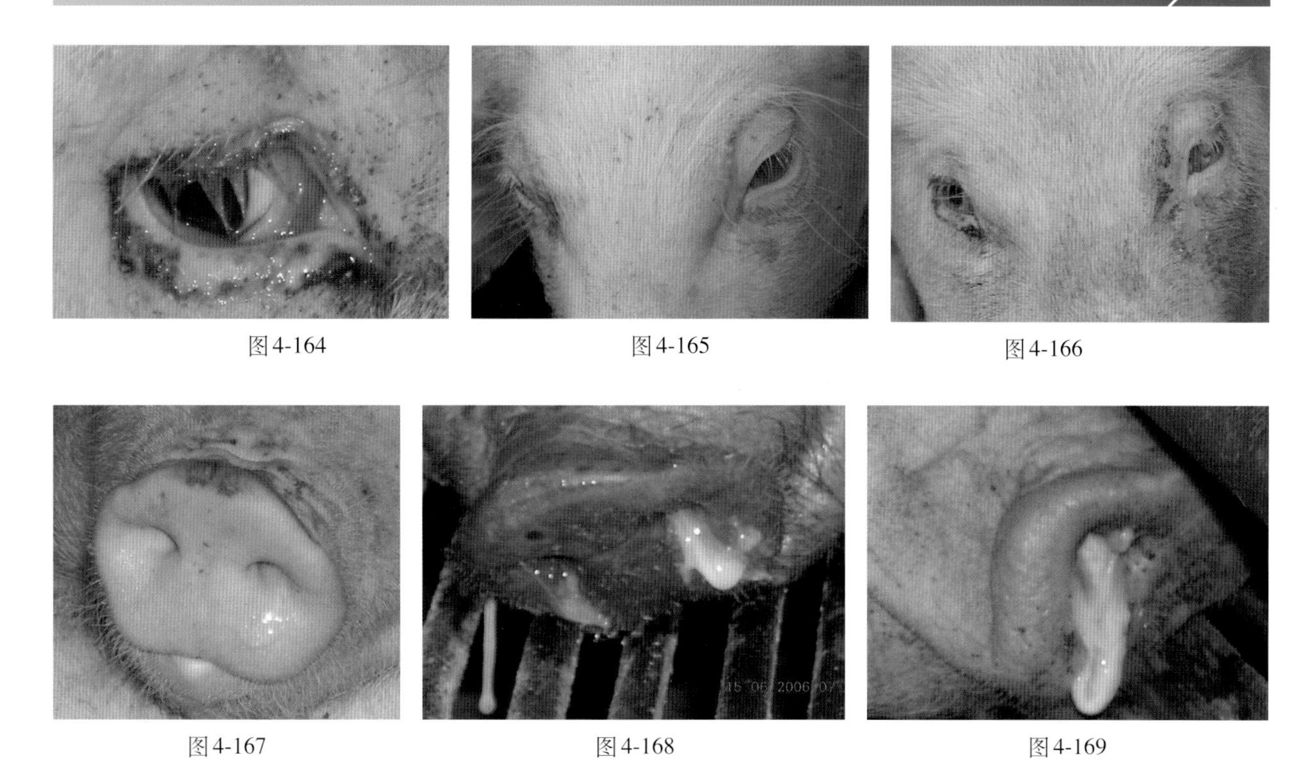

图4-164　图4-165　图4-166

图4-167　图4-168　图4-169

剖检病死猪常见大叶性肺炎（图4-170），结肠内粪便积滞（图4-171），部分肠黏膜弥漫性出血（图4-172）。

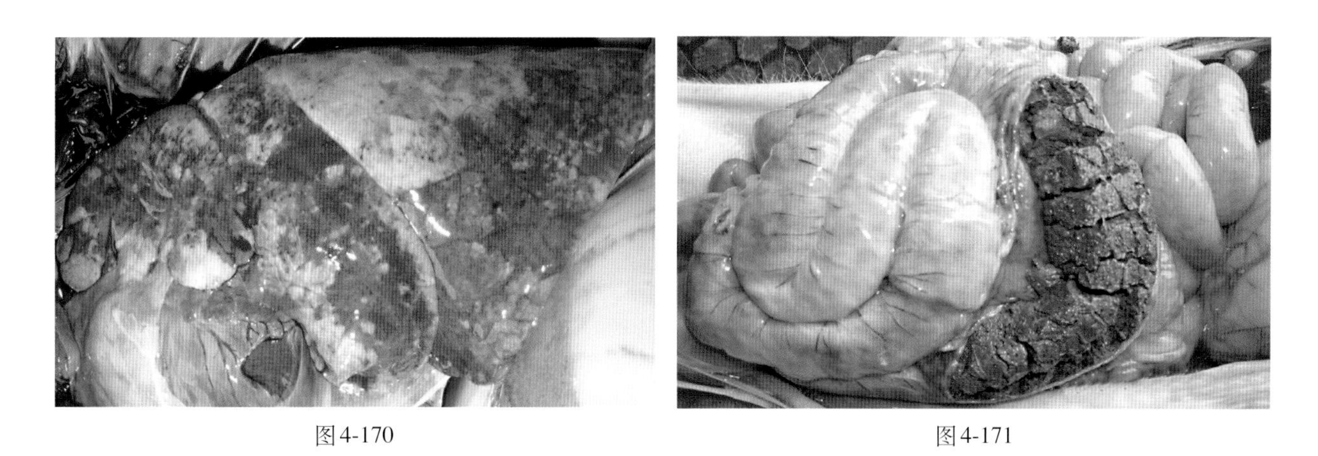

图4-170　图4-171

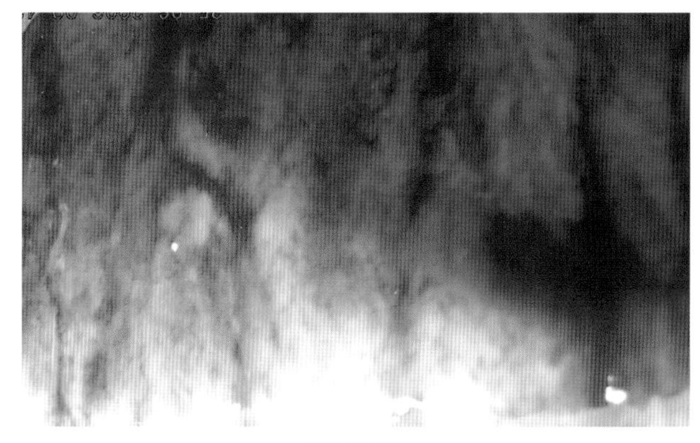

图4-172

## （四）防制措施

猪流感必须采取综合防制措施，加强饲养管理，搞好环境卫生，防寒保暖，保持猪舍内空气清新。选用抗病毒、解热镇痛、消炎类药物治疗。如：

（1）板蓝根注射液或双黄连注射液，猪每千克体重用药0.1～0.2ml，肌内注射；

（2）黄芪多糖注射液，猪每千克体重用药0.05ml，肌内注射。

## 四、繁殖障碍性疾病

猪繁殖障碍性疾病的核心是胚胎死亡，猪在受精后的3～4周内，胚胎很容易死亡，并随即被子宫吸收。如果残留的胚胎数不超过5个，妊娠就会被终止，母猪会重新发情。50天以后死亡的胚胎无法被重新吸收，变成木乃伊胎或流产。在分娩前夕死亡的胚胎会形成死胎。

### 猪繁殖与呼吸综合征

猪繁殖与呼吸综合征是由繁殖与呼吸综合征病毒引起母猪繁殖障碍和仔猪呼吸困难及高死亡率为主要特征的病毒性传染病，又称“蓝耳病”。猪是唯一感染该病的动物。

1987年美国首先报道了该病。1991年国际上正式使用“猪繁殖与呼吸综合征”的名字。1996年我国郭宝清等首次从流产胎儿中分离到猪繁殖与呼吸综合征病毒。

蓝耳病可使各种年龄的猪感染发病，中猪先发病这一条很重要。在现实中如果只见中猪发病，妊娠母猪还没有发病，也就是说繁殖障碍的症状没有出现前，也往往被漏诊或误诊。这也是蓝耳病不能早期诊断、及早控制扑灭的主要原因。

#### （一）临床症状

病猪以高热及呼吸道症状为主。食欲减少，体温高达41.0～42.0℃ ；皮肤充血、发红或发绀、呈紫红色（图4-173、图4-174）；后肢疲软，站立不稳；粪便干燥、表面有黏液（图4-175）；多数猪咳喘、腹式呼吸。

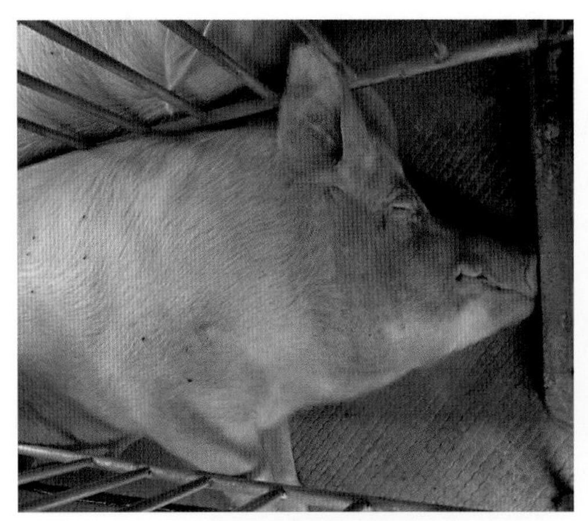

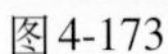

图4-173

图4-174

图4-175

病猪耳发绀、呈蓝紫色，这一点是猪繁殖与呼吸综合征又称“猪蓝耳病”的由来。中猪发病时耳呈蓝色的多（图4-176、图4-177）。

图4-176

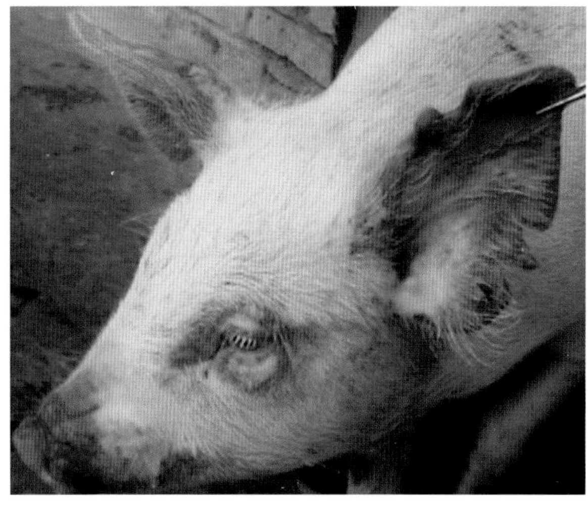

图4-177

病猪体表、特别是产仔母猪的体表密布针尖状出血点，这种出血点不会随病情发展而增大、变形，是该病特征之一（图4-178、图4-179）。

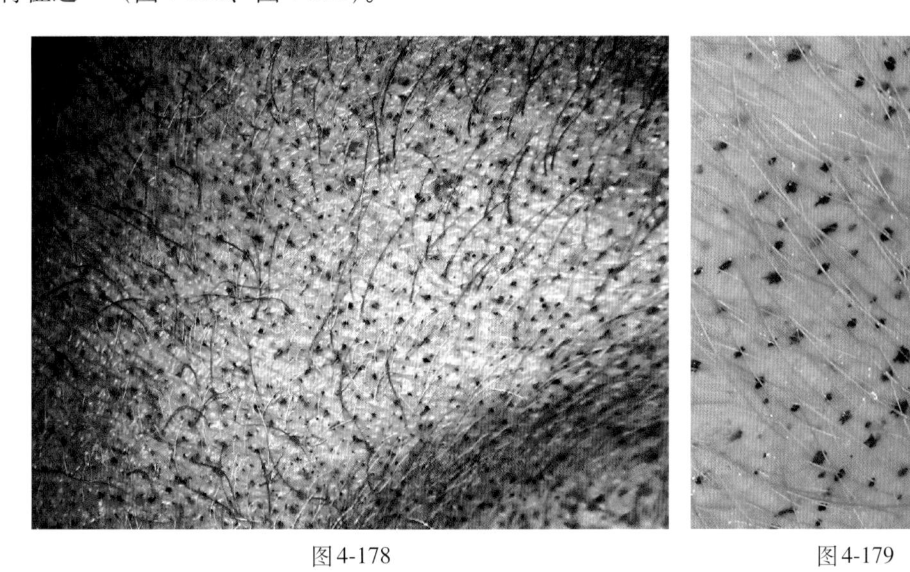

图4-178　　图4-179

病猪胎盘上有1～3mm大小的血疱，这又是一大特征性病变（图4-180、图4-181）。

图4-180

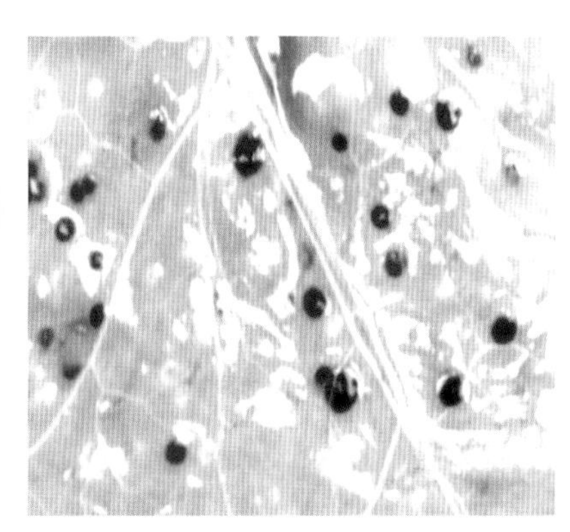

图4-181

妊娠母猪发生蓝耳病的早期以流产为主，早产、产出死胎及木乃伊胎 。发病后期以难产及死胎滞留在子宫内多见。统计35头产仔母猪，有28头难产，难产率达80%。

这头滞产母猪，产后的第3天还从阴户内排出2头死胎（图4-182）。

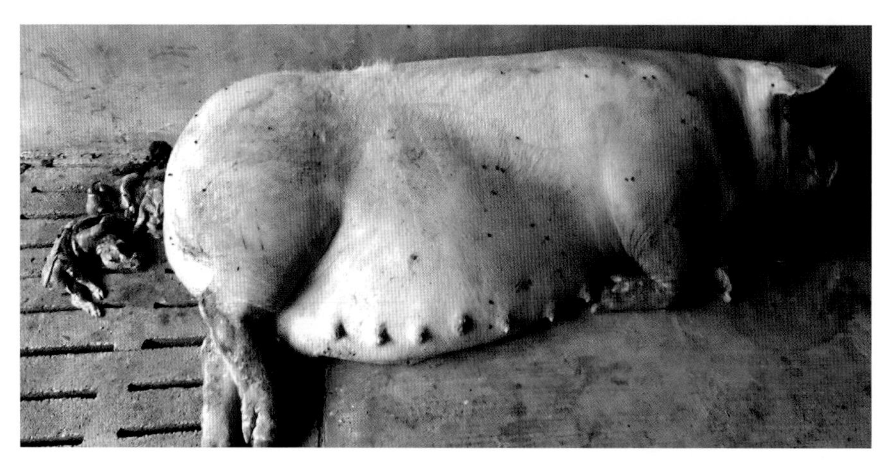
图4-182

下面这头母猪妊娠117天产活仔3头，死胎5头。产后3天阴户中露出两肢小猪脚，拉出来的死胎全身好似长了一层灰白色霉菌（图4-183、图4-184）。

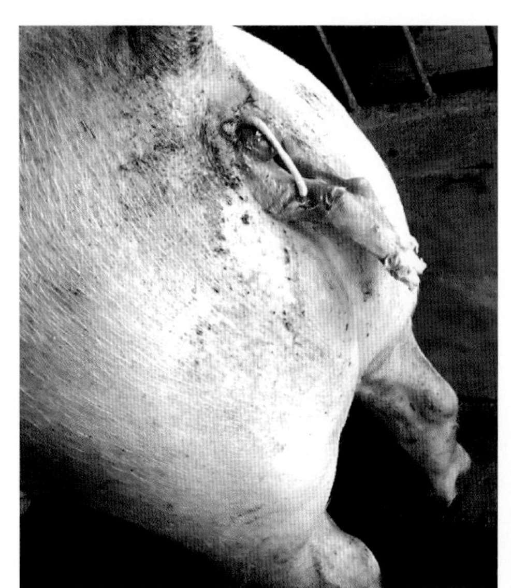
图4-183

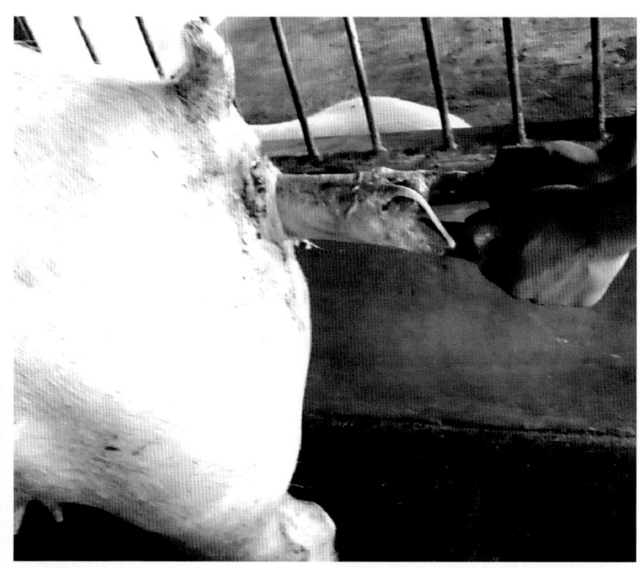
图4-184

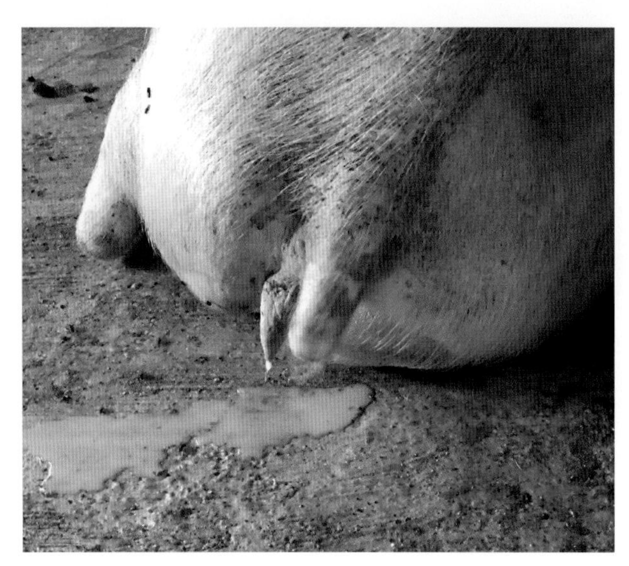
图4-185

图4-185这头母猪难产，助产拉出6只活仔和1只死胎。产仔后还有死胎滞留在子宫内，经腐败、自溶，子宫内蓄积大量尸体腐败、自溶的污浊液，这些污浊液大部分从阴户内不自主地流出，同时被母猪吸收，发生了自体中毒，处于濒死期，这时已是产后42天 。剖检发现腹腔后部和盆腔广泛性炎症，肠管、子宫浆膜与腹膜多处粘连（图4-186、图4-187）。阴道前庭有一堆小骨，子宫颈内包有一圆柱状物，左子宫角内有一大的圆形物。剖开子宫可见阴道前庭内的一堆小骨是胎儿的四肢骨，子宫颈内是胎儿的胸、腹部，左子宫角内的是胎儿头部。这些骨骼基本还保持固有结构，而且多数骨都完整，每一块骨头都可辨认 。

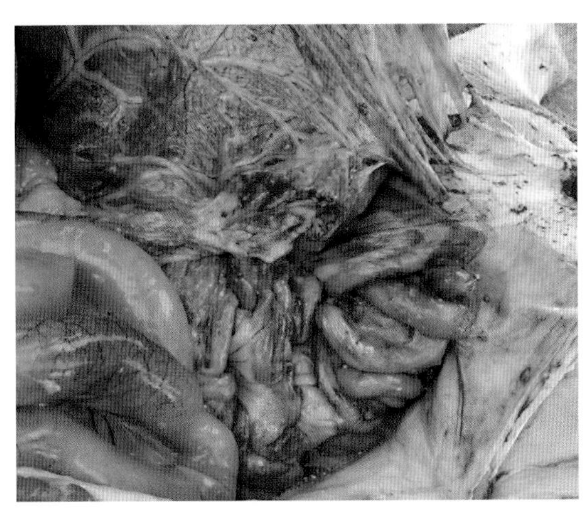
图4-186

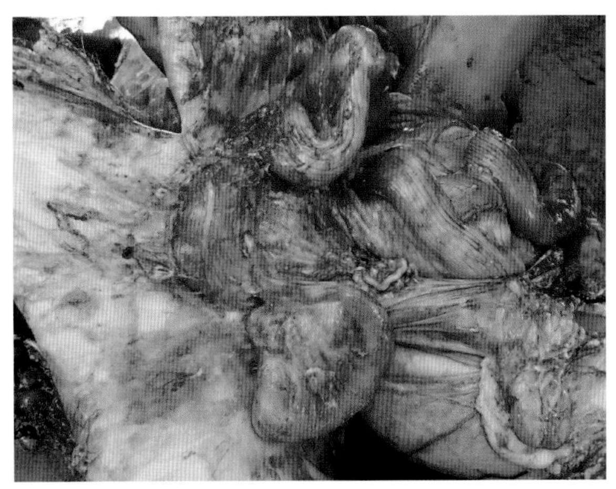
图4-187

子宫颈内是胎儿的胸、腹部，此面显示胎儿的背面，肩胛骨、脊椎和肋骨明显可辨（图4-188）。头骨结构完好（图4-189），子宫黏膜弥漫性出血、坏死（图4-190）。

图4-188

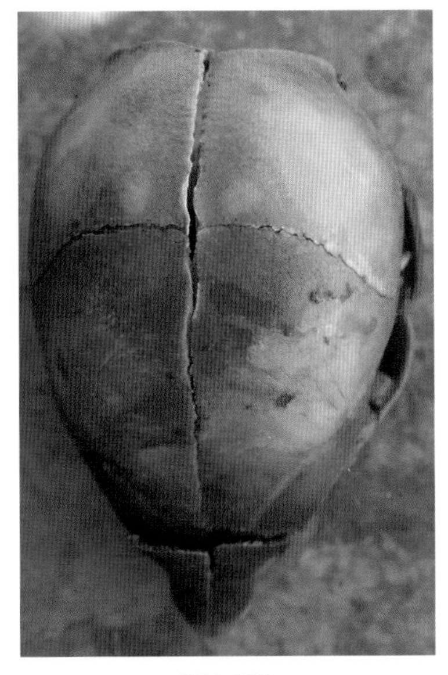
图4-189

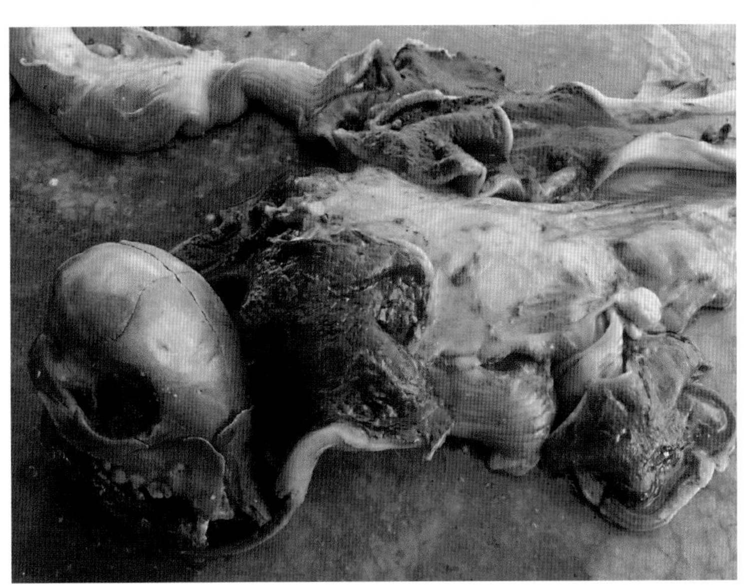
图4-190

## （二）剖检病理变化

病、死猪尸体不同程度地黄染（图4-191至图4-194）。

图4-191

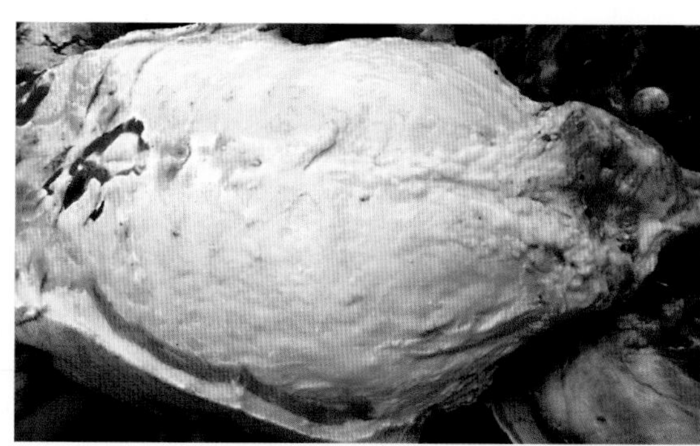
图4-192

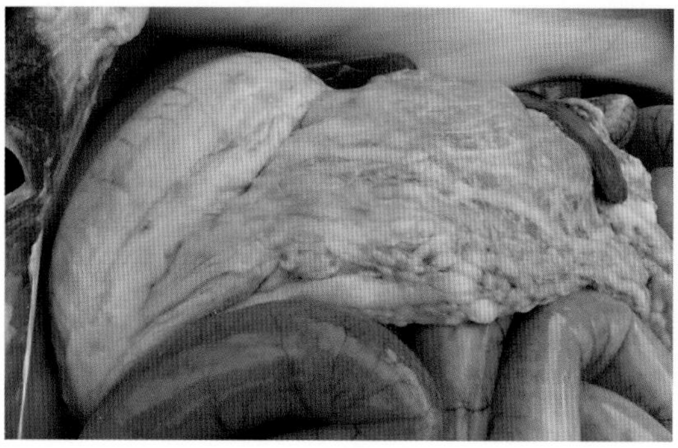

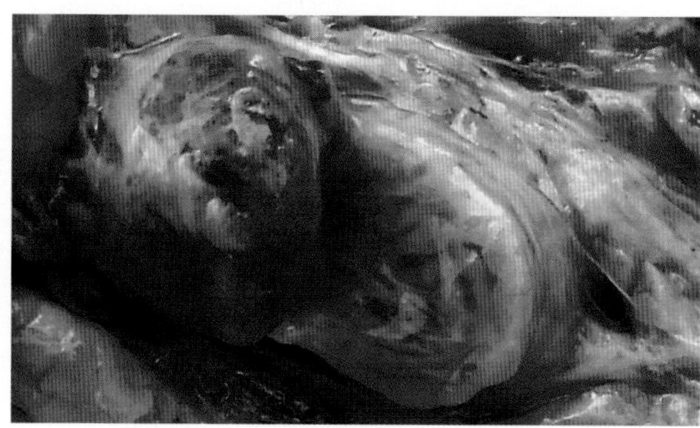
图4-193

图4-194

肺尖叶、心叶变长 、柔软、似“象鼻”，表面有斑驳样花纹，这是猪蓝耳病的典型病理变化（图4-195至图4-197）。

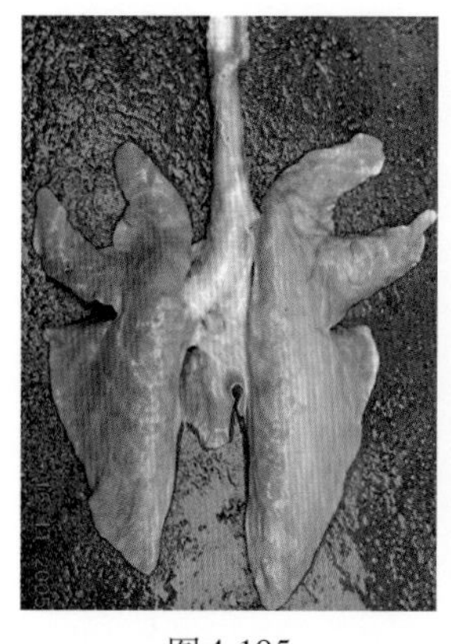
图4-195

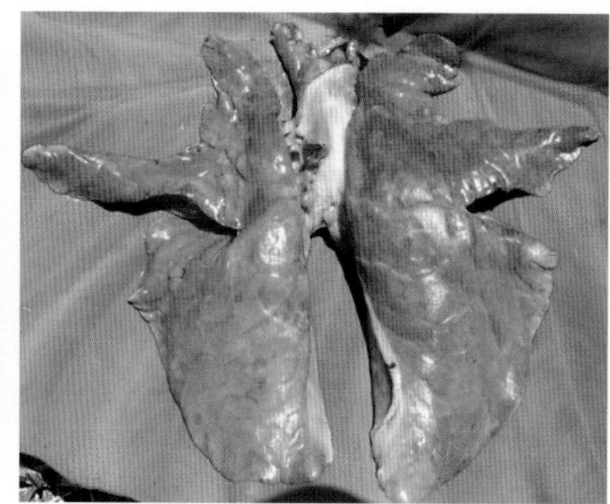
图4-196

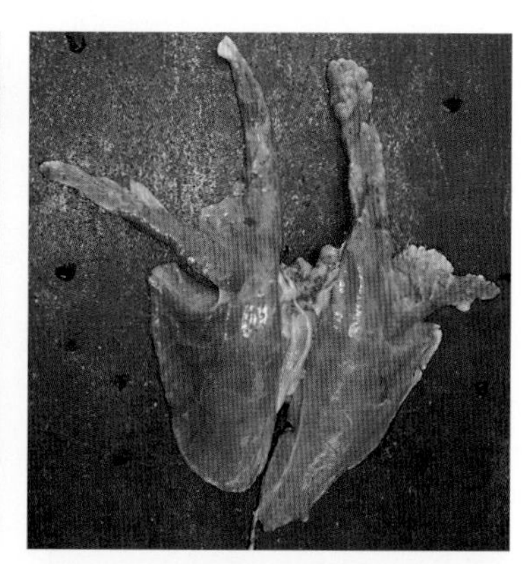
图4-197

有1例病死猪心内有菜花样赘生物（图4-198）。

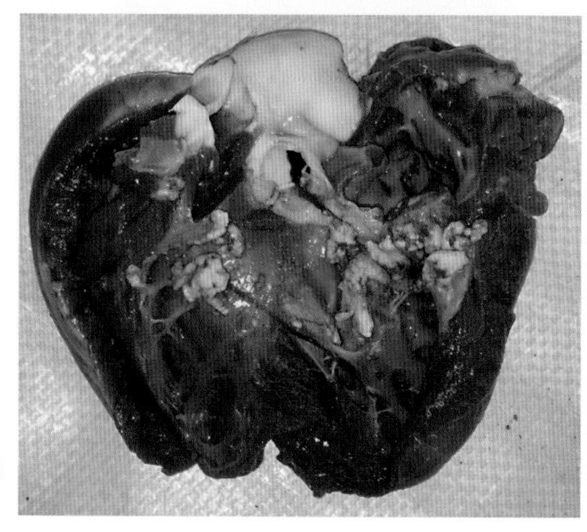
图4-198

## （三）混合感染

2007年所说的“猪高致病性蓝耳病”，实际上是猪蓝耳病与圆环病毒病、猪瘟、猪喘气病、猪传染性胸膜肺炎、猪伪狂犬病等中的一种或几种病混合感染。其中最重要的是由圆环病毒引起的皮炎肾病综合征。患蓝耳病的中猪最易与皮炎肾病综合征混合感染。猪蓝耳病与皮炎肾病综合征的混合感染，加重了蓝耳病的病情，促进病猪死亡。

### （四）防控策略

（1）扑灭猪瘟、猪繁殖与呼吸综合征等重大动物病毒病最有力的武器是弱毒疫苗！对于毒性比较强的猪繁殖与呼吸综合征病毒毒株，灭活苗的保护力远远低于弱毒疫苗！

猪繁殖与呼吸综合征流行地区用猪繁殖与呼吸综合征弱毒疫苗免疫，对改善猪的症状、控制疫情有较好的作用。猪群进行猪繁殖与呼吸综合征弱毒疫苗的全群普免能使猪群稳定。

（2）第二届亚洲猪繁殖与呼吸综合征会议结论（中国.澳门 2008.4.8）

①猪繁殖与呼吸综合征病毒感染巨噬细胞和树状淋巴细胞，以肺脏和淋巴为主，病毒血症持续1个月。

②猪繁殖与呼吸综合征病毒再感染或接种疫苗，无或少病毒血症，或无抗体变化。

③弱毒疫苗可以抵抗重复感染，但不能帮助清除病毒。

④长期的闭群饲养可以清除该病。

⑤灭活苗几乎不能保护猪繁殖与呼吸综合征病毒感染。

⑥个体抗体检测结果不评价疫苗效果，但检测猪群猪繁殖与呼吸综合征病毒抗体可以了解猪群感染情况。

⑦细菌感染在猪繁殖与呼吸综合征的发生中起着非常重要的作用。

（3）在目前猪繁殖与呼吸综合征的发生的流行态势下，规模养猪场应该把疫苗免疫作为每年的常规工作来做。预防和控制该病的主要措施是对猪群进行免疫接种，市场销售的疫苗有灭活疫苗和弱毒疫苗两种。当猪场发生该病以后，应用弱毒活疫苗紧急免疫注射，在短时间内病猪会有明显好转。在一年内免疫接种3次，疫情能控制住。

免疫程序：种公猪用猪蓝耳病灭活疫苗接种两次，第一次用蓝耳病灭活疫苗1头份接种，间隔20天，再用同样的疫苗、同剂量免疫一次；其他猪用弱毒活疫苗接种，其中，妊娠70天的母猪暂不接种，待分娩仔猪断奶后再接种。仔猪常规免疫，3周龄和10周龄各免疫一次。

（4）猪只对PRRSV的免疫反应有三点应特别注意：

①猪受到PRRSV攻击或接种PRRSV疫苗后能产生保护性抗体；

②母源抗体在6周龄前有保护作用，6周龄后作用下降，9周龄基本消失；母源抗体水平高低不一定是仔猪发病的主要原因。

③具有保护效果的综合抗体在免疫4～8周后才能产生。

在免疫接种的同时，加强消毒，对病猪进行抗病毒和提高免疫力的治疗。如用复方黄芪多糖注射液（含黄芪多糖、甲磺酸培氟沙星、安乃近），静脉或肌内注射。

应用猪蓝耳病疫苗紧急接种防控猪蓝耳病时，经常遇到的一个问题就是:妊娠母猪接种该疫苗后是否会造成流产？根据笔者六七年来的实践，可以很负责任地说:不必担心这个问题，这个疫苗对健康妊娠母猪不会造成流产。如果妊娠母猪已感染了蓝耳病病毒，不管是处于潜伏期还是已经发病，甚至已造成胎儿死亡。这种情况下，要采取措施让死胎、木乃伊胎早日排出。死胎、木乃伊胎排出后母猪病情就会好转，体温就会下降，母猪恢复采食。如果死胎、木乃伊胎排不出来滞留在子宫内，成为母体内异物，死胎腐败、自溶被母体吸收，会造成母猪自体中毒甚至导致母猪死亡。死胎早排出、母猪早康复这一规律，在2005年12月陆良猪场发生蓝耳病时我们就认识到了，并采取了措施。前面谈到的2011年8～9月间红河猪场发生蓝耳病，造成多头母猪死亡的一个主要原因就是死胎滞留在母猪子宫内，有的到母猪断奶后才排出，有的到母猪死亡也没有排出，骨头还留在子宫内。

（5）要认真做好猪瘟、猪喘气病、伪狂犬病、圆环病毒病等的基础免疫。

①猪瘟免疫注意事项：仔猪猪瘟疫苗首免过早，是当今不少猪场断奶前后仔猪发病率、死亡率增高的重要原因。猪瘟疫苗初免以35～40日龄为好、50～60日龄最理想，20日龄初免效果不好；

②猪喘气病的存在可以诱发猪蓝耳病，蓝耳病的发生又会促使猪喘气病病情加重。猪喘气病肺部

大面积的肉变和胰变，往往要在与猪蓝耳病混合感染的情况下才会发生：2006年世界兽医大会肯定：用疫苗预防猪喘气病是最经济有效的方法。

③肺炎支原体能造成PRRS恶化，用猪喘气病疫苗免疫，能减轻PRRS引起的肺炎。肺炎支原体的母源抗体对仔猪没有保护力。

④伪狂犬病免疫，母猪配种前和产前做好伪狂犬病的免疫，仔猪吃足初乳，母源抗体的保护时间可达70天。

⑤圆环病毒病免疫，目前猪圆环病毒病日渐猖獗，断奶后多系统衰弱综合征严重危害保育猪的生长；皮炎肾病综合征在猪蓝耳病的流行中兴风作浪，建议规模猪场重视圆环病毒病疫苗免疫。母猪免疫是预防控制本病最有效的措施之一；仔猪免疫可减少继发和混合感染，降低发病率和死亡率，提高日增重。

（6）保护哺乳仔猪，在猪瘟、口蹄疫、蓝耳病等重大病毒病暴发时，对哺乳仔猪、特别是10日龄以下仔猪危害很大。暴发口蹄疫时可造成哺乳仔猪、特别是10日龄以下仔猪100%死亡。因此，在猪瘟、口蹄疫、蓝耳病等重大病毒病暴发时，对哺乳仔猪要进行特别保健，行之有效的方法是：给初生仔猪和3日龄仔猪每头肌内注射排疫肽0.5ml。

## 猪伪狂犬病

猪伪狂犬病是由伪狂犬病病毒引起的多种家畜及野生动物共患的一种急性传染病。该病引起妊娠母猪流产及产出死胎、木乃伊胎；仔猪感染出现神经症状、麻痹、衰竭死亡，15日龄以内仔猪感染死亡率可高达100%。

### （一）流行特点

所有哺乳类家畜对伪狂犬病都易感，猫高度易感，绵羊敏感性高，犬中度易感。猪群第一次感染暴发伪狂犬病会带来灾难性的后果，可以在1周内传染至全群，仔猪90%以上感染、死亡，妊娠母猪流产。病毒可经胎盘、阴道黏液、精液和乳汁传播。啮齿类动物在传播伪狂犬病中起重要作用。

### （二）主要症状

伪狂犬病的症状取决于被感染猪的年龄，年龄不同症状不一。妊娠母猪感染伪狂犬病主要表现流产，产出死胎、木乃伊胎，以产出死胎为主。流产胎儿无论大小都很新鲜，胎膜灰白色坏死，坏死层逐渐脱落，使胎膜变得很薄，呈现明显的胎盘炎，似“蛇蜕”样，胎儿表面常见出血斑点（图4-199、图4-200）；母猪可以产下不同时期的死胎，少数产木乃伊胎，所产木乃伊胎大小都有，小的长度小于17cm，大的长度17cm以上。细小病毒感染主要以产出木乃胎为主，所产木乃伊胎长度都小于17cm，全窝都是木乃伊胎，这是细小病毒感染和伪狂犬病毒感染的鉴别点。

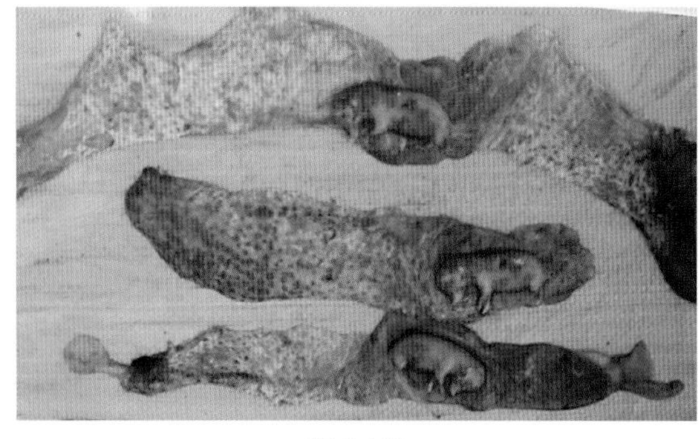
图4-199

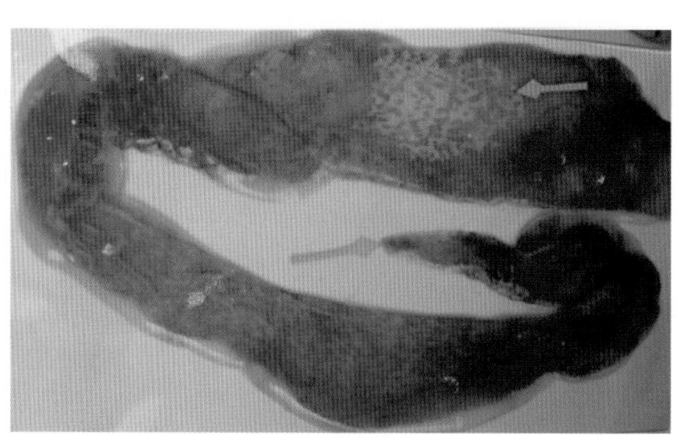
图4-200

公猪感染主要表现睾丸炎。图4-201这头公猪感染伪狂犬病毒，睾丸、阴茎发生水肿，睾丸下部至阴鞘后方皮下水肿、有波动感（图4-202）。

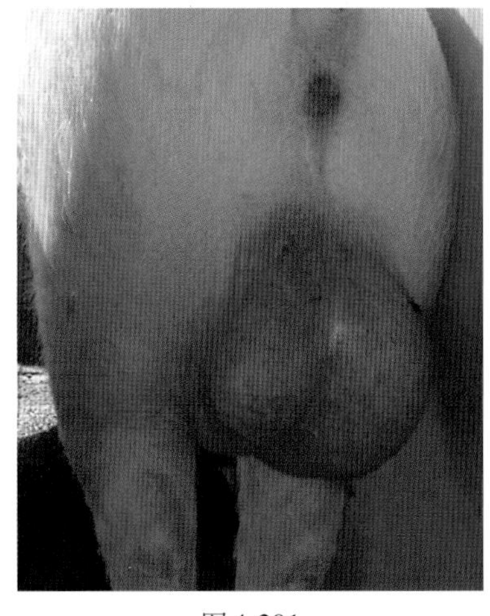
图4-201

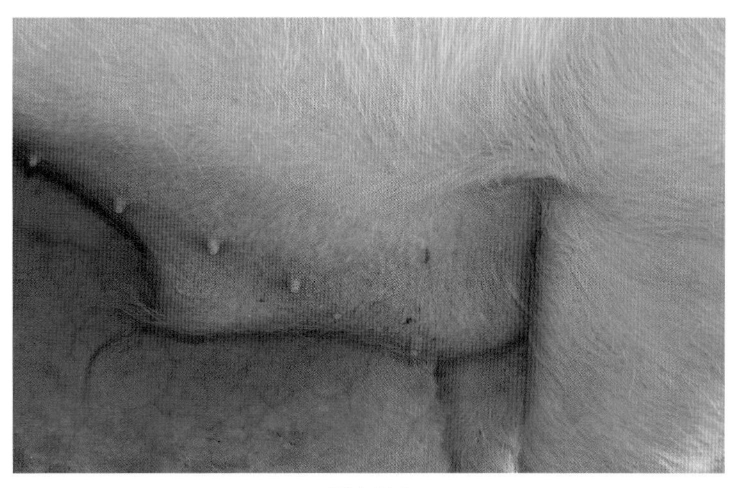
图4-202

新生仔猪多于2日龄开始发病，3～5天内达死亡高峰期；19日龄以内仔猪感染后病情较严重，常常引起死亡，猪龄越小感染后死亡率越高。神经症状是本病的特点，常表现的神经症状有：盲目走动、站立不稳、转圈、步态失调，继之突然倒地、反复痉挛、角弓反张、口吐白沫、四肢划动、游泳姿势，蹲兔样昏睡，后躯麻痹呈犬坐式或匍匐前进，还有的四肢麻痹呈劈叉姿势等（图4-203至图4-208）。患猪声带麻痹，抓住仔猪、打开口腔时猪叫不出声。断奶以后仔猪发病症状较轻，常表现厌食、高热、喷嚏、咳嗽、呼吸困难等呼吸道症状，偶尔出现震颤和共济失调等神经症状，还会发生呕吐和腹泻，死亡率10%～20%。患猪一般无瘙痒症状，只个别病猪出现瘙痒。

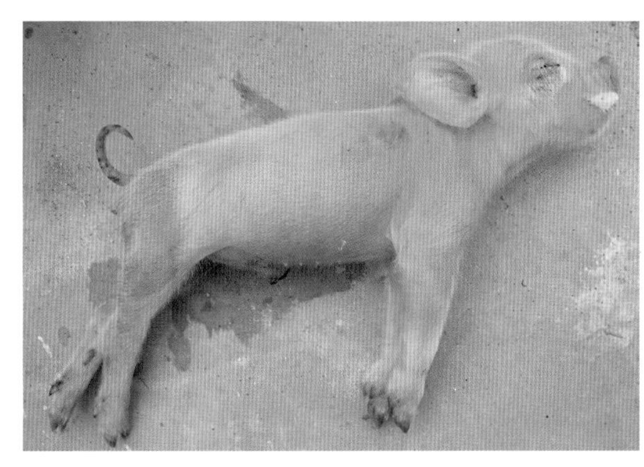
图4-203

图4-204

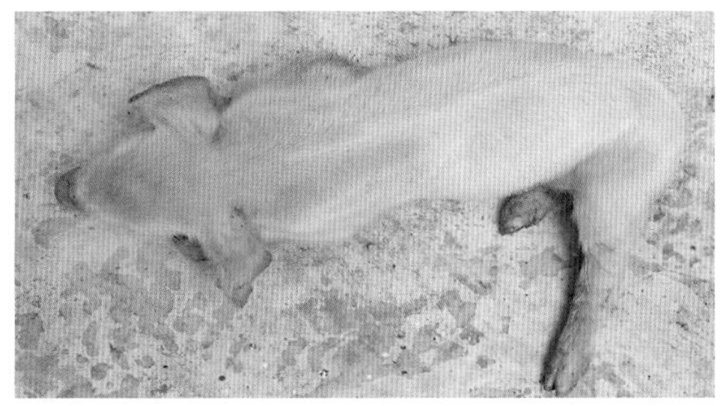
图4-205

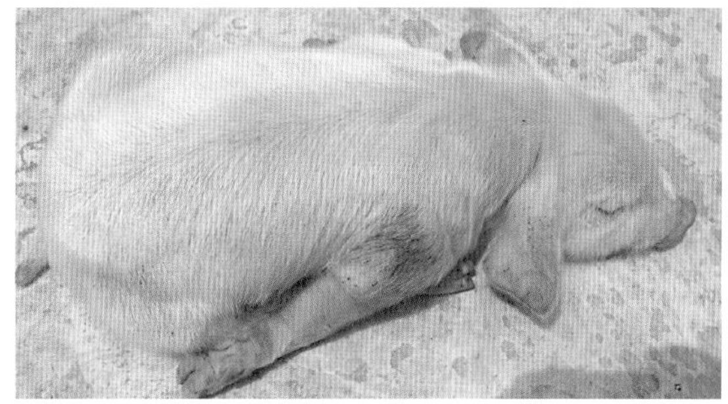
图4-206

图4-207

图4-208

### （三）剖检病理变化

伪狂犬病的病理剖检变化主要见于非化脓性脑炎，脑充血、出血（图4-209）、水肿（图4-210）；肝、淋巴结、扁桃体、脾、肾和心脏出现1～2mm的黄白色坏死点；肺充血、水肿，上呼吸道常见卡他性和出血性炎症，气管和支气管内有白色泡沫状液体；胃肠黏膜常见卡他性、出血性炎症。

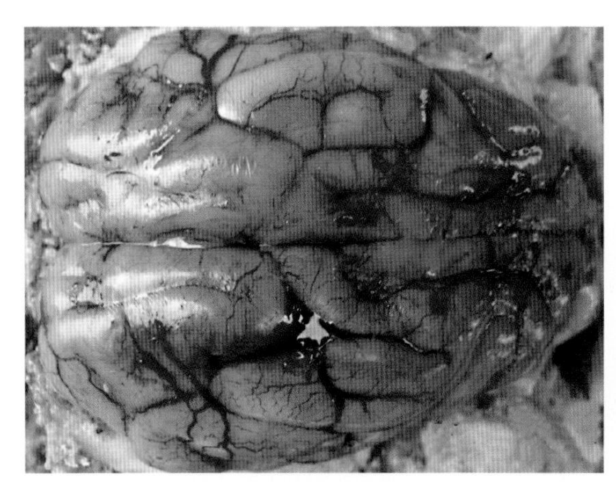

图4-209

图4-210

### （四）防制措施

本病无特效疗法，以预防为主，不从有该病的猪场引种，引种时严格检疫、隔离观察，防止引入病原。对疫区和受威胁区的猪场用伪狂犬病疫苗预防接种，母猪配种前和产前1个月各免疫一次。

发生该病时，立即用猪伪狂犬病弱毒疫苗进行紧急预防接种，以快速建立猪群的免疫保护（免疫后2周可产生保护抗体），采用消毒、灭鼠等综合措施，尽快控制疫情。在疫情稳定后，再用基因缺失疫苗免疫母猪。正常情况下母猪配种前和产前15～30天进行伪狂犬病疫苗免疫，对防制该病十分重要，伪狂犬病的母源抗体可维持10周，因此，一般情况下仔猪不必用伪狂犬病疫苗滴鼻免疫。

## 猪细小病毒病

猪细小病毒病是由猪细小病毒引起猪繁殖障碍的一种疫病。该病主要危害头胎母猪，造成流产、产出死胎等现象，母猪一般无临床症状。

### （一）流行特点

猪细小病毒通过胎盘传染给胎儿，胎儿、死胎可带毒，垂直感染的仔猪可能终身带毒；带毒公猪

本病除感染猪外，还可感染马、牛、羊、禽类和人。

### （三）防制措施

预防本病要对种猪、特别是对6月龄以上的后备公母猪，在蚊蝇到来前1个月用乙型脑炎弱毒疫苗免疫接种；在厩舍中安装防蚊蝇设备或采用杀灭蚊蝇的措施；对流产的死胎、木乃伊胎、胎盘等深埋，被污染场地、厩舍认真消毒。

## 猪布鲁菌病

猪布鲁菌病是由布鲁菌引起的人畜共患的一种慢性传染病。其特征是妊娠母猪发生流产，公猪发生睾丸炎。

### （一）流行特点

猪布鲁菌病呈地方性流行，以南方省份发病较多，无季节性。猪对本病的易感性随年龄的增长而增高。病猪和带菌猪是主要传染源，患病母猪流产胎儿、胎衣和羊水等含有大量布鲁菌，污染厩舍和周围环境。本病的传播主要是通过消化道及受损皮肤和黏膜感染。人可因接触病猪，如接产、助产、冲洗子宫等而感染。

卫生部、农业部2007年12月4日在《加强布鲁菌病防制》的通知中说：近期以来，人和畜间布鲁菌病呈持续快速上升趋势，疫情已波及除重庆、海南以外的28个省份。2006年全国有布鲁菌病疫点351个，2007年增加到1 178个，人感染布鲁菌病18 116例。

2011年9月5日《手机报》报道:2010年12月，××农业大学28名师生（教师1人）在“羊体解剖学实验课”中，感染布鲁菌病，原因是试验用山羊未经检疫。

### （二）临床症状

该病的临床症状主要是妊娠母猪流产和公猪睾丸炎，患病公猪常出现一侧性睾丸肿大（图4-219），后期睾丸萎缩、硬固（图4-220），切面常有豌豆大小的化脓坏死灶。

母猪流产多发于妊娠的4～12周，流产胎儿多为死胎，有的可出现木乃伊胎和畸形胎，死胎表面水肿、大块状出血（图4-221、图4-222）；胎儿肝和肾肿大、出血（图4-223、图4-224）；1头30日胎龄母猪患布病流产后，胎盘挂在阴门内不易排出（图4-225）。

流产胎儿的胎膜变薄、上面散布菜籽粒至绿豆大小的灰白色圆形硬颗粒，好似胎膜上镶着无数“珍珠”，可称为“珍珠胎衣”，“珍珠”内为黄白色脓汁或干涸的脓（图4-226、图4-227）。

图4-219

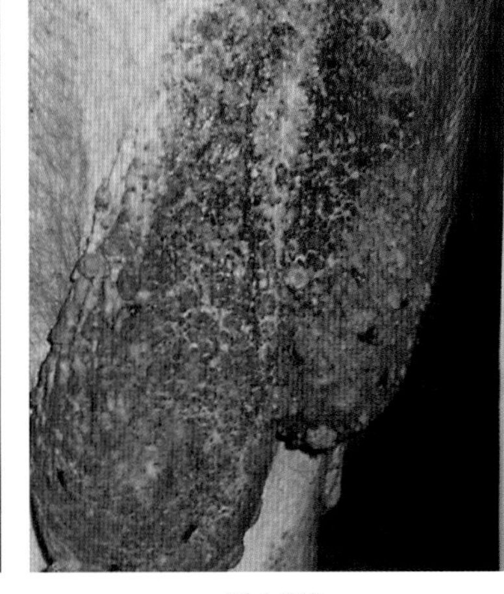

图4-220

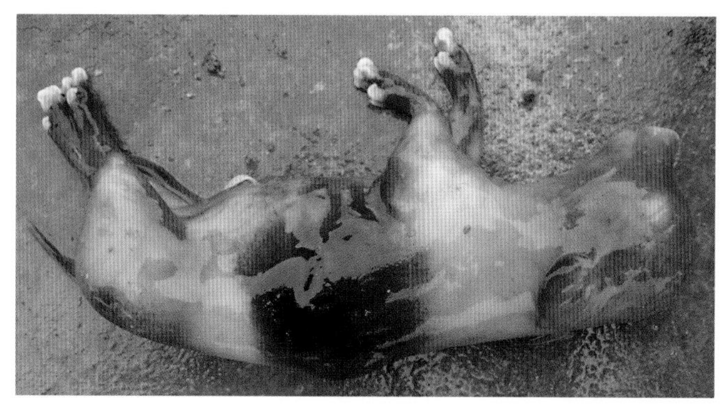

图4-221

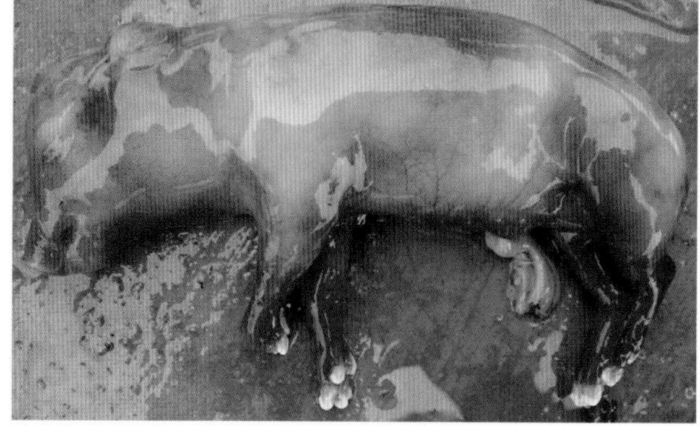

图4-222

图4-223

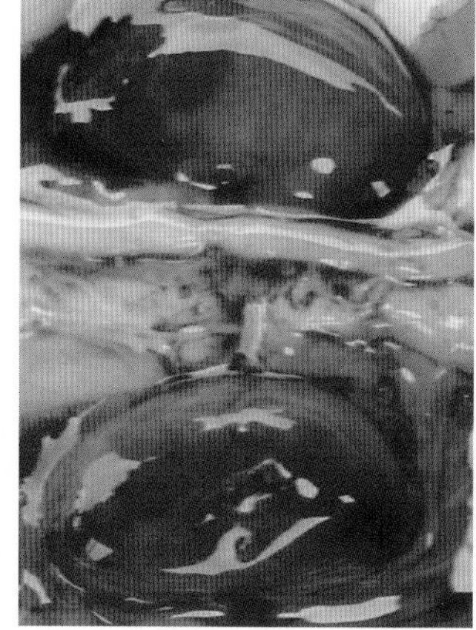

图4-224

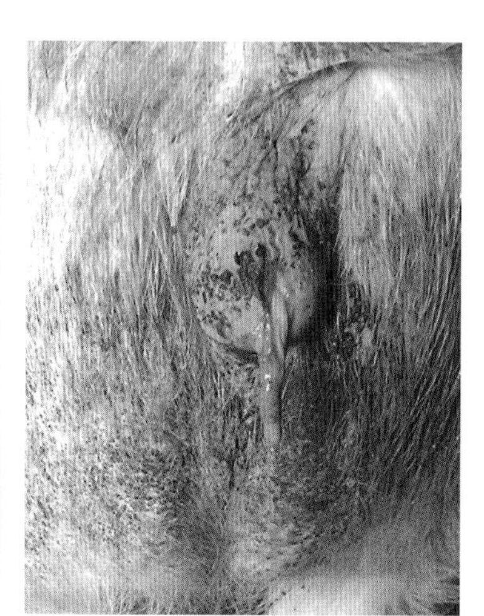

图4-225

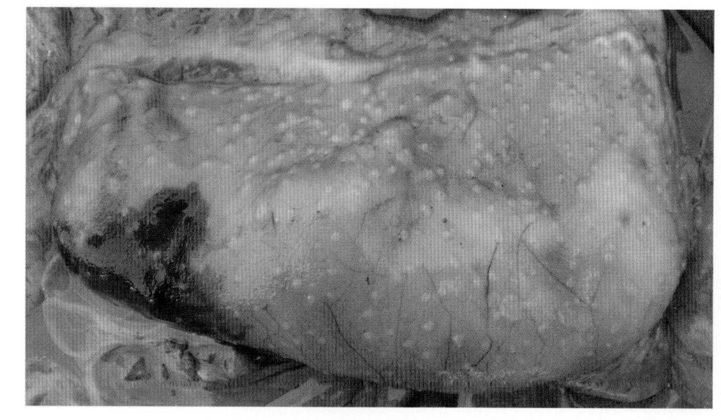

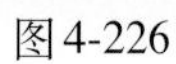

图4-226

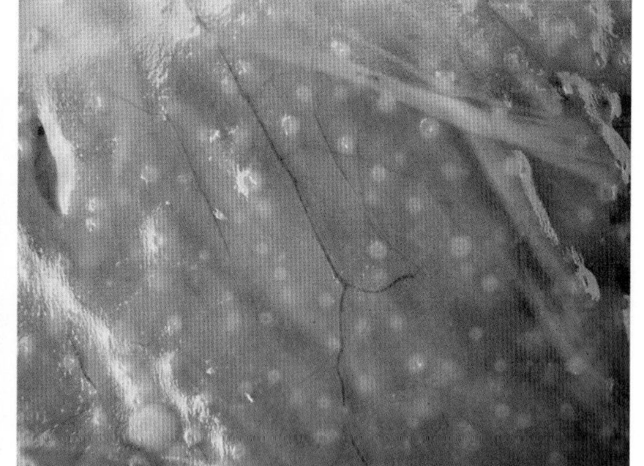

图4-227

## （三）剖检病理变化

布鲁菌病最特征性的剖检变化是化脓性子宫黏膜和胎膜炎，患病母猪子宫黏膜和胎膜上出现弥漫性、粟粒大、灰白色结节（图4-228、图4-229）。

病猪还可出现慢性关节炎。

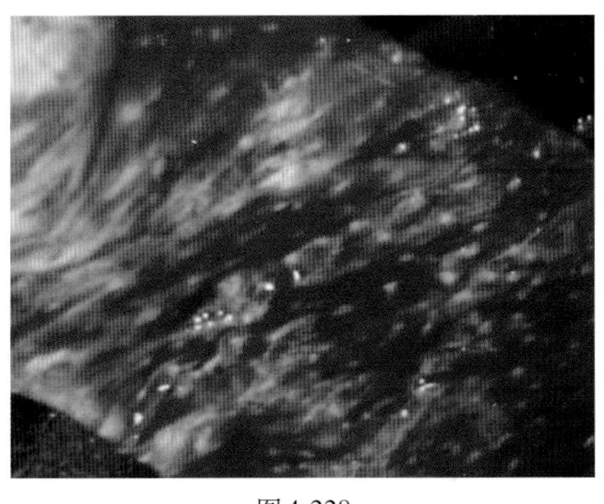
图4-228

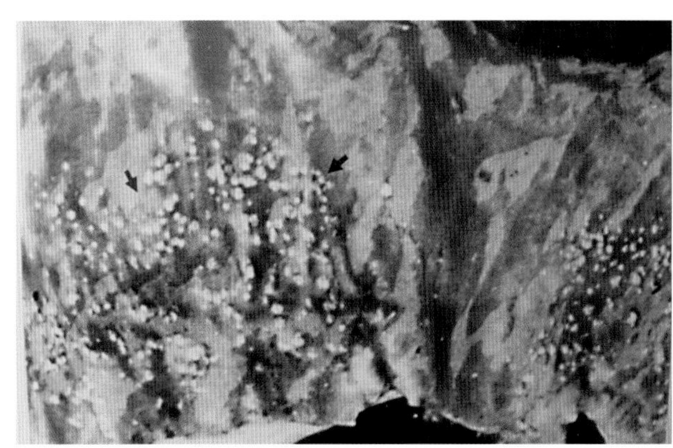
图4-229

### （四）防制措施

在猪群中出现布病时，立即淘汰阳性猪。对后备公、母猪及种猪用布鲁菌病活疫苗（猪二号苗）进行口服免疫，每头猪口服200亿活菌，可拌入饲料中喂，每年连服两次，第一次和第二次间隔1个月，连续使用3～4年，待全场母猪不再流产，用虎红平板凝集试验检疫，6个月内检疫两次，如果两次均为阴性，即可认为该病已净化。应特别注意：口服布鲁菌活疫苗（猪二号苗）时，服苗前后4天内不能使用抗生素类药物，并且必须严格执行疫苗使用说明书中的注意事项。

## 猪钩端螺旋体病

猪钩端螺旋体病是由致病性钩端螺旋体引起的一种人畜共患传染病。猪感染钩体后，大多数呈隐性感染，少数感染猪呈急性经过，出现发热、贫血、血红蛋白尿、黄疸等症状。母猪患病可发生流产，产出死胎、木乃伊胎和弱仔。

### （一）流行特点

本病南方多发，夏秋季节呈散发或地方性流行。可发生于各种年龄的猪，但以幼猪发病较多。病猪和鼠类是主要传染源，主要通过损伤的皮肤、黏膜和消化道感染。猪钩体可以传染人。

### （二）主要症状

中大猪感染钩端螺旋体常表现急性黄疸型，表现体温升高、厌食、皮肤干燥，1～2天内可视黏膜和皮肤发黄（图4-230），尿呈茶褐色或血尿，病死率高。

断奶前后的仔猪感染钩端螺旋体后体温升高，眼结膜潮红、苍白、发黄，眼睑浮肿；皮肤发红、瘙痒、有的轻度发黄（图4-231）；有的头、颈部出现水肿，俗称“大头瘟”，甚至全身水肿；尿呈黄色或茶色甚至血尿。病程十多天至1个月以上。病死率50%～90%。

母猪患病可发生流产，产出死胎、木乃伊胎和弱仔。

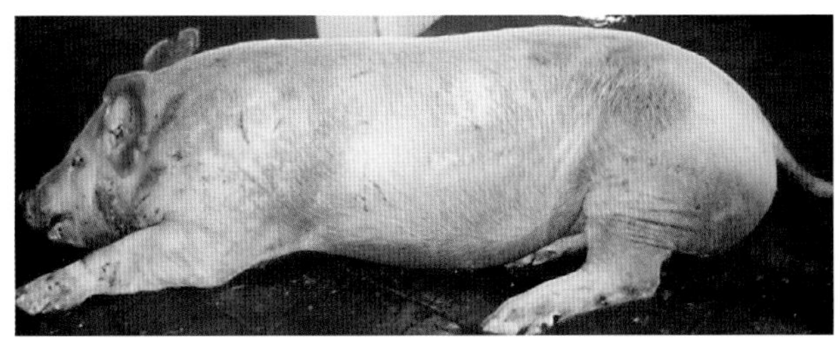
图4-230

图4-231

### （三）剖检病理变化

大多数病猪的皮下组织、浆膜、黏膜有不同程度的黄疸（图4-232、图4-233）；心内膜、肠系膜、肠出血，膀胱内积有浓茶样胆色素尿、黏膜有出血；胸腔、心包积液；肝、肾肿大，肝呈棕黄色（图4-233）。水肿型病例头、颈及胃黏膜水肿。

图4-232

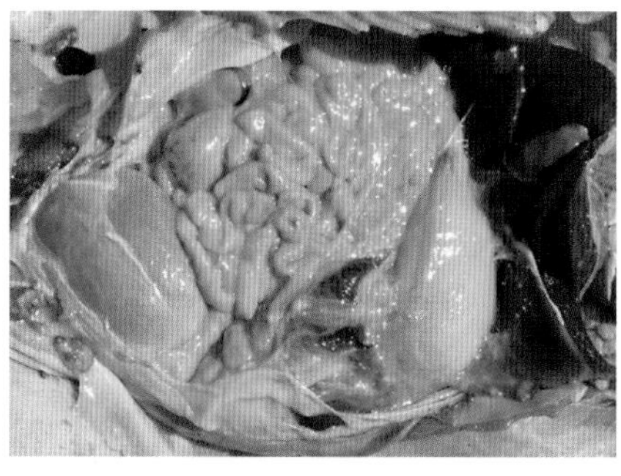

图4-233

一猪场发生胎猪腹水症，实验室检验结果为钩端螺旋体感染，具体情况如下：

后备母猪120头，配种前接种过猪瘟、细小病毒病、伪狂犬病、乙脑疫苗。产前未见异常，一段时间内产大肚子死胎5窝，占此段时间内产仔62窝的0.8%。这5窝总产仔46头，大肚子死胎25头、(头小肚大，图4-234)，占总产子数的54.3%；肚子不大的死胎7头、木乃伊6头、弱仔7头，弱仔十分衰弱（图4-235），都未能养活。

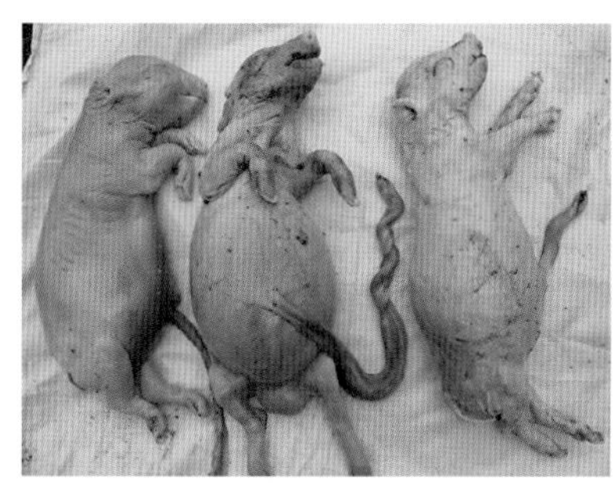

图4-234

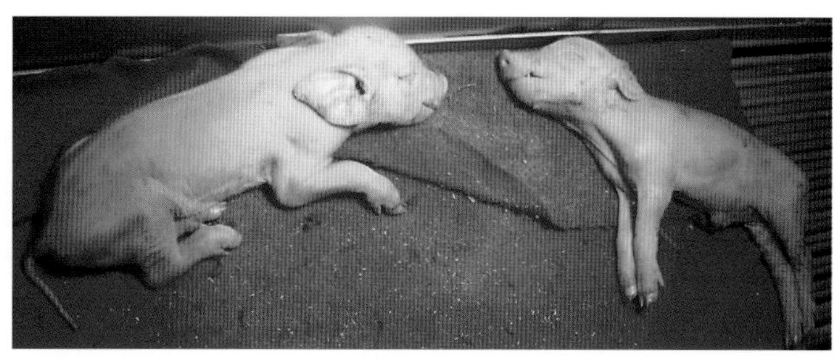

图4-235

剖检3头头小肚大的死胎，主要变化是腹壁胶样水肿，腹腔内充满大量淡黄色腹水，胸腔内也有一些淡黄色胸水（图4-236至图4-238）；两例肝肿大，呈橘黄色、土黄色、碎弱，两例心肌浊肿（图4-239、图4-240）。在腹水中剖检到钩端螺旋体。

图4-236

图4-237

图4-238

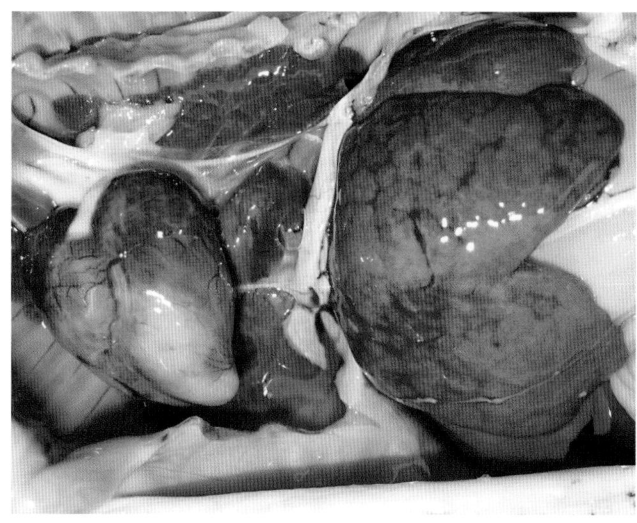

图4-239

### （四）防制措施

预防本病必须采取灭鼠、搞好厩舍卫生、消毒（用漂白粉、火碱）等综合性措施，常发病地区用钩端螺旋体多价苗免疫接种，每年一次；

发现病猪要即时隔离治疗或淘汰，并对厩舍、污染场地严格消毒。对可疑猪群投服土霉素，每吨饲料加入土霉素1 500g，连喂7天。

治疗病猪可用青霉素、链霉素，3～5天一个疗程，同时采取补液、强心、加用维生素C等对症治疗。

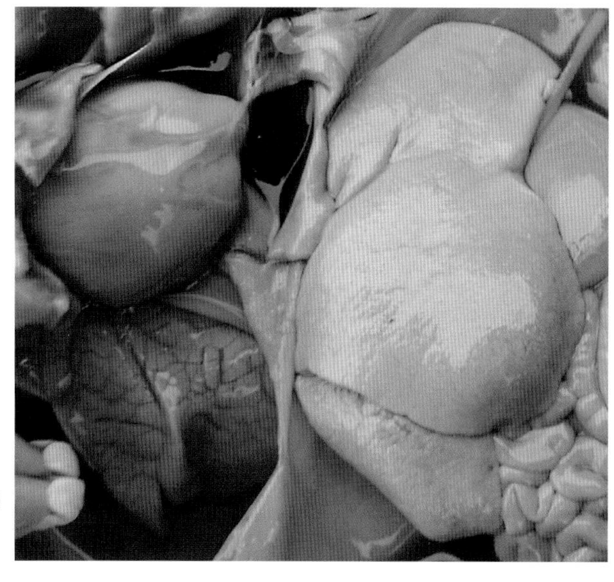

图4-240

## 猪弓形虫病

猪弓形虫病是由龚地弓形虫引起的人与多种动物共患的原虫病。在猪中常出现急性感染，危害严重。各种品种、年龄的猪均可感染本病，但常发于3～5月龄的猪。可以通过胎盘感染，引起怀孕母猪流产、早产。

### （一）主要症状

猪弓形虫病的临床症状与猪流感、猪瘟相似，病初体温可升高到40～42℃、稽留7～10天；食欲减少或完全不食，吻突干燥（图4-241），大便干燥，耳、唇、阴户、四肢下部等皮肤发绀或瘀血（图4-242、图4-243）；呼吸加快、咳嗽，常因呼吸困难、口鼻流白沫窒息而死亡。

耐过猪长期咳嗽及神经症状，有的耳边干性坏死，有的失明。母猪流产多发生于妊娠早期（图4-244），如果早产可产出发育全的仔猪或死胎（图4-245），胎盘上有圆形或圆圈样坏死灶（图4-246）。

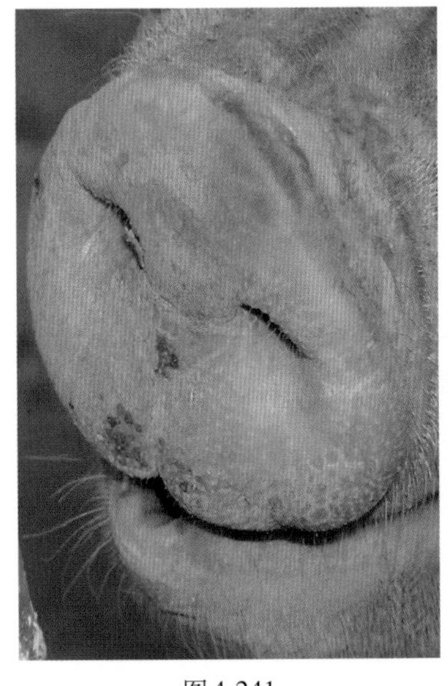

图4-241

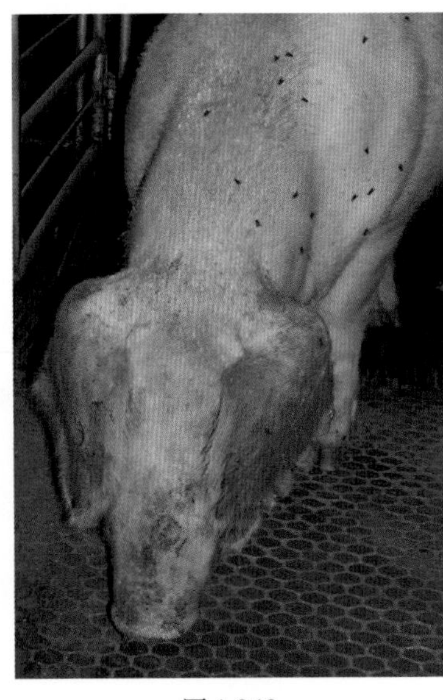

图4-242

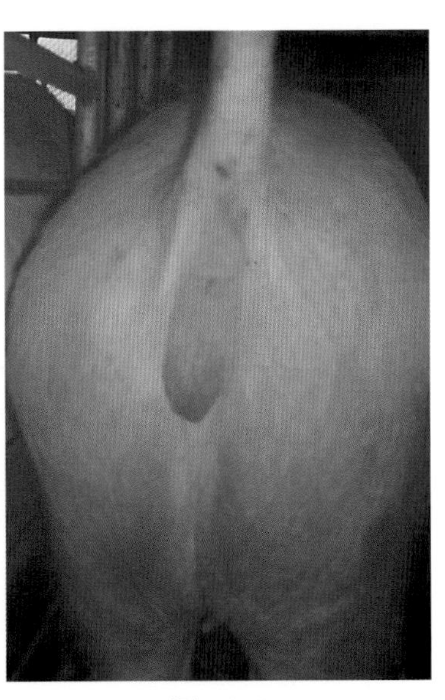

图4-243

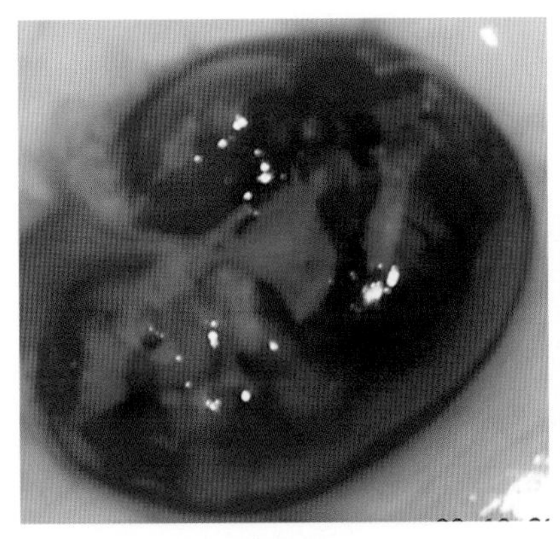

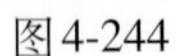

图4-244

图4-245

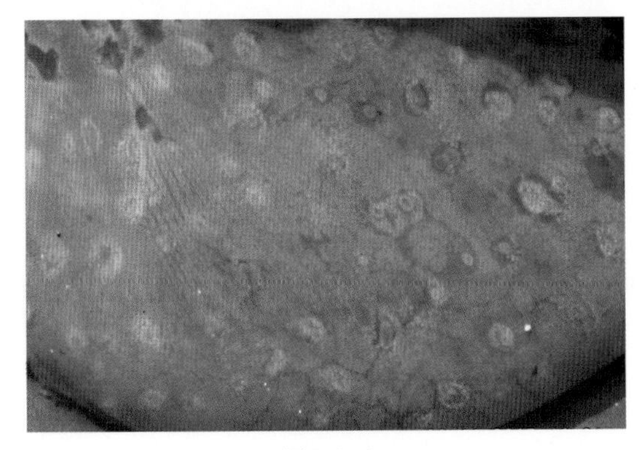

图4-246

### （二）剖检病理变化

弓形虫病的病理剖检变化主要是肺水肿，肺小叶间质增宽、小叶间质内充满半透明胶冻样渗出物，气管和支气管内有大量黏液性泡沫，肺表面有粟粒大、灰白色或黄色坏死灶（图4-247）；全身淋巴结肿大，切面湿润或有粟粒状或块状、灰白色或黄色坏死灶（图4-248）；肝稍肿、表面散在粟粒大、灰白色或黄色坏死点（图4-249），胆囊黏膜面有时轻度出血、表面有突出的芝麻粒大至麻粒大白色坏死灶；脾、心外膜、肾表面或肾皮质都常见粟粒大、灰白色或黄色坏死点；盲肠黏膜及回盲瓣上有黄豆粒大、中心凹陷的溃疡灶（图4-250），膀胱黏膜条状出血或弥漫性出血（图4-251），胃黏膜有圆点状出血点（图4-252）。

预防弓形虫病有两点很重要，一是灭鼠；二是消灭野猫，不让家猫和犬进入猪场。

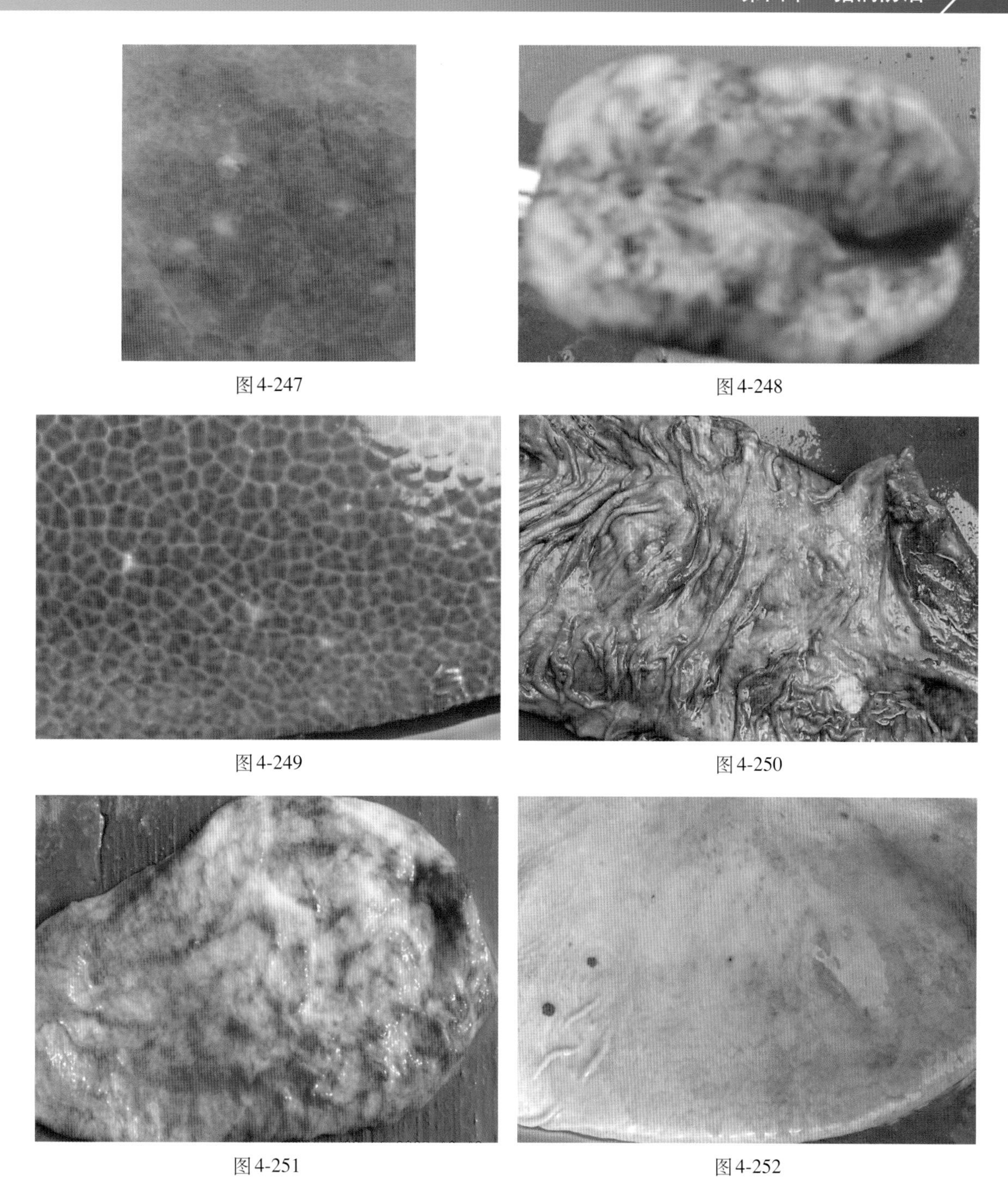

图4-247　图4-248

图4-249　图4-250

图4-251　图4-252

## （三）防制措施

以下药物对治疗本病有较好的效果：

①每吨饲料加2%氟苯尼考预混剂2 500g+磺胺间甲氧嘧啶300g，饲喂7天。

②每千克体重磺胺嘧啶60mg、乙胺嘧啶6mg，内服，每天2次，首次倍量。

③12%复方磺胺间甲氧嘧啶注射液每头猪10～20ml，每天肌内注射1次，连用4次。

# 母猪泌尿生殖道感染

母猪泌尿生殖道感染是由存在于母猪尿道后段和阴道的一些内源性或条件性致病菌（猪化脓性放

线菌、肾棒状杆菌、大肠杆菌、沙门氏菌、链球菌、葡萄球菌等）逆行性感染引起的一种非特异性膀胱炎-肾盂肾炎复合征或泌尿道-生殖道复合征。临床表现血尿、恶露、发情紊乱、流产、死胎等。

## （一）流行特点

母猪泌尿生殖道感染是集约化养猪场的四大顽症之一，危害很大，发病严重的猪场发病率可达35%左右，致死率为22.8%左右。

本病传播的主要途径有母猪外阴接触粪便、污物感染，公猪包皮腔带菌交配感染，人工授精消毒不严感染，胎死子宫中腐败感染，难产助产不当引起感染等。

## （二）主要症状

母猪配种后或产后4天以后泌尿生殖道感染表现频频排尿、排血尿、甚至尿中带脓；阴道内流出异常分泌物（恶露），分泌物多为豆腐渣样、灰绿色、污红腥臭的（图4-253、图4-254），有的带有血丝，有的病猪先流脓汁后出现血尿或血尿中带脓；怀孕病猪常常造成流产，产出死胎或难产。

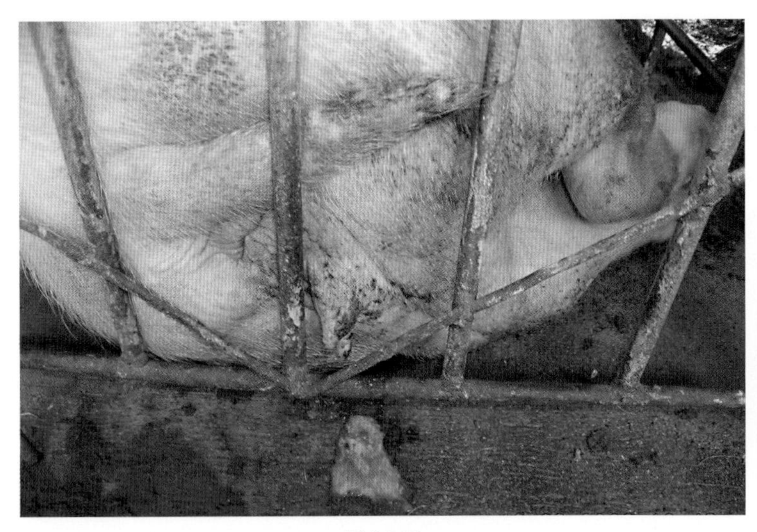

图4-253

图4-254

## （三）剖检病理变化

一头三胎母猪配种后肚子越来越大、特别是右腹下部明显突出，但体况却越来越差，1个月后母猪已不采食（图4-255）。剖检发现子宫极度胀大，直径达13cm，内部充满液体，有波动感（图4-256），刺破子宫流出大量灰白色混浊液体，约15L左右（图4-257、图4-258）。阴道至子宫颈黏膜未见明显变化，但整个扩张的子宫壁变薄，黏膜几乎完全脱落，内膜血管扩张、充血（图4-259、图4-260）。

图4-255

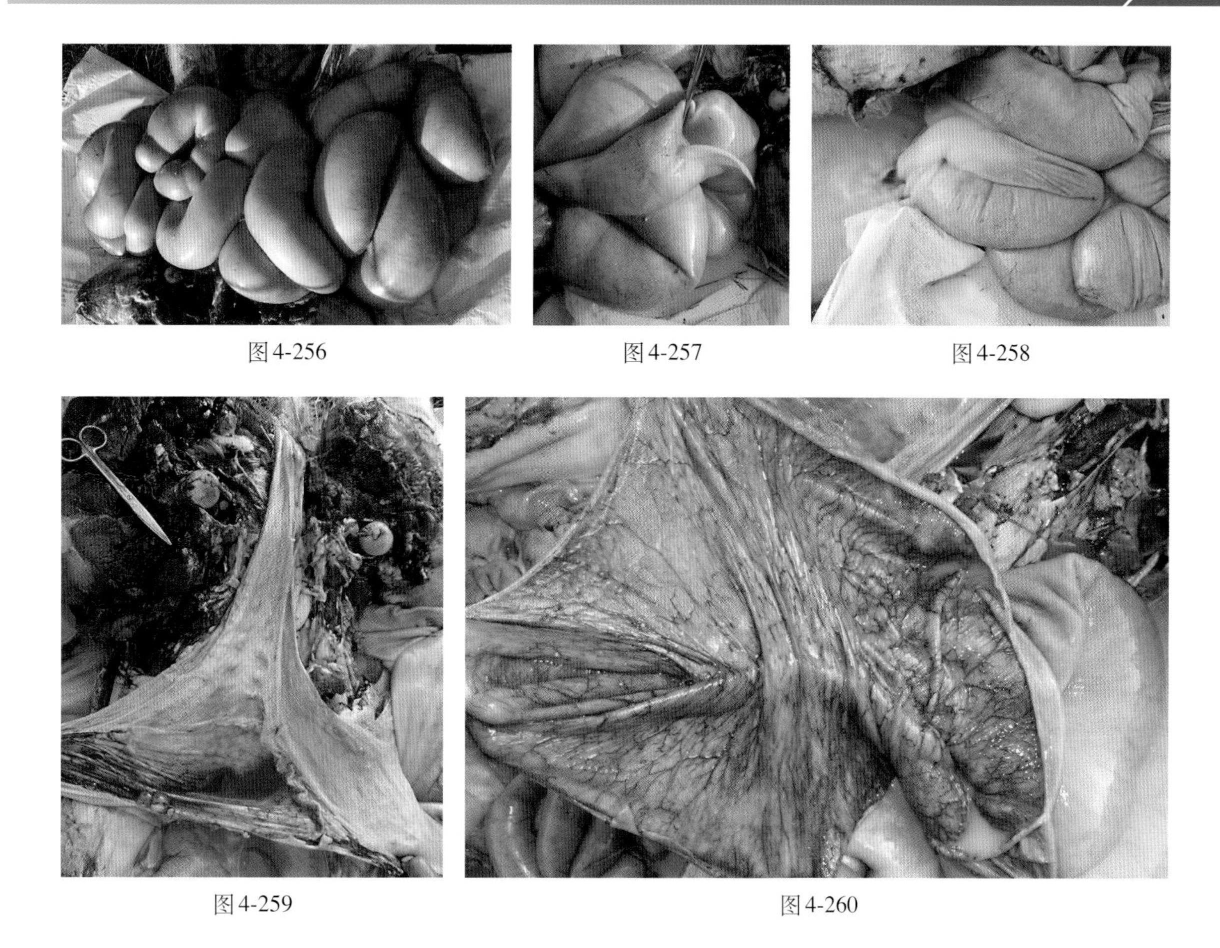

图4-256　图4-257　图4-258

图4-259　图4-260

有的胎死子宫中，死胎腐败，其皮肤、肌肉、内脏器官融解，化为脓水、断断续续从阴道中流出，胎儿骨头留在子宫内（图4-261），造成子宫感染、化脓、子宫黏膜糜烂甚至穿孔（图4-261、图4-262），子宫浆膜与腹壁、脏器和肠道粘连（图4-263）。病情严重时，病猪消瘦，毛焦枯燥，腰背凸出，后肢软弱无力，屡配不孕。

如果是膀胱炎-肾盂肾炎复合征病猪，剖检时主要变化是肾脓肿（图4-264、图4-265）、膀胱发生卡他性、出血性、化脓性或坏死性炎症（图4-264）；肾脏多发生单侧或双侧性肾盂肾炎，肾乳头出血、萎缩，肾盂扩张、结缔组织增生；怀孕病猪由于胎儿死亡、腐败、吸收而自体中毒，波及肾髓质部和皮质部时，可引起肾变形、变软、肾衰、高热死亡（图4-266至图4-268）。

膀胱、尿道口黏膜出血、坏死，膀胱内积脓（图4-269、图4-270）。

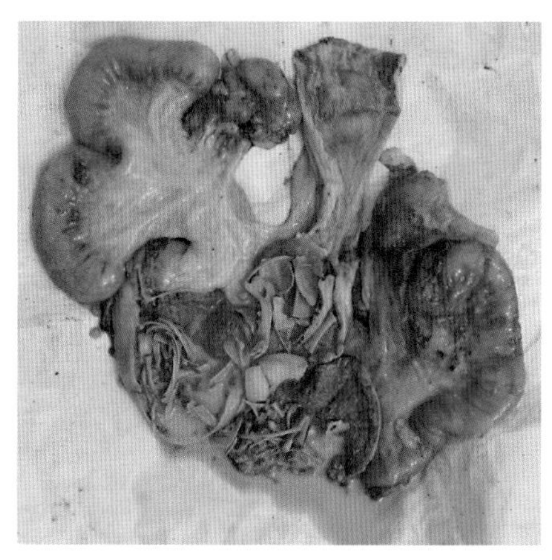

图4-261

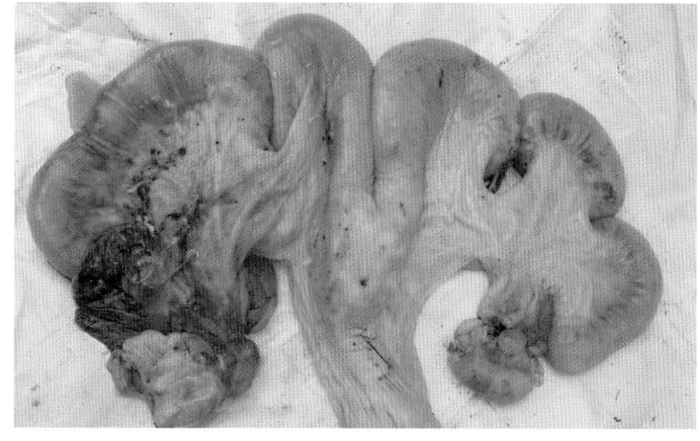

图4-262

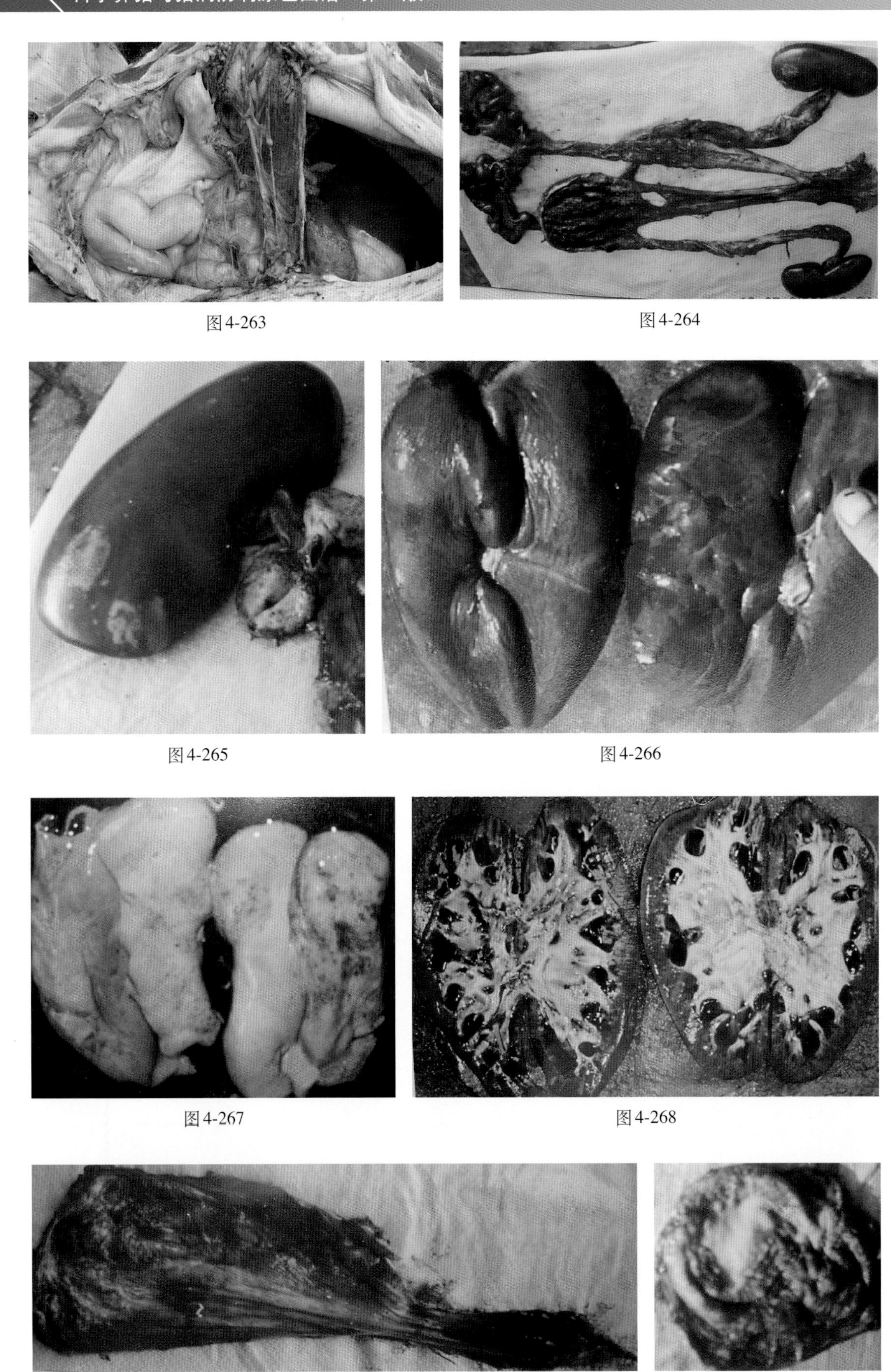

图4-263

图4-264

图4-265

图4-266

图4-267

图4-268

图4-269

图4-270

### （四）防制措施

预防泌尿、生殖道感染的根本办法是搞好厩舍清洁卫生、消毒；人工授精时严格执行操作规程和消毒，本交要注意公猪外生殖器的清洁卫生；助产时要严防损伤阴道和子宫黏膜，助产后立即给予抗菌消炎药。

治疗原则：早发现、早治疗（晚期治疗效果不佳），抗菌消炎，利尿解毒，清宫排污。常用药物如下：

（1）氨苄青霉素2g（或用阿莫西林）、10%葡萄糖溶液250ml，以上两药为第一组；10%葡萄糖溶液250ml、维生素$B_1$ 10ml、维生素C 20ml、1%呋噻咪注射液10ml，以上4种药为第二组，静脉滴注，先注第一组，滴完时换第二组。

（2）有全身感染症状的可用头孢噻呋钠 2g、地塞米松20ml、5%葡萄糖生理盐水500ml，静脉滴注。

（3）使用10%洁尔阴或0.1%高锰酸钾溶液清宫；清宫后用青霉素400万U、链霉素200万U、蒸馏水100ml，子宫内灌注；第二天再肌内注射缩宫素30IU + 青霉素800万U，使其排出恶露，连续使用3天；治疗中，若子宫颈不开张，可注射氯前列烯醇0.1 ~ 0.2mg，诱导发情后再行操作。

## 母猪发情障碍

在瘦肉型猪中，有10% ~ 15%后备母猪到发情月龄不发情，同月龄的后备母猪都发情配完种了，这些猪还是不发情；断奶母猪出产房后半个月、甚至1个月左右都不发情，这就是发情障碍，又称乏情。

### （一）病因

造成母猪发情障碍的原因比较复杂，主要有：过肥或过瘦引起不发情；子宫发育不全、幼稚型子宫，内分泌紊乱、持久黄体、卵巢囊肿、卵巢机能静止等引起的不发情（图4-271至图4-274）。笔者遇到一头约克夏猪后备母猪，1岁时同伴都发情配种了，它还未发情，经多方处理也不发情，到15月龄体重156kg还是未发情。淘汰时究其原因才发现是子宫发育不全，无两个子宫长角，只有一个6cm × 1.3cm的盲沟，似小子宫角，也无卵巢。从大体结构看：从阴户到盲钩顶端共长29cm，其中阴道长7cm；子宫颈和子宫体无明显界线，从子宫壁的褶也无法区分子宫颈和子宫体，从阴道后部至盲沟基部长16cm；盲沟长6cm（图4-275、图4-276）。

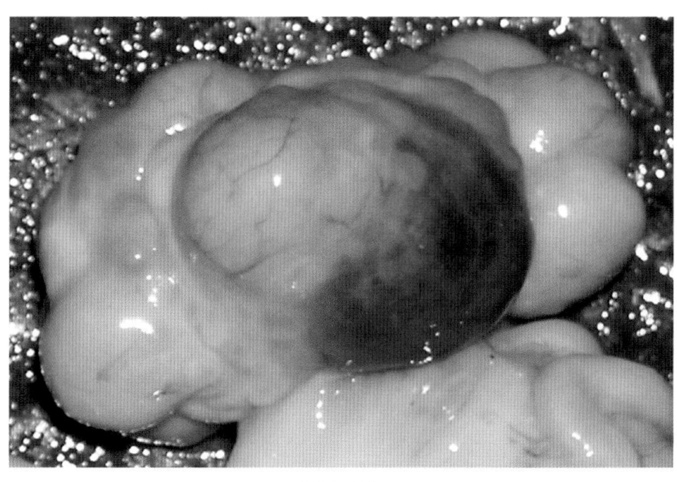

图4-271

图4-272

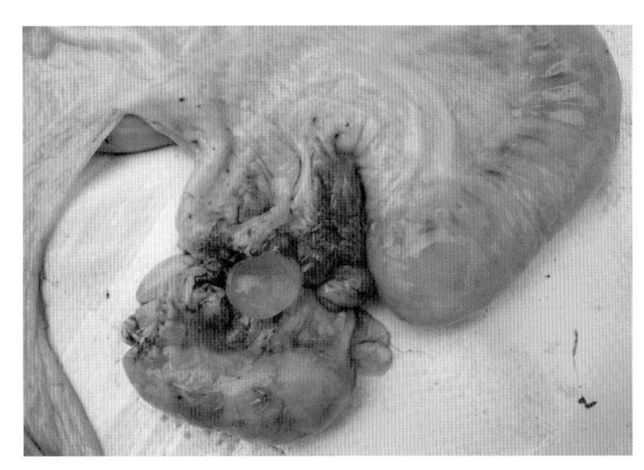

图4-273

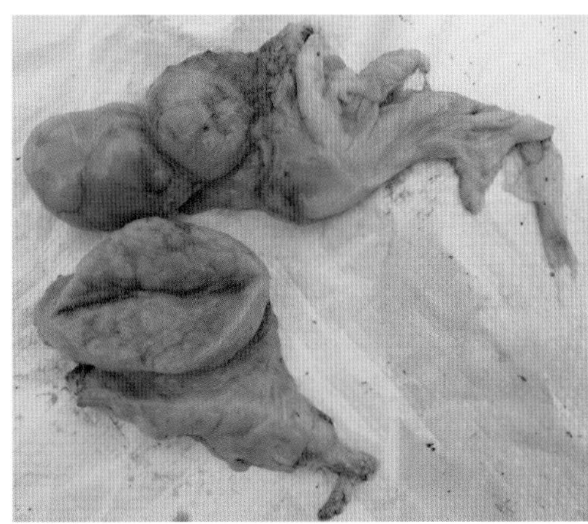

图4-274

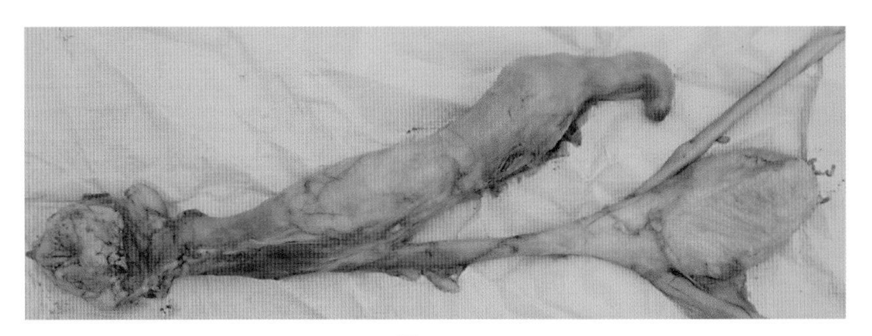

图4-275

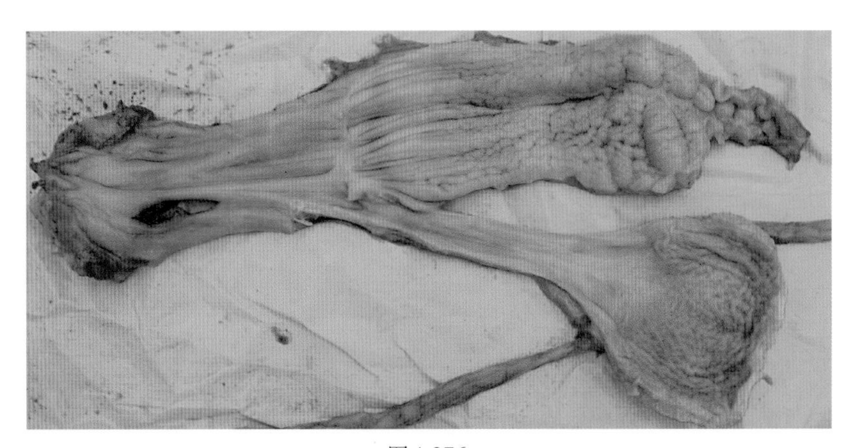

图4-276

疾病因素引起母猪不发情，如子宫内膜炎使母猪子宫内环境受损而不能发情；圆环病毒导致消瘦的后备母猪不能发情；慢性呼吸道疾病和慢性消化性疾病导致卵巢小而没有弹性、表面光滑或卵泡过小等引起母猪不能发情；猪繁殖障碍性疾病造成母猪不发情；季节因素，夏季气温高、湿度大母猪持续性热应激后影响卵巢机能，严重时诱发卵巢囊肿而引起母猪不能发情，等等。

母猪有时假妊娠，胚胎早期死亡但仍有怀孕反应，呈不分娩也不发情状态。

## （二）防治方法

母猪发情障碍的防治：

**（1）确保母猪良好膘情** 后备母猪或断奶待配母猪一般以七八成膘为宜，如果按体况评分，应让85%以上的母猪体况评分在2～4分之间。对于营养不足、过分瘦弱而不发情者，可适当增加精料和青绿饲料，使其恢复膘情后即可发情。对于过肥造成的不发情者，可适当减少碳水化合物饲料，减少日粮量，增加青绿饲料，使其达到繁殖体况后即可恢复发情。

**（2）加强运动** 种猪场应建造专门的运动场，垫细沙，待配期后备母猪和断奶母猪每天早、晚放入运动场，并放入结扎输精管的试情公猪，刺激母猪发情。还可以把不发情的母猪装入汽车适当运输振动，也可促进发情。

**（3）刺激发情** 刺激发情的方法有：在种公猪舍内适当建几个母猪栏，将快发情的后备母猪移入栏中，使这些母猪听到种公猪的声音、嗅到种公猪的气味，受异性刺激以促进发情；还有一种方法是在不发情的母猪中放入几头刚断奶的母猪，几天后这些断奶母猪发情，不断追逐爬跨不发情母猪，刺激增强不发情母猪性中枢活动而使其发情。

**（4）对顽固不发情母猪的治疗**

①先注射氯前列烯醇3ml，过24小时再注射孕马血清1 600IU，一般2～3天后可发情。一般应在预计发情前3天使用。

②用氯前列烯醇0.1～0.2 mg肌内注射，或用0.1mg子宫腔内给药，用药后2～4天可发情。

③用苯甲酸雌二醇或三合激素肌内注射诱情，隔24小时后再注射一次。

④发情不明显母猪的治疗：在发情过程中有少数母猪发情表现不明显或不出现静立反应，这些母猪只有根据外阴的红肿程度和颜色、黏液浓稠度适时输精。为了保证受胎，可在输精前1小时注射氯前列烯醇0.2mg，输精前5分钟再注射催产素2ml。

⑤属于患病引起的不发情，必须先治疗原发病，如子宫内膜炎导致不发情，只有治愈子宫内膜炎，母猪才能正常发情和妊娠。阴道炎、子宫内膜炎多数仍可发情，但大多配不上种。如果是由于蓝耳病等传染病引起母猪不发情，做好相应的疫苗免疫和防疫消毒工作，才能减少或防止不发情母猪的出现。

后备母猪在同伴都发情配种后还不发情，经催情处理后两个情期还不发情者，应淘汰处理；断奶母猪两个情期还不发情者也应淘汰处理；子宫内膜炎或阴道炎久治不愈者也尽早淘汰。

## 五、呼吸系统疫病

### 猪支原体肺炎

猪支原体肺炎又称猪地方流行性肺炎，最通俗、最常用的称呼是猪气喘病，是由猪肺炎支原体引起的一种慢性接触性呼吸道传染病。临床表现以干咳、喘、腹式呼吸为主，病变特征是肺呈融合性支气管肺炎。不同年龄、性别和用途的猪均能感染，以土种猪和纯种瘦肉型猪最易感，其中又以乳猪和断奶仔猪易感性高、发病率和致死性都高，成年种公猪、母猪、育肥猪多呈慢性或隐性感染。猪支原体肺炎一年四季都有发生、流行，没有明显的季节性，但以寒冷的冬天、早春、晚秋发病较多。新疫区常呈暴发性流行并多取急性经过，老疫区多取慢性经过。卫生条件和饲养管理差是造成本病发生的重要因素。继发感染巴氏杆菌病、传染性胸膜肺炎、副猪嗜血杆菌病等常导致病情加重、死亡率升高。

#### （一）主要症状

病猪以干咳、喘、腹式呼吸为主，尤其在早、晚、夜间、运动、驱赶、气候突变时表现明显，有黏性、脓性鼻液。严重时呼吸增数，出现呼吸困难：两前肢排开、张口呼吸、肷部上提，口鼻流白沫、发出喘鸣声（图4-277）、呈犬坐姿势（图4-278）。眼、吻突、口等黏膜发绀。无继发感染时，体温一般正常。

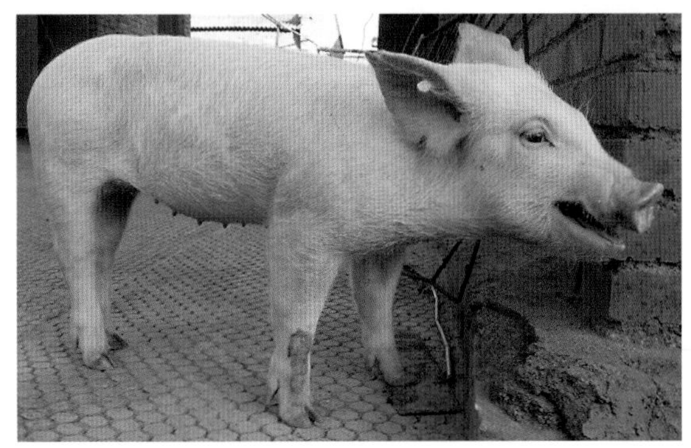

图4-277

图4-278

## （二）剖检病理变化

猪气喘病的病理剖检变化主要见于呼吸系统，在肺的心叶、尖叶、膈叶及中间叶等处，病初呈现对称性的出血性肺炎（图4-279），出血被吸收后变为渗出性或增生性的融合性支气管炎。其中又以心叶最为显著，尖叶和中间叶次之，膈叶病变多集中于前下部。病变部位的颜色为淡红色或灰红色的半透明状、界限明显，像鲜嫩的肌肉一样，俗称“肉变”（图4-280），病变部切面湿润而致密。随病程延长或病情加重，病变部位颜色加深，呈淡紫色或灰白色，半透明程度减轻，坚韧度增加，俗称“胰变”（图4-281）。

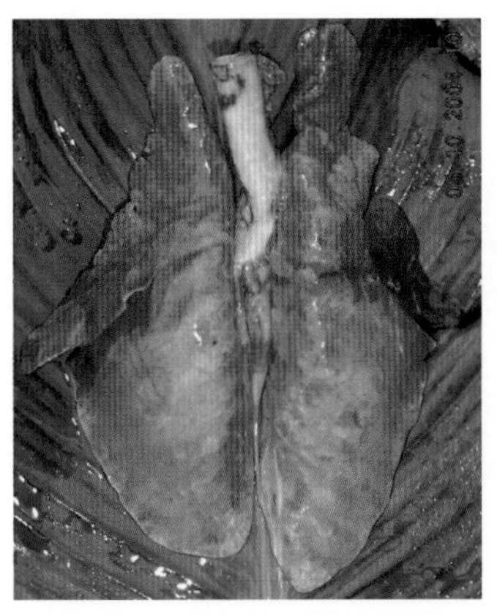

图4-279

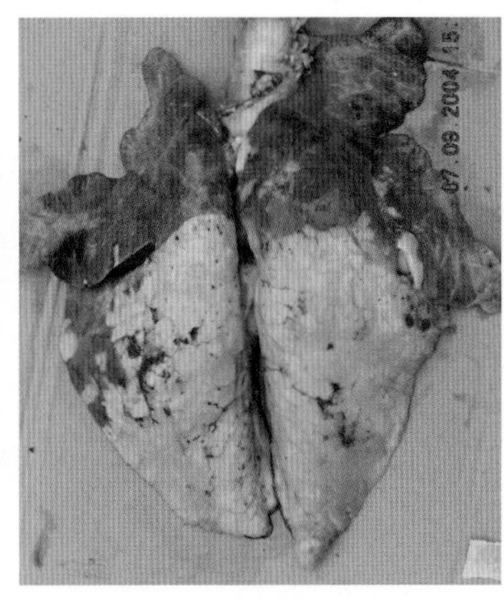

图4-280

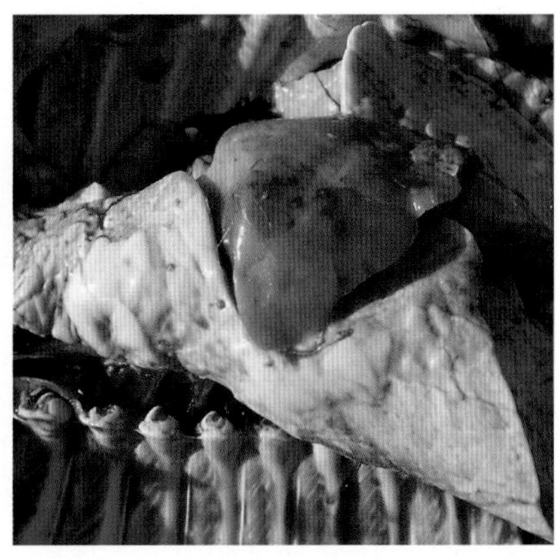

图4-281

如有继发性细菌感染时，则会出现肺的纤维蛋白性、坏死性病变（图4-282），部分病猪常发生肺气肿（图4-283至图4-285）。恢复期，病变逐渐消散，肺小叶间结缔组织增生硬化、表面下陷，周围肺组织膨胀不全，肺门和纵隔淋巴结肿大。

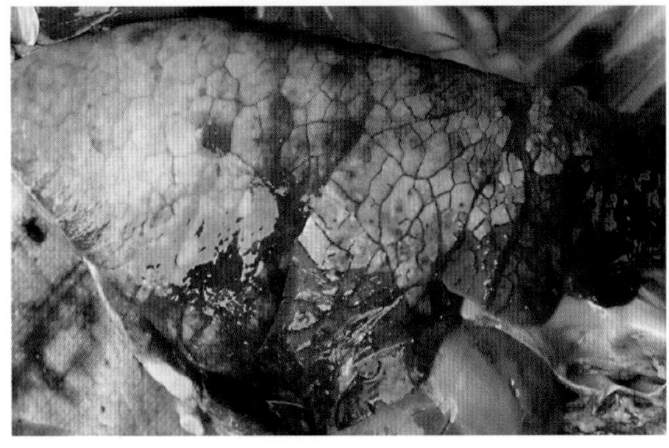

图4-282

图4-283

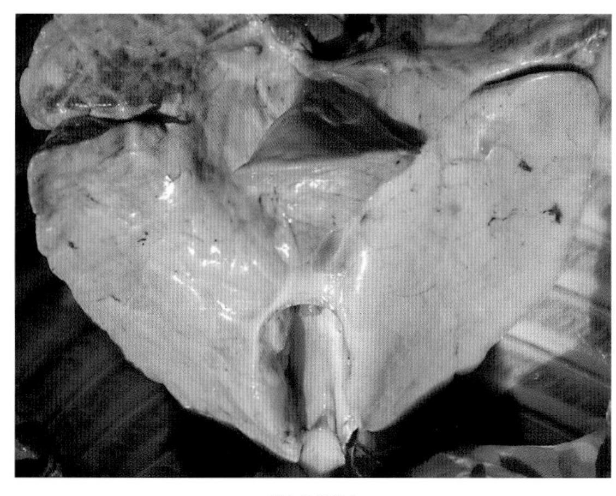
图4-284

图4-285

### （三）防制措施

预防本病的发生和扩散蔓延必须采用综合防制措施。原则是：

（1）实行自繁自养，不从外地购猪；对全群母猪一年内用猪气喘病疫苗预防接种两次，仔猪7日龄和21日龄各免疫一次。如发现有肺炎支原体感染，用泰妙菌素和替米等药物控制。

（2）检疫普查，严格隔离病猪并进行及时淘汰处理，不作种用。

（3）猪气喘病目前还没有根治的药物，治疗可选用替米考星、卡那霉素、长效土霉素、林可霉素等肌内注射。用泰妙菌素和替米考星等药物加在饲料中喂服，加强饲养管理。

每吨饲料中添加的药物举例：泰妙菌素125g+多西环素150g+林可霉素125g，连喂7天。

## 猪传染性胸膜肺炎

猪传染性胸膜肺炎是由胸膜肺炎放线杆菌引起猪的一种高度接触性、传染性、致死性呼吸道传染病。临床和剖检上以纤维素性胸膜肺炎或慢性局灶性坏死性肺炎为特征。

### （一）流行特点

猪传染性胸膜肺炎是一种呼吸道寄生菌，主要存在于患病动物的肺和扁桃体内，病猪和带菌猪是本病的主要传染源。猪传染性胸膜肺炎的发生受外界因素影响很大，气候剧变、潮湿、通风不良、饲养密度大、管理不善等条件下多发。近年来随着养猪规模化、集约化的发展，本病的发生呈暴发趋势，对养猪业的危害日益严重。

各种日龄的猪对该病均易感。25～45日龄仔猪急性感染后，表现出极高的发病率，发病猪迅速死亡，死亡率极高。急性感染猪传染性胸膜肺炎耐过或隐性感染的猪成为带菌猪，是传染性胸膜肺炎再次暴发和流行的潜在传染源。

### （二）主要症状

临床症状与猪的日龄、免疫状态、环境因素及病原的感染程度有关。断奶、保育、生长猪群常突然发生，病猪体温升高达41.5℃左右，发病猪最初表现不吃食，懒动、好似很疲乏，有时出现短暂的

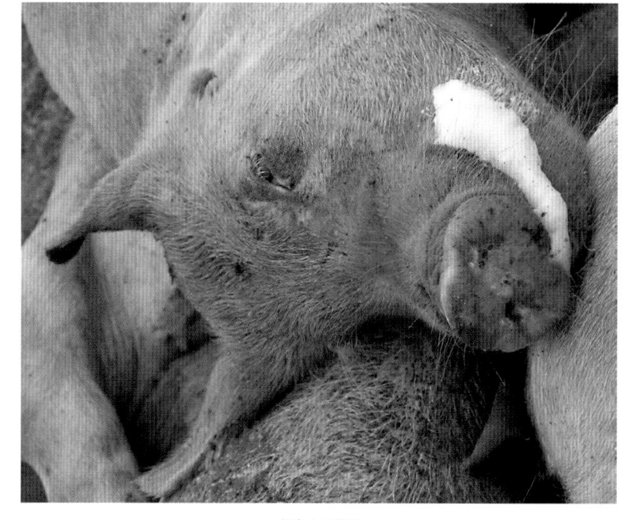
图4-286

腹泻或呕吐；之后出现心衰和循环障碍，表现耳、鼻、眼及后躯皮肤发绀；病晚期出现严重的呼吸困难和体温下降，临死前从鼻、口内流出血性泡沫（图4-286、图4-287）。有时，病猪在没有出现临床症状下突然死亡（图4-288）。

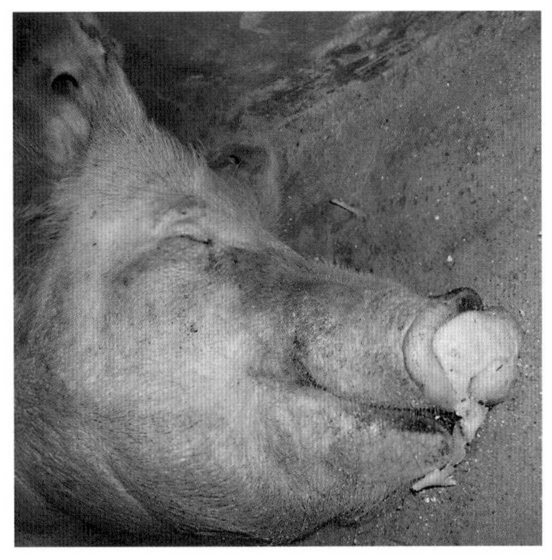

图4-287

图4-288

## （三）剖检病理变化

病理剖检变化主要集中在胸腔和肺部，肺门淋巴结肿大、出血。气管、支气管黏膜肿胀，其内充满血性泡沫、脓性渗出物（痰，图4-289）。

胸膜炎，胸膜出血（图4-290），纤维蛋白将肺、胸膜、心包膜、膈肌等不同程度地粘连（图4-291、图4-292），剖检时很难分离，常常把肺组织撕破残留在胸壁等处（图4-291）。

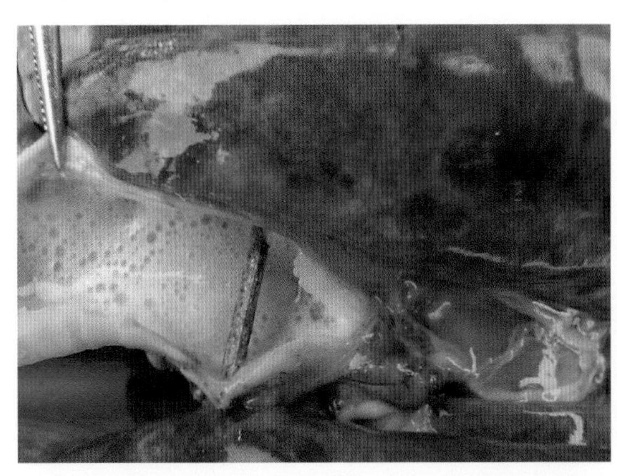

图4--289

图4-290

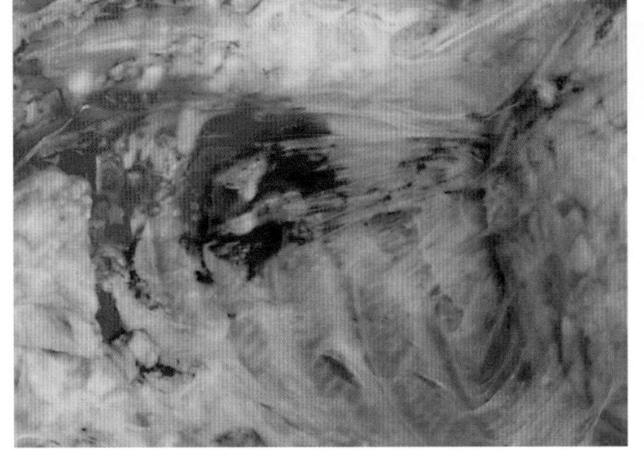

图4-291

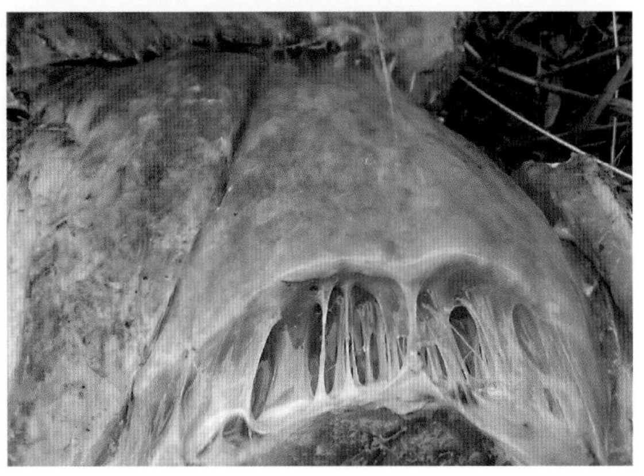

图4-292

肺有不同程度的炎症变化，急性期肺水肿（图4-293），肺表面有一薄层黄色冻胶样物，间质增宽，增宽的间质内填满黄色冻胶样物（图4-294）；进一步发展，肺呈紫色或紫黑色、变暗、坚硬（多见于膈叶、附叶），与正常的肺组织有明显界线（图4-295、图4-296）。

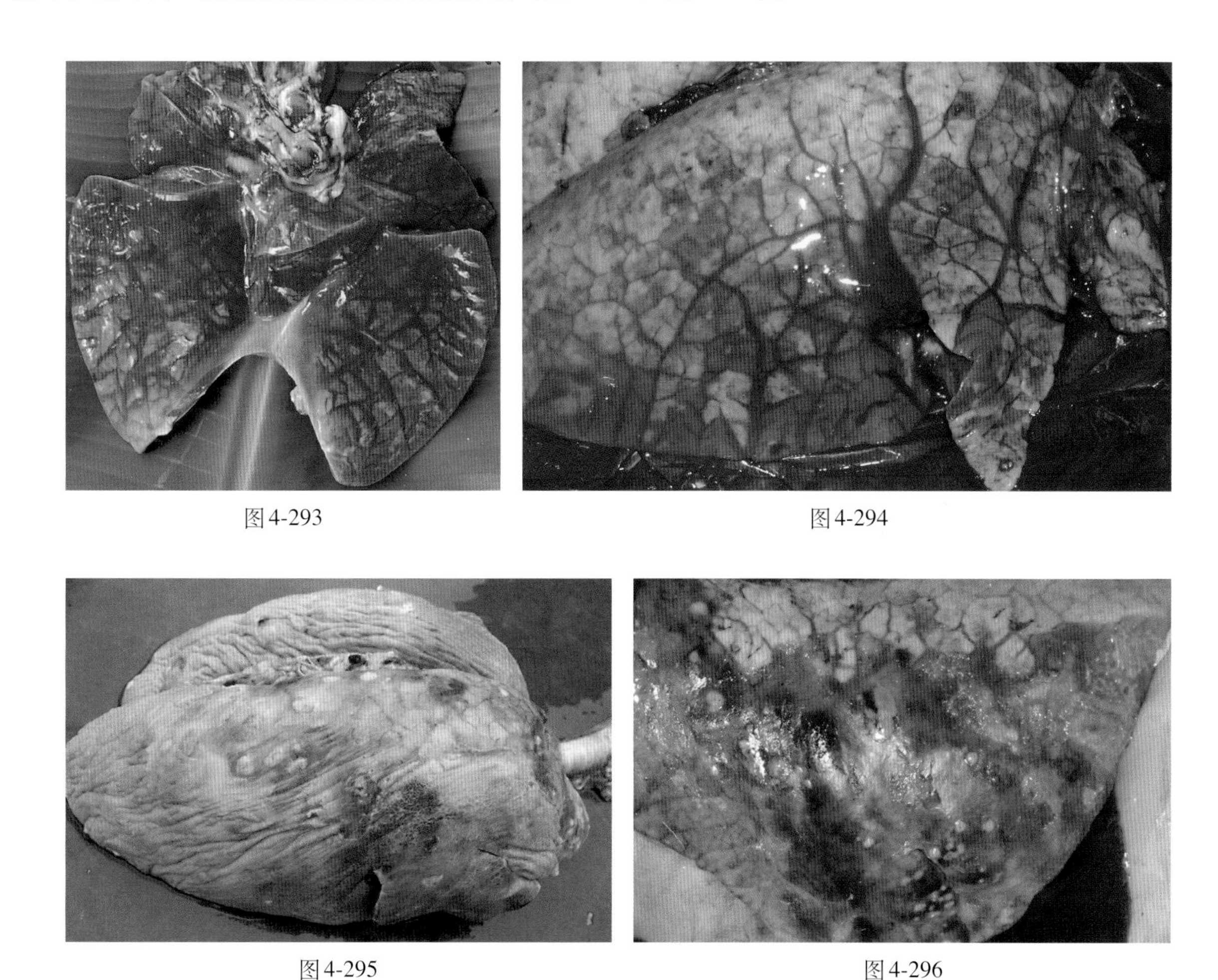

图4-293

图4-294

图4-295

图4-296

随着病程的发展肺变暗、坚硬，表面密布绿豆大小的白色颗粒样化脓灶，这种病灶深入肺组织内成为白色颗粒样化脓灶（图4-297），此种变化多见于保育猪；病程较长时整个肺泡被炎性渗出物、白细胞、坏死肺组织填满，肺变硬、呈灰褐色，切面密布白色包囊结节，大小不等、多为绿豆大小，包囊膜较厚，一般在1～2mm，包囊内充满坏死的肺组织和钙化样物（图4-298至图4-300），此种变化多见于成年猪。以上两种病变是传染性胸膜肺炎的特征性病变。

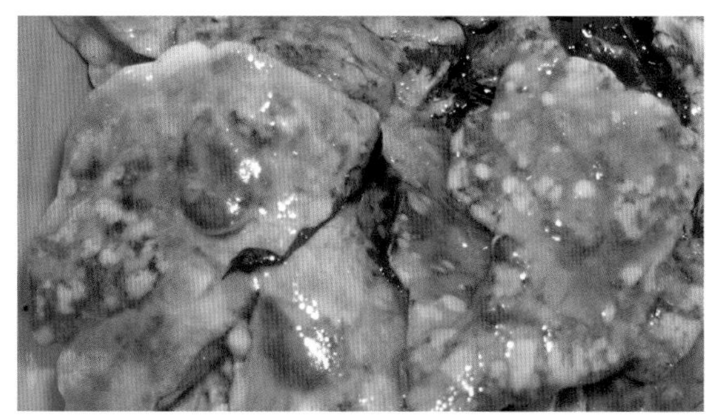

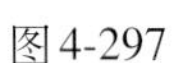

图4-297

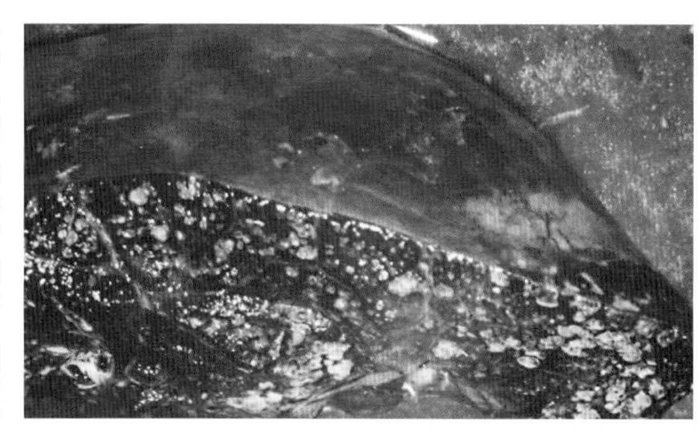

图4-298

图4-299

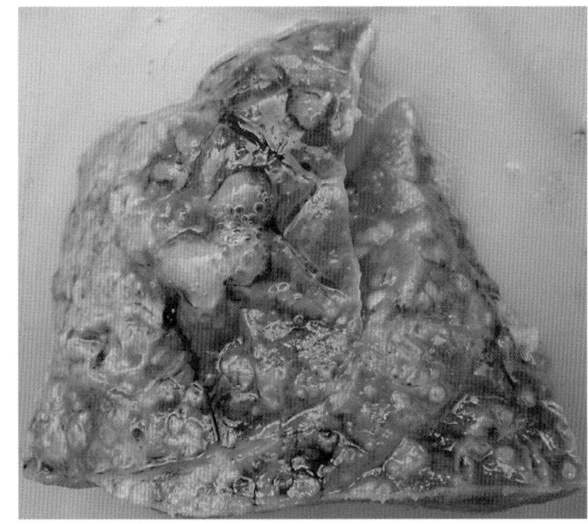

图4-300

胸腔、心包腔内有黄色冻胶样物（图4-301）。颈脉放血致死剖检患该病的活猪时，刚打开心包膜时常常见到心包腔内有大量淡黄色、半透明的渗出液，过3～5分钟变成黄色胶冻样物附着在心外膜上（图4-302）。原来，心包腔内的炎性渗出液，猪活着的时候呈液态，猪死后体温下降就变成胶冻样；有时心外膜上有白色絮状物覆盖，或心外膜变得粗糙（图4-303、图4-304）。

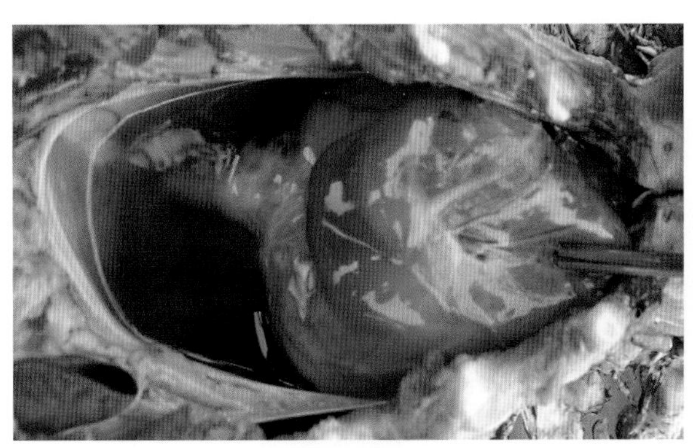

图4-301

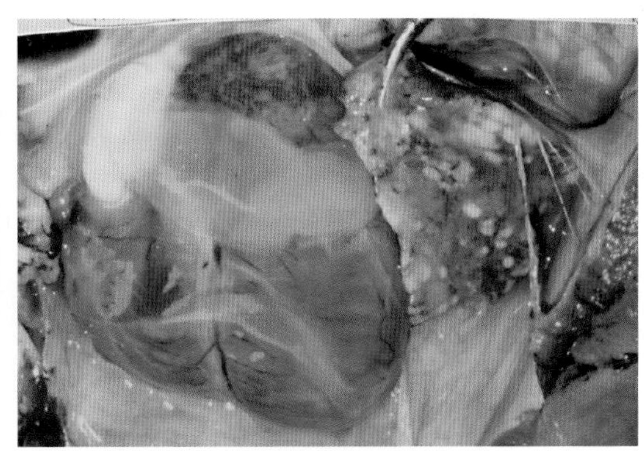

图4-302

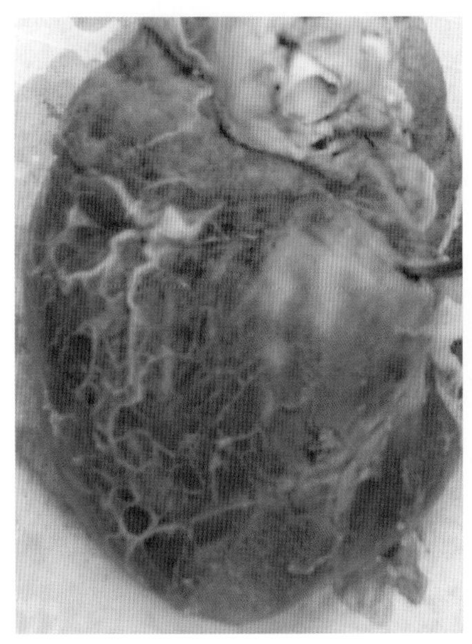

图4-303

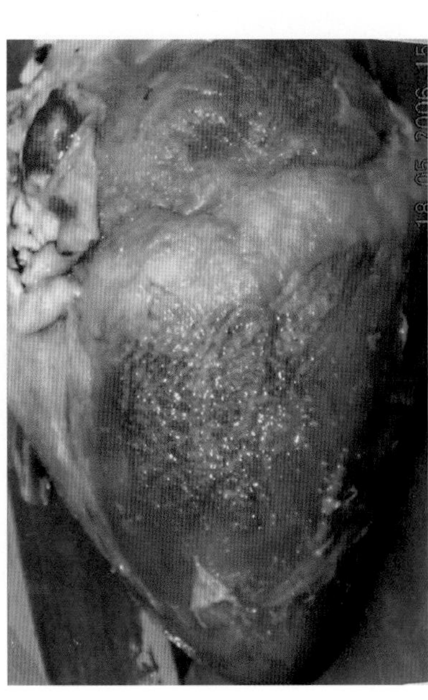

图4-304

### （四）防制措施

防控本病必须采取综合防制措施，用猪传染性胸膜炎疫苗进行免疫预防接种。

治疗病猪可用30%氟苯尼考注射液肌内注射，用量是体重10kg猪1ml，隔日再用药一次；另用2%氟苯尼考预混剂2 500g+多西环素150g+20%替米考星预混剂3 000g，添加在1t饲料内喂出现病状的猪群，连喂7天，可有效杜绝新病例的发生。

## 猪传染性萎缩性鼻炎

猪传染性萎缩性鼻炎（简称萎鼻）主要是由第Ⅰ相支气管败血波氏杆菌，产毒D型、A型多杀性巴氏杆菌引起猪的一种慢性呼吸道传染病。以鼻炎，鼻梁、颜面变形或歪斜，鼻甲骨萎缩为主要特征。

各种年龄的猪都易感，外种猪比本地猪易感。随猪龄增长发病率下降。本病多散发。病猪和带菌猪是主要传染源，一般情况下，母猪传给仔猪，再由仔猪扩大传染，健康猪群若不引进病猪或带菌猪，一般不会发病。

### （一）主要症状

萎鼻最先表现的症状是打喷嚏，喷嚏呈连续性或间断性，由于鼻炎患猪表现不安，鼻部瘙痒、摇头、拱地、搔抓或摩擦鼻部，鼻孔流出浆性或脓性鼻液，严重时鼻孔流血（图4-305、图4-306）。在猪舍墙壁、食槽上常常可发现鼻血涂痕（图4-307）。

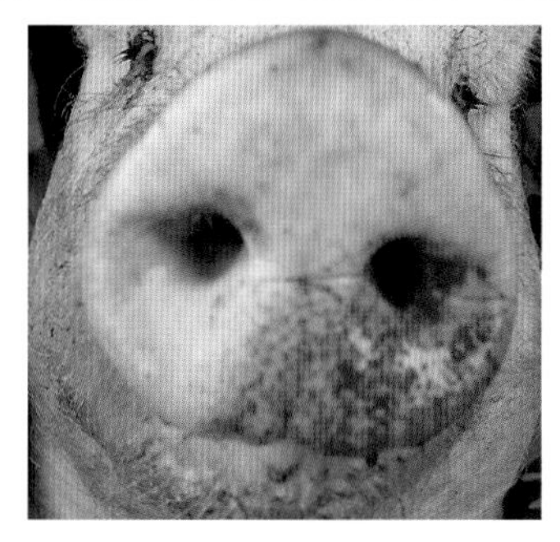
图4-305

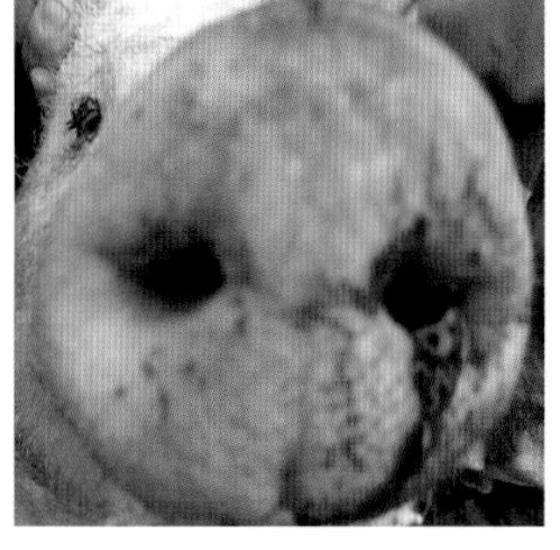
图4-306

图4-307

由于鼻炎导致鼻泪管阻塞、结膜炎，泪液分泌增多而不能从鼻泪管往内流而是往外流，以致在内眼角下的皮肤上形成灰黑色泪斑，泪斑形状多为半月形（图4-308、图4-309、图4-312）；继续发展，大多数患猪鼻甲骨萎缩变化，经过2～3个月鼻和面部发生变形、鼻歪斜（图4-309、图4-310），上颌也随之往一侧歪；若两侧鼻腔的损伤大致相等，则鼻腔变短小、鼻端向上翘起、鼻背部皮肤粗厚，形成较深的皱褶，下颌伸长，上下门齿错开而不能咬合（图4-311、图4-312）；若两侧鼻腔的损伤不一致，可形成一个鼻孔大、一个鼻孔小（图4-313右鼻孔大、左鼻孔小），野猪也易感染萎鼻，鼻甲骨变形、歪斜，上下门齿错开而不能咬合（图4-314）。

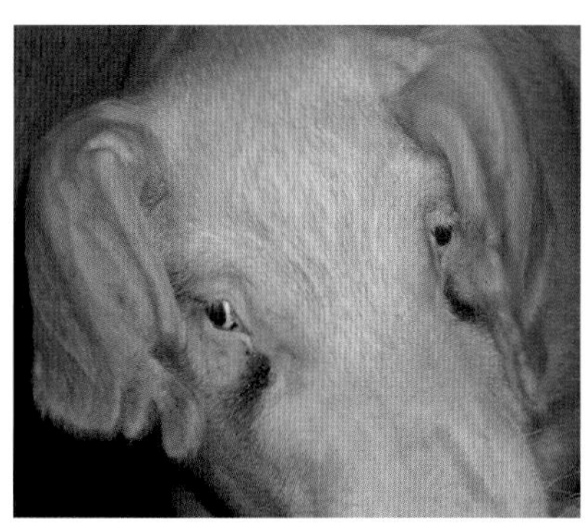
图4-308

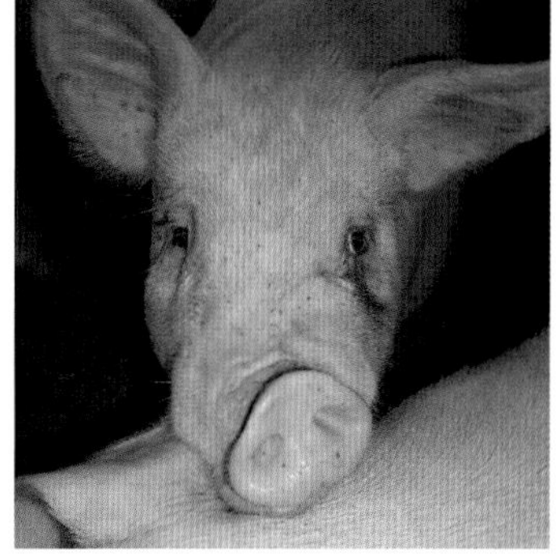
图4-309

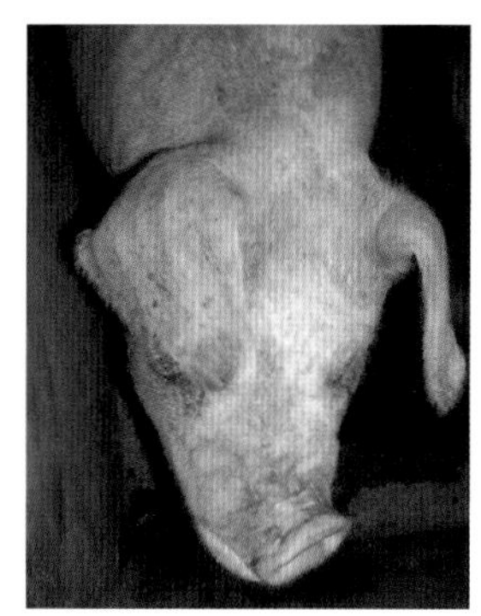
图4-310

图4-311

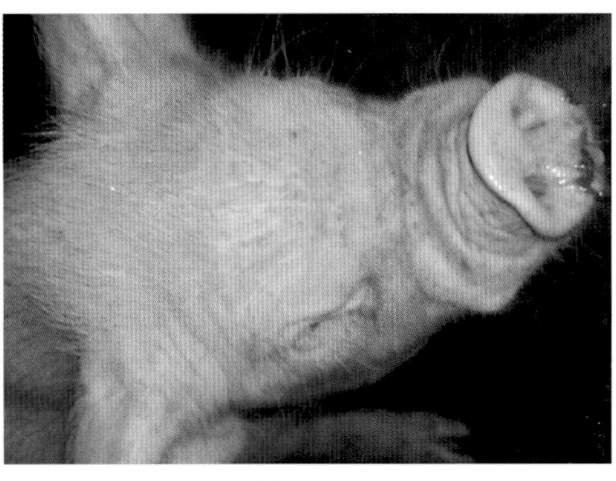

图4-312

图4-313

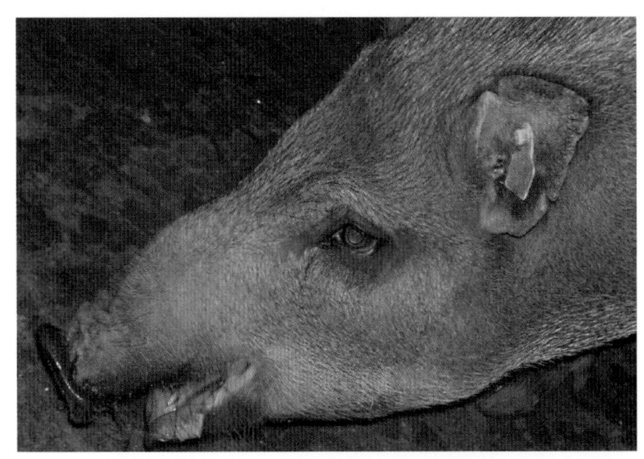

图4-314

### （二）剖检病理变化

萎鼻的特征性病理剖检变化是鼻甲骨萎缩，尤其是鼻甲骨下卷曲最为常见。从上颌第一二臼齿间横断鼻部，可见到鼻中隔弯曲、变形或消失，两侧鼻孔大小不一，鼻甲骨萎缩（图4-315右下卷曲萎缩），特别是下卷曲的变化最多、最大，重者下卷曲消失使鼻腔变成一个鼻道，甚至形成空洞，即上、下卷曲都消失，鼻腔完全形成了空洞（图4-316）。

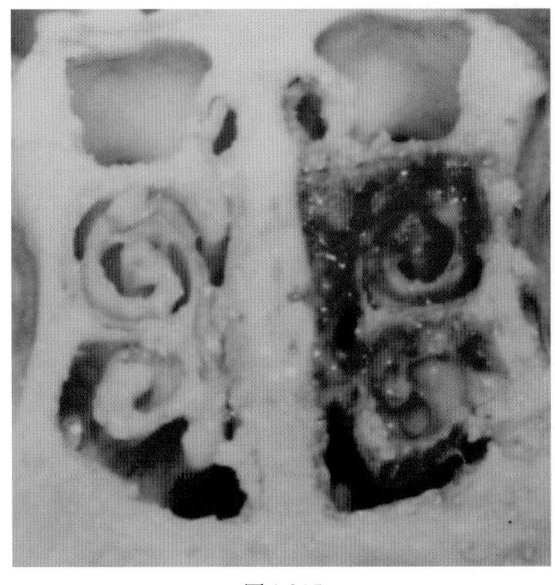

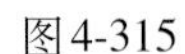

图4-315

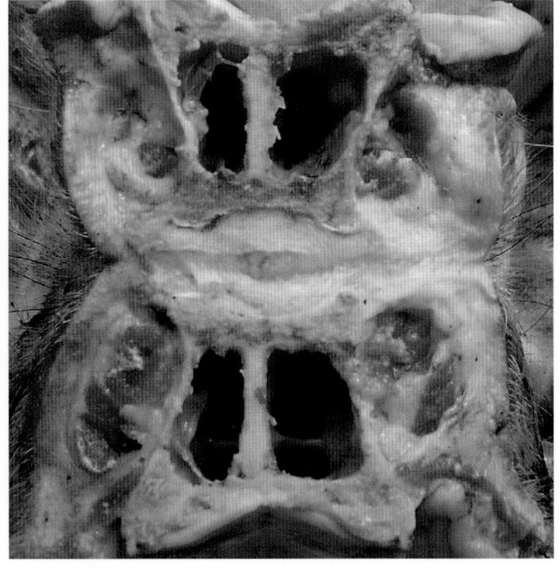

图4-316

### （三）防制措施

预防萎鼻首要的是不从有该病的猪场引进种猪，引进猪时应隔离观察40天，用血清学方法检验为阴性的猪才能并群。发现病猪和阳性猪时应隔离淘汰，根除病原。用猪萎鼻疫苗免疫猪群。免疫程序：

一免：3.5月龄以上猪全群免疫。

二免：一免后6周进行。

三免：妊娠母猪产前6～2周再免。

另一种免疫程序是全场一齐隔4～6个月免疫一次。

近来证实巴氏杆菌在萎鼻病中起着重要作用。因此，用猪巴氏杆菌病疫苗免疫，可取得“一箭双雕”的作用。本病病原对抗生素类药物敏感，如阿莫西林、氟苯尼考、泰乐菌素、替米考星、磺胺氯哒嗪、土霉素等都有效，用药持续时间2周。

## 副猪嗜血杆菌病

副猪嗜血杆菌病又称格拉瑟氏病，是由副猪嗜血杆菌引起的一种主要危害断奶前后仔猪的传染病。本病在集约化猪场发病率正在上升，危害严重。

副猪嗜血杆菌只感染猪，主要危害2周龄至4月龄的猪，5～8周龄哺乳和保育阶段的仔猪多发病，其他年龄的猪亦能感染。发病率一般为10%～15%，可以整窝仔猪感染发病，死亡率高达50%。本病常由于运输疲劳、捕捉等应激使猪只抵抗力降低的情况下发病，故又称“运输病”。

### （一）主要症状

该病的暴发与环境变化、应激有关，哺乳和保育阶段的仔猪发病，多发浆膜炎和关节炎。最早出现的临床症状是发热，体温40.0～41.0℃，眼睑发红、浮肿，皮肤和可视黏膜发绀（图4-317）；食欲不振甚至厌食，反应迟钝，肌肉颤抖，腕关节、跗关节肿大，负重无力、跛行，并表现疼痛（图4-318）；病情严重时，出现呼吸困难，喘、腹式呼吸，有的病猪出现震颤、共济失调，临死前表现角弓反张、四肢划水等症状。

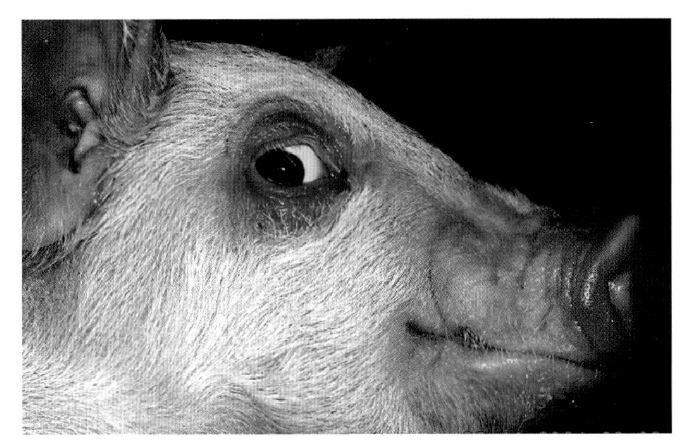

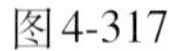

图4-317

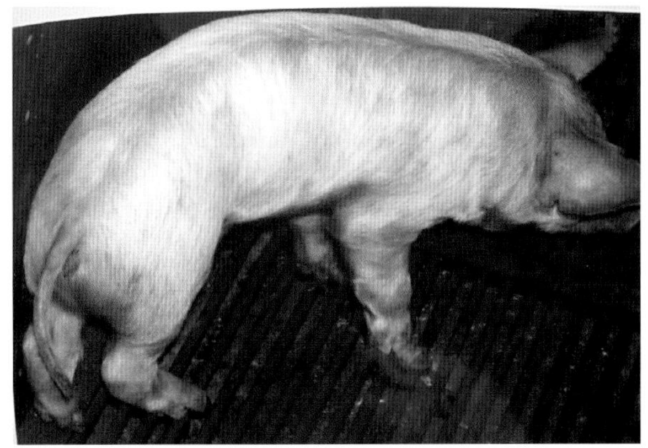

图4-318

### （二）剖检病理变化

副猪嗜血杆菌病的主要病变是：肿胀的关节皮下呈胶冻样变（主要见于腕关节、跗关节），关节腔内有浆液性炎性渗出液，四周也常呈胶冻样变（图4-319至图4-321）；胸、心包腔、腹腔多发性浆膜炎、腔内常有大量炎性渗出液（图4-322、图4-323），心外膜、肺表面常有纤维蛋白或附着有一层灰白色纤维素性物（图4-324至图4-326），图4-326这样的病变称“绒毛心”。胸腔和腹腔同时出现多发性浆膜炎是本病与传染性胸膜肺炎的鉴别点（图4-322）。

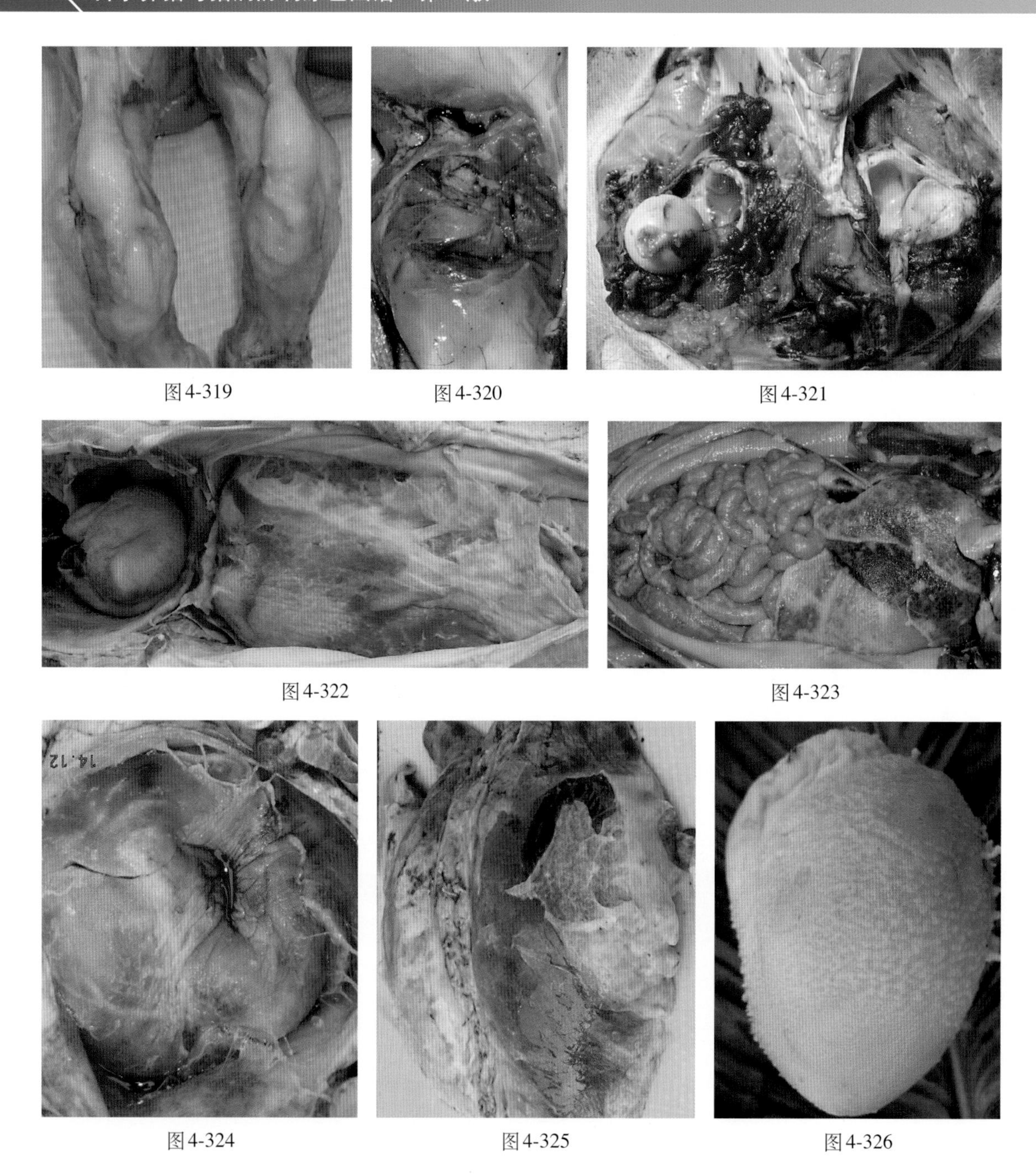

图4-319 图4-320 图4-321

图4-322 图4-323

图4-324 图4-325 图4-326

## （三）防制措施

要控制副猪嗜血杆菌病必须采取疫苗接种、抗生素处理和加强饲养管理相结合的措施。

疫苗接种是预防副猪嗜血杆菌病最为有效的方法之一。

大多数血清型的副猪嗜血杆菌对氟苯尼考、氨苄西林、氟喹诺酮类、头孢菌素、四环素、庆大霉素和增效磺胺类药物敏感，可选择应用。治疗方案举例：

第一天：①头孢塞呋钠+青霉素+清开灵，肌内注射；
②地塞米松磷酸钠或氟尼辛葡甲胺或呋塞米。

第二天：①盐酸头孢塞呋；
②地塞米松磷酸钠或氟尼辛葡甲胺或呋塞米。

第三天：①恩诺沙星；
②甘草酸（浸膏粉）。

第四天：①盐酸头孢塞呋；

②甘草酸（浸膏粉）。

以上药物的使用剂量和方法按照说明使用。

## 猪 肺 疫

猪肺疫又称猪巴氏杆菌病，是由多杀性巴氏杆菌引起猪的一种急性、散发性传染病。急性病例以败血症和器官、组织出血性炎症为主要特征。本病一年四季均可发生，但多发于5～9月间。发病猪无年龄、性别的明显差异，但4月龄以上猪易感性较大。多呈地方性流行，也常与猪瘟、气喘病等混合感染或继发感染。

### （一）主要症状

最急性猪肺疫常突然发病，病猪发热达41.5℃以上，呼吸困难，数小时死亡。主要症状为咽喉炎症状，颈红肿、发热、坚硬（图4-327、图4-328）。常呈犬坐姿势，伸长头颈"呼啦呼啦"呼吸，发出喘鸣声，或干而短的痉挛性咳嗽，因此，又把该病称为"响脖子""锁喉风"（图4-328）。此时，若出现口、鼻流泡沫样物，患猪很快死亡。

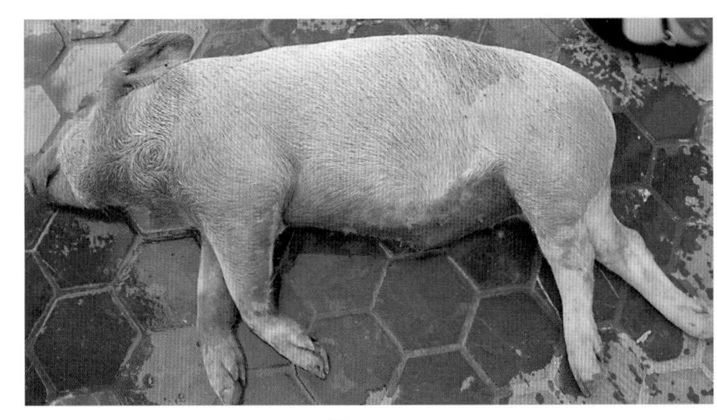

图4-327

图4-328

### （二）剖检病理变化

猪肺疫的主要病变有：咽喉部及其周围结缔组织有出血性浆液样浸润，淋巴结肿大（图4-329），喉头、气管内充满白色或淡红色泡沫样分泌物；全身淋巴结肿大，切面多汁、出血；心包膜和心外膜有出血点（图4-330、图4-331）；纤维素性肺炎，肺出血，有不同程度的肝变病灶，切面呈大理石样纹理，有的在肺叶上有较大的局灶性化脓灶（图4-332至图4-334）。

图4-329

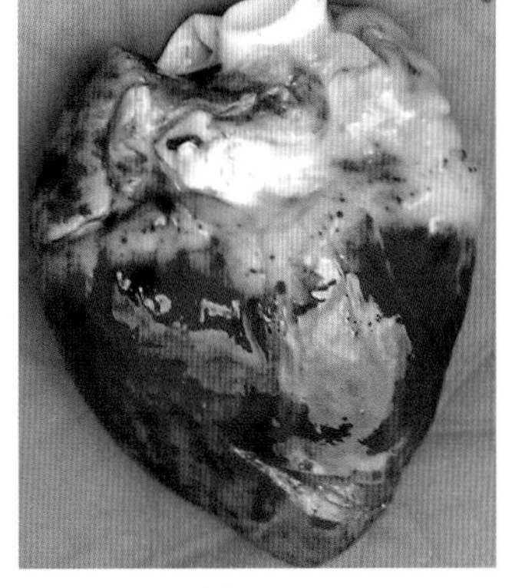

图4-330

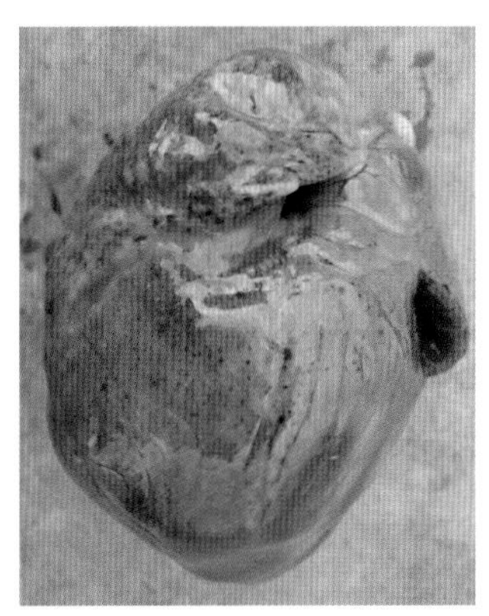

图4-331

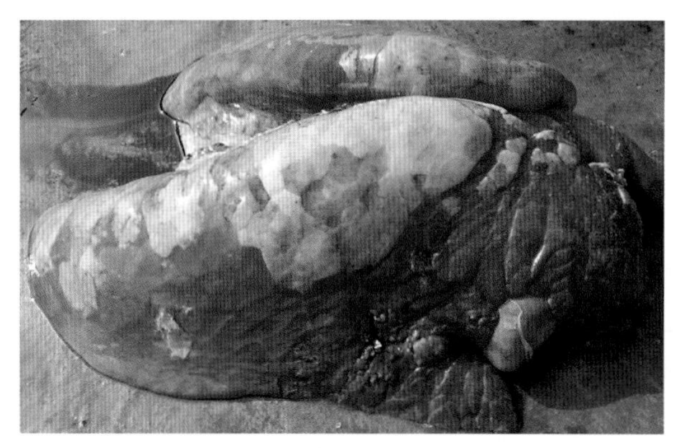

图4-332

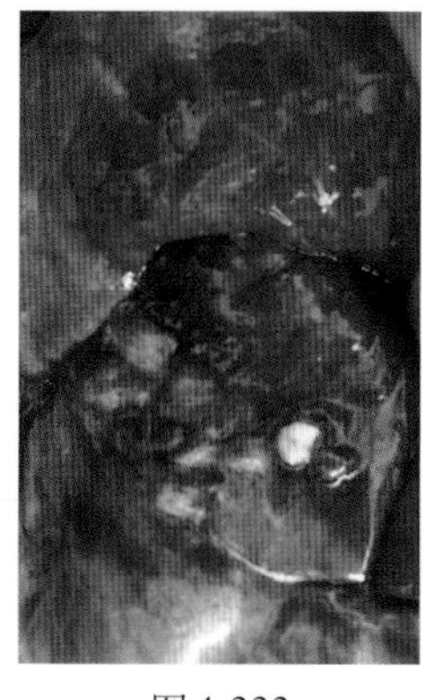

图4-333

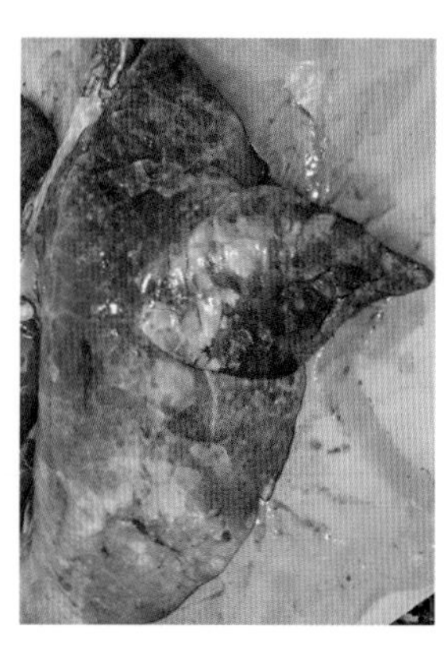

图4-334

### （三）防制措施

防治猪肺疫的原则是：健康猪群每年两次定期进行猪肺疫疫苗免疫接种；一旦发现病猪立即隔离，清厩消毒，改善饲养管理。

巴氏杆菌对氟苯尼考、林可霉素、恩诺沙星、头孢噻呋、阿莫西林、庆大霉素和磺胺类药物都敏感，可用于治疗。但该菌可产生抗药性，使用中应更换用药。

## 猪呼吸道疫病综合征

从造成的经济损失看猪呼吸道疫病综合征已是养猪业的头号疫病，规模化猪场正遭受越来越严重的危害。

### （一）主要症状

该病主要在保育猪和育肥前期的猪中发生，主要特点是病猪精神沉郁、食欲不振、咳嗽、呼吸增数或困难（图4-335）、眼鼻分泌物增多、体温升高、生长缓慢或停滞（图4-336），经对症治疗能有所好转但很难康复，遇到气候、环境、饲料营养等变化，病情又会加重，给猪场造成严重的经济损失。

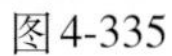

图4-335

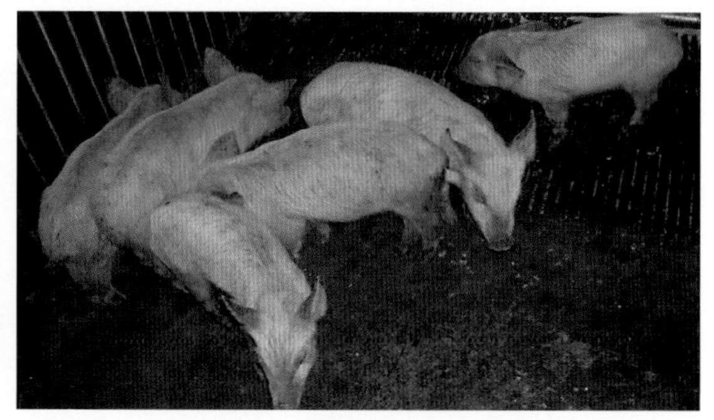

图4-336

### （二）剖检病理变化

猪呼吸道疫病综合征是由多种病原和环境应激等诸多因素造成的混合感染。原发性病原有猪肺炎支原体、猪繁殖与呼吸综合征病毒、猪流感病毒、圆环病毒2型、伪狂犬病病毒、胸膜肺炎放线杆菌等，继发性病原有副猪嗜血杆菌、猪链球菌、猪巴氏杆菌等。其中猪肺炎支原体、蓝耳病毒和猪流感病毒是该病的原凶。

猪呼吸道疫病综合征病猪的病理剖检变化主要在胸腔，在同一群病猪中不同个体可见出血性胸膜炎（图4-337）和纤维素性化脓性肺炎（图4-338），肺肉变、胰变（图4-339），出血性大叶性肺炎（图4-340），肺萎缩、（图4-341）、柔软、斑驳状病毒性肺炎，胸腔和腹腔脏器表面有纤维蛋白素样物附着（图4-342），也有的同一病猪个体出现以上两种或多种病理剖检变化。

图4-337

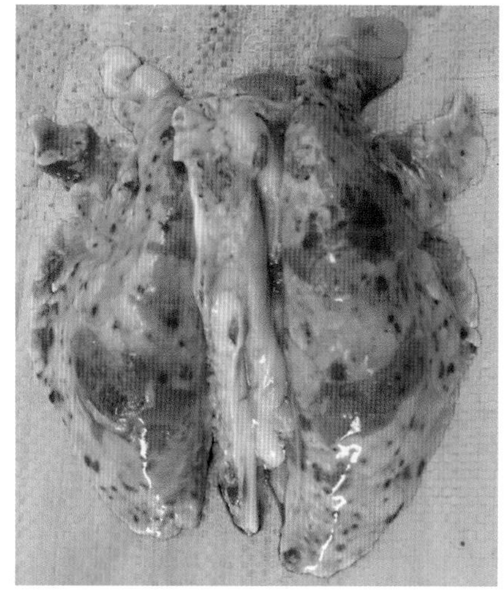

图4-338

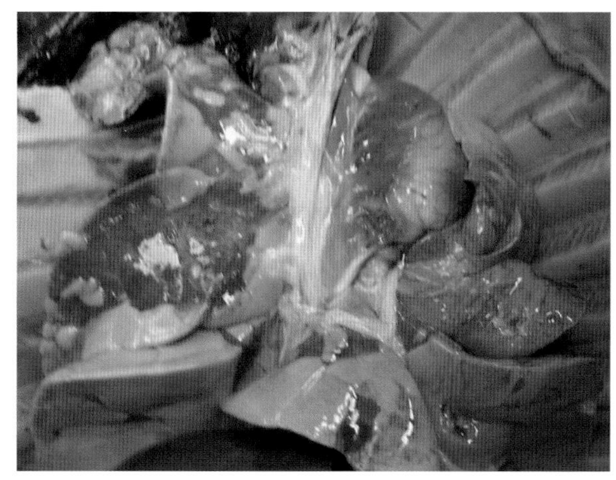

图4-339

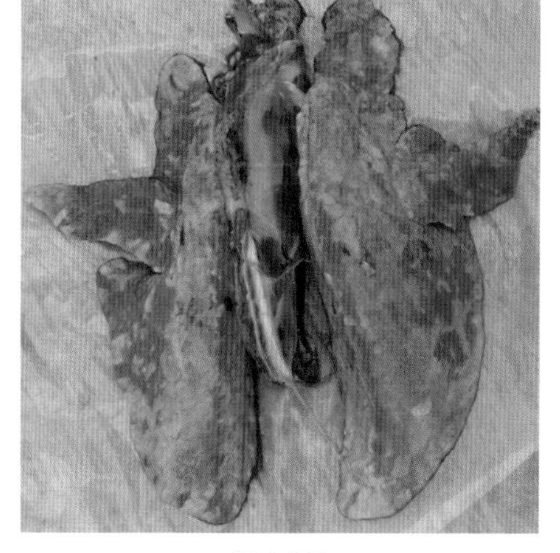

图4-340

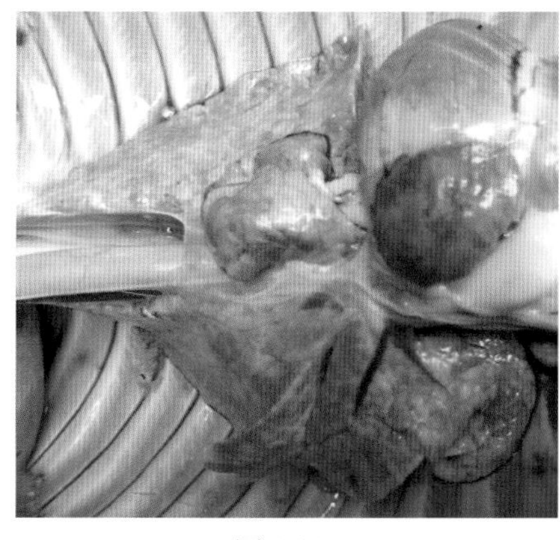

图4-341

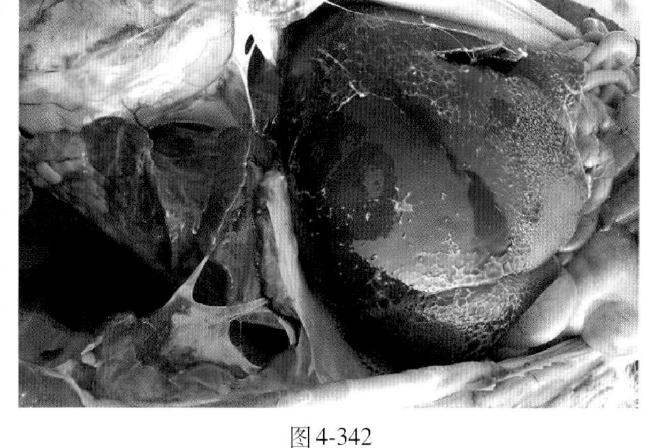

图4-342

### （三）防制措施

预防猪呼吸道疫病综合征的原则及措施是：饲喂营养均衡的全价饲料，针对以上病原制定科学的免疫程序从而提高机体的抵抗力，实行定期消毒和有规律的药物保健预防。药物保健预防常在每吨饲料中添加20%替米考星预混剂2 000g或10%泰万菌素1 000g+黄芪多糖粉1 000g，每月定期连喂7天。

## 六、严重危害仔猪的疾病

## 猪圆环病毒病

### （一）仔猪断奶后多系统衰弱综合征

猪断奶后多系统衰弱综合征是由圆环病毒2型感染所致的一种新病毒病，该病已成为危害养猪生产的主要疫病之一。

该病多发生于5～12周龄的仔猪，一般于断奶后1周内发病，发病率20%～50%不等。急性发病猪群最初死亡率在10%左右，由于继发细菌或其他病毒感染，死亡率会大大提高，可高达30%以上。

1. 临床症状　最常见的临床症状是猪只渐进性消瘦和生长迟缓，由于肌肉部分的消耗，患猪的背脊变成显著的尖突状；患猪头部、耳部与其变瘦且苍白的躯体显得不成比例（图4-343、图4-344）；腹股沟淋巴结肿大（图4-345）；多数猪体温达40.0℃左右。

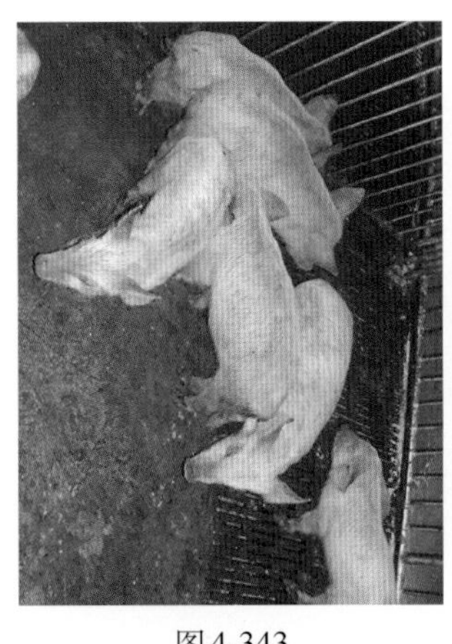

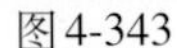
图4-343

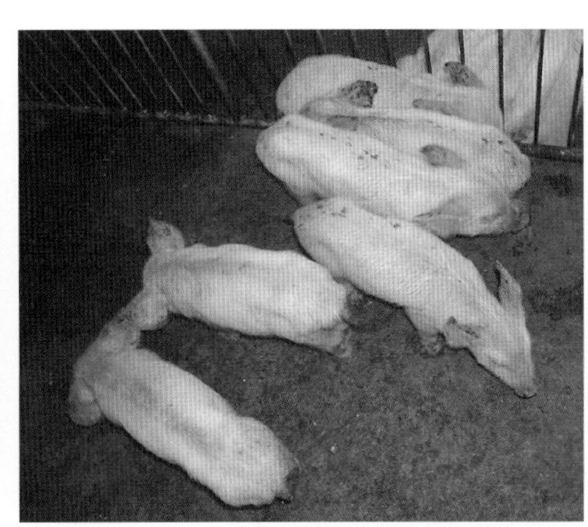

图4-344

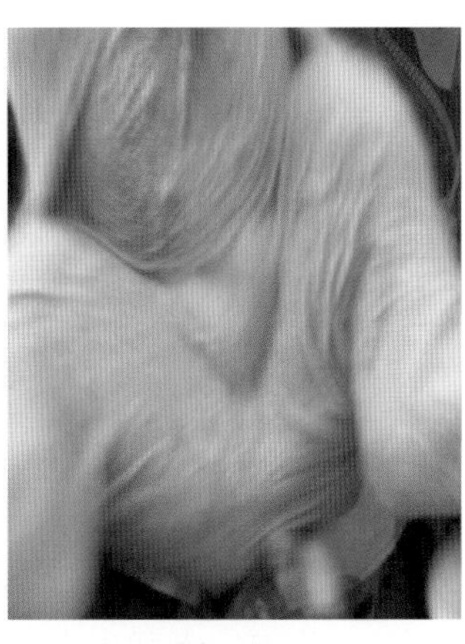

图4-345

发病后期患猪由于皮炎，皮肤表面出现浅表、圆形、灰红色坏死灶（图4-346、图4-347）；部分猪的皮肤上可见白色、圆形疱疹（图4-348），在病灶处横切，坏死灶达真皮层（图4-349）。此外还可见的症状有呼吸困难、咳嗽、消化不良、腹泻、贫血和黄疸。

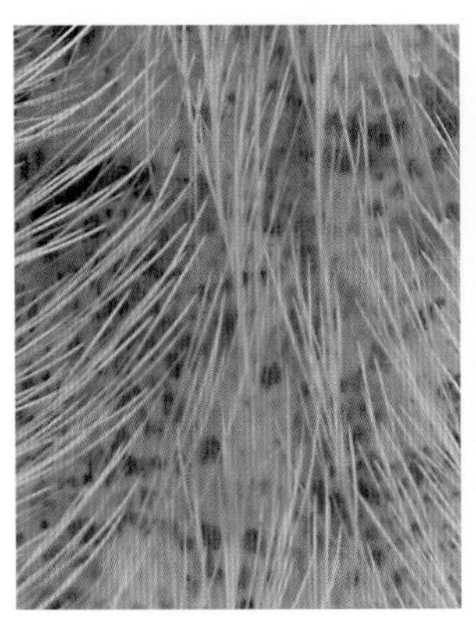

图4-346

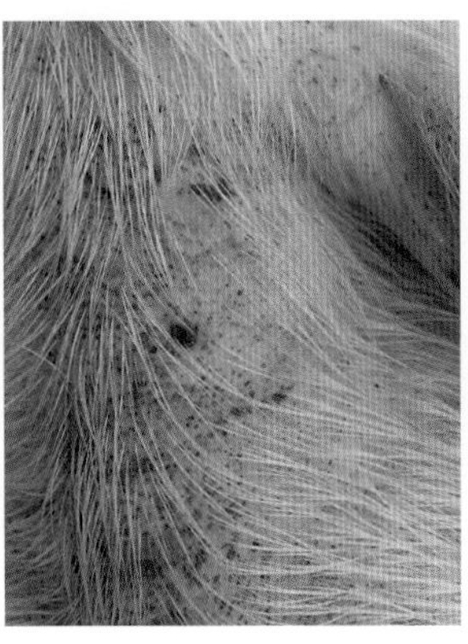

图4-347

图4-348

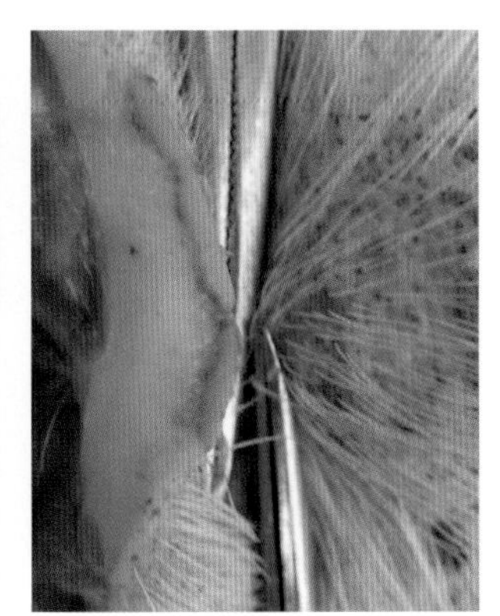

图4-349

2. 剖检病理变化 病死猪最常见的剖检变化是全身淋巴结、特别是腹股沟淋巴结、肠系膜淋巴结、肺门淋巴结、颌下淋巴结等肿大，发病初期多为水肿、切面灰白、多汁（图4-350、图4-351）、质地均匀的外观，后期切面出血；肺灰白或灰黄、柔软似橡皮、表面皱缩或斑驳状病毒性肺炎变化（图4-352）；胃变小，肠道纤细（图4-351），胃黏膜可见溃疡灶，肠壁变薄。

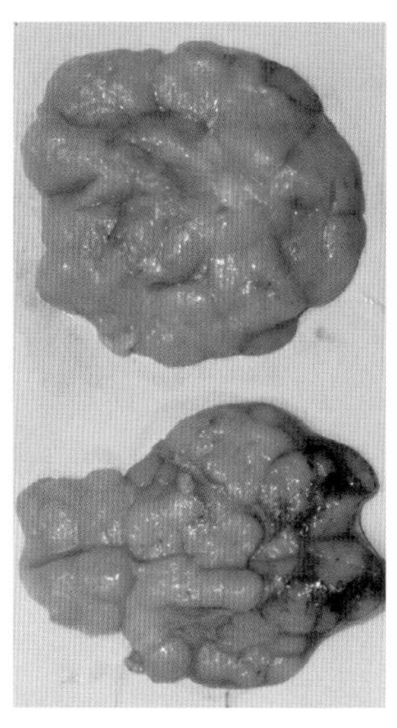
图4-350

图4-351

图4-352

该病与蓝耳病、皮炎肾病综合征经常共同存在，互相促进。沙门氏菌、大肠杆菌都可成为圆环病毒致病的帮凶。因此，剖检时常见到胆囊胀大，胆汁浓，胆囊黏膜上有圆形的或颗粒样坏死灶；肾表面密布点状出血，肾髓质出血，结缔组织增生，肾盂水肿；心包炎，心肌柔软、出血、坏死等病变。

## （二）猪皮炎及肾病综合征

猪皮炎及肾病综合征也是由圆环病毒2型引起的，通常发生于8～18周龄的猪只。

1. 临床症状 皮炎肾病综合征的临床症状之一、也是最常见的临床症状是在臀部、四肢乃至全身皮肤上首先出现稀少的、边缘紫色、中间白色的圆形病灶，随之这种病灶扩大、增多、变密，呈群集状，圆形病灶中央点状出血、坏死、呈紫黑色，边缘一圈紫色加深、中间紫黑点和边缘紫色圈之间为红色，最后皮肤上布满纽扣状坏死，最严重者四肢皮肤红紫、肿胀、溃疡，图4-353至图4-361九个图是皮炎肾病综合征一般可见的多种表现。

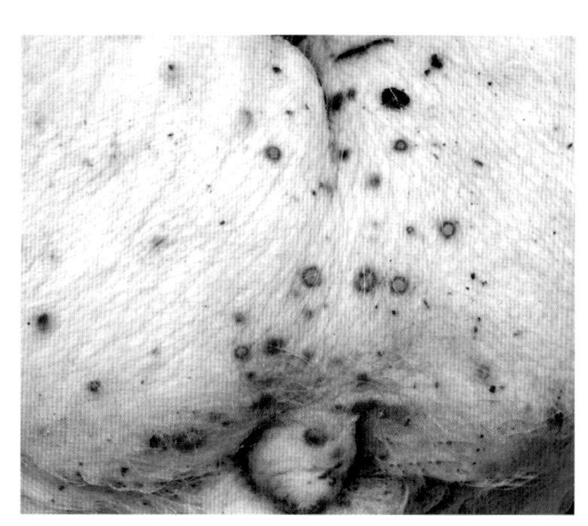

图4-353

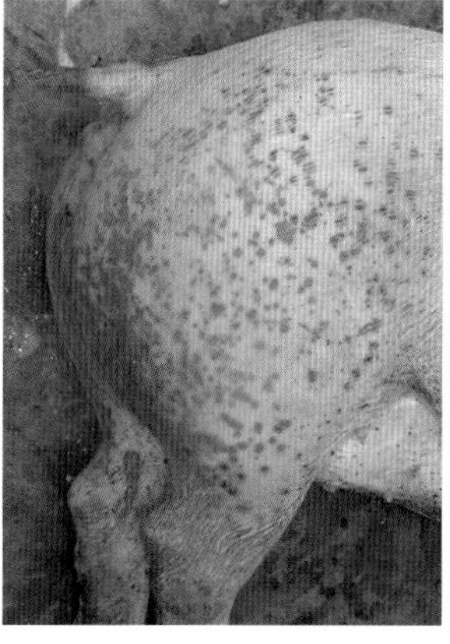
图4-354

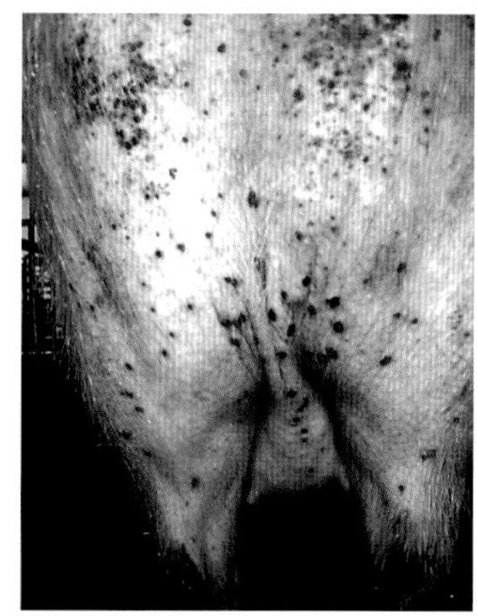
图4-355

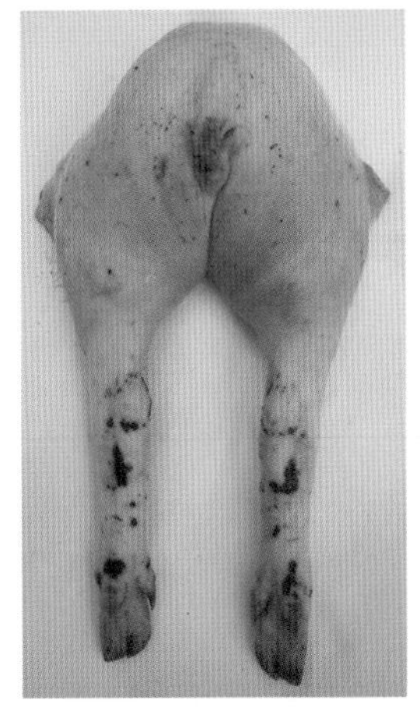

图4-356

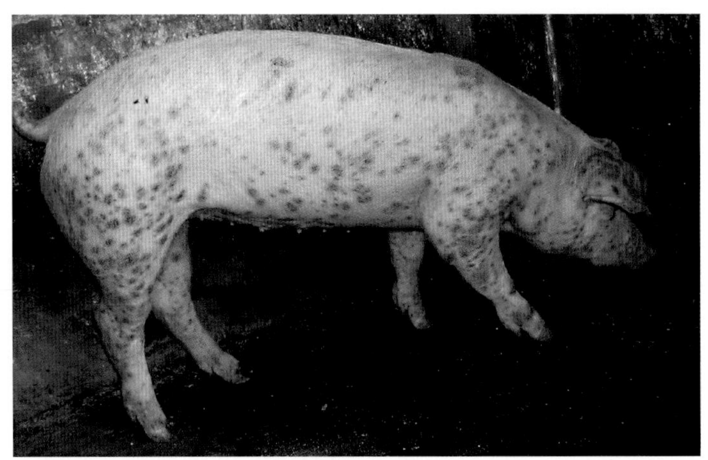

图4-357

图4-358

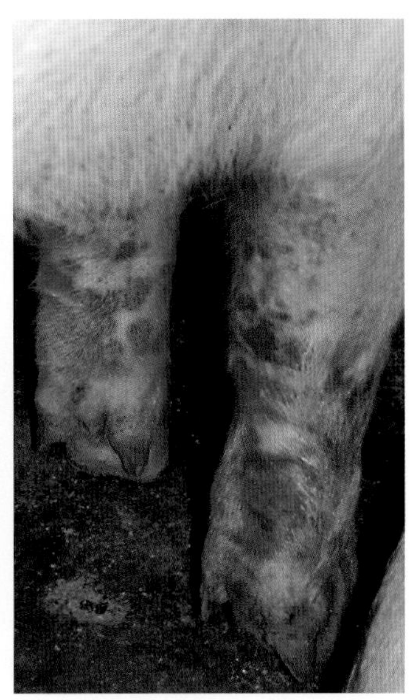

图4-359

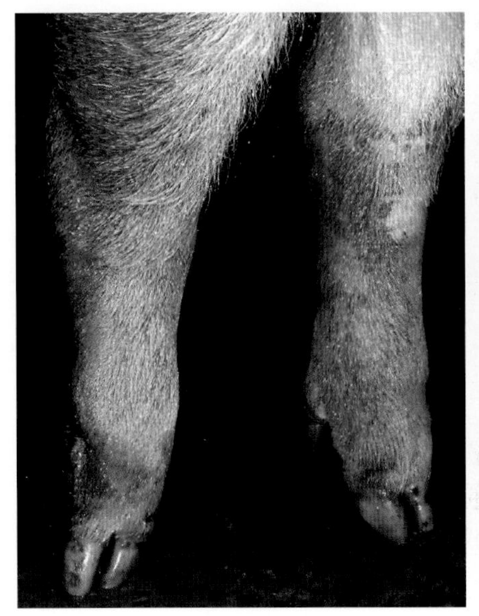

图4-360

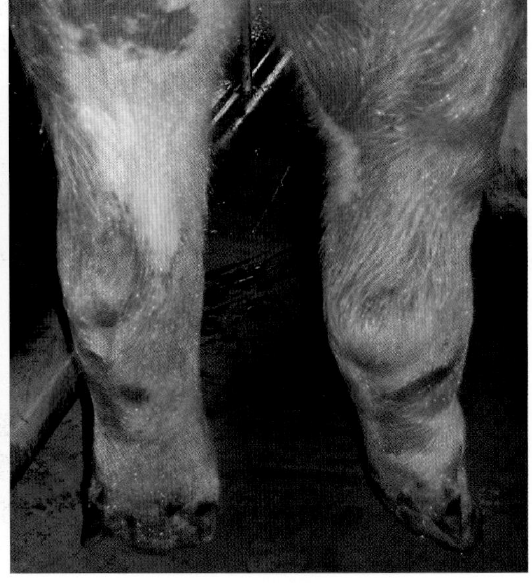

图4-361

急性皮炎肾病综合征患猪皮炎病灶快速地向全身发展，四肢、腹下、头部直至全身皮肤水肿、发炎、出血，最后成为紫斑猪；患猪食欲废绝，体温升高。发病猪通常会在2～3天内死亡（图4-362至图4-365）。

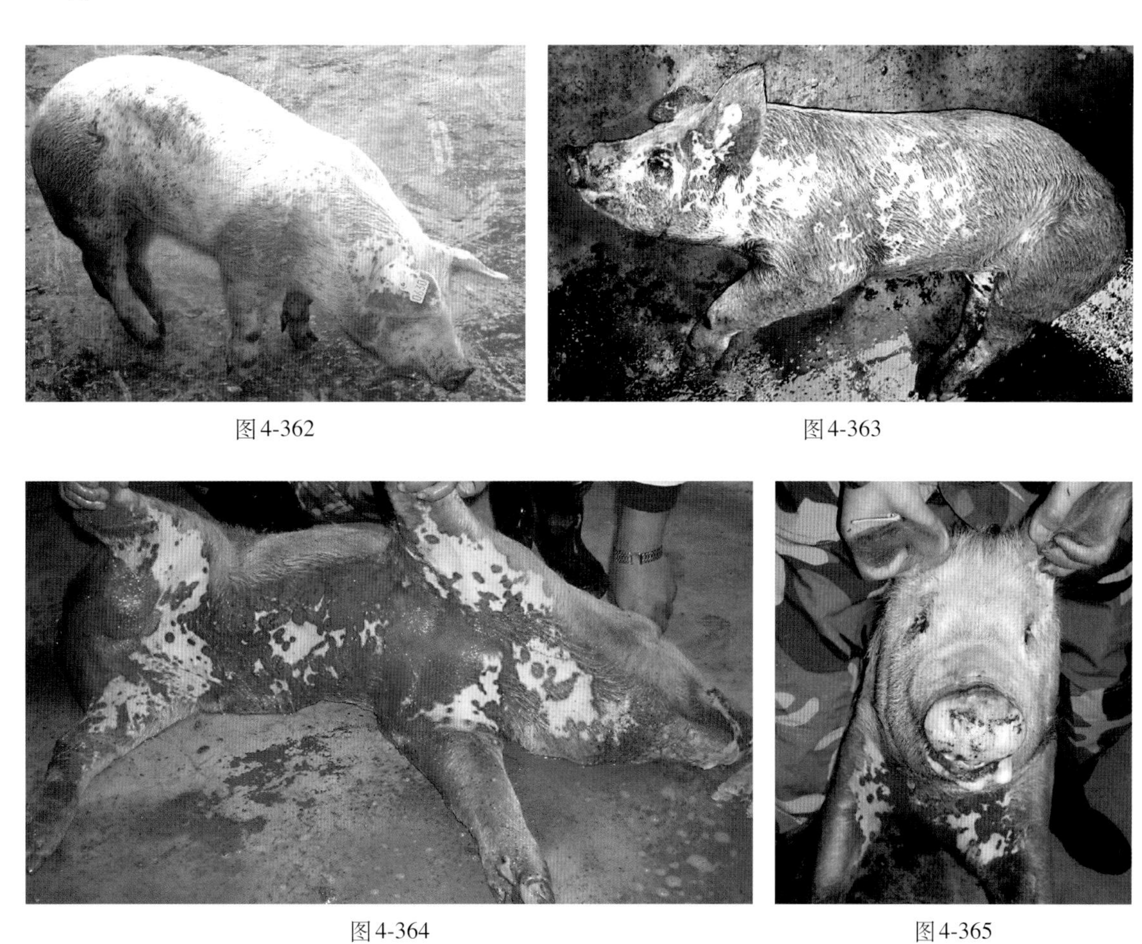

图4-362　图4-363

图4-364　图4-365

皮炎肾病综合征患猪，由于肾病常见尿中不同程度地带血，图4-366为患猪正在排血尿。

2. 剖检变化　图4-367是剖检该患猪见膀胱内积有大量血尿，但膀胱无病变，说明血液来自肾脏。

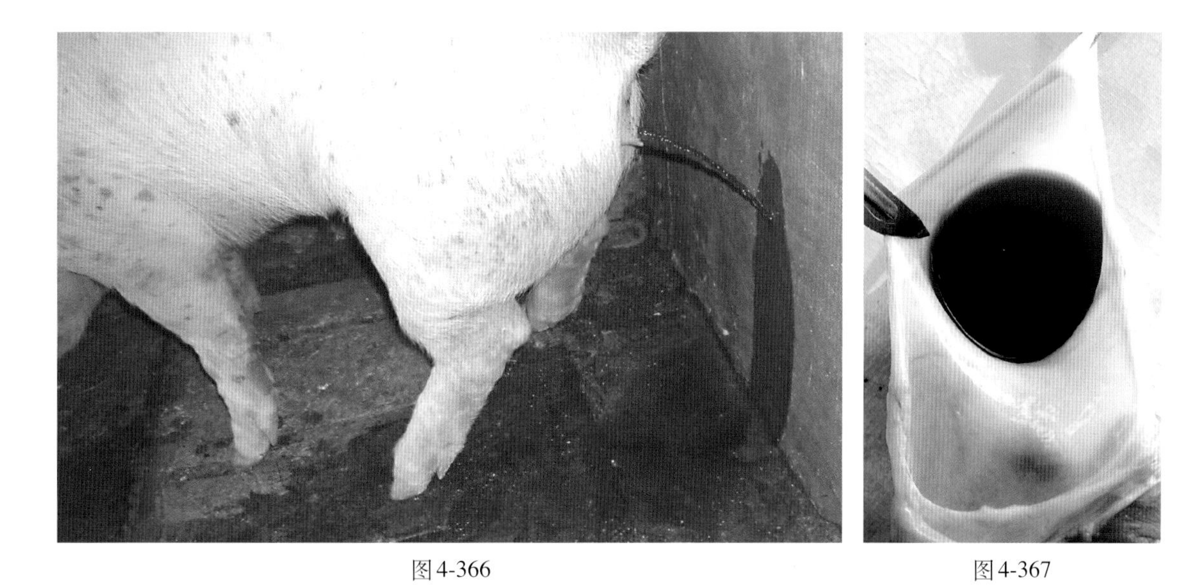

图4-366　图4-367

病死猪皮下水肿、出血、冻胶样变、坏死，淋巴普遍肿大、切面出血（图4-368至图4-373）；肾脂肪囊密布纤维素、蜘蛛网状粘连（图4-374至图4-376），肾表面隆突不平、出血、坏死（图4-375至图4-377），肾肿大、湿润、渗出性肾小球性肾炎，肾盂内积有血尿，肾衰竭，肾坏死（图4-378至4-380），肾皮质和髓质结缔组织增生、肌化（图4-381、图4-382）。

图4-368

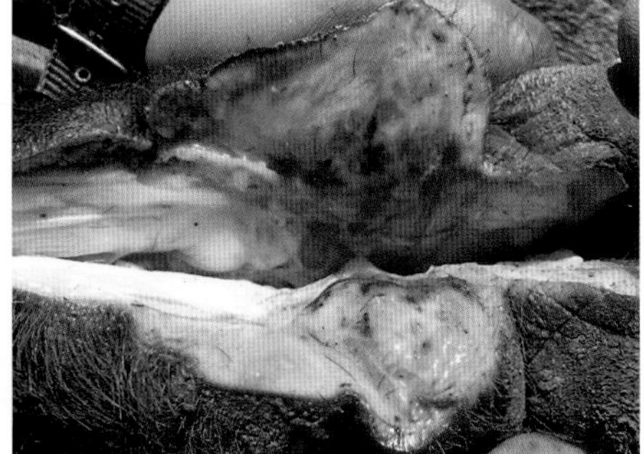

图4-369

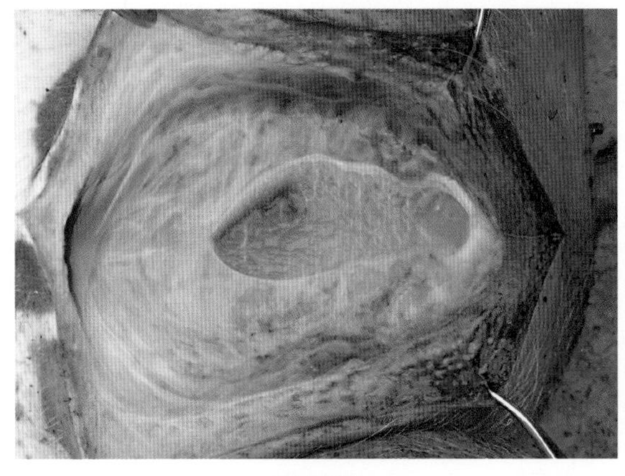

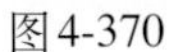

图4-370

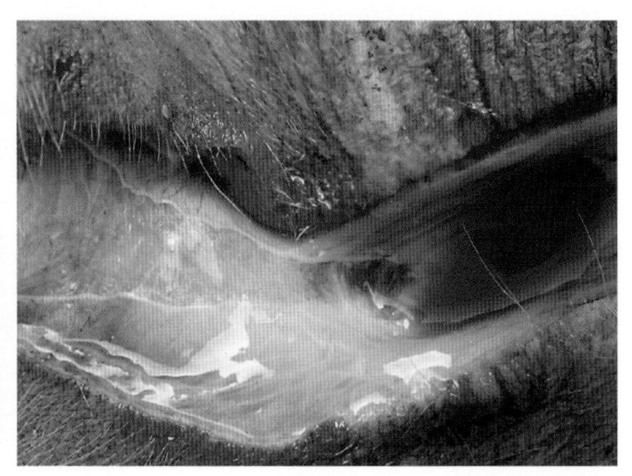

图4-371

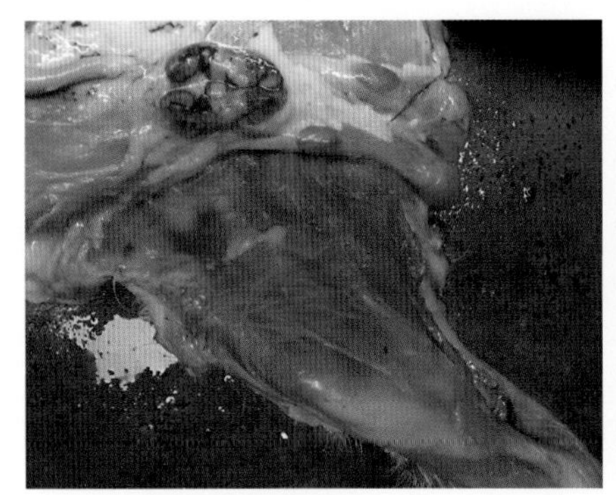

图4-372

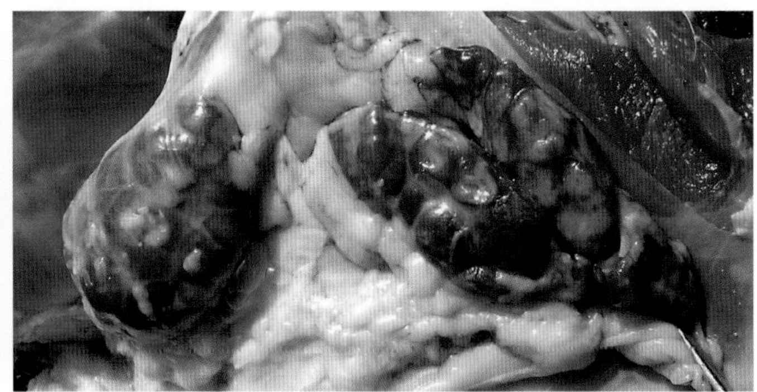

图4-373

### （三）防制措施

目前还没有好的商品性疫苗用于预防圆环病毒的感染，因此，只有加强仔猪的饲养管理，增加蛋白质、氨基酸、维生素和微量元素的水平以提高饲料的质量，增强猪的抵抗力；建立、完善猪场的生物安全体系，将消毒卫生工作贯穿于养猪生产的各个环节，最大限度地降低猪场内污染的致病微生物；降低饲养密度，仔猪寄养应限制在出生后24小时内，防止不同来源、不同胎次及不同日龄的仔猪一起

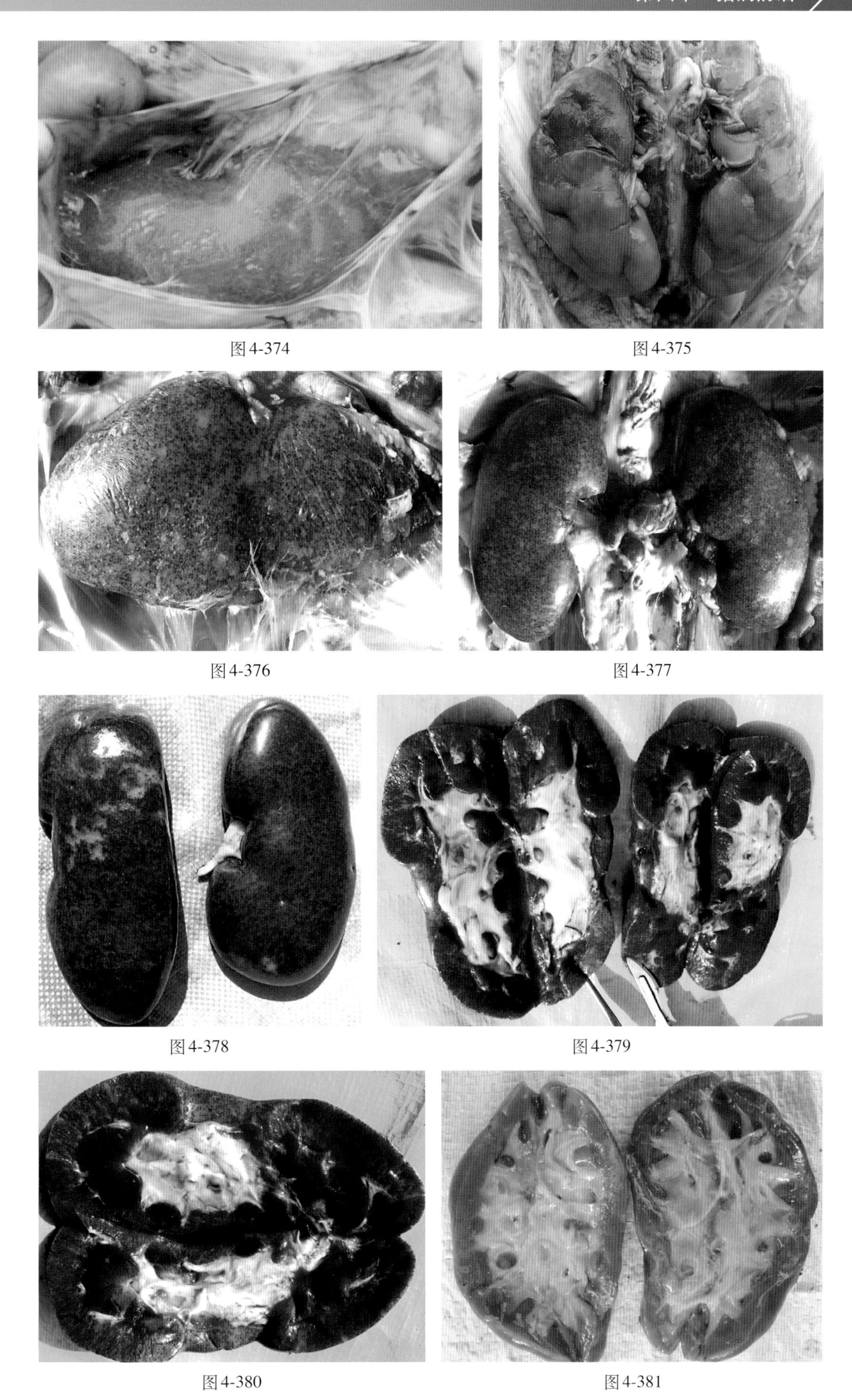

图4-374　图4-375

图4-376　图4-377

图4-378　图4-379

图4-380　图4-381

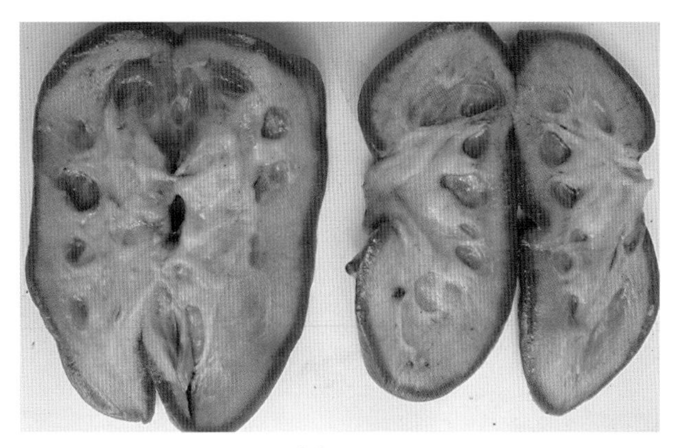

图4-382

混养，产房和保育室要做到全进全出；减少或杜绝猪群的继发感染，从而控制或减少仔猪感染圆环病毒的机会。

已发生圆环病毒感染的猪场，给妊娠90天以上的母猪采用自然感染方式使其产生免疫力。哺乳仔猪在3、7、21日龄时各注射长效土霉素0.5ml，或仔猪断奶前后各1周在饲料中添加替米考星、泰万菌素和阿莫西林等药物，控制继发感染，控制猪繁殖与呼吸综合征病毒的感染及蔓延，可以减轻圆环病毒的危害。

## 新生仔猪腹泻和仔猪腹泻

新生仔猪腹泻（黄痢）和仔猪腹泻（白痢）都是由致病性大肠杆菌引起的仔猪肠道细菌性急性传染病，带菌母猪为传染源，由粪便排出病原菌，污染母猪皮肤和乳头，仔猪在吃乳和舔母猪皮肤时经消化道感染。该病发病率高，死亡率也高，危害严重。

新生仔猪腹泻以剧烈腹泻、排黄色液状粪、迅速死亡为特征，仔猪腹泻以排乳白色或灰白色、带有腥臭的糨糊状稀粪为特征。图4-383这窝仔猪黄痢、白痢同时发生。

图4-383

### （一）新生仔猪腹泻

新生仔猪腹泻又称新生仔猪大肠杆菌病，俗称“仔猪黄痢”。属肠分泌过度性下痢，肠分泌增多，水分回吸收减少，以剧烈腹泻、排黄色液状粪、迅速死亡为特征。本病主要是由于厩舍环境卫生不良和仔猪保温不良、温度低而引起的，规模化养猪场该病危害严重。常发生于刚生后至7日龄的哺乳仔猪，生后12小时至2～5日龄的仔猪发病最多，头胎仔猪由于缺乏母源抗体而下痢严重。

**1. 临床症状**

在一窝仔猪中突然有1～2头发病，很快传开，同窝仔猪相继腹泻，开始排黄色稀粪、含有凝乳小块、腥臭，黄色粪便粘满肛门、尾、臀部（图4-384、图4-385）。严重者病猪肛门松弛、排粪失禁，不吃乳，消瘦、脱水、眼球下陷，肛门、阴门呈红色，站立不起来，1～2天死亡。

**2. 剖检病理变化** 死于该病的仔猪，腹腔脏器表面和肠浆膜面有黄白色絮状纤维蛋白附着、严重充血，肠黏膜呈急性卡他性炎症（图4-386），脾肿大，腹股沟淋巴结和肠系膜淋巴结肿大、出血（图4-387），肝瘀血，胃、肠道内有多量黄色液状内容物和气泡、气体，黏膜充血、出血（4-388）。

**3. 防制措施** 预防本病必须采取综合性防控措施：国产大肠杆菌病疫苗含K88、K99、987P三个抗原，进口疫苗加了F41，于母猪产前5周和2周各免疫一次。商品疫苗所含的三个或四个抗原，不一定包含每一个猪场的大肠杆菌血清型，因此，用本场仔猪粪便、特别是用黄痢粪便自然感染妊娠后期母猪，获得含本地致病性大肠杆菌的抗体，通过初乳传递给仔猪，可以获得比商品疫苗还好的效果。

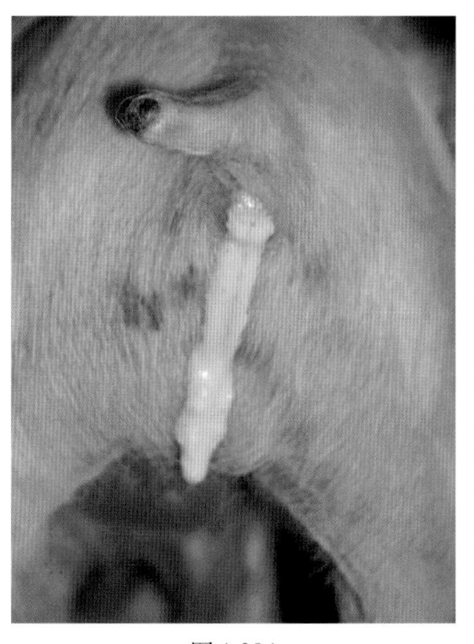

图4-384

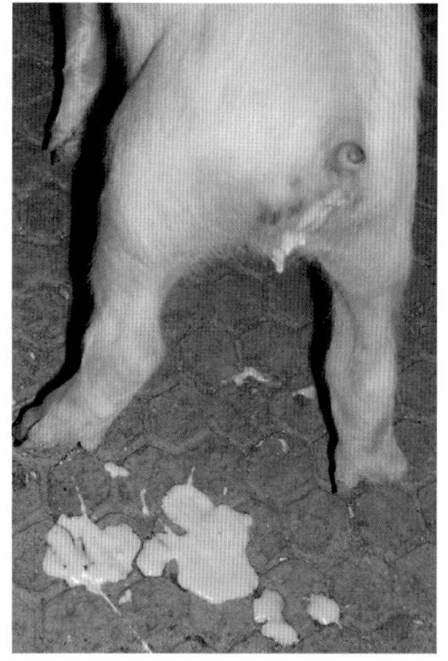

图4-385

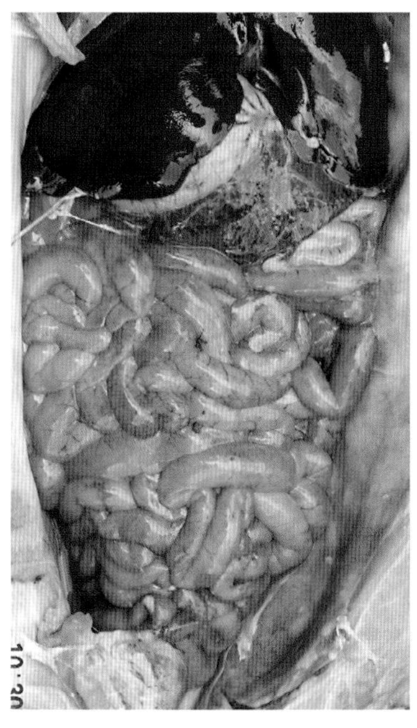

图4-386

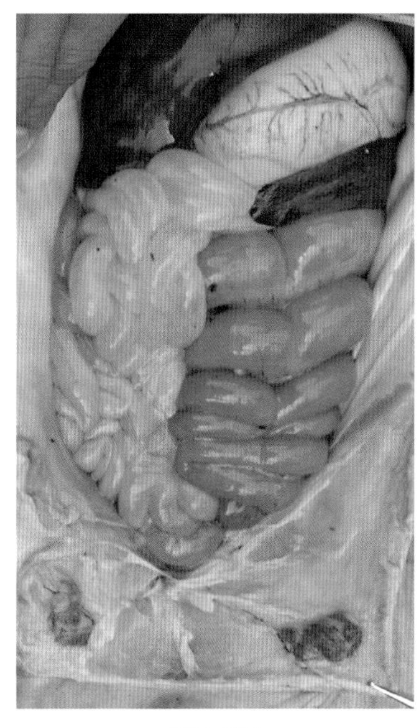

图4-387

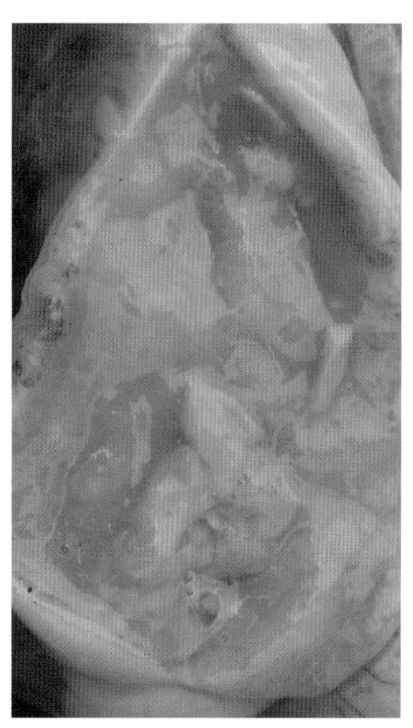

图4-388

具体做法是：母猪产前30天和15天各服3天新生仔猪腹泻病猪的粪便；产房、产床要彻底清洗消毒；母猪进入产房前必须用温消毒药水清洗全身，产前用清水、肥皂水、消毒药水三次清洗消毒腹部、乳房、阴部；接产时，对仔猪的口腔、鼻孔、体表用消毒过的毛巾擦净，断脐时要防止感染；做好仔猪保温，这防止黄痢发生至关重要；仔猪1日龄口服适量益生素，对防止该病发生有很好的作用。

治疗可用环丙沙星、安普霉素、新霉素、庆大霉素、黄连素等药物，防止脱水也十分重要，可在饮水中加入补液盐（氯化钠3.5g、碳酸氢钠2.5g或枸橼酸钠2.9g、氯化钾1.5g、葡萄糖20g，加水至1 000ml）。

### （二）仔猪腹泻

仔猪腹泻又叫迟发性大肠杆菌病，俗称“仔猪白痢”，以病猪排乳白色或灰白色带有腥臭的糊状稀粪为特征。

仔猪腹泻的发病与日龄有关，8～12日龄仔猪发病多，12～20日龄仔猪发病次之，生后7天以内、30天以上的极少发病。一窝仔猪先有1～2头发病，紧接着蔓延至全窝。仔猪腹泻虽然一年四季都有发生，但严寒的冬天、炎热的夏天、阴雨潮湿、圈舍泥泞、气候骤变时发病较多。

1. 临床症状　病猪下痢严重，粪便呈深浅不一的乳白色、灰白色糊状，混杂黏液，少数夹有血丝，有特异的腥臭气（图4-389）。随着病情加重，病猪消瘦、眼结膜及皮肤苍白、脱水，最后衰竭而死亡（图4-390）。

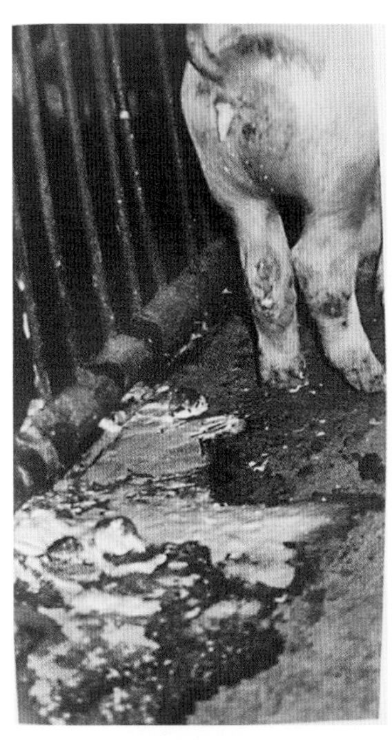

图4-389

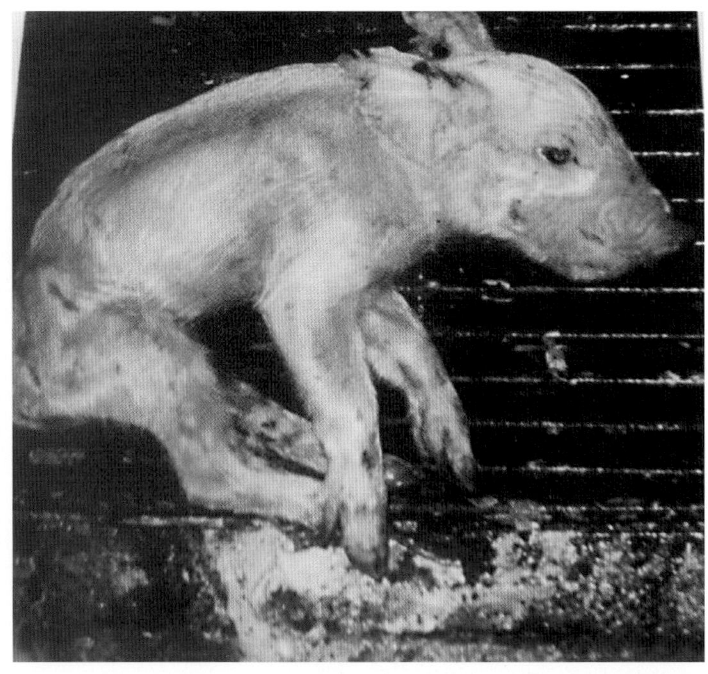

图4-390

2. 剖检病理变化　仔猪腹泻无特征性的病理剖检变化，尸体消瘦，腹腔内也常有纤维蛋白附着于脏器表面，肝、脾肿大，腹股沟淋巴结及肠系膜淋巴结水肿或出血，肠内容物为灰白色或乳白色糨糊状、有酸臭气，胃肠有卡他性炎症，肠壁变薄而透明。病程长者肝变成土黄色、质地如胶泥，部分病例的胃黏膜点状、条状溃疡（图4-391）。

图4-391

3. 防制措施　做好母猪的饲养管理、保持厩舍清洁干燥是预防仔猪白痢的关键。治疗可参照新生仔猪腹泻。

## 仔 猪 副 伤 寒

仔猪副伤寒又称猪沙门菌病，是由沙门菌引起仔猪的一种传染病。临床上以出现肠炎和持续下痢为特征。

本病一年四季均可发生，以冬春季节多发。常发生于2～4月龄的仔猪，6月龄以上的猪发病较少，1月龄以内的仔猪发病更少；多为散发，有时呈地方性流行。

## （一）主要症状

急性病猪发生急性败血症，体温升高达41.5～42℃，呕吐和腹泻，耳、颈、四蹄尖、嘴尖、尾尖、腹下等猪体远端发绀，有紫红色斑点和斑块。多数2～4天死亡，死亡率高。不死者变为慢性，恶性下痢、下痢和便秘交替进行，粪便恶臭，呈淡黄色、灰绿色或灰白色。病猪长期卧地，高度消瘦，皮肤呈污红色，站立行走时歪歪倒倒，体温时高、时低（图4-392），一般常于数周后死亡，少数康复猪变为长期带菌的僵猪。

图4-392

## （二）剖检病理变化

剖检急性病例主要表现败血症变化，腹腔脏器表面附着黄白色纤维蛋白状物，胃肠浆膜充血、出血（图4-393），肠滤泡增生（图4-394）；肾不同程度肿大，表面有出血点（图4-395）；肝表面出现粟粒状的白色坏死灶，这是沙门菌感染的一个特征性病变（图4-396）；淋巴结、脾肿大、呈紫红色。

仔猪副伤寒还有一个较为特征的病理剖检变化：大肠黏膜局灶性或弥漫性伪膜和溃疡、周围无堤状隆起，盲肠、结肠出现弥漫性坏死及糜烂，肠壁增厚、黏膜上覆盖一层灰黄色、黄绿色、灰绿色、黄褐色、暗灰色或污黑色麸皮样固膜（图4-397至图4-399），有的固膜似瓜子壳撒在肠黏膜上（图4-400至图4-402）；有的化脓菌混合感染，在肠黏膜上形成颗粒状、突出的化脓结节（图4-399）。

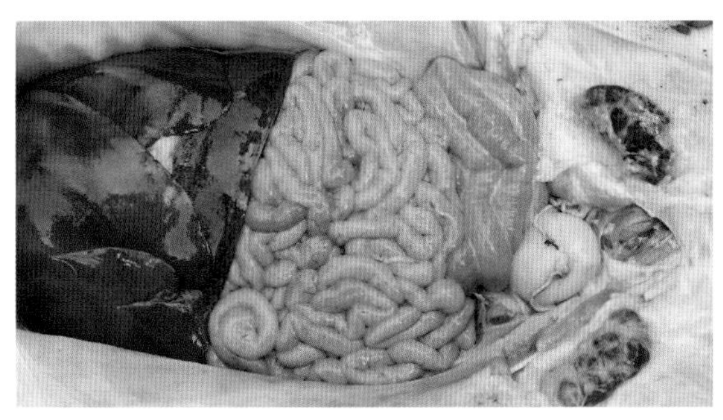

图4-393

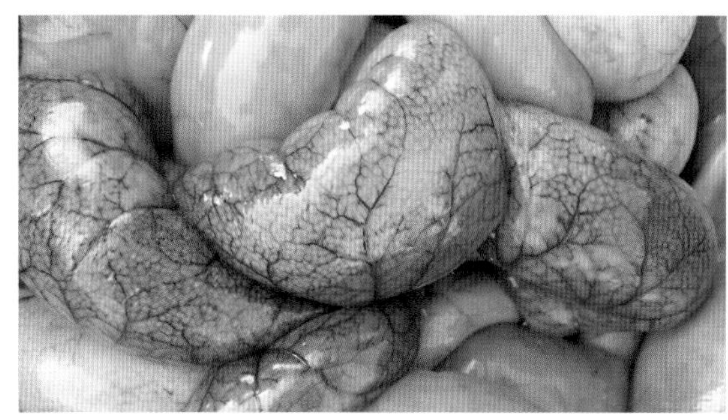

图4-394

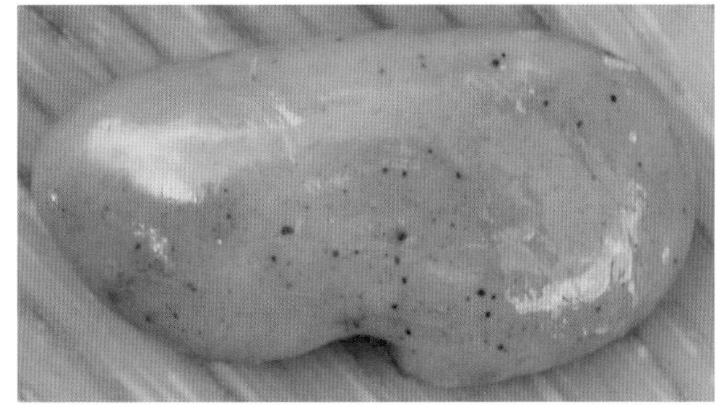

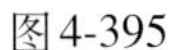

图4-395

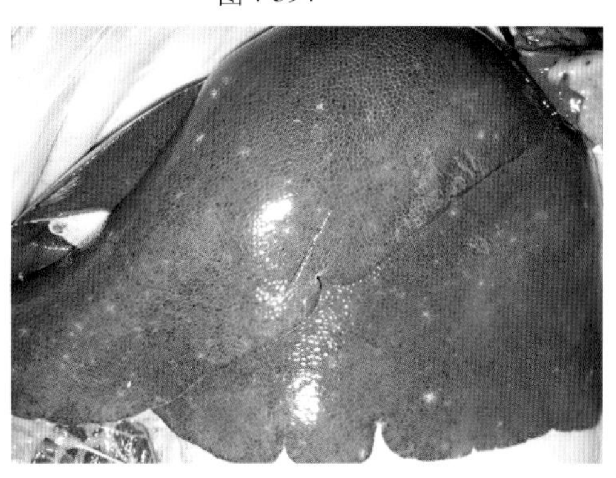

图4-396

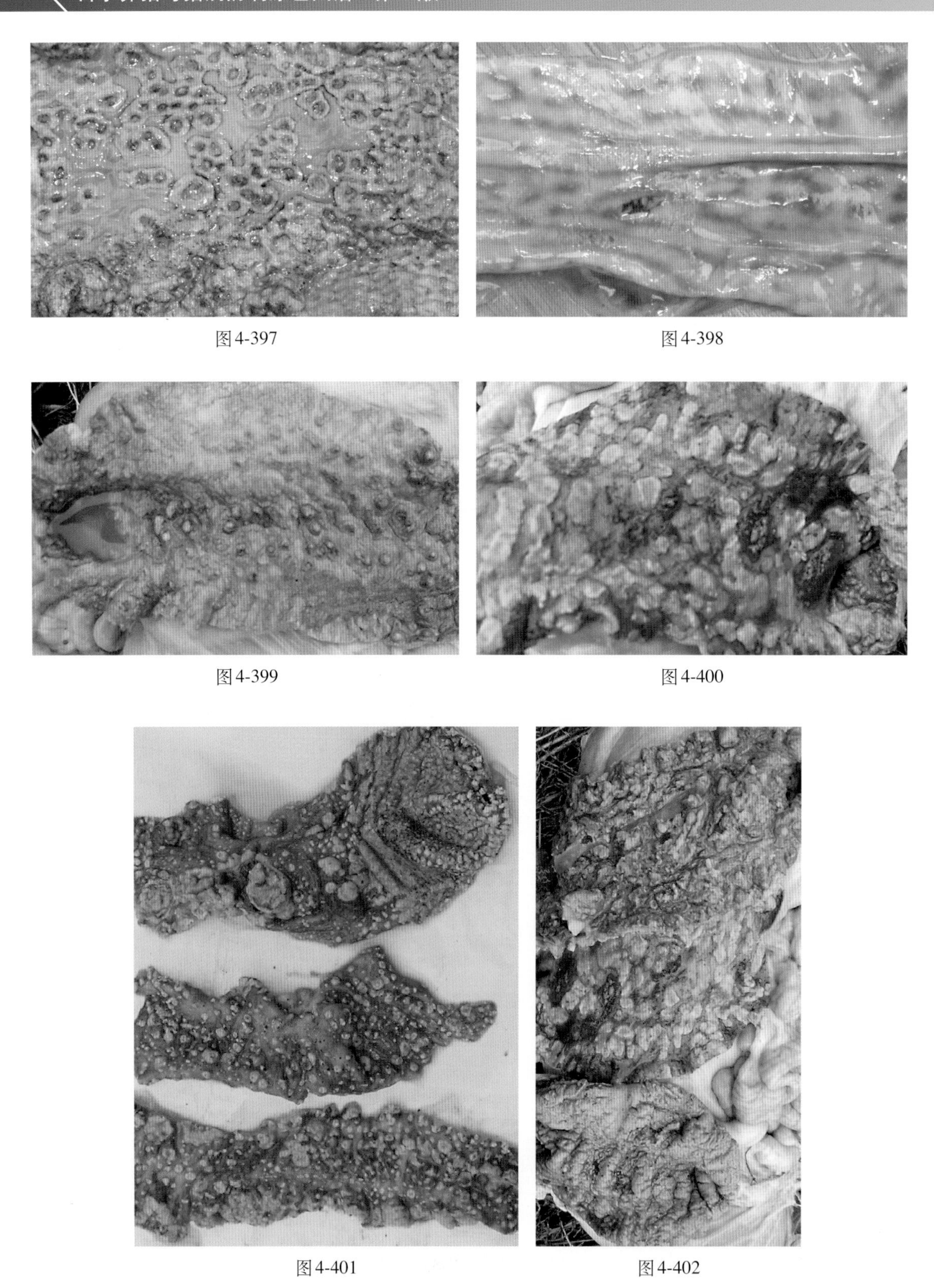

图4-397

图4-398

图4-399

图4-400

图4-401

图4-402

有部分病猪胃黏膜上也覆盖一层灰黄色或黄绿色麸皮样假膜（图4-403）或出现浅表性胃溃疡（图4-404）。

有的病例胆囊胀大、浆膜出血（图4-405），胆囊壁水肿、增厚（图4-406）；胆汁浓稠，胆囊黏膜圆形粟粒状结节坏死（图4-406、图4-407）。

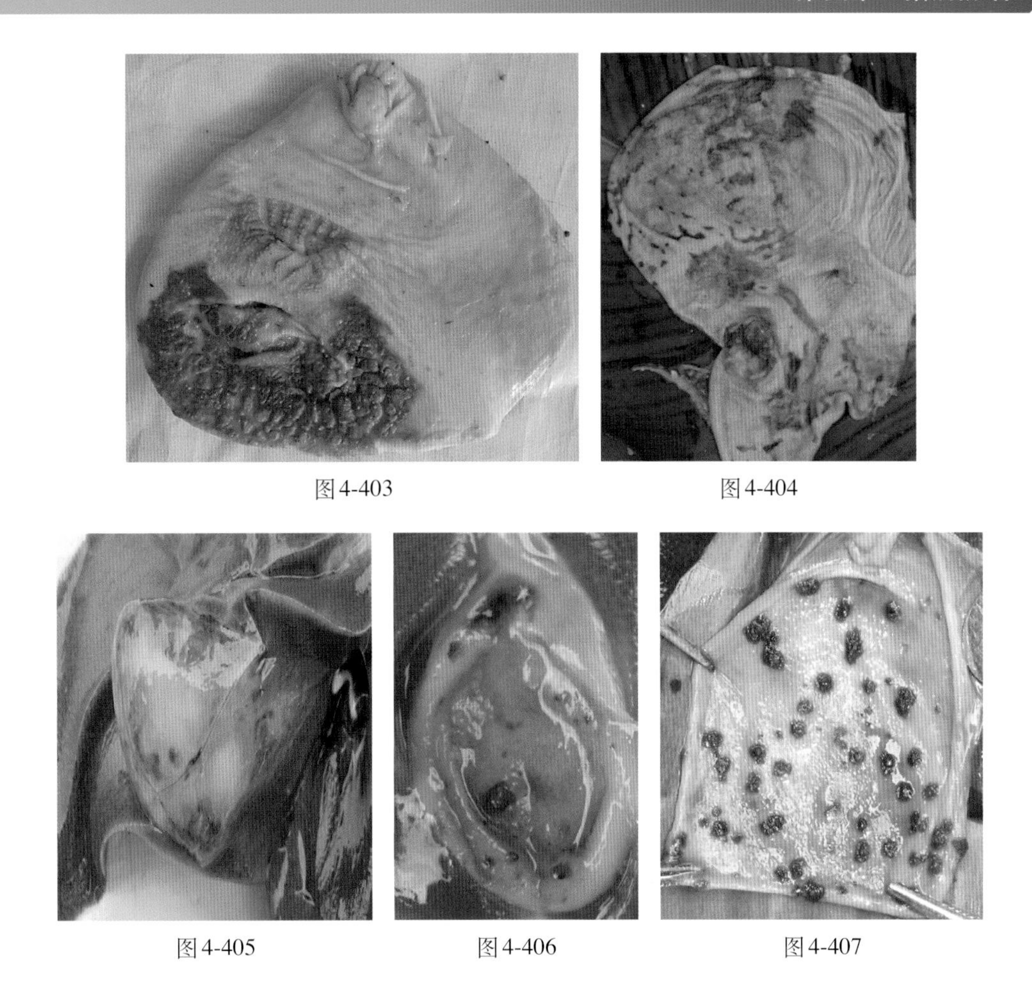

图4-403 图4-404

图4-405 图4-406 图4-407

## （三）防制措施

预防本病重在饲养管理和环境卫生，增强仔猪的抵抗力，应用猪副伤寒疫苗免疫20～30日龄的仔猪。

一例接种副伤寒疫苗（猪霍乱沙门菌C500弱毒株，每头份不低于30亿个菌）后仔猪发生呕吐，7小时后仔猪突然死亡。剖检肠浆膜面出现白色絮状物，肠系膜淋巴结肿大、出血，部分小肠黏膜出血，肝瘀血，脾肿大（图4-408、图4-409）。

治疗可在每吨饲料中添加10%氟苯尼考粉1 500g+抗敌素100g+洛克沙胂32.5g，饲喂有病猪的群体。

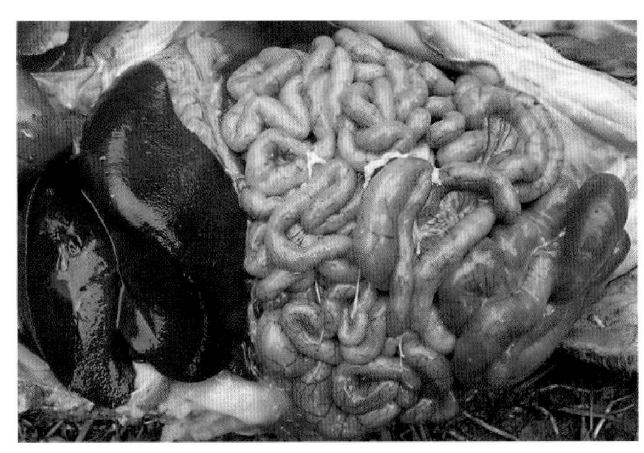

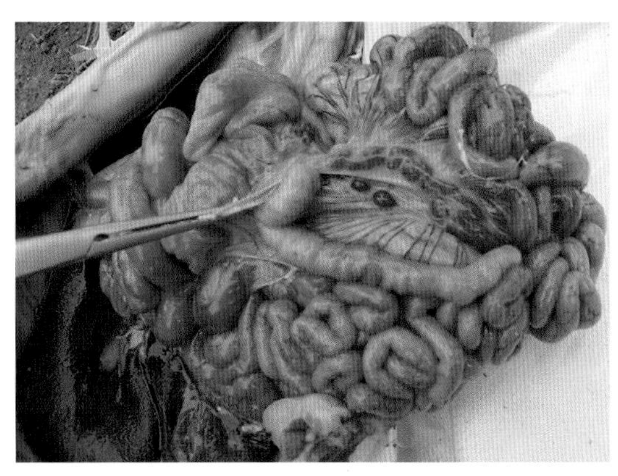

图4-408 图4-409

# 猪流行性腹泻

猪流行性腹泻是由猪流行性腹泻病毒引起猪的急性、高度传染性的腹泻病。临床以呕吐、水样腹泻、脱水为特征。

20世纪90年代由猪流行性腹泻变异病毒株引起的猪流行性腹泻在日本和韩国均有两次大流行，造成严重损失，特别是10日龄以内的仔猪感染后死亡率几乎为100%。

我国自20世纪80年代开始报道有流行性腹泻病发生，呈地方性和季节性流行。自2010年秋季以后，我国华南、华东和华北部分省份出现了严重的仔猪腹泻流行，造成仔猪死亡率急剧增加。特别是2011年末和2012年初全国除海南外，大部分省份都暴发仔猪腹泻病，全国知名的养猪集团都未能幸免，反而相当严重，造成7日龄以内仔猪感染后死亡率几乎为100%。2012年云南省多数猪场中流行该病，并分离获得变异毒株，到2015年下半年云南的一些猪场还在流行该病。

## （一）流行特点

（1）该病可发生于各种品种、年龄、性别的猪，但主要在仔猪中流行，年龄越小发病率和病死率越高。10日龄以下仔猪发病死亡率高，3周龄以上仔猪发病死亡率低；断奶猪、育肥猪和成年猪发病取良性经过，多自然康复。

（2）本病全年均可发生，但以冬、春寒冷时多发，主要在11月至第二年4月，尤其在12月、1月多发，寒冷季节到来之初、气候突然变冷时猪多易发病。

从2011年以来该病在全国突然增多，进入2012年云南全省多处发生该病，2012年以后变为常年发生流行。

（3）新发病猪群发病率可达100%。老疫区呈地方性流行或间歇性地方性流行，常只限于在7日龄到断奶后2周的仔猪发生，而且发病和死亡率都较新疫区低。

## （二）临床症状

（1）发病时，一般育肥猪首先出现临床症状，传播迅速，很快蔓延到断奶猪、妊娠母猪、产仔母猪和哺乳仔猪，乃至全群发病，如果是变异毒株可在哺乳仔猪中长期流行。发病开始时患猪厌食，口渴、饮水增多（图4-410）。

图4-410

腹泻以水样粪喷射状泻出，腥臭（图4-411）；喷射而出水样稀粪先喷射到猪舍墙上之后流淌到地面上（图4-412）。

（2）患猪肛门四周、臀部和地下常见水样稀粪，有一股特别的腥臭味（图4-413、图4-414）；

（3）保育以上病猪的粪便极稀，呈灰黄色、绿色或灰白色，后期略带褐色，常夹有未消化的饲料颗粒（图4-415、图4-416）。

（4）部分患猪出现呕吐，大猪的呕吐物多为黄色胃内容物或 泡沫胃液（图4-417、图4-418）。

仔猪流行性腹泻特别是由变异毒株引起的，患猪一般先呕吐、后腹泻，少部分呕吐和腹泻同时发生。呕吐和腹泻多发生在1～3日龄，7日龄以下的猪多数死亡。呕吐物以白色乳酪样物为主（图4-419、图4-420）。

图4-411 图4-412

图4-413 图4-414

图4-415 图4-416

图4-417 图4-418

图4-419

图4-420

腹泻的粪便多为灰黄色稀粪，也有的呈水胶样，稀粪沾满仔猪全身，病猪很快脱水，极度衰弱而死亡（图4-421至图4-427）。不死的猪如果粪便变为灰白色或灰绿色糊状粪，会慢慢好转。

仔猪刚出现呕吐、腹泻时体温39.3～41℃，1～2天后体温降至38.0～39.3 ℃。脱水、开始死亡时猪体温36.5～42.0℃（36.5℃是濒死猪,42.0℃是继发感染猪）。死猪多数消瘦，部分胃肠臌气，四蹄、吻突、耳尖端和腹部发绀、呈紫色（图4-428至图4-432）。

育肥猪感染发病后死亡率虽然不高，但日渐消瘦、体重减轻，弱猪、有并发症的猪多死亡。多数猪的病程1周左右自然康复。公、母猪多为隐性感染，少数感染后排软粪或轻度腹泻，有的母猪流产。哺乳仔猪感染发病后极易造成脱水、死亡。

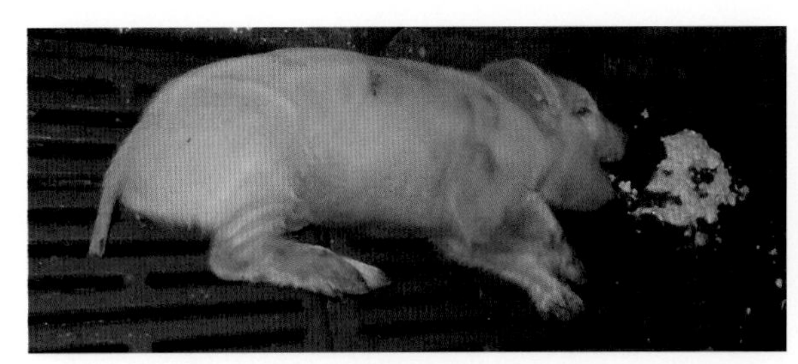

图4-421

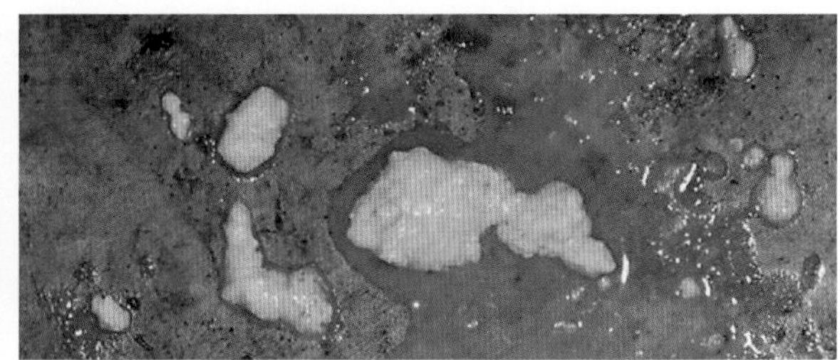

图4-422

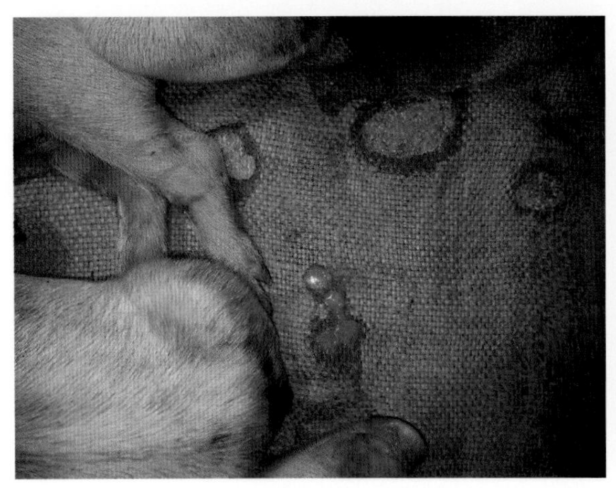

图4-423

图4-424

图4-425

图4-426

图4-427

图4-428

图4-429

图4-430

图4-431

图4-432

## （三）剖检病理变化

剖检哺乳仔猪主要病变是胃胀满、滞留有未消化的凝乳团块（图4-433），胃底黏膜充血；小肠内充满黄绿色或灰白色液体，夹有气泡和凝乳块，肠壁变薄、呈半透明状，可以透过肠壁看报纸（图4-434），肠淋巴结水肿。

胃肠臌气，胃内多数无食物，胃肠浆膜瘀血、血管充血，胃黏膜出血、糜烂；大肠内容物似仔猪排出的灰色稀粪，肠浆膜发红，黏膜出血、坏死（图4-435至图4-439）。

肠系膜淋巴肿大、出血（图4-440）；肝肿大，胆囊胀大（图4-441）；肾肿大、质脆、表面有灰白色坏死灶，少数肾表面隐约有少量针尖状出血点（图4-442），肾盂内有絮状尿沉渣，肾乳头内有灰黄色晶状物（图4-443）；输尿管内隐隐可见堆积有金黄色晶状物（图4-444）。

图4-433

图4-434

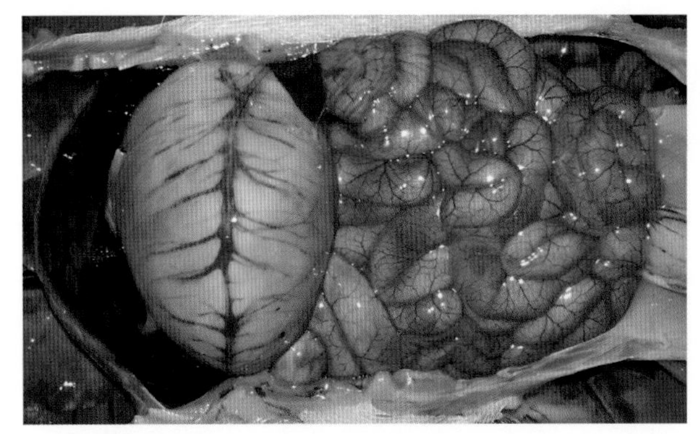

图4-435

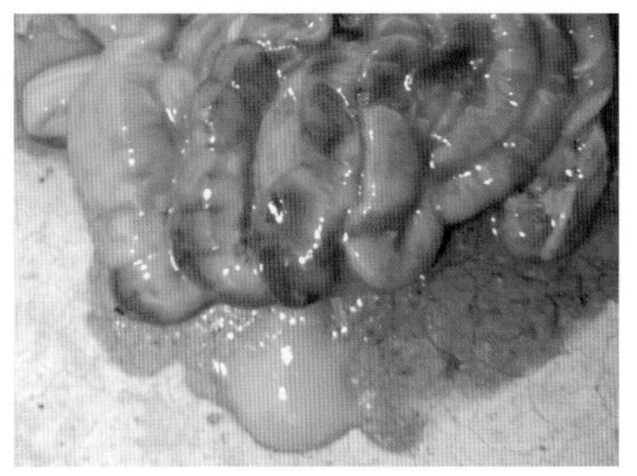

图4-436

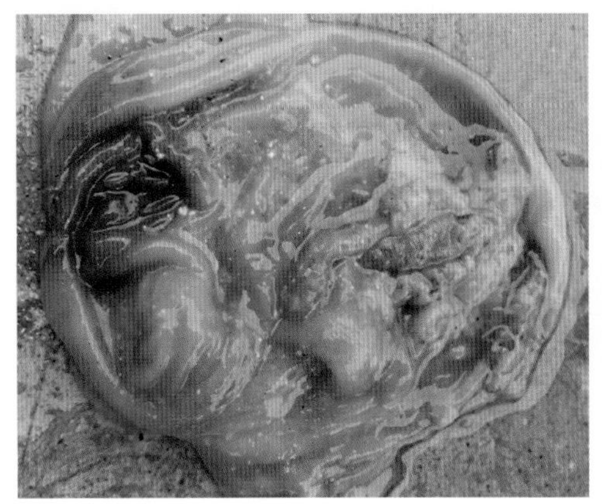

图4-437

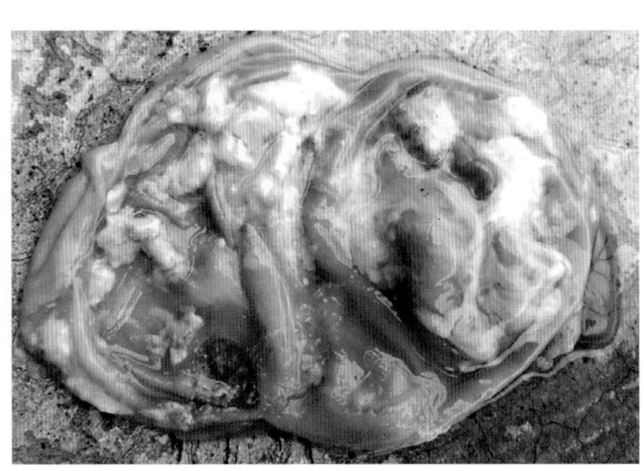

图4-438

图4-439

图4-440

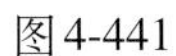

图4-441

图4-442

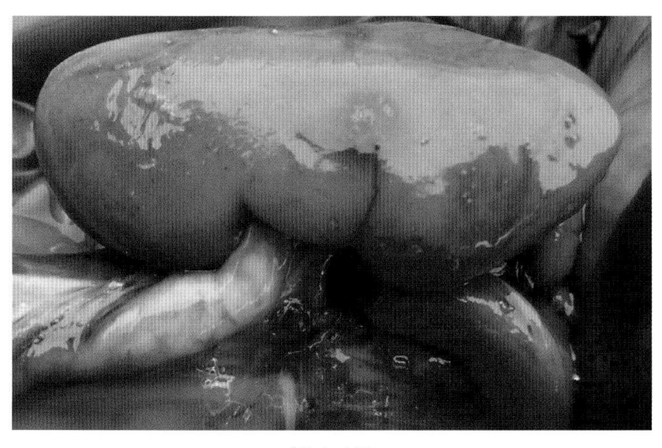

图4-443

图4-444

“象鼻”样肺（图4-445、图4-446），2016年7月23日，在郑州剖检3头5日龄临床诊断为流行性腹泻的仔猪，3头均有“象鼻”样肺（图4-447、图4-448）。有1头8日龄的仔猪两肺心叶约一半已经肉变，这是非常少见的。有1头猪扁桃体充血、发红，咽和舌根部出现大片棕色斑、麻粒大圆形烂斑（图4-449）。

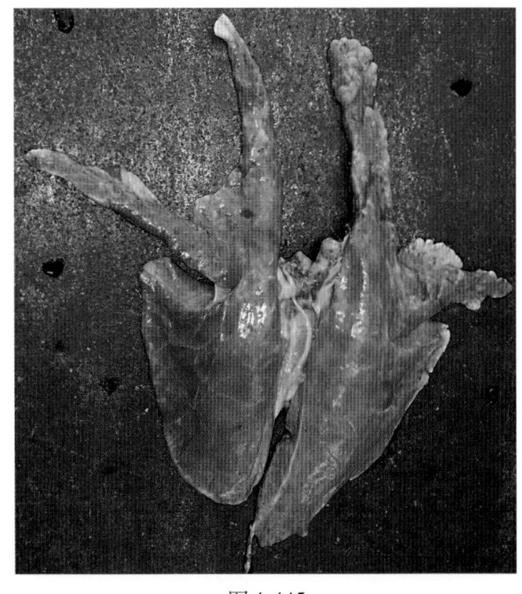

图4-445

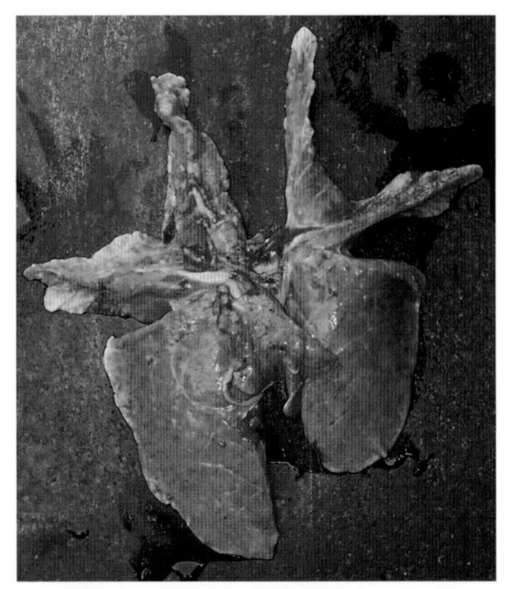

图4-446

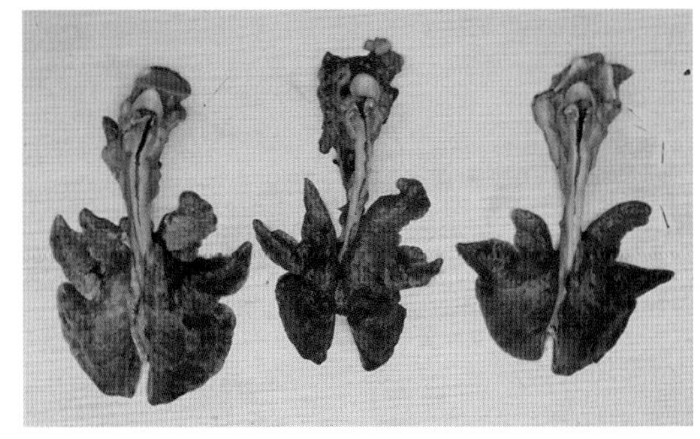

图4-447（肺肋面）

图4-448（肺脏面）

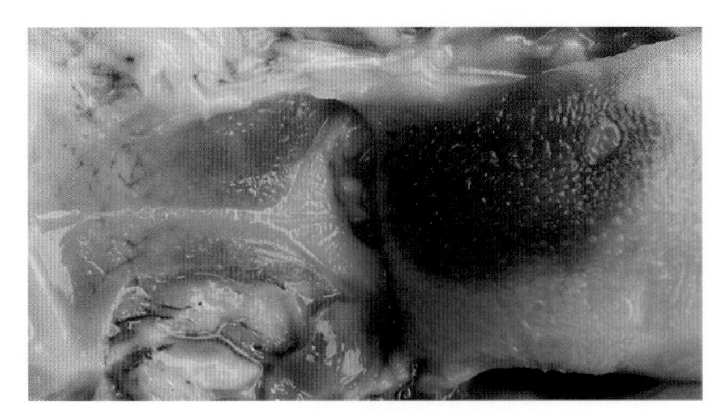

图4-449

## （四）防制措施

**（1）预防** 加强饲养管理，提高猪群健康水平，增强猪体的抵抗力；搞好厩舍及环境卫生，防止潮湿，保持舍内空气新鲜，强化消毒。

每年10月底或11月初全场保育以上猪只用病毒性腹泻-传染性胃肠炎二联疫苗免疫，妊娠母猪产前30～20天用病毒性腹泻-传染性胃肠炎二联疫苗免疫。

制作自家苗免疫，用急性感染猪的小肠制作成浆，一头猪小肠浆加水2 500ml，加适量双抗，喂产前3周的母猪，每头母猪喂125ml（一头猪的肠浆喂20头母猪）。小肠浆可以冰冻保存，需用时加水即可。

发病期间每头初生仔猪注射排疫肽0.5ml。

**（2）治疗**

①每千克体重乙酰甲喹0.3g + 黄芪多糖0.1g，拌料饲喂，连喂7天；

②妊娠母猪产前7天和产后7天，每头每天每千克体重用乙酰甲喹0.3g + 黄芪多糖0.1g，拌料饲喂；

③哺乳仔猪用排疫肽治疗，每头每次0.5ml，每天1次，连用3天；

④猪脱水时用口服补液盐饮水。

## 仔 猪 红 痢

仔猪红痢又称仔猪梭菌性肠炎或仔猪传染性坏死性肠炎，是由魏氏梭菌引起仔猪的一种急性肠道传染病。以腹泻、排血样粪便、肠黏膜坏死为特征。

1～3日龄仔猪最易感，1周以上仔猪很少发病，但偶尔可见2～4周龄及断奶仔猪发病的。

### （一）主要症状

最急性患病仔猪排血粪，排出红褐色液状粪便，粪中混有灰色坏死组织碎片。猪体虚弱，一般在3日龄死亡。非急性病猪食欲不振，呈现持续的非出血性腹泻，初排黄色软粪，以后粪便如淘米水样，内含灰色坏死组织碎片，病猪消瘦脱水，一般在5～7日龄死亡。肠系膜、肠浆膜下、充血的肠系膜淋巴结中有很多密集的小气泡（图4-450），这是特征性的变化。

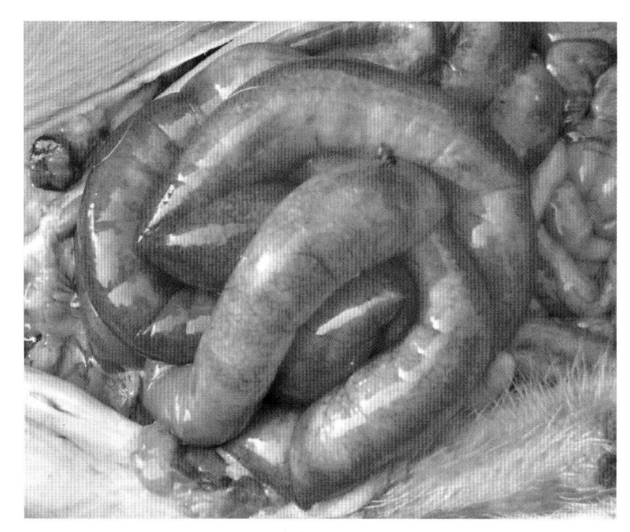

图4-450

### （二）剖检病理变化

本病的病理变化主要在空肠，空肠呈暗红色，肠腔充满含血粪便，黏膜层和黏膜下层弥漫性出血（图4-451、图4-452）。肠系膜淋巴结肿大、呈鲜红色。慢性病例的肠道出血不明显，而以坏死性炎症为主，肠壁变厚，黏膜呈黄色或灰色坏死性假膜、易剥离。

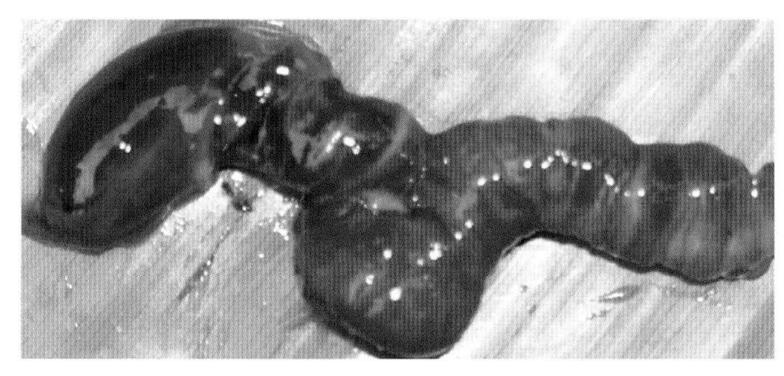

图4-451

图4-452

### （三）防制措施

本病关键在于预防，一旦发病很难治疗，也来不及治疗。预防重在加强防疫和卫生消毒工作，特别是产前母猪体表和产床的卫生消毒。对已有本病存在的猪场，定期给母猪免疫接种仔猪红痢菌苗。仔猪刚出生就预防性投给抗菌药物如氟苯尼考、林可霉素等。

发病时立即灌服0.1g痢菌净+0.1g地美硝唑+0.05g阿散酸和3ml豆油磨制的膏糊。

# 仔猪渗出性皮炎

仔猪渗出性皮炎是由表皮葡萄球菌引起哺乳仔猪和刚断奶小猪的一种急性传染病。该病传染极快，患猪以全身油脂样渗出性皮炎为特征，可导致腹水和死亡。

世界上大多数国家的哺乳仔猪和断奶小猪都有渗出性皮炎，发病率在10%～90%之间，死亡率在5%～90%之间。

## （一）主要症状

仔猪皮肤薄似纸，皮肤损伤后很易感染本病。最早见于2日龄，1～4周龄最易感，只要有一头仔猪发病，同窝仔猪可在短时间内相继发病。多先在头部，嘴边、眼、耳朵周围感染，刚开始皮肤发红，出现红褐色疹点（图4-453至图4-455），很快就发展到全身（图4-456）；继而皮肤上出现黄褐色脂性渗出物，皮肤由红色变成铜色、黑色，触摸皮肤皮温升高、湿度增大、有油腻感，因脂性渗出物和皮垢、被毛、尘埃胶着，发出恶臭味；表皮增厚、干燥、龟裂，全身皱缩（图4-457），当痂皮脱落后，露出红肿的缺损（图4-458）。此时，病猪体表淋巴肿大、呼吸困难、衰弱、少食或不食、便秘或腹泻，最后出现脱水而死亡。无瘙痒、无高热是其特征。尸体消瘦脱水，皮下出现清亮的渗出物，外周琳巴结通常水肿、切面多汁，有的病例出现肾盂及肾小管的损伤。

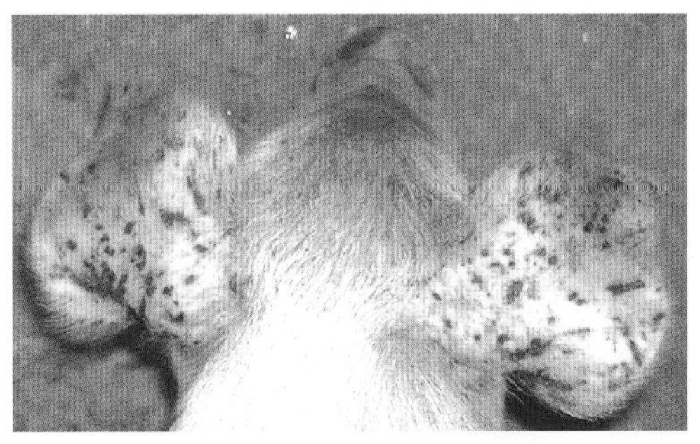

图4-453

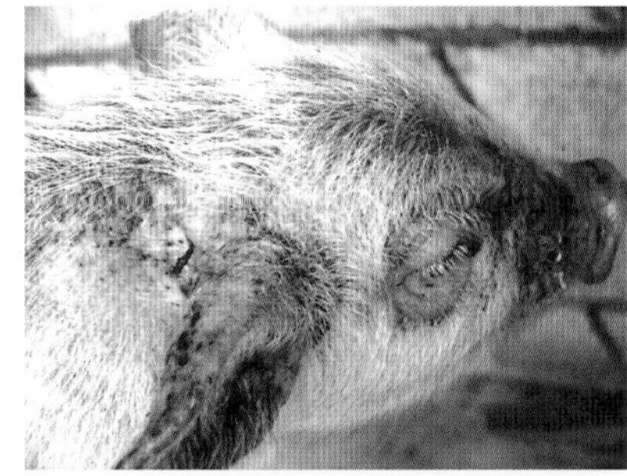

图4-454

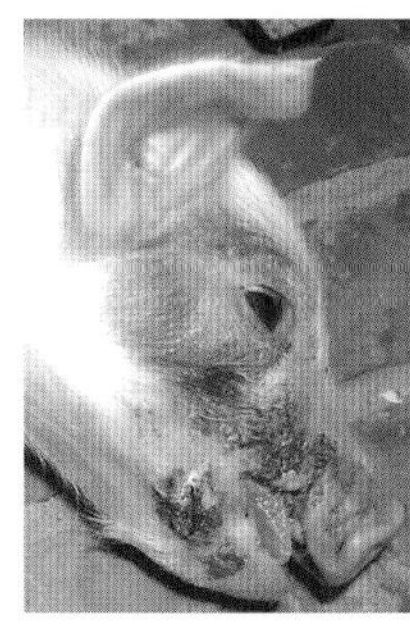

图4-455

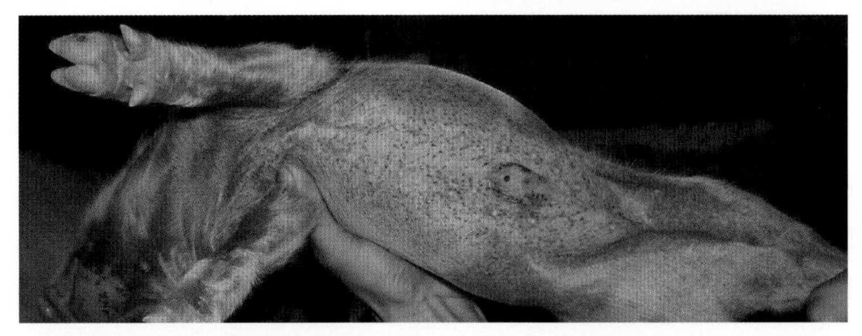

图4-456

图4-457

图4-458

笔者诊疗过一起哺乳仔猪渗出性蹄皮肤炎，6窝、58头、5～9日龄仔猪，全部患渗出性蹄皮肤炎。先是蹄部皮肤有损伤的仔猪在蹄冠带附近出现灰色、粗糙的结痂和鳞屑样痂皮，很快全窝仔猪蹄部都出现病变，随着发展，患部开裂，露出灰红色溃疡（图4-459至图461），所有患猪四蹄匀有病灶，猪体其他部位未见明显病灶。

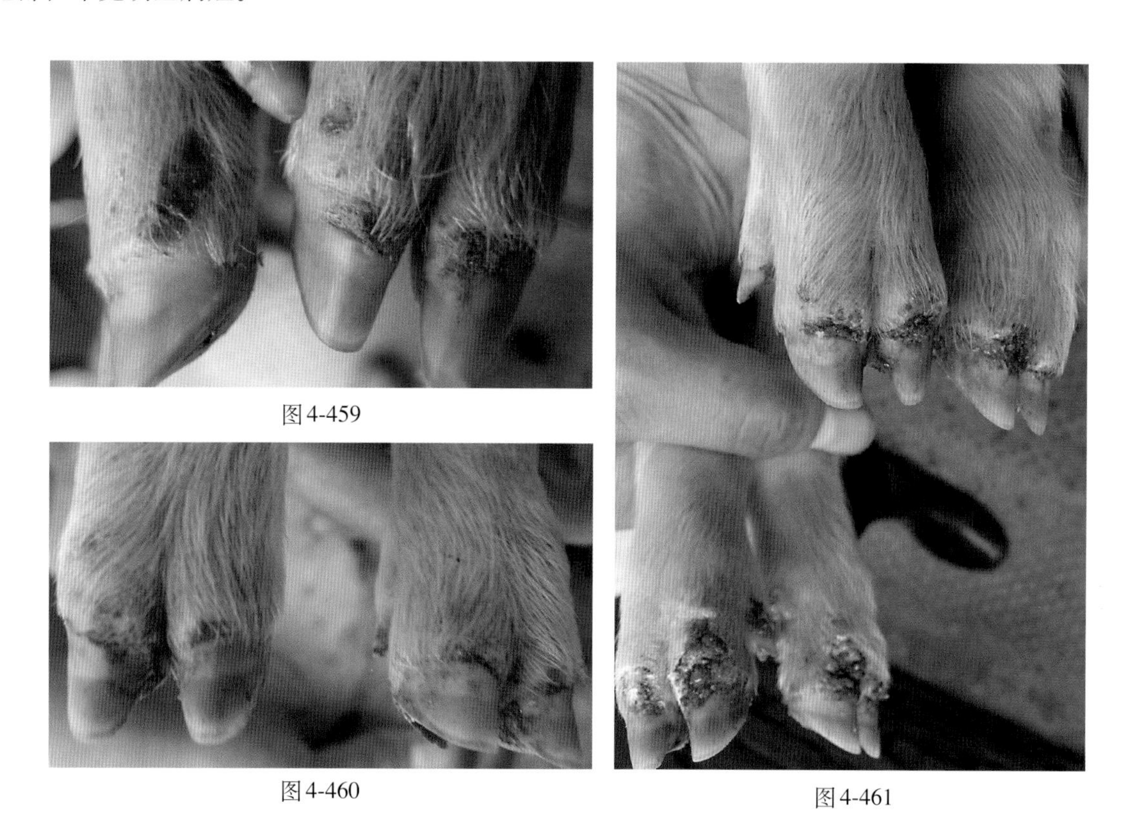

图4-459

图4-460

图4-461

## （二）防制措施

患蹄用5%来苏儿浸泡、刷洗掉痂皮，留下黄褐色印痕，隔日洗一次，2～3次即愈（图4-462、图4-463）。

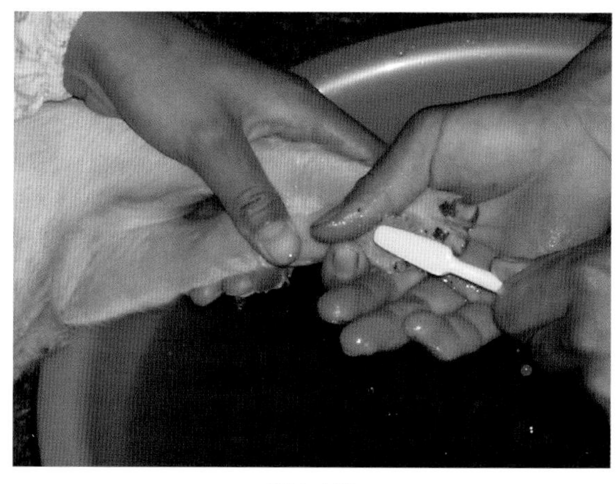

图4-462

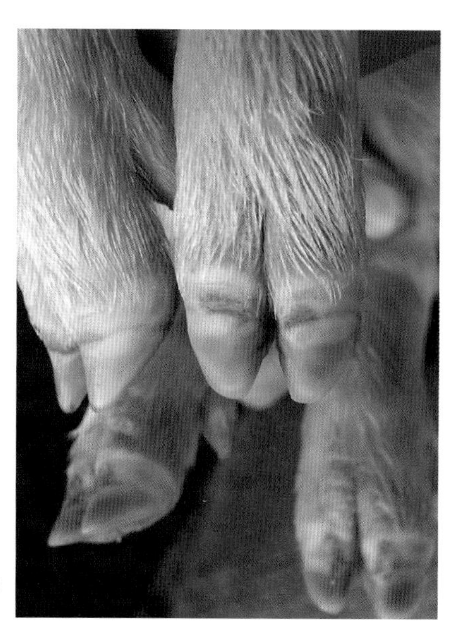

图4-463

保持猪舍、猪体、产床卫生，产床光滑、无破损。剪掉仔猪针状牙、防止仔猪打斗损伤皮肤等是预防仔猪渗出性皮炎的根本措施。

仔猪渗出性皮炎的治疗，关键在一个“早”字。如果早发现，个别仔猪感染、感染部位面积小时，应用头孢噻呋钠加青霉素钾注射治疗，剂量为每千克体重头孢噻呋15mg、青霉素20万U；再用5%来苏儿等消毒药水擦洗，每天一次，擦破感染部位，消毒产床、厩舍，很易把该病控制住。一旦全窝仔猪感染、个体全身感染，就很难治疗了。

## 仔 猪 水 肿 病

仔猪水肿病是由溶血性大肠杆菌毒素引起仔猪的一种急性、致死性传染病。特征为头部、胃壁水肿、共济失调和麻痹。本病常发于断奶前后的仔猪，发病最小者见于3日龄、最大者5月龄。

### （一）主要症状

仔猪突然发病，表现沉郁、惊厥、局部或全身麻痹；眼睑、脸部、颈部、肛门四周和腹下水肿，此为本病的特征（图4-464至图4-466）。有的病猪做圆圈运动或盲目运动、共济失调，有时侧卧、四肢游泳状抽搐，触之敏感，发出呻吟或嘶哑的叫声；有的前肢或后肢麻痹，角弓反张，不能站立（图4-467）。病程长短不一，从几小时到几天不等，病死率90%左右。

图4-464

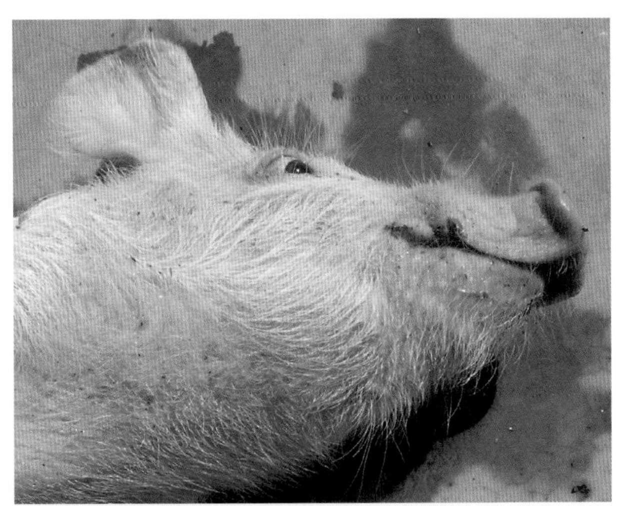

图4-465

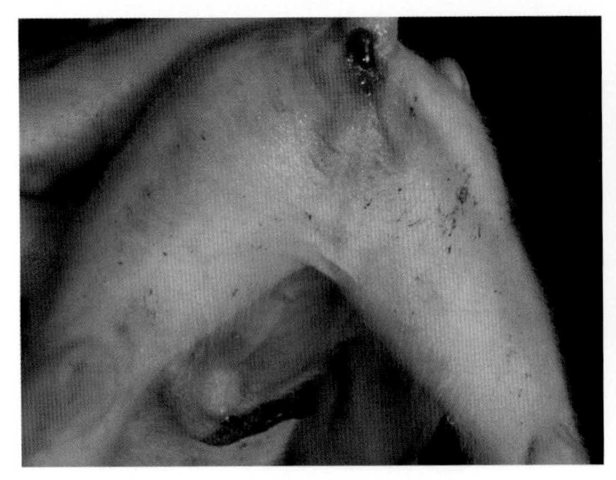

图4-466

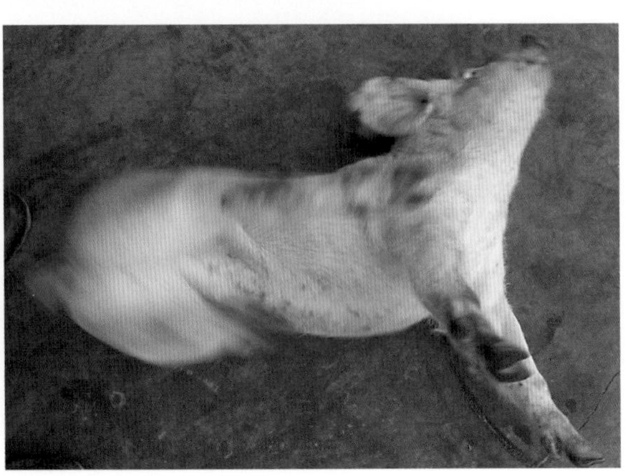

图4-467

## （二）剖检病理变化

剖检的主要病变是水肿：头部皮下、甚至前肢皮下淡黄色胶冻样水肿（图4-468、图4-469）；胃大弯浆膜下水肿，结肠间浆膜下水肿（图4-470至图4-473）；胃黏膜层和肌层间有一层胶冻样浸润，达2～3cm（图4-471）；脑水肿、脑室积水（图4-474、图4-475）。头部皮下水肿，胃大弯浆膜下水肿及结肠间浆膜下水肿是诊断猪水肿病的依据。

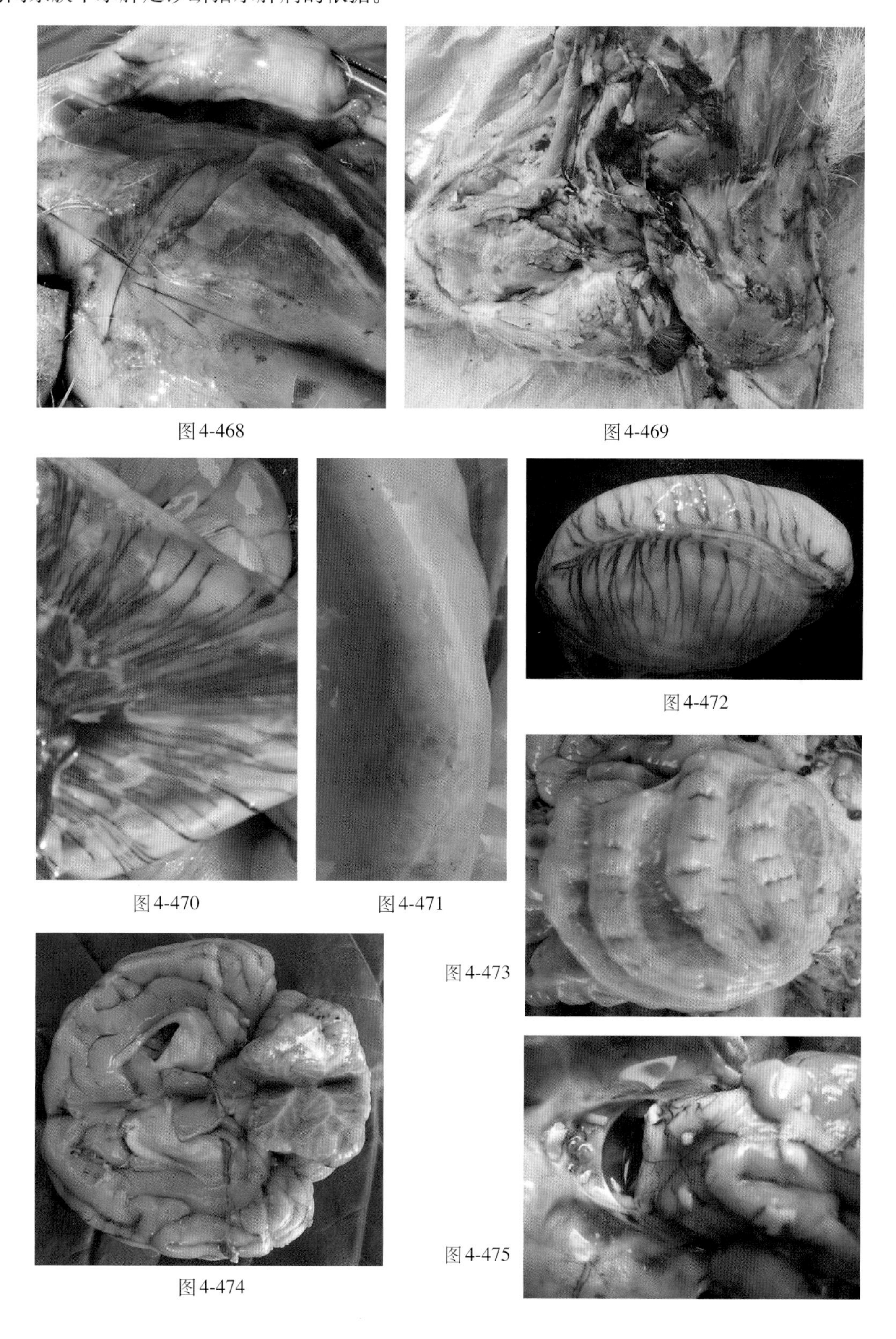

图4-468 图4-469

图4-470 图4-471 图4-472

图4-473

图4-474 图4-475

### （三）防制措施

本病以预防为主。抗生素治本，利尿利水、消炎消肿治标。

对生长快的仔猪，可在15日龄左右肌内注射亚硒酸钠维生素E；或用5%恩诺沙星注射液，每千克体重0.2ml，肌内注射；或用硫酸钠15g，加适量温水内服（早期使用）；50%葡萄糖液20～40ml、或20%甘露醇50ml、或25%山梨醇50ml，静脉注射。

## 猪脓疱性皮炎

脓疱性皮炎是仔猪的一种化脓性坏死性皮炎，病原主要是C群链球菌。继发感染或混合感染猪葡萄球菌、化脓棒状杆菌和猪疏螺旋体都可成为病原。新生至断乳前仔猪多发，本病可直接由母猪传染给新生仔猪，也可通过擦伤的皮肤或剪耳缺、断尾或咬伤等传播。卫生条件差的猪舍更易导致本病发生。

### （一）主要症状

脓疱性皮炎最初的病变是皮肤出现红斑，随之在腹股沟区、腋下和前肢内侧、腹下部、耳等处出现扁平脓疱，脓疱四周皮肤发炎、变红（图4-476），脓疱从中央或中央靠边处破溃结痂（图4-477）。脓疱边破溃、边结痂、边向四周扩展，病灶逐渐增大、结痂逐渐增厚；一些脓疱呈同心圆环形结痂（图4-478、图4-479）。患部旧的脓疱已结痂，新的脓疱又在旁边出现，同心圆环形结痂重叠、融合，患部扩大（图4-480）。痂皮脱落后新皮呈红色（图4-481、图4-482），渐渐变为灰黄色，成为新皮。保育猪发生脓疱性皮炎时，脓疱往往是全身性的（图4-483）。

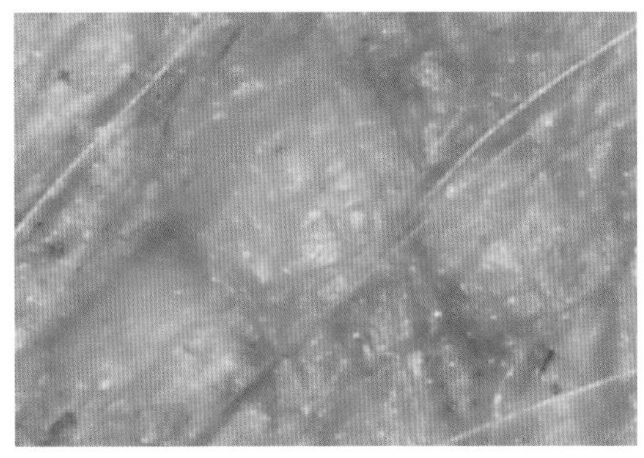

图4-476

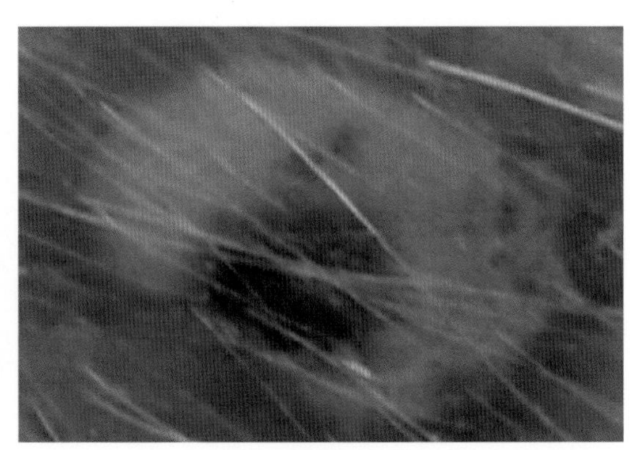

图4-477

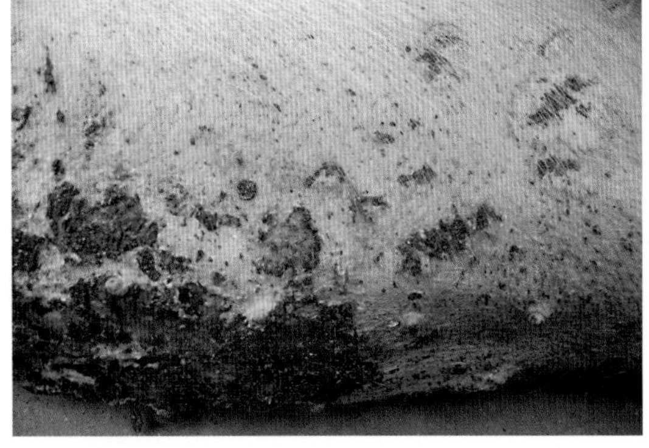

图4-478

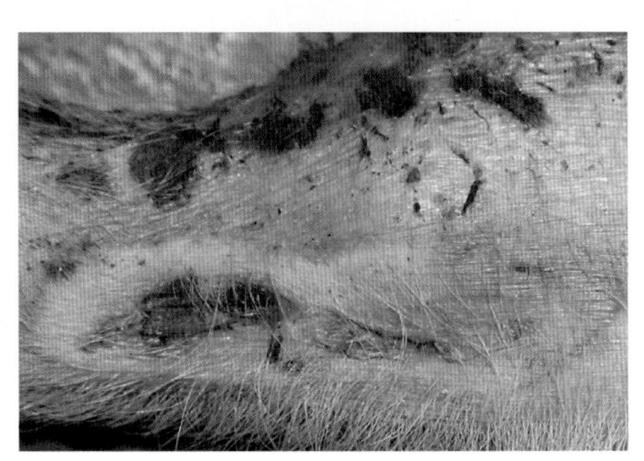

图4-479

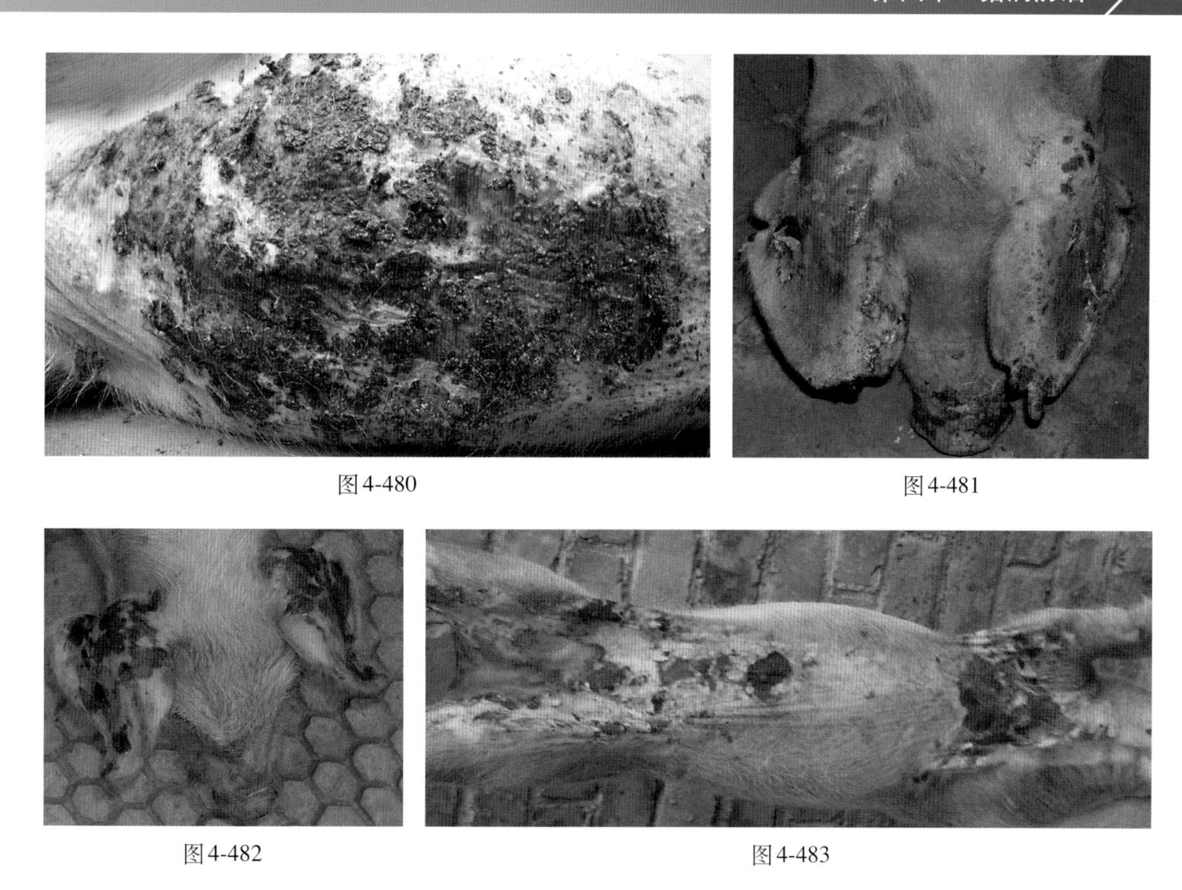

图4-480 图4-481

图4-482 图4-483

患脓疱性皮炎的猪常发生化脓性淋巴结炎（图4-484、图4-485）。

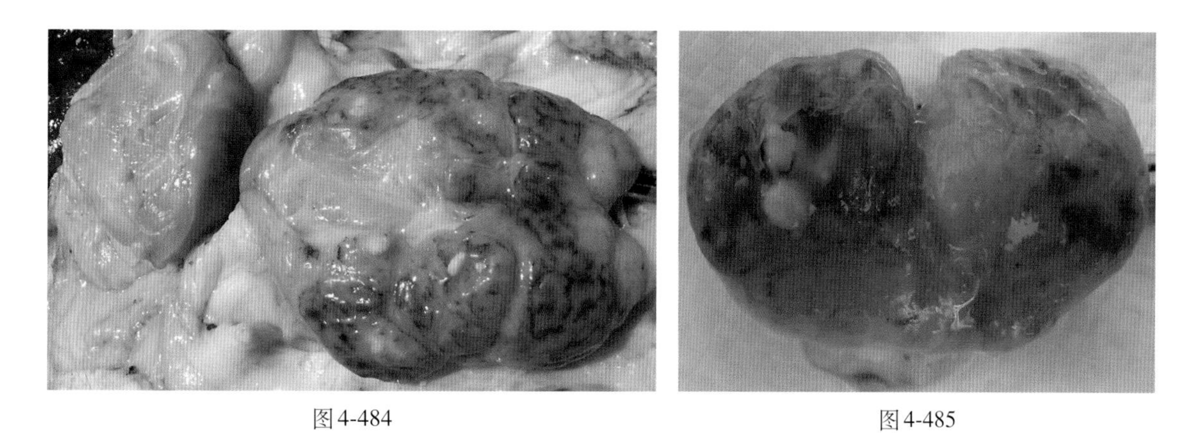

图4-484 图4-485

## （二）防制措施

出现脓疱性皮炎患猪后，要立即隔离，移入清洁卫生的猪舍内，每天用无刺激性的消毒药液擦洗患部，尽量把脓疱擦破。如果体温升高时肌内注射林可霉素，剂量为每千克体重20mg，或口服阿莫西林克拉维酸可溶性粉。

# 新生仔猪溶血病

新生仔猪溶血病是由新生仔猪吃初乳引起的红细胞溶解的一种急性溶血性疾病。该病属Ⅱ型超敏反应性免疫疾病。原因是仔猪的父系和母系血型不合，仔猪继承的是父系的红细胞抗体，这种仔猪的红细胞抗体在妊娠期间进入母体循环系统，母猪便产生了抗仔猪红细胞的特异性同种血清型抗体。这种抗体分子不能通过胎盘，但可以分泌于初乳中，仔猪吸吮了含有高浓度抗体的初乳，抗体经胃肠吸收后与红细胞表面特异性抗原结合，激活补体，引起急性血管内溶血。一般发生于个别窝仔猪中，致死率可达100%。

## （一）临床表现

最急性病例在新生仔猪吃初乳数小时后突然出现急性贫血而死亡。急性病例一般在吃初乳后24～48小时出现症状，表现为精神委顿，疲软、无力，畏寒震颤，后肢摇晃，尖叫，皮肤苍白，结膜黄染，贫血，尿液透明、呈棕红色（图4-486）。血液稀薄，不易凝固，血红素由8～12g降至3.5～5.5g，红细胞由500万降至3万～10万，大小不均，多呈崩溃状态。呼吸、心跳加快，多数病猪于2～3天内死亡。没有吃到初乳的仔猪或生后未吃初乳就被寄养的仔猪不表现上述症状。

图4-486

## （二）剖检病理变化

病仔猪全身苍白或黄染，皮下组织、肠系膜、大小肠不同程度黄染，胃内积有大量乳酪。脾、肾肿大，肾表面有出血点，肠浆膜及肝发黄（图4-487），膀胱内积有棕红色尿液。

图4-487

## （三）诊断

根据新生仔猪吃初乳后突然出现急性贫血等症状，解剖又有溶血性病变可作出初步诊断。必要时采母猪血清或初乳与仔猪红细胞做凝集试验或溶血试验，即可诊断。

## （四）防控措施

一旦发现新生仔猪有溶血症状并初步诊断为新生仔猪溶血症时，全窝仔猪立即停乳，并进行寄养或人工哺乳，再定时挤掉母猪的奶，3天后再让母猪哺乳。发生新生仔猪溶血症的配种公猪，立即淘汰。

# 七、常发病、多发病

## 猪链球菌病

猪链球菌病是由C、D、E、L、R-2等血清型链球菌引起猪多种疾病的总称。链球菌病是人畜共患病，有重要的公共卫生意义。宰杀、加工、接触病死猪的人常常通过伤口感染，使人急性发病，并可导致死亡。2005年四川省204人因上述原因感染R-2型链球菌，死亡38人。

### （一）流行特点

猪链球菌病常在成年猪中暴发流行，猪突然死亡，死后剖检呈败血症和全身浆膜炎变化。哺乳仔猪会以脑膜脑炎型发病，病初体温升高、显热性病症，继而出现神经症状，严重者腹式呼吸，不吮乳、不吃料、叫声嘶哑、步态不稳、转圈、空嚼、磨牙，之后表现后肢麻痹、前肢爬行、四肢游泳状划动或昏迷不醒、运动障碍等症状，一般在几个小时或1～2天内死亡。死后剖检主要是脑膜充血、出血。

### （二）主要症状

猪链球菌病最常见的是关节炎型，病猪发生一个或多个关节肿胀，肿胀部位先硬、后在局部发生小点状破溃，流出血性、脓性渗出物，形成深入关节腔的瘘管（图4-488至图4-490）。

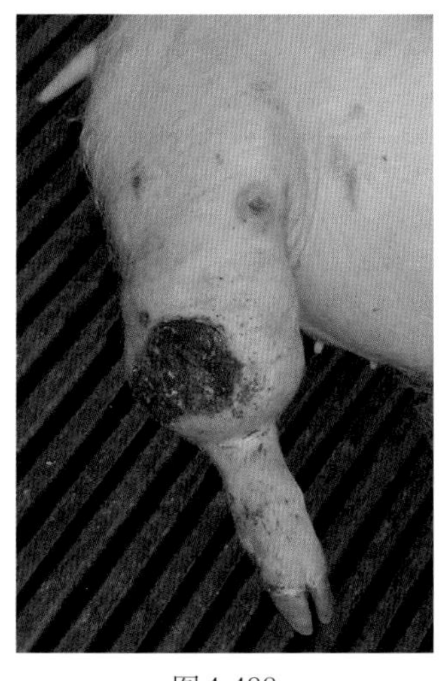

图4-488

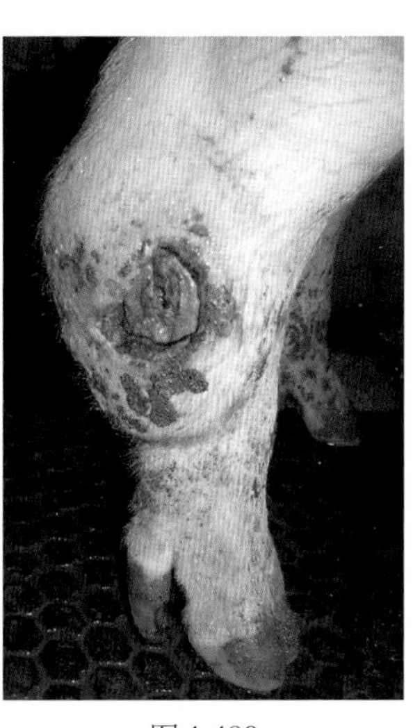

图4-489

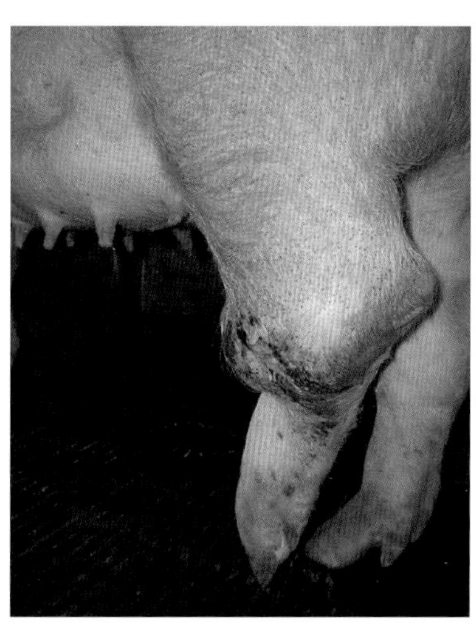

图4-490

猪链球菌病最常见的是化脓性淋巴结炎型，主要见于颈部（图4-491）、颌下（图4-492）、体表淋巴结（图4-493、图4-494）受链球菌侵害而高度肿胀，先坚硬、有热痛感，然后软化、破溃、流出大量脓汁。

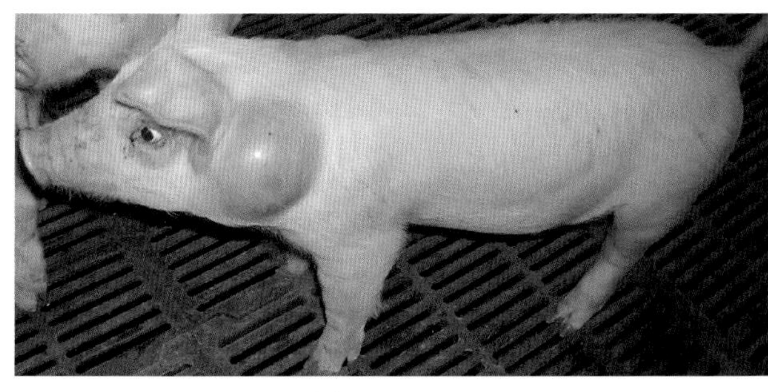

图4-491

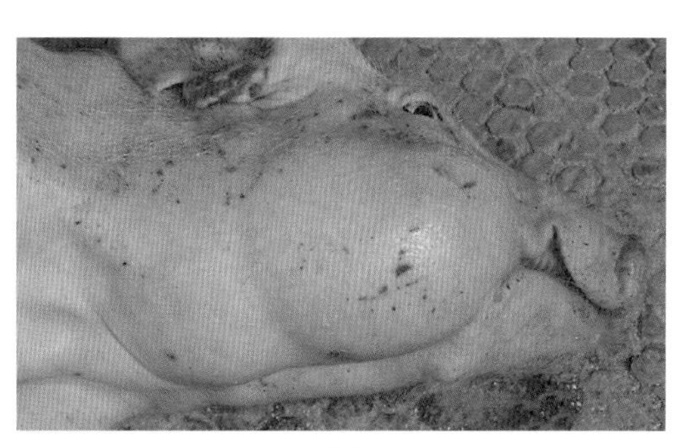

图4-492

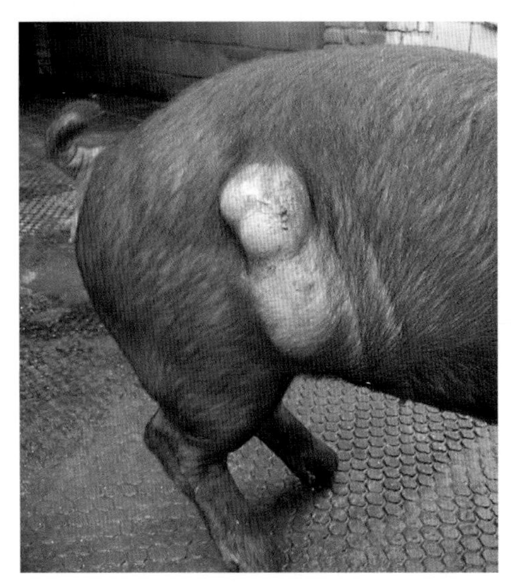
图4-493

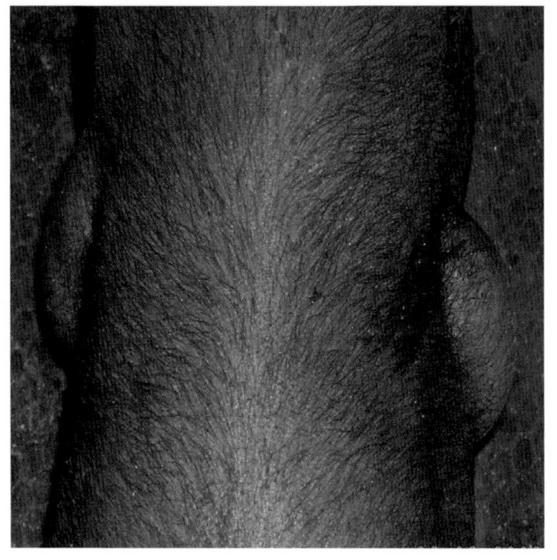
图4-494

关节炎型猪链球菌病，可导致肺部等脏器的链球菌脓肿（图4-495）。

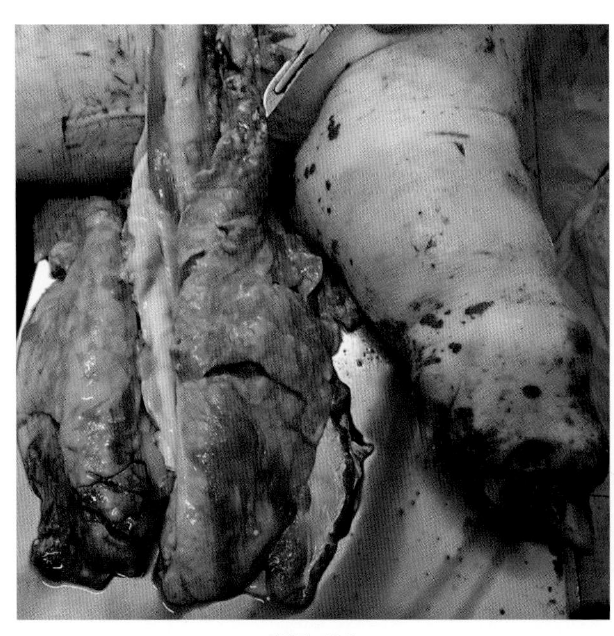
图4-495

### （三）防制措施

防治猪链球菌病用链球菌苗预防接种。头孢噻呋、磺胺嘧啶等可在链球菌病初期进行注射治疗。

对猪链球菌肿团，待软化时在肿团下方外科手术切开，挤出脓汁，常规清创治疗，都能治愈。图4-494中病猪两肷部的肿团经外科手术切开治疗后很快治愈，只留下一点点瘢痕（图4-496）。

图4-496

在关节上的肿胀形成瘘管、关节变形后，治愈十分困难，以尽早淘汰为宜。

为了避免人感染链球菌病，不能宰杀、加工、接触病死猪，相关处置病死猪的人员应做好个人防护。

## 猪化脓性放线菌病

猪化脓性放线菌病是由化脓性放线菌引起的一种接触性传染病，以形成化脓性病灶或干酪性病变为特征。

本病可发生于各种年龄的猪，以保育猪和架子猪最易感；本病一年四季均可发生，以气候多变的春、秋季多发；通常通过外伤感染，如尾被咬伤后感染化脓性放线菌引起化脓性脊柱炎、注射部位脓肿等。

本病以形成脓肿或化脓性病灶为特征，在猪的各组织和器官、特别是体表各处都有可能发生，由于化脓性炎症发生的部位不同，临床表现也不尽相同。

## （一）临床表现

1. 体表脓肿　在体表浅层发生脓肿是猪化脓性放线菌病最常见的类型，在体表不同部位出现大小不等的肿团，肿团初期硬、发红，触之有热、痛感，肿团可由鸡蛋大发展到拳头大（图4-497、图4-498）。一个肿团上有几个“头”，脓肿“成熟”时发软、有波动感，自然破溃或手术切开时有大量坏死组织，一般无特别的恶臭气味。

在体表脓肿中有一个类型专长在鼻部，这一型主要发生于临近断奶的仔猪和保育猪，侵害鼻部。在鼻孔外侧发生肿胀，肿胀部先是发红、发亮、坚硬，最后软化；鼻流浆性鼻液，肿块特别大时压迫鼻孔，进出气困难（图4-499）；肿块位于皮下，患部皮肤增厚，皮下组织坏死，内为脓腔、充满黄绿色浓稠的脓汁、发臭（图4-500）。肿块任其发展，可自然破溃、坏死。

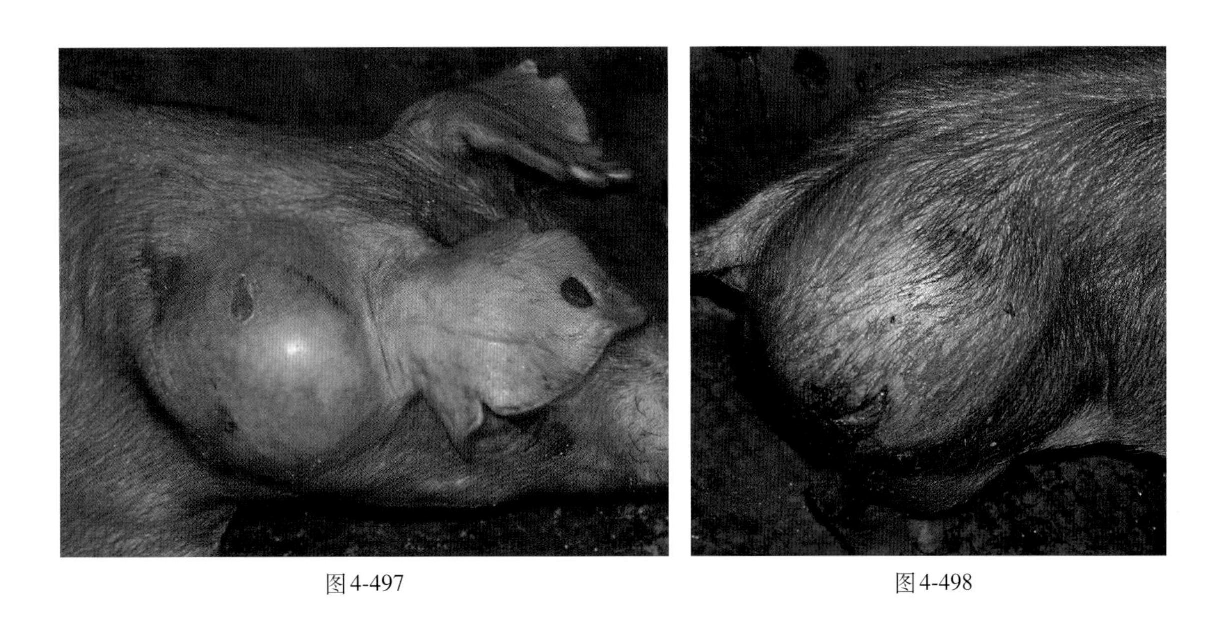

图4-497　　图4-498

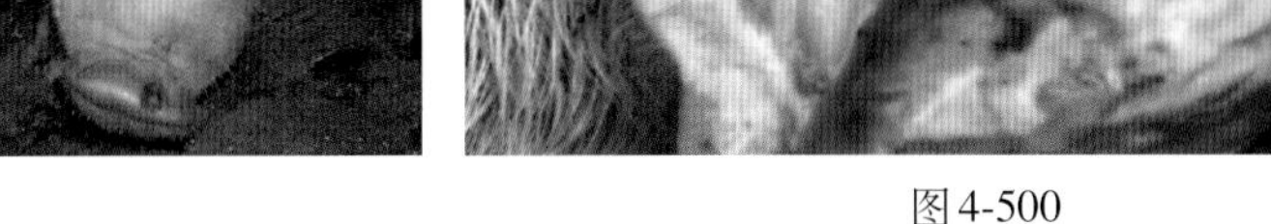

图4-499　　图4-500

有的患猪体表多处发生脓肿，眼睑（图4-501）、阴户（图4-502）等处都会发生。

由猪化脓性放线菌引起的子宫内膜炎或尿道炎是经产母猪多发病，危害极大，在《母猪泌尿生殖道感染》一节中已论述。

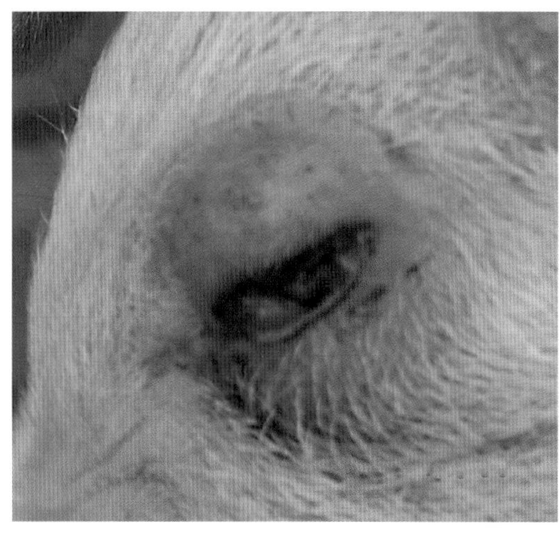

图4-501

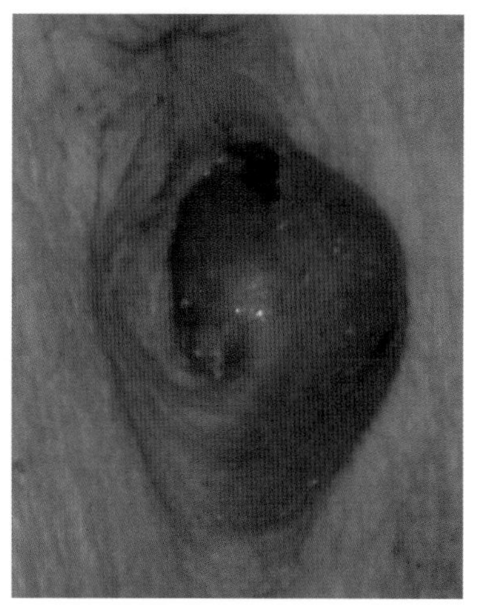

图4-502

2. 化脓性脊柱炎　化脓性脊柱炎在集约化猪场的保育、生长猪中最易发生，这是由于集约化饲养保育、生长猪时密度高，猪常发生咬尾，咬尾造成外伤后猪化脓性放线菌常常由伤口进入脊柱椎管而引起化脓性脊柱炎。病初，患猪走动不灵活、不愿活动、背腰僵硬，但这些表现常常不被重视，只有在病情严重，病猪出现后躯麻痹、瘫痪时（图4-503），才会被发现。图4-504中病猪第6腰椎椎管内有约5cm长的一段化脓、坏死、脊髓出血、浊肿，脓汁呈干酪样。

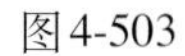

图4-503

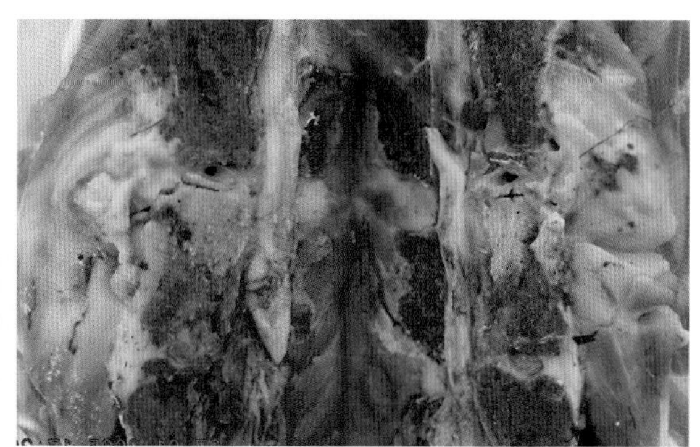

图4-504

3. 内脏脓肿　由猪化脓性放线菌引起的内脏脓肿最常见于胸、腹腔内脏上（图4-505），肺脏（图4-506）、肝脏（图4-505、图4-507）、脑、心包、肋胸膜上都会出现。内脏脓肿往往在剖检时才被发现。

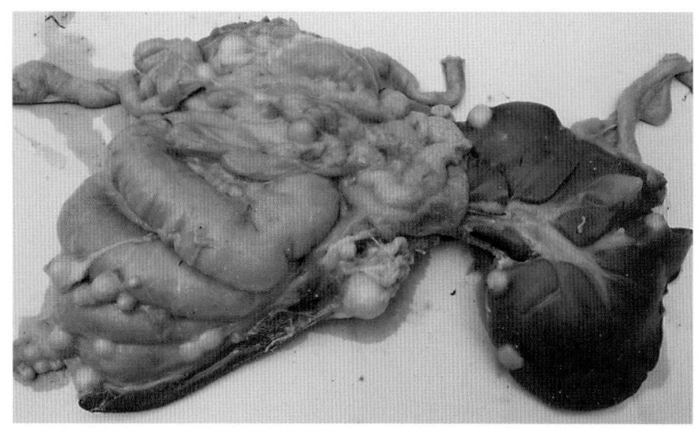

图4-505

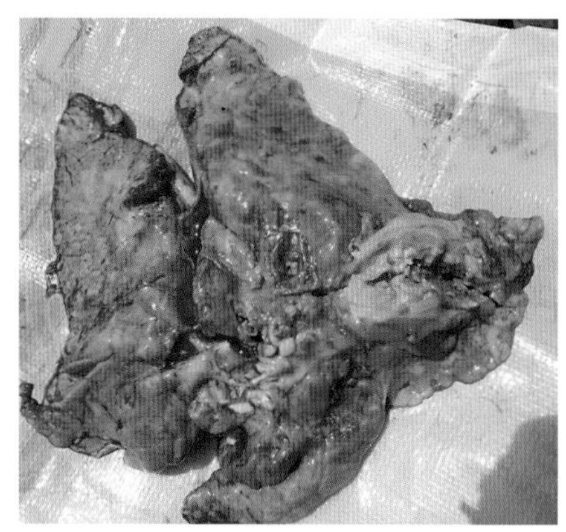

图4-506

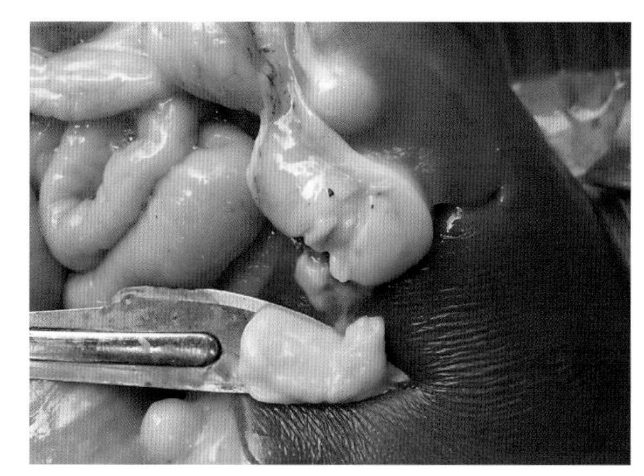

图4-507

4. 化脓性关节炎　由猪化脓性放线菌引起的化脓性关节炎常与链球菌伴发感染，患猪关节肿大，触之有波动感，内有大量脓汁（图4-508、图4-509）。图4-510患猪关节腔内有清淡的脓汁，主要是化脓放线杆菌引起；而图4-511患猪关节腔内是干固的脓块，主要是链球菌引起。这就是两者的大体鉴别。

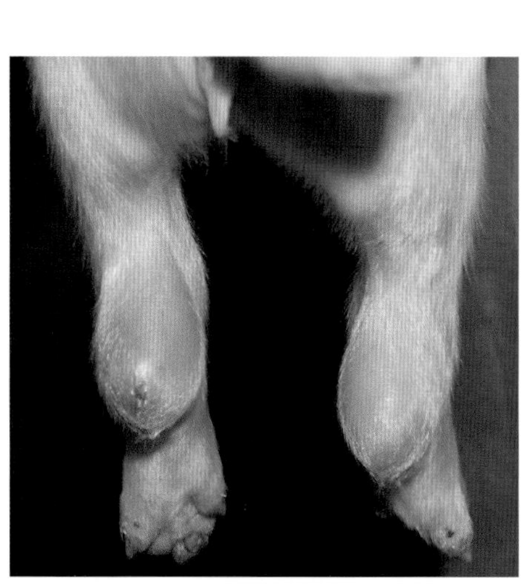

图4-508

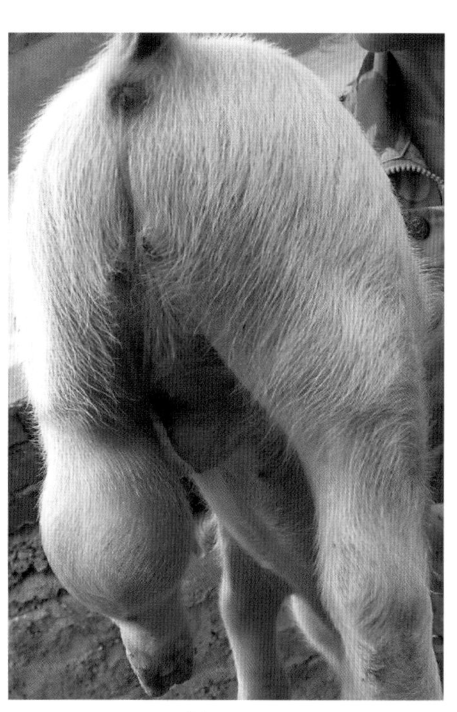

图4-509

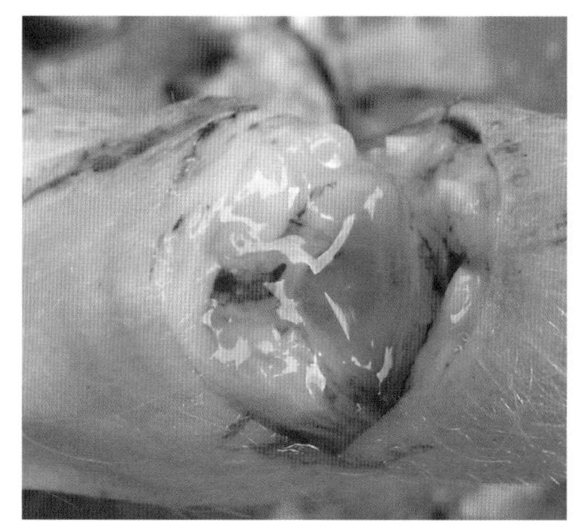

图4-510

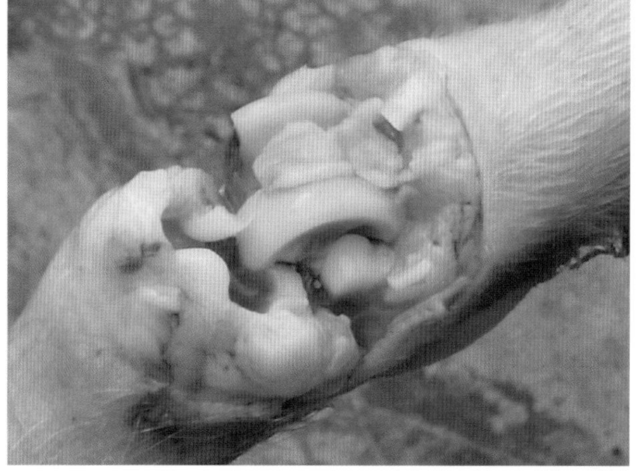

图4-511

## （二）防制措施

根据病原特点和发病途径要预防本病的发生，必须做好厩舍清洁消毒和保护猪体皮肤、黏膜不受损伤。发生脓肿并出现高温时，用抗生素治疗，可选用恩诺沙星和头孢噻呋钠合并注射，剂量均为每千克体重7.5mg。脓肿成熟后手术切开、排脓、清创、消炎一般可治愈。但要特别注意对手术场地、脓汁、污物认真清除销毁、消毒。注射针头、注射部位要认真消毒，针头长度要能达到肌肉内。

# 猪应激综合征

所谓应激是指动物在自然环境、人工小气候以及体内环境中，一些具有损伤性的生物、物理、化学、特种心理（好斗等）以及管理（这些因素又称应激原）的强烈刺激作用下，机体产生的一系列非特异性全身性反应的总和。猪应激总和中的各种症状称猪应激综合征。

猪应激反应一般分为三个阶段：第一阶段，惊恐反应阶段，亦称肾上腺反应阶段，是应激的早期反应；第二阶段，抵抗阶段，若应激原减弱未能形成主导作用，则早期反应的症状逐渐消失，猪体恢复正常；第三阶段，衰竭阶段，如果应激原的刺激强度超过猪体的抗应激能力；或者刺激作用持续，猪体新陈代谢出现不可逆转的变化，许多器官在形态和机能上都会发生异常，血液、尿液、酶、电解质、代谢产物和激素也都会发生变化，最终导致猪死亡。应激引起的经济损失十分惊人，危害严重。猪的应激问题，特别是饲养管理（抓捕、转群、免疫注射、惊吓）和运输方面的应激问题是现代化、集约化养猪和兽医工作中不可忽视的大问题。引种或采购育肥仔猪时，超百千米的长途运输必然会引起大小不等、强弱不一的应激反应，致使猪只抗病力下降，诱发或继发便秘、腹泻、体温升高、皮肤充血和出血为主要特征的疾病；猪舍温度升高达30.0℃以上，高温、高湿下猪体产生热应激，食欲减少、呼吸加快、心跳加速，可因呼吸困难而窒息死亡，重胎母猪可能发生流产、早产、产出死胎。

总之，猪应激可导致种猪繁殖障碍、生长猪生长发育受阻，发病率和病死率增高，生产水平下降，遭受经济损失。

## （一）应激表现

应激易感猪受到应激原的刺激后，突然发抖，站立尖叫，呼吸加速、喘，心跳加快，尾部、背部和腿颤抖、强直，不能迈步，身体震颤（图4-512）；有的眼球突出，白皮猪可因外周血管扩张，导致皮肤充血、出血，产生各种类型的应激斑或全身皮肤发红（图4-513、图4-514）；有的母猪还引发阴门红肿（图4-513）、体温升高。此时，受到驱赶或刺激，以上症状加重，会出现窒息死亡；如立即解除应激原，让应激猪安静，加强通风，多数应激猪的症状会在半小时至一小时左右缓解。

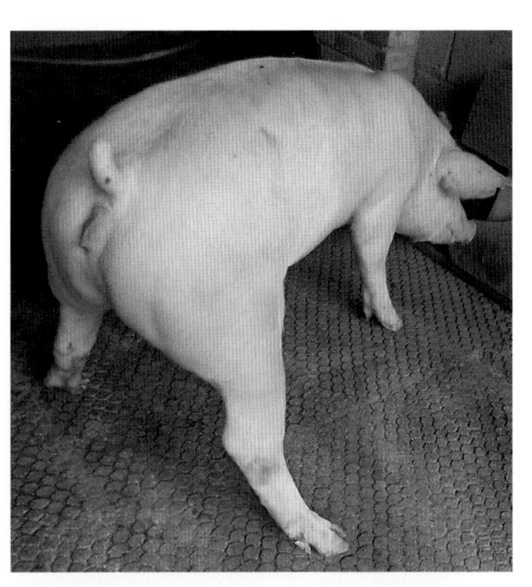
图4-512

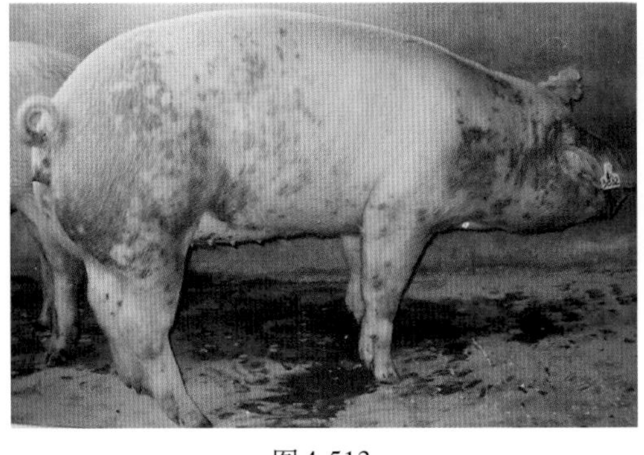
图4-513

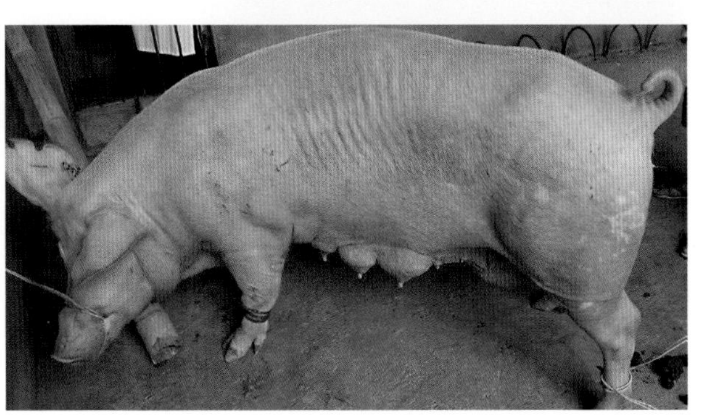
图4-514

新进猪应激表现为不食，口吐白沫、呕吐，呼吸加速，全身发抖，皮肤发红，体温升高，便秘或下痢等。

注射疫苗后15～30分钟，猪只发抖，不食，呼吸急促，体温升高，皮肤有不同类型的充血斑、紫斑，有的还出现跛行，腹泻，腹痛，粪便带血等症状，即为免疫应激，哺乳仔猪免疫应激时最明显的症状是呕吐。

猪阉割后出现尾上翘、频频摇摆，忽站忽卧，肌肉抽搐、震颤，呼吸不匀，皮肤一时红、一时白，体温升高等症状即为阉割应激。

应激易感种公猪常常在配种时发生应激，交配结束后全身发抖、呼吸加速、心跳加快，即刻应激死亡。

### （二）应激预防与处理

应激易感猪遇到应激原的存在才发生应激， 要预防猪应激的发生，从根本上讲要选择抗应激品种的猪，另外就是加强饲养管理，尽量避免应激原的存在、发生。当气温高时要通风降温，降低密度；猪只转群、免疫、阉割或出售及长途运输时，在头一天给猪服用大量的维生素C或多种维生素、氨基酸补充剂或卡巴匹林钙等预防应激类药物。

当猪发生应激时，首要的是消除应激原，将应激猪原地不动或移入阴凉、安静的地方，不要刺激，立即肌内注射地塞米松和苯海拉明。如果是热应激给猪体洒水降温，可收到较好的效果。

## 猪霉菌毒素中毒综合征

谷物和饲料受潮或在高温高湿环境下长期贮存会发霉并产生多种霉菌毒素，玉米、小麦还在田间起就会发霉（图4-515），收获后保管不当更易发霉（图4-516、图4-517），经过加工的麸皮（图4-518）甚至做成的颗粒饲料（图4-519）都会发霉。

图4-515

图4-516

图4-517

图4-518

图4-519

### （一）引起猪中毒的主要霉菌毒素

猪采食带有霉菌毒素的谷物或饲料后可出现生长发育停滞、繁殖障碍（死精、不孕、死胎等）、消瘦、抗病力下降等，给养猪生产造成较大的经济损失。对猪有影响、可造成猪中毒的霉菌毒素主要有黄曲霉毒素、DON毒素（呕吐素）、玉米赤霉烯酮（F-2毒素）、镰孢霉毒素、麦角菌毒素、赭曲霉毒素、橘青霉毒素6种。

1. 黄曲霉毒素　对猪最少有三点危害：①黄曲霉毒素是最强的免疫抑制剂，中毒时猪对疫病的免疫力下降，免疫时疫苗不能产生坚强的抗体；②黄曲霉毒素是凝血因子抑制剂，中毒时猪出血不易凝固，易在浆膜下层产生瘀血斑和造成肠出血；③黄曲霉毒素是一种肝毒素，可损害肝脏，导致肝功能下降，肝脏肿大、胆汁分泌减少。

2. 玉米赤霉烯酮　可以引起猪繁殖障碍：小母猪外阴红肿、阴道炎，早熟性乳房发育以及其他雌激素样症状；后备母猪屡配不孕；成年母猪黄体滞留、不发情或发情不规律、假妊娠，直肠、子宫脱垂；青年公猪包皮增大、红肿，性欲降低和睾丸变小；妊娠后期母猪玉米赤霉烯酮中毒产出的仔猪可出现外翻腿。

3. 麦角菌毒素生物碱　能引起猪四肢血管收缩，导致坏疽、跛行，严重者尾巴、耳、和蹄坏死。

猪霉菌毒素中毒时可引起肺水肿、胸腔积液、呼吸困难、张口呼吸、皮肤发绀、衰弱、死亡，妊娠母猪常发生流产。慢性中毒可致胃溃疡、胃黏膜上有霉菌结节。

猪霉菌毒素中毒时临床上常难以确定为何种霉菌毒素中毒，往往是几种霉菌毒素协同作用的结果。

### （二）猪霉菌毒素中毒病例

现将笔者诊疗的一起猪霉菌毒素中毒病例记录如下：2007年8月，一个猪场用霉变玉米占10%左右的饲料，饲喂33头长荣杂种猪和99头当地土种猪，共计132头猪。

到10月所有猪只表现生长缓慢，皮肤苍白、发黄（图4-520至图4-524），小母猪外阴红肿（图4-521至图4-525）、子宫脱垂（图4-526），就连野猪也子宫脱垂（图4-527），青年公猪包皮增大、红肿（图4-528），猪只陆陆续续死亡（图4-520），经诊断为霉菌毒素中毒。

1. 剖检肝病变　诊断过程中共剖检病、死猪22头（死猪1头、活猪21头），除部分病例皮下、浆膜、关节、血管、心瓣膜等黄染（图4-529、图4-530）；胸腺、心冠、大结肠浆膜等处出血（图4-531至图4-533），胃黏膜上有霉菌结节（图4-534）外。表现最多、病变最明显、最严重的是肝脏。肝出现不同程度病变的占18例，占总病例的81.8%（18/22）。现将肝的病变按病性、轻重程度简述如下：

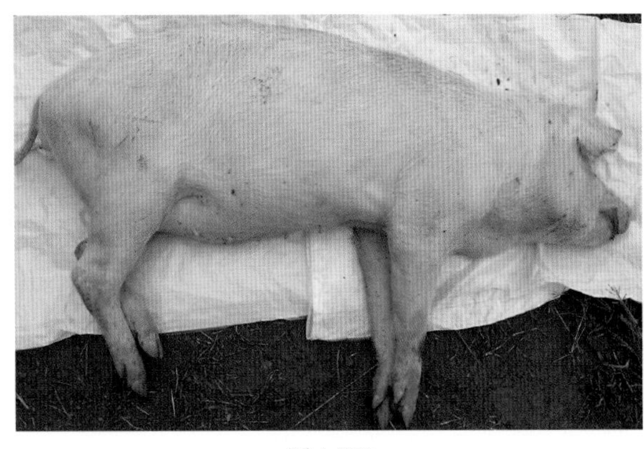

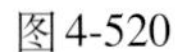
图4-520

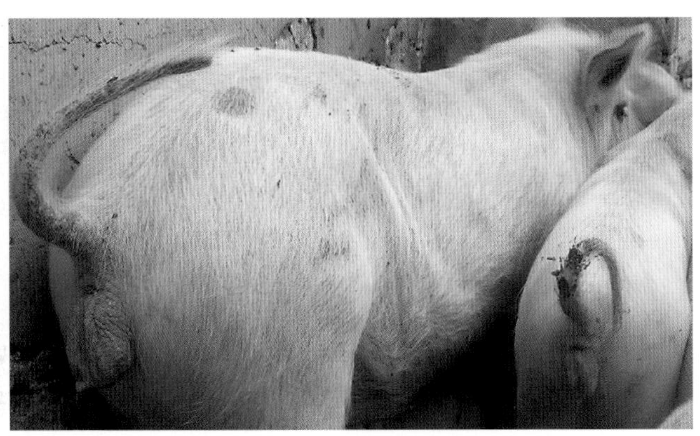

图4-521

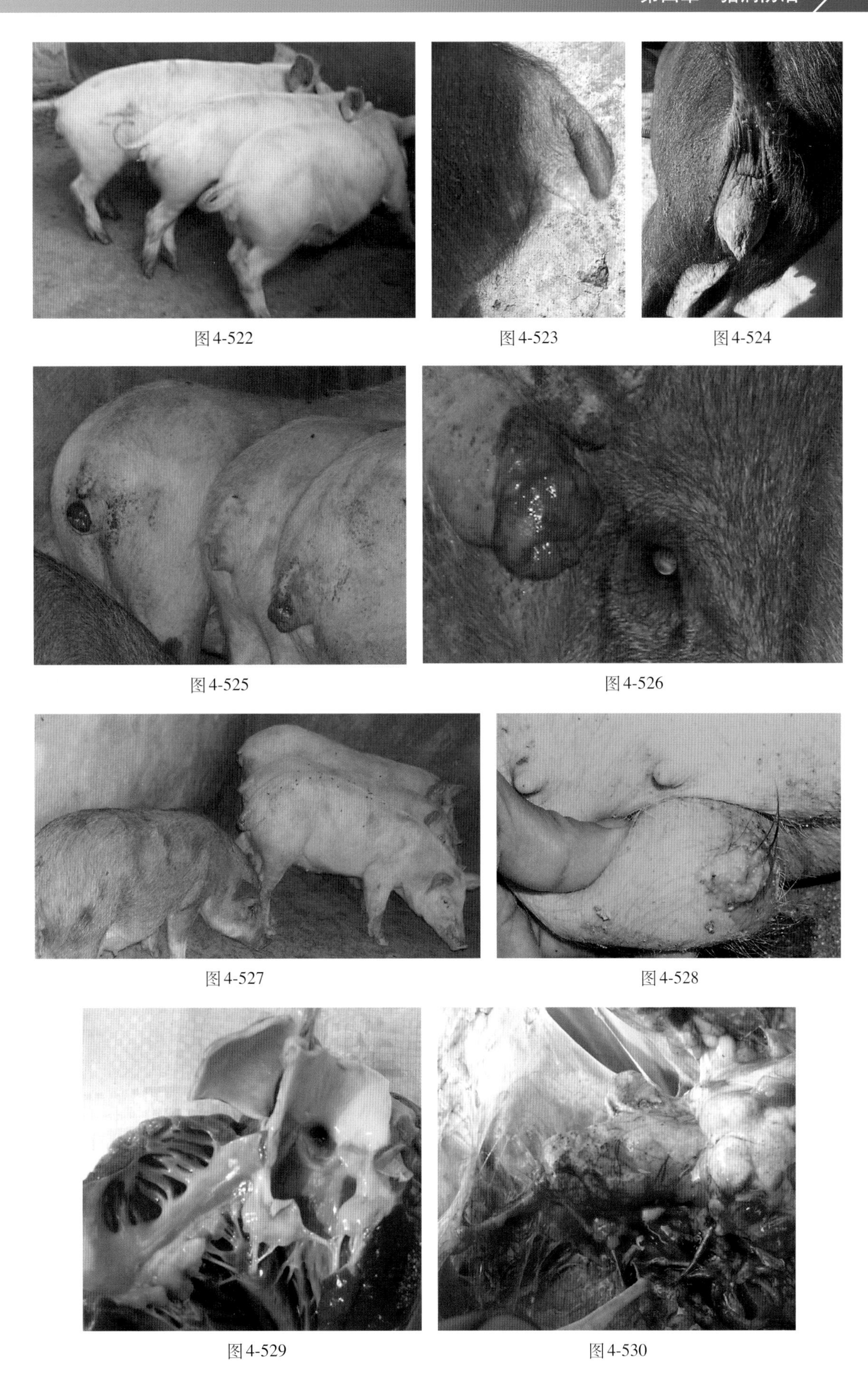

图4-522　图4-523　图4-524

图4-525　图4-526

图4-527　图4-528

图4-529　图4-530

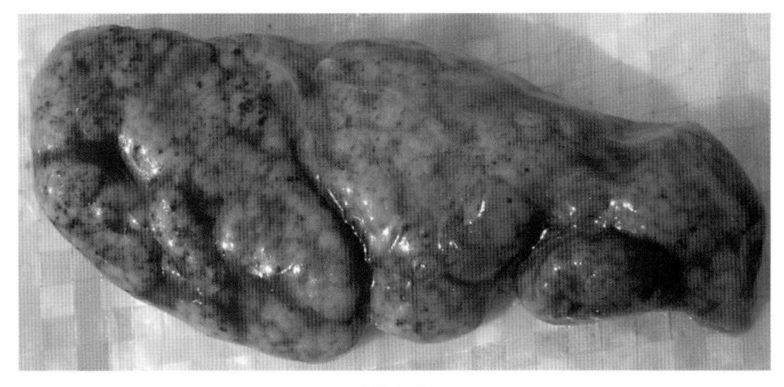

图4-531

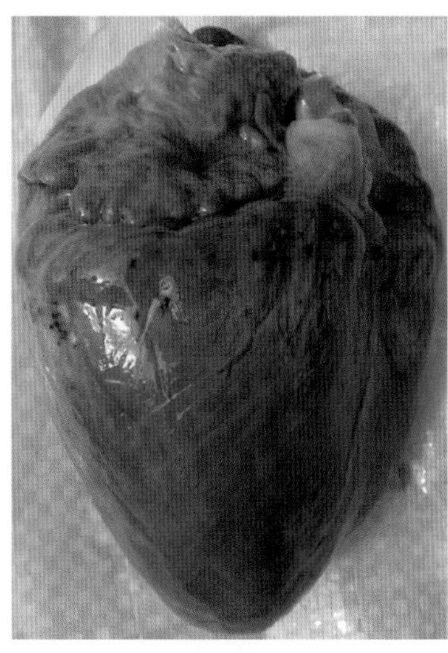

图4-532

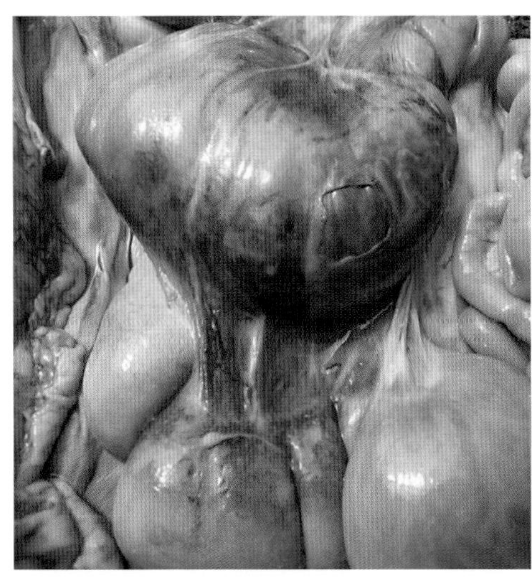

图4-533

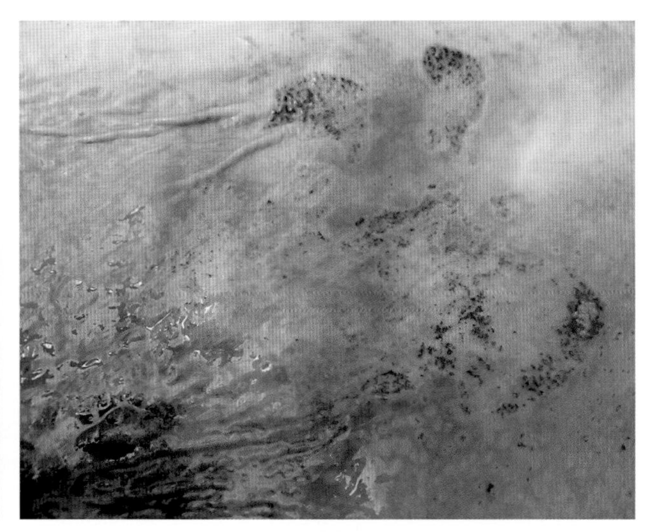

图4-534

（1）**肝瘀血** 肝瘀血分急性肝瘀血和慢性肝瘀血。急性肝瘀血呈现肝肿大，被膜紧张，表面膨隆，边缘钝，紫红色（图4-535、图4-536），切面湿润，流出暗红色凝固不良的血液（图4-537）。慢性肝瘀血切面呈暗红与灰黄相间的颜色，有如中药槟榔的横切面，故称“槟榔肝”（图4-538）。

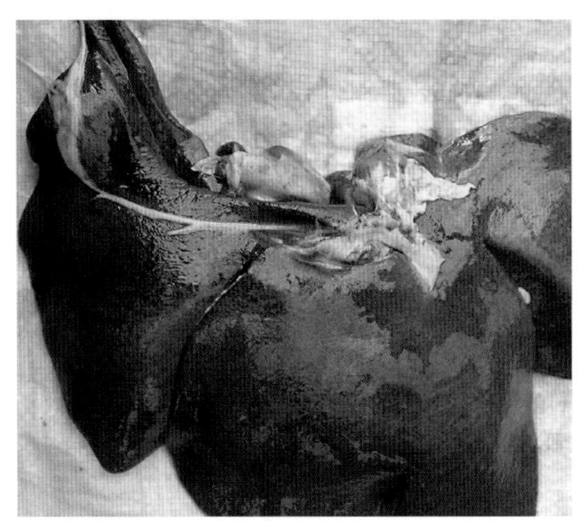

图4-535

图4-536

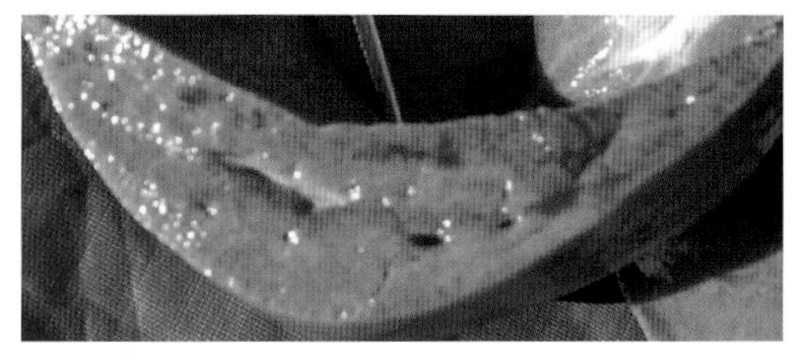

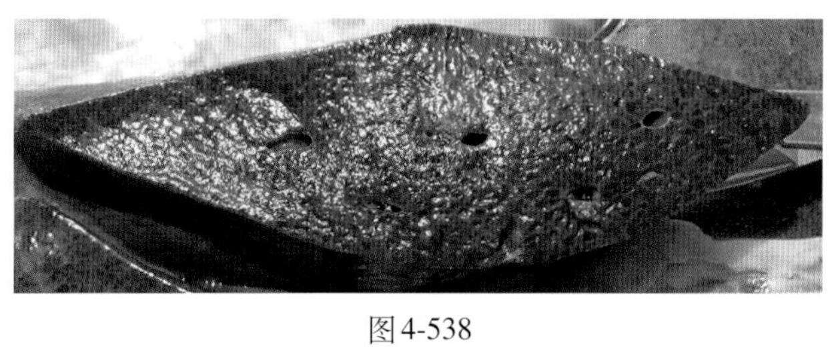

图4-537　　图4-538

（2）**肝纤维素性炎症**　肝轻度肿胀、表面有不同程度的纤维素附着，这是肝最轻的病变（4-539至图4-541）。切面无太大异常，刀上有少量组织附着（图4-542）。

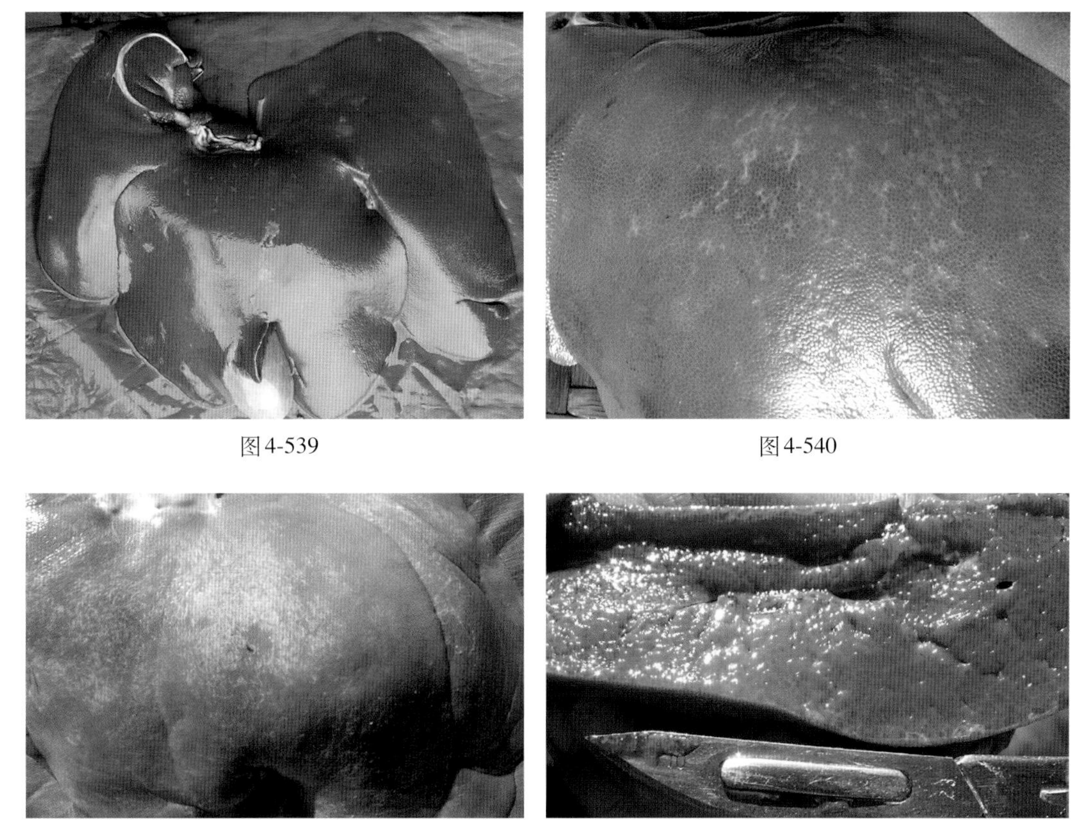

图4-539　　图4-540

图4-541　　图4-542

（3）**局灶性肝坏死**　肝局灶性坏死在病例中约占1/3，肝表面有粟粒大、麻粒大乃至蚕豆大的灰白色坏死灶，肝门淋巴水肿（图4-543、图4-544），肝切面亦有上述坏死灶（图4-545）。

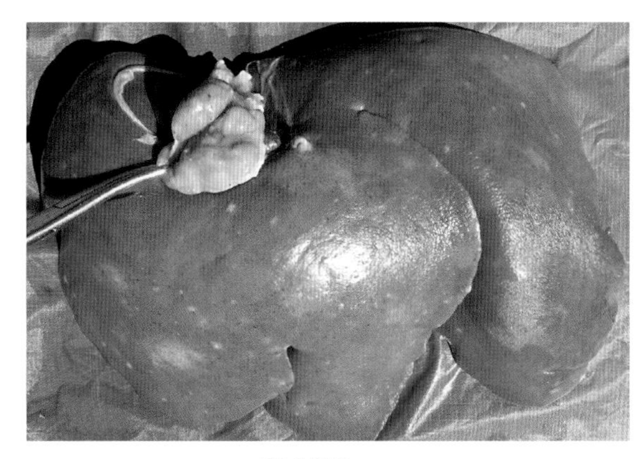

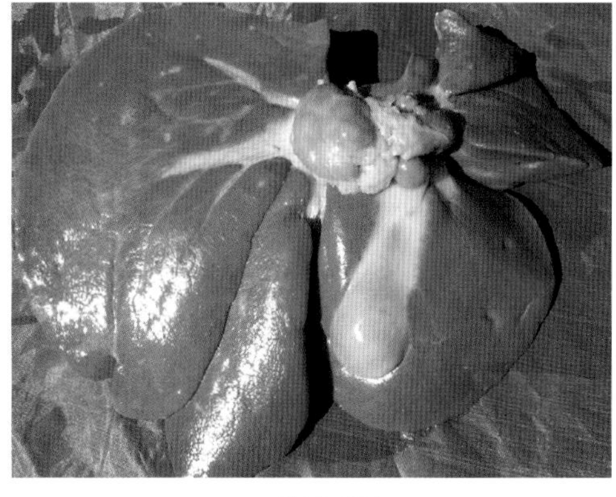

图4-543　　图4-544

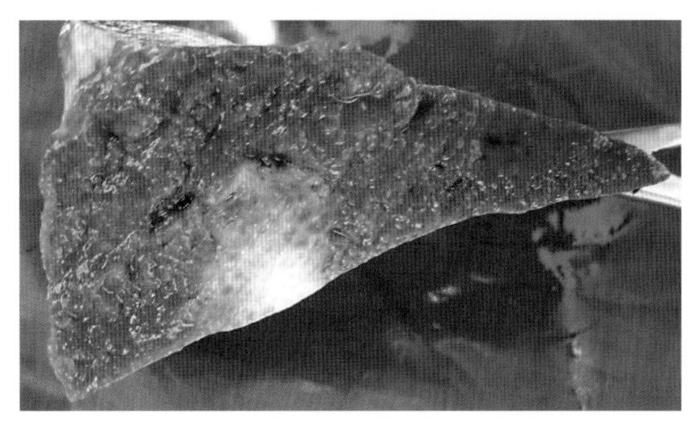

图4-545

**（4）弥漫性肝坏死** 弥漫性肝坏死呈现肝体积缩小，包膜皱缩，边缘锐薄，质软可叠，切面棕黄色或灰黄色，又称急性肝萎缩。由于萎缩后肝的颜色不同，又分别称急性肝黄色萎缩（图4-546、图4-547）或急性肝灰色萎缩（图4-548）。弥漫性肝坏死的同时常常出现胆囊壁水肿（图4-549）、胆汁浓稠似胶、胆黏膜坏死（图4-550）和胆总管黏膜坏死（图4-551）。

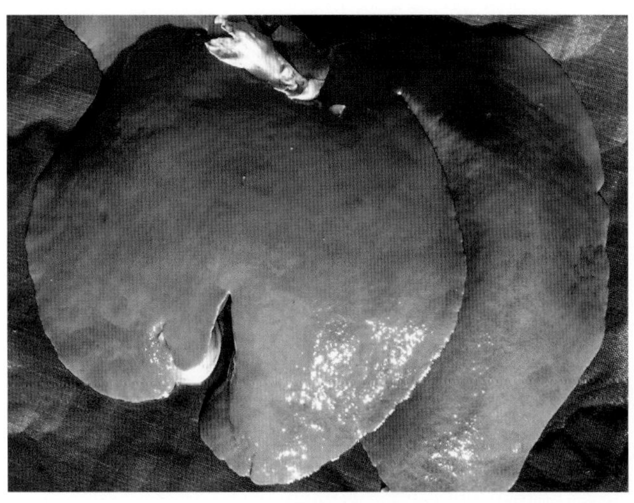

图4-546

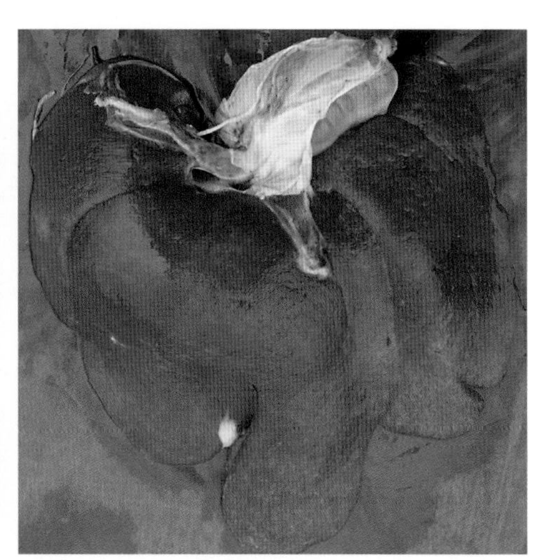

图4-547

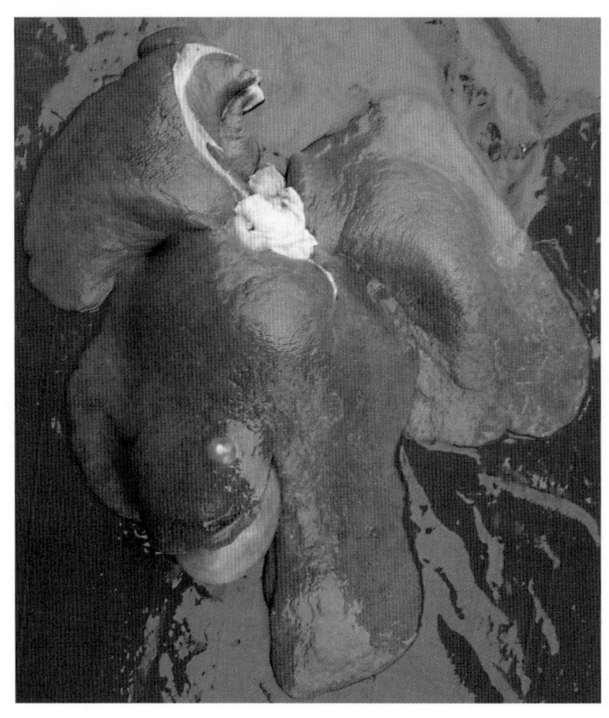

图4-548

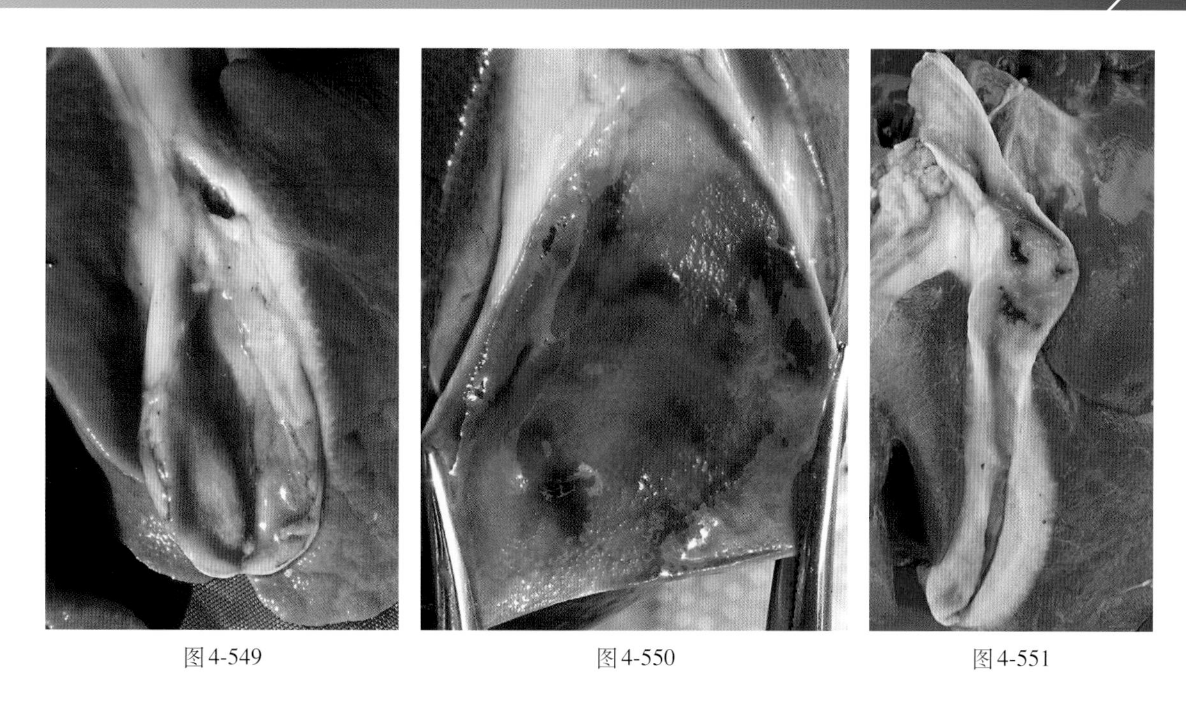

图4-549　　图4-550　　图4-551

**（5）肝硬化**　肝硬化呈现肝体积缩小、质度硬，表面高低不平或结节状（图4-552、图4-553），切面可见大片结缔组织增生，色彩斑驳（图4-554）。

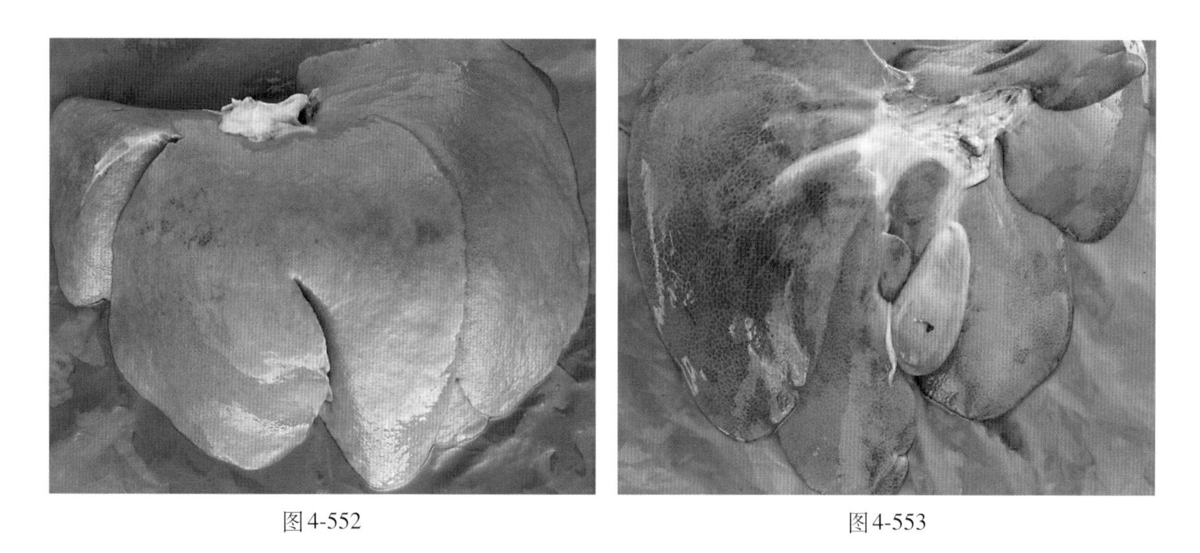

图4-552　　图4-553

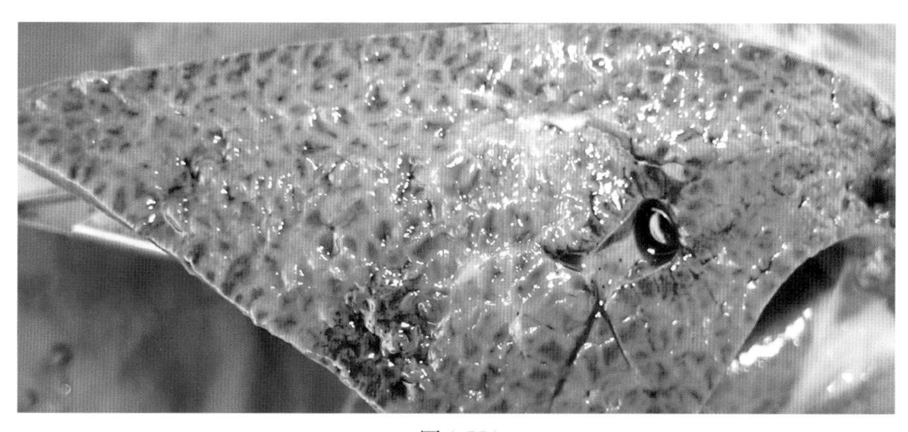

图4-554

2. 剖检脾病变 这起猪霉菌毒素中毒脾的病理变化归纳如下：

扑杀剖检的22例病、死猪，有11例脾脏观察到病变，其中脾被膜结缔组织增生的4例，占36%；脾表面有出血点的4例，也占36%；脾坏死的1例；脾皱缩硬化的1例。

**（1）脾被膜结缔组织增生** 这种脾，质地软，被膜松弛、增厚，结缔组织增生，一看上去脾表面似有一层白色网（图4-555、图4-556），切面脾小梁增生（图4-557）。

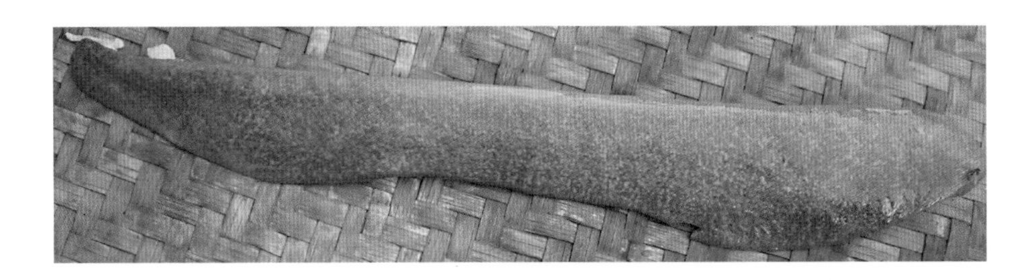

图4-555

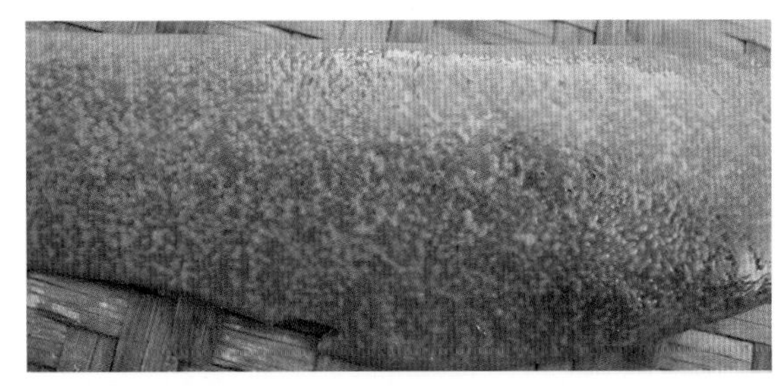

图4-556

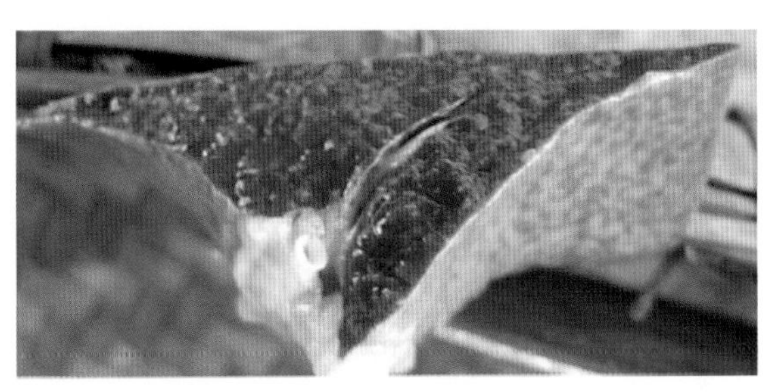

图4-557

**（2）脾表出血** 这种脾表面隆突不平，有散在针尖状出血点（图4-558、图4-559），切面红髓突出（图4-560）。

图4-558

图4-559

图4-560

**（3）脾边缘梗死** 在猪的传染病中，特别是猪瘟脾梗死是一种常见病变，而在这起霉菌毒素中毒中，只有一例，占4.5%（1/22）的脾边缘有一点和一条线样梗死（图4-561）。切面红髓突出，梗死灶深入红髓（图4-562）。

图4-561

图4-562

**(4) 脾坏死**　在这起霉菌毒素中毒中，也是有一例脾脏完全坏死，色污秽，质脆、一碰即碎（图4-563、图4-564），切面混浊不清（图4-565）。

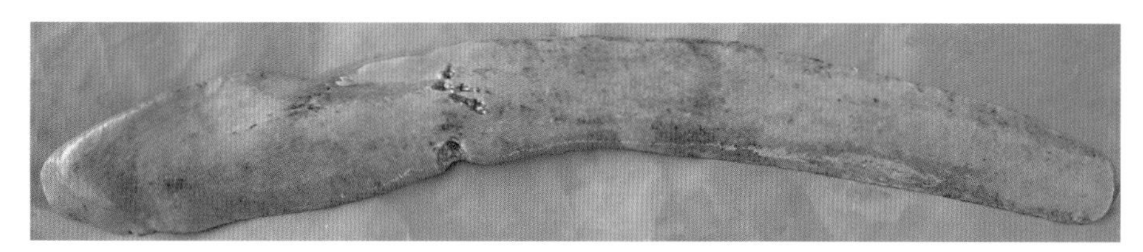

图4-563

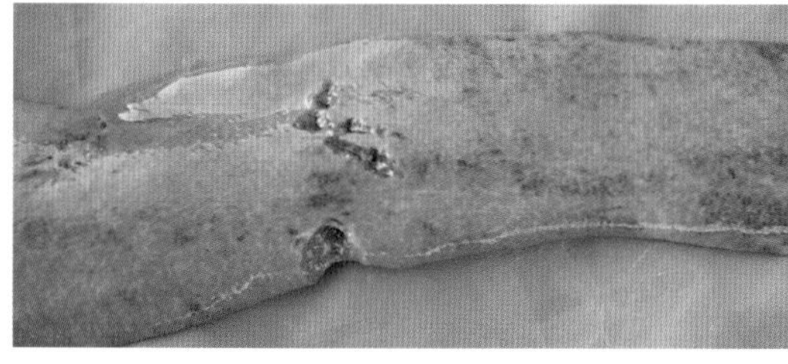

图4-564

图4-565

**(5) 脾皱缩、机化吸收**　在这起霉菌毒素中毒中，有一例脾脏皱缩似麻花、机化吸收，特别是脾尾，仅残留部分正常脾组织，这是一种很少见的脾病变（图4-566），切面出血、隆突不平、混浊（图4-567）。

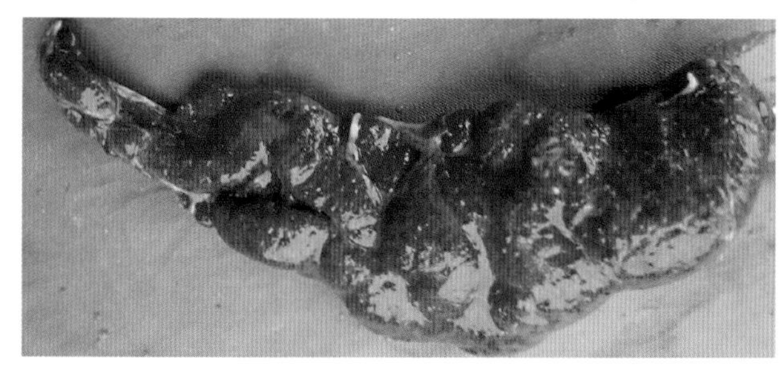

图4-566

图4-567

### （三）防制措施

防止霉菌毒素中毒的关键在于预防，饲料厂、养殖户、养殖场应严格选择饲料原料，严禁用发霉的原料、特别是发霉玉米制作配合饲料；不用发霉变质的饲料喂猪；猪一旦发生霉菌毒素中毒，治疗是比较困难的。

对轻微发霉的玉米进行反复曝晒。

为防止各种霉菌毒素引起猪中毒，或发现饲料原料发霉时可在饲料中加入吸霉剂、脱霉剂，预防时按原料霉变程度每吨饲料加入含纳米级蒙脱石、硅铝酸钠等的药物添加剂1 000～3 000g。

发现猪霉菌毒素中毒或怀疑霉菌毒素中毒时，应立即停喂霉变饲料，更换成优质饲料。然后用硫酸钠加植物油给中毒猪口服，用量：小猪硫酸钠20g、植物油100g，中猪硫酸钠40～50g、植物油300～400g，大猪硫酸钠60g、植物油500g。用药后以患猪出现轻泻时停药，如粪不变稀可再次投药；静脉注射10%葡萄和1～2倍量维生素C。每吨饲料中添加蛋氨酸1kg。

## 母猪泌乳障碍综合征

母猪产前、产后出现发热，大便秘结，不食，乳房炎、少乳或无乳，阴道炎，子宫内膜炎，瘫痪等症状，统称母猪泌乳障碍综合征（PPDS）。

### （一）主要症状

母猪产前几天乳房突然变小、皱缩（图4-568），治疗后产仔时乳房泌乳正常（图4-569）。

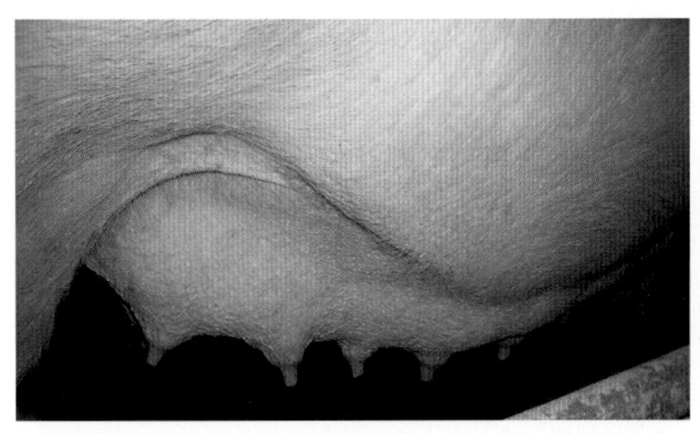

图4-568

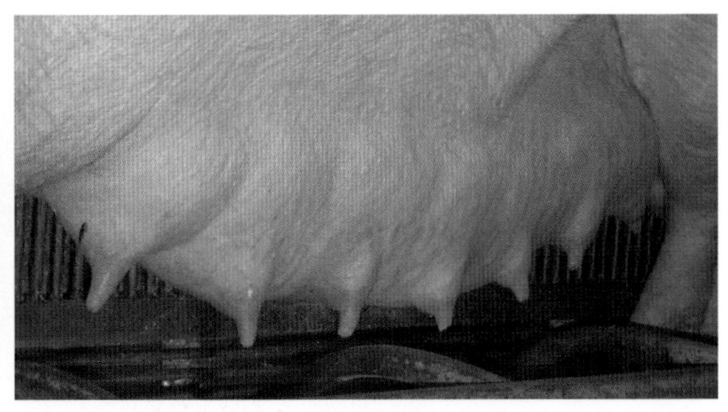

图4-569

母猪刚产仔的最初几天内常发生便秘，时间一长就会体温升高，母猪吃食减少、不食，随之影响泌乳。母猪便秘是引起无乳的重要原因，图4-570、图4-571两头母猪都因产后便秘而导致无乳。

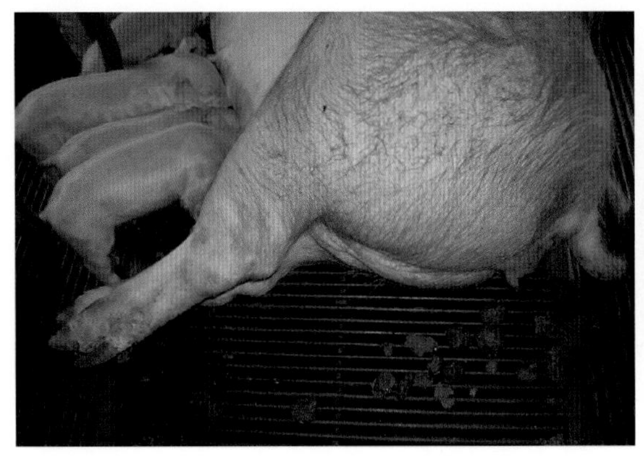

图4-570

图4-571

母猪产仔后乳房不膨胀、不红，灰白，干瘪，乳头挤不出乳汁（图4-572、图4-573）；哺乳时仔猪吸不出乳汁，叽叽叫，只好把仔猪全部寄养。

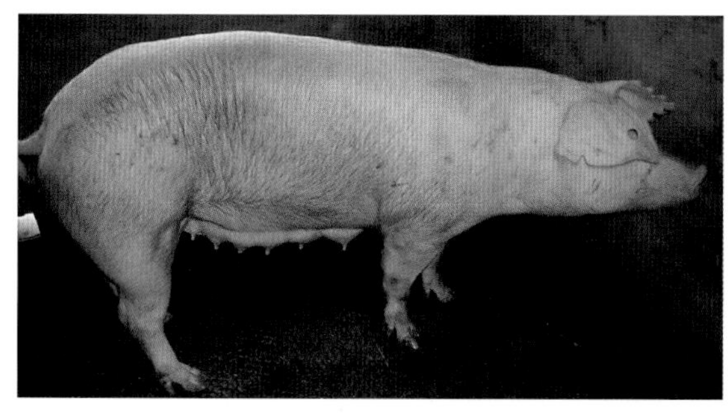

图4-572

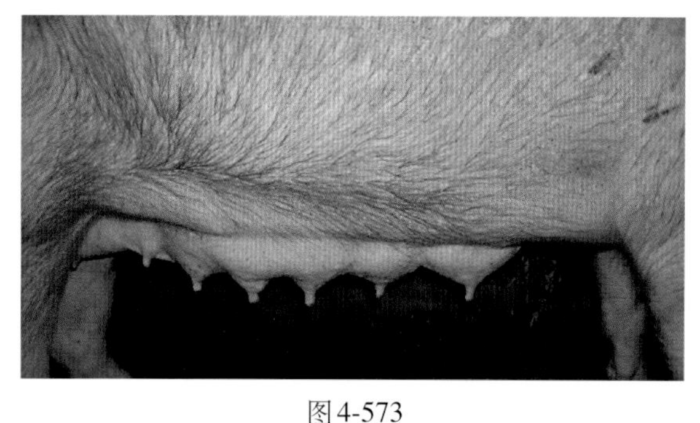

图4-573

母猪乳房、乳头外伤，仔猪吃乳咬伤乳头后受到链球菌、葡萄球菌、大肠杆菌、绿脓杆菌等病原微生物感染；母猪产仔后无仔猪吸乳或仔猪断奶后乳汁分泌旺盛，使乳房内乳汁积滞等都能引起乳房炎，乳房红、肿、甚至溃疡，详见图4-574至图4-576。

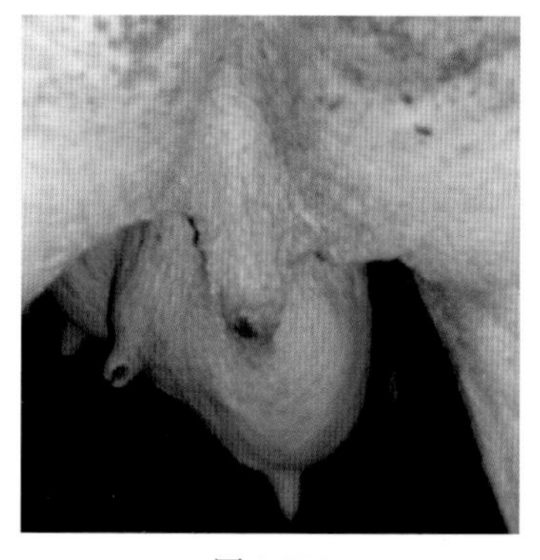

图4-574

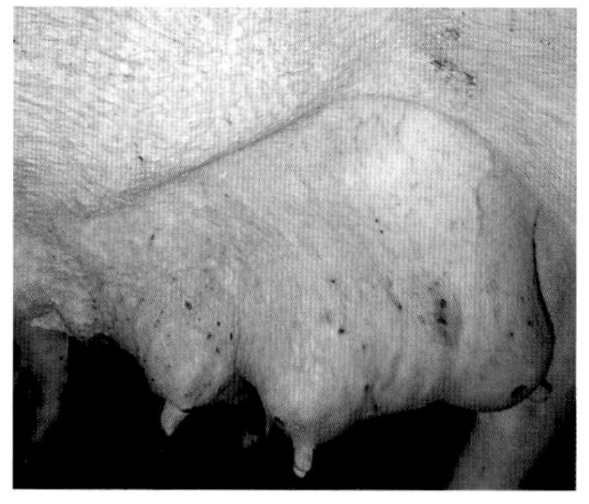

图4-575

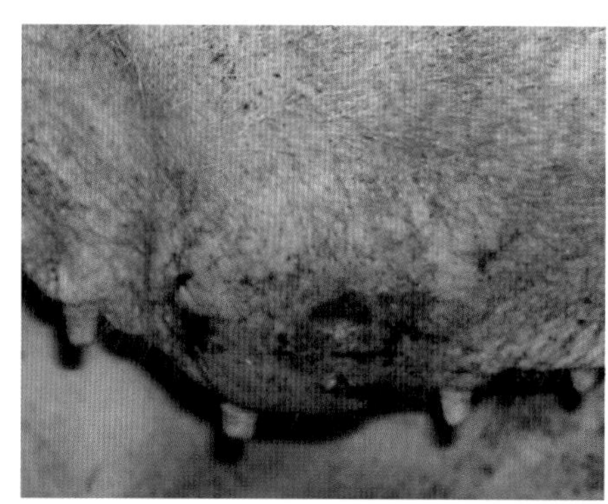

图4-576

母猪产后易发生阴道炎、子宫内膜炎，特别是难产母猪经人工助产更易发生。母猪产后4天，阴道内还出现恶露时，预示可能患阴道炎、子宫内膜炎（图4-577）。阴道炎、子宫内膜炎必须进一步诊断，确定炎症部位：母猪分娩后发生的多为阴道炎；发情后见到的多为子宫内膜炎， 尿后见到的多为泌尿道炎症，后备母猪阴户上附有石灰样粉末多为饮水不足所致。发生阴道炎、子宫内膜炎按清热消炎、祛腐排脓、净宫促孕的原则来治疗。

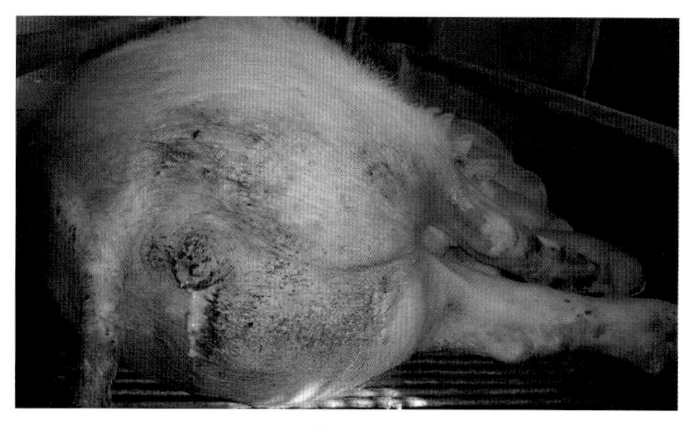

图4-577

产前、产后瘫痪是母猪围产期的一种急性严重神经性疾病，是一种急性低血钙症。特征是体温基本正常，饮食减少，泌乳减少，发病3～4天后白毛母猪的腹部、乳房基部等处可见麻疹样的红色小块或小点。严重者可见知觉丧失及四肢瘫痪，可继发肌肉萎缩、神经麻痹、间歇性颤抖、抽搐、角弓反张、四肢呈游泳状划动，关节脱位、骨折。产前瘫痪时间过长常产出死胎，其中有腐败的死胎（图4-578），图4-579中母猪是产后发生了瘫痪。

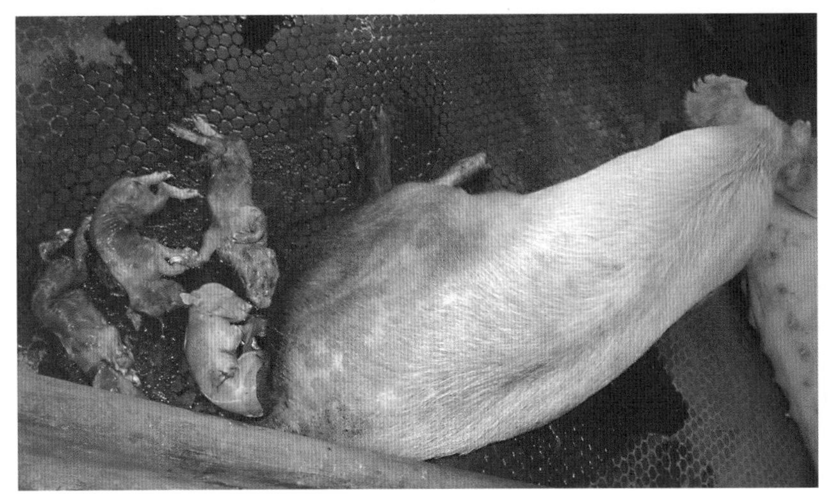
图4-578

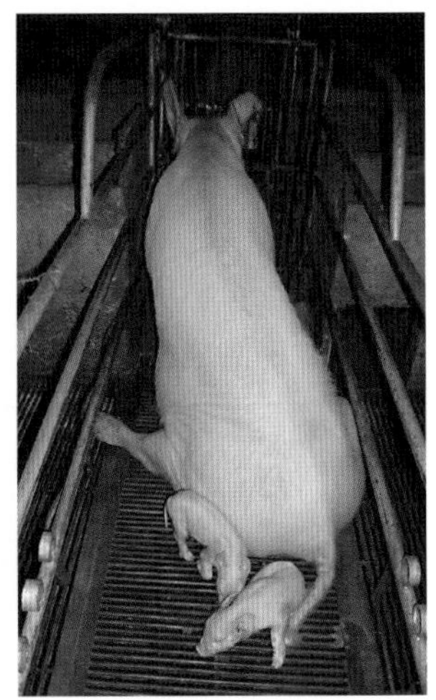
图4-579

## （二）防制措施

近年来PPDS在集约化养猪场的发病率呈上升趋势，该病使养猪业蒙受较大的经济损失。治疗的方法如下。

（1）母猪产前、产后的保健治疗

①母猪产前、产后各1周在每吨饲料中添加2%氟苯尼考预混剂2 500g+多西环素200g+TMP100g，可防止母猪产后高热及切断病原体由母猪传给仔猪，有利于哺乳仔猪的健康成长，提高断奶成活率。

②母猪产前几天如出现乳房变小、皱缩，立即注射氯前列烯醇0.2mg，很快就能好转。

③母猪产后第3天，每次喂料时加入催乳宝70g，连用3天，可增强母猪的泌乳力、提高产乳量。

④母猪断奶后第7天每次喂料时加入促孕宝50g，连用3天，可促进母猪早发情，提高受精率。

（2）母猪产后便秘、不吃食的治疗

①治疗便秘用猪清热通便散加在料中喂或投服，每次每头母猪用30～60g，每天2次；或用大黄末，每次每头母猪用10～20g，每天2次，直到大便正常或稍稀。

②母猪产后不食或采食减少，可将人工盐加在猪饲料中喂服或投服，每次每头猪用30g，每天2次；同时用复合维生素B注射液，每千克体重0.1～0.2ml，一次肌内注射，每日2次，连用2～3天，直到食欲正常。严重时需输液：

第一组　10%葡萄糖注射液250ml，10%氯化钠注射液250ml，10%氯化钙注射液50ml，10%安钠咖注射液10ml；

第二组　生理盐水250ml，维生素C注射液10～20ml，维生素$B_1$注射液10ml。静脉注射。

（3）母猪产后少乳或无乳的治疗

①在喂料时每次加入催奶宝70g，每天3次，连喂7天。

② 25%葡萄糖注射液50ml+缩宫素20IU，一次静脉注射，药液注射过程中或注完后乳头就会流出乳汁，此时，立即把仔猪固定在每个乳头上吸乳。每天3次，连用2～3天。

（4）乳房炎的治疗

①第一组　生理盐水250ml，青霉素400万U；

第二组　10%氯化钠注射注250ml，10%葡萄糖注射液250ml，维生素C注射液20ml，地塞米松磷酸钠注射液10ml（10mg）。

一次静脉注射，每天1次，连用2～3天。

②10%头孢噻呋注射液猪每千克体重0.1ml、一次肌内注射，2天一次。

③鱼腥草注射液，每头猪每次10ml，肌内注射，每天2次，连用2～3天。

（5）母猪阴道炎、子宫内膜炎的治疗

①清宫 0.1%高锰酸钾溶液或0.02%新洁尔灭1 000～2 000ml（必须用蒸馏水配制，水温在37℃左右），用洗胃器或螺旋式输精管清洗子宫。将洗胃器或螺旋式输精管从母猪阴门朝阴道前上方插入，插入15cm左右到达子宫颈口，感觉稍有阻力，慢慢刺激子宫颈口，再逆时针方向插入（螺旋式输精管）30cm左右，然后用注射器或100ml精液瓶把药液注入子宫内。灌注后驱赶母猪活动，将药液尽量排出。然后将盐酸土霉素可溶性粉（每袋50g，含土霉素500万U）25g或青霉素、链霉素、阿莫西林等，溶入20ml蒸馏水或高压灭菌的植物油中，注入子宫内。

②青霉素400万U、蒸馏水10ml、缩宫素30IU，先用蒸馏水溶解青霉素，再加入缩宫素，一次肌内注射，每天2次，连用2～3天。

③第一天：盐酸头孢塞呋；

第二天：土霉素+盐酸林可霉素，654-2 5-20mg；

第三天：阿莫西林+地美硝唑，甘草酸（浸膏粉）。

（6）母猪产后发热的治疗

母猪产后伴随以上症状群的出现，常常发热。可以用以下方药治疗：

①5%氟尼辛葡甲胺注射液10ml、青霉素800万U、链霉素100万U，一次肌内注射，每天2次，体温下降至正常时即停止用药。

②母猪体温超过42.0℃以上，或体温虽在41.0℃左右，但有全身症状、不食者需用以下药物治疗：

第一组 5%葡萄糖注射液250ml，10%安钠咖注射液10ml，维生素C注射液10～20ml；

第二组 5%葡萄糖注射液250ml、青霉素800万U，一次静脉注射，每天1次，连用2～3天。

（7）母猪产前、产后瘫痪的治疗

①见血飞100g、红萆螀100g、酒50ml，前两味药共研为末，用开水1 000ml搅拌，待温后加酒给猪灌服，每天1剂，选服2～3剂。

②维生素$B_1$注射液300mg，肌内注射；50%葡萄糖注射液50～100ml、维生素C注射液200mg，静脉注射。

③10%葡萄糖注射液500ml、10%葡萄糖酸钙注射液80ml、维生素C注射液20ml，一次静脉注射，每天1次，连用2～3次。

④20%安钠咖10ml、维丁胶性钙10ml，肌内注射，每天1次，连用7天。

⑤病猪每天补充骨粉20～30g或乳酸钙5g、磷酸氢钙30g，鱼肝由20ml。

## 猪 丹 毒

猪丹毒是由猪丹毒杆菌引起的一种急性、热性传染病。临床主要表现为急性败血型和亚急性疹块型，转为慢性的病猪常表现心内膜炎和关节炎。

### （一）流行特点

本病多在30日龄至6月龄的架子猪中发生，一年四季都有发生，但以气候暖和的季节多发。散发或地方性流行。人也能被感染。

### （二）主要症状

急性败血型猪丹毒常突然发病，猪群里有一头或几头猪发病死亡，其他猪相继发病、倒毙。病猪体温急剧升高达42～43℃，表现寒战，有的鸣叫、伏卧，驱赶时步态僵直，有的跛行，有少数病猪出现呕吐。部分病猪死前皮肤发红，指压时红色消失，停止按压时则又恢复，俗称“大红袍”（图4-580）。

图4-580

亚急性型猪丹毒病猪初期体温升高至40～41℃，食欲消失、口渴、便秘，发病1～2天后皮肤上出现扁平隆起的呈方形、菱形或不规则的疹块（图4-581至图4-585）；疹块初起，周边呈粉红色、内苍白，继之苍白区的中央发红，并逐渐向四周扩展，直到整个疹块变为紫红色乃至黑红色，疹块和健康皮肤界限明显、稍突出于皮肤表面（图4-584、图4-585）。在病的恢复期疹块上结痂，痂皮脱落后留下“烙印”，少数病猪疹块感染，大片化脓、结痂，痂皮脱落后出现斑驳的红色新皮（图4-586）。

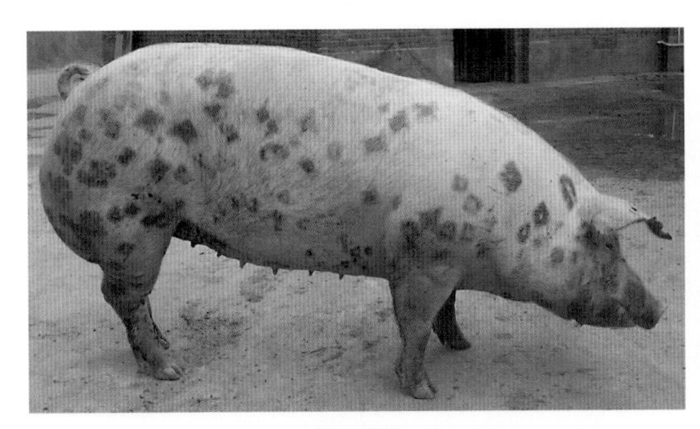

图4-581

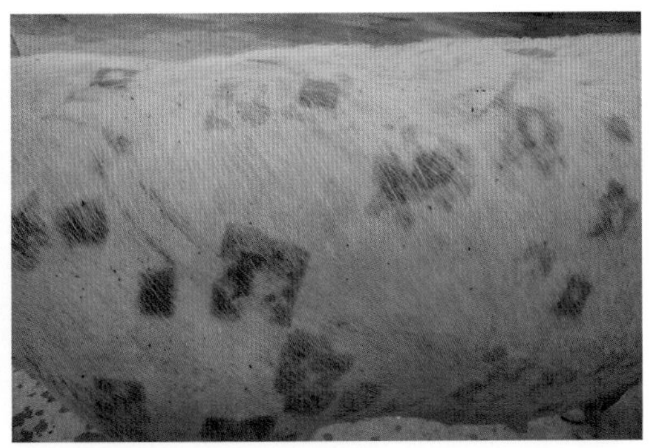

图4-582

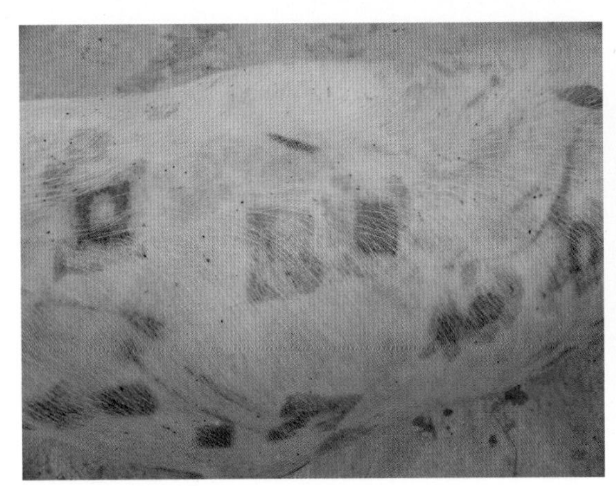

图4-583

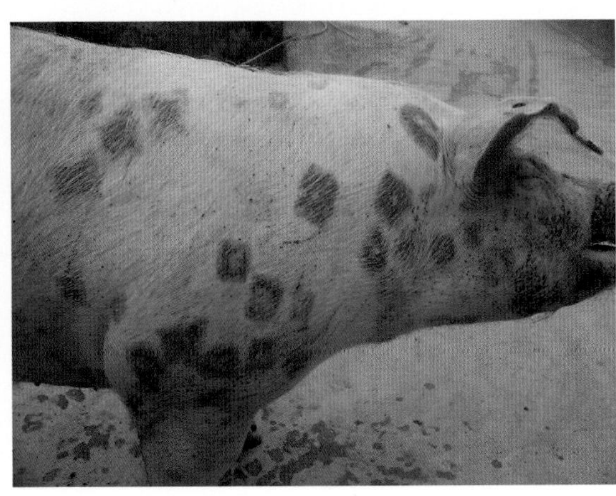

图4-584

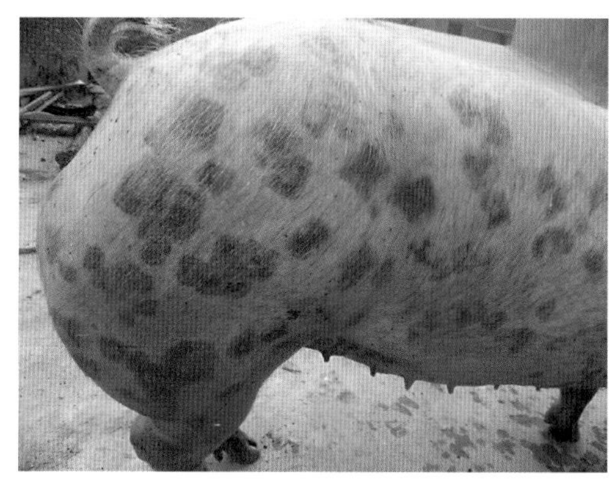

图4-585

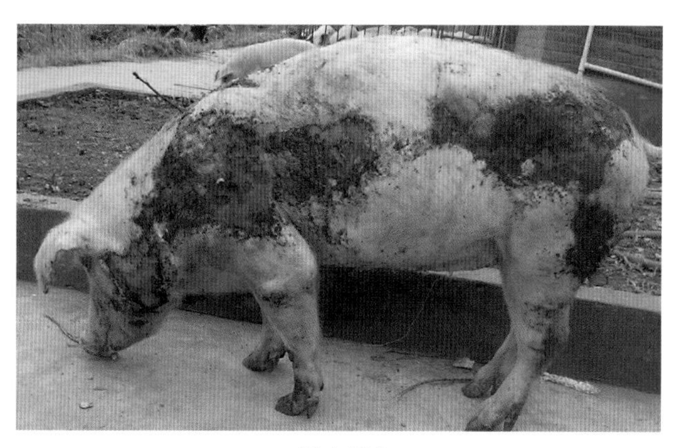

图4-586

## （三）剖检病理变化

急性型的病理剖检特征是淋巴结肿大、切面多汁、呈紫红色；胃和十二指肠呈急性、出血性卡他（图4-587）；肾瘀血、肿大、呈紫红色，俗称“大紫肾”（图4-588）。

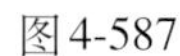

图4-587

图4-588

慢性型猪丹毒主要病变常见心内膜炎，心瓣膜形成菜花样赘生物，图4-589是病猪二尖瓣上的菜花样赘生物，图4-590是病猪主动脉瓣上的菜花样赘生物。

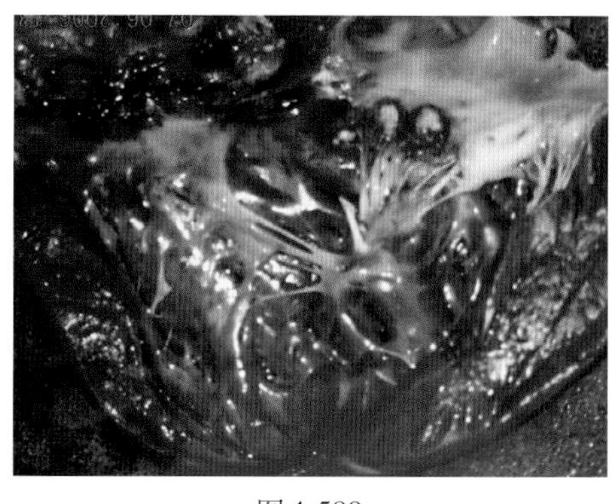

图4-589

图4-590

人在处理加工丹毒病猪肉和内脏时，如皮肤有损伤，常感染红斑丝菌，在手指或其他部位出现红肿病灶，称“类丹毒”。

### （四）防制措施

在猪丹毒常发地区，应按时给猪接种猪丹毒菌苗进行预防。青霉素、阿莫西林对猪丹毒病猪有特效，一有发病，特别是急性猪丹毒发生，要立即用青霉素治疗。第一次用突击量静脉滴注；然后用维持量肌内注射，坚持4个小时注射1次，一般3～4次就能控制住病情。也可用以下处方治疗：

第一天：阿莫西林+青霉素+清开灵，肌内注射。

第二天：654-2　5～20mg，肌内注射。

大群猪的预防可在每吨饮水中添加10%阿莫西林可溶性粉3 000g，给猪饮用。

治疗病猪的同时，要对同群猪逐头进行紧急测温，凡体温升高者立即用上述药物和方法隔离治疗，彻底清扫消毒猪舍，对假定健康猪进行丹毒菌苗预防接种。

## 猪附红细胞体病

猪附红细胞体病是由附红细胞体附着于猪的红细胞或血浆中（图4-591、图4-592），引起猪发生黄疸性贫血等症状的一种病，又称红皮病。除猪外，附红细胞体还可以附着于牛、羊等动物和人的红细胞及血浆中，是一种人畜共患病。

仔猪、保育猪，特别是去势后的仔猪、断奶几周后的保育猪容易感染本病，发病率和病死率较高。

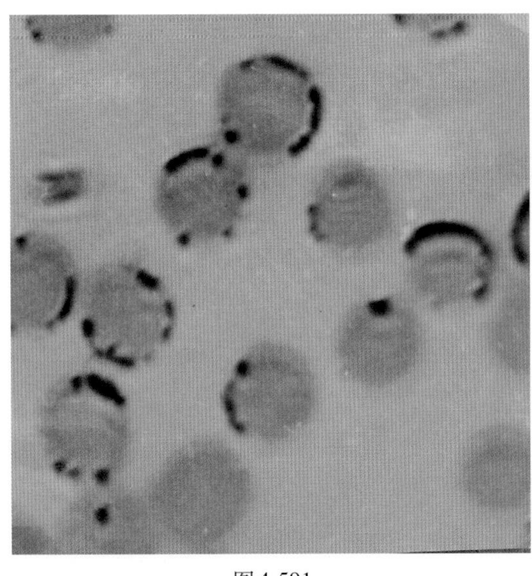

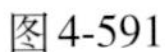

图4-591

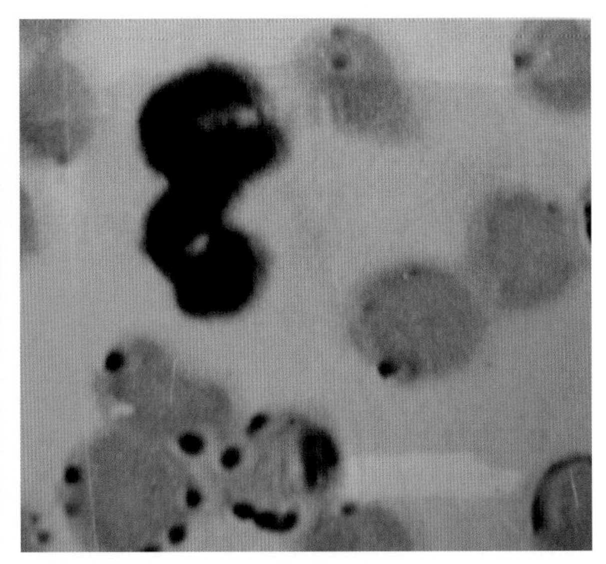

图4-592

### （一）主要症状

急性病猪的症状是发热，全身荨麻疹，在荨麻疹中间散布有少量指头大小的瘀血斑，故称红皮病（图4-593、图4-594）；皮肤和可视黏膜苍白、黄染（图4-595）或发红，有的耳郭边缘、尾及四肢末端发绀或呈暗红色，尤其耳郭边缘发绀、呈大理石样斑纹是本病的临床特征；全身体表淋巴结肿大。

病、死猪血液稀薄、凝固不良，可视黏膜和皮肤苍白，皮下脂肪、网膜黄染（图4-596），甚者全身黄疸；肝肿大、变性，脾肿大等。

图4-593

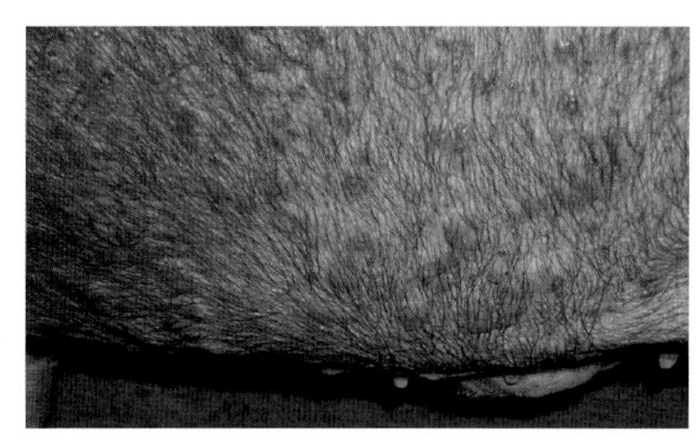
图4-594

图4-595

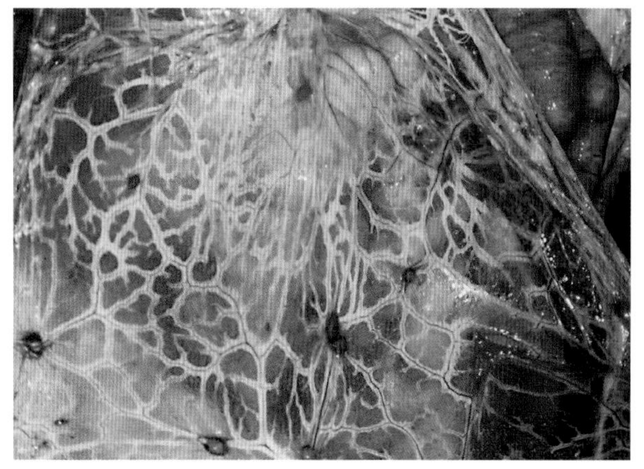
图4-596

### （二）防制措施

目前还没有商品疫苗供免疫预防，只有加强饲养管理，搞好环境卫生和消毒以减少该病的发生。治疗可选用以下药物：

①每吨饲料中加氟苯尼考200g+多西环素200g，连续喂5～7天；

②猪每千克体重用血虫净（贝尼尔）5mg，肌内注射，间隔2天，重复用药一次；

③ 10%磺胺间甲氧嘧啶钠注射液，每10kg体重用2ml，肌内注射，3天后再重复用药一次；

④每吨饲料中加对氨基苯砷酸（阿散酸）180g，搅拌均匀，连喂1周，以后改为半量再喂1周。

## 猪　痢　疾

猪痢疾俗称猪血痢，本病是由猪痢疾密螺旋体引起的猪肠道传染病。特点是大肠黏膜发生卡他性、出血性炎症，临床表现为出血性、黏液性下痢。

### （一）流行特点

本病仅见于猪，各种品种、年龄的猪均易感，常发生于7～12周龄的幼猪，且日龄小的猪比大的猪发病率和病死率高。病猪和带菌猪是主要传染源，传播途径是消化道。

### （二）主要症状

本病的主要症状是腹泻，病猪体温升高达40～41℃。刚开始粪便为黄色或灰色软便，继而粪便中含有大量黏液、血液（图4-597）和肠黏膜坏死碎片，粪便即呈褐色或黑色，此时，病猪已消瘦、脱水、无力站立。最急性病例突见病猪腹泻，类便为咖啡状、甚至带有血丝、血块、黏膜和纤维素，血粪常常黏附在病猪肛门四周及臀部（图4-598）。

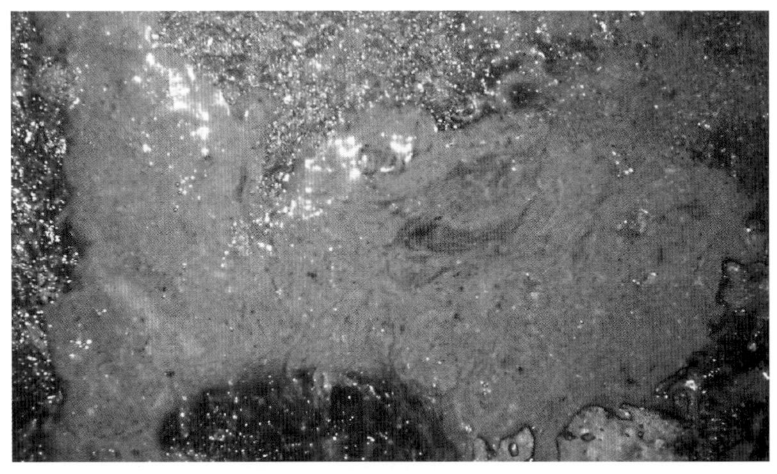
图4-597

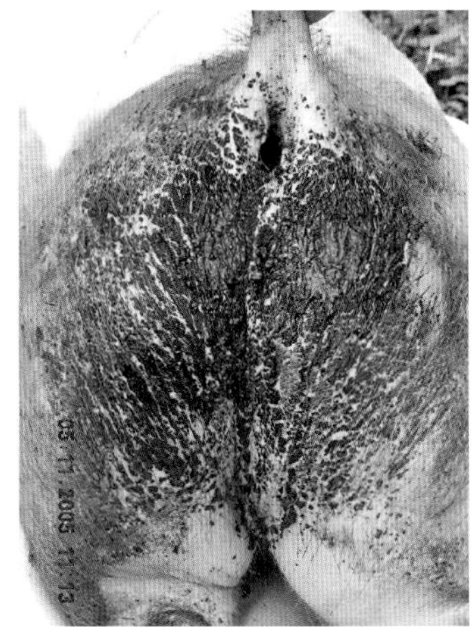
图4-598

## （三）剖检病理变化

本病的典型病变在大肠，常见小结肠黏膜下腺体突出，淋巴滤泡增大，使浆膜面网状结构变得似大脑表面的沟横状（图4-599）。小肠无病变，有病变与无病变的明显界线在回肠与盲肠交界处（图4-600、图4-601），个别严重病例出血可延至回肠末端。

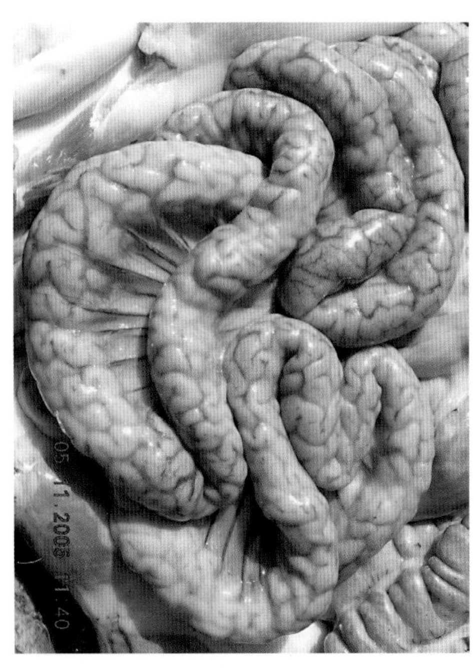
图4-599

图4-600

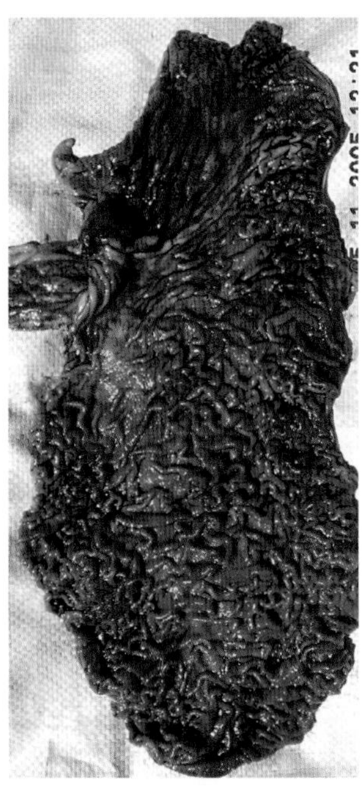
图4-601

肠壁（图示结肠）充血、水肿，肠黏膜急性出血、脱落，肠腔内有大量血块（图4-602、图4-603）、纤维素和黏液血样粪便，用水冲去血样粪便，呈现皱折增多的卡他性肠炎（图4-604）。

病情进一步发展，大肠壁（图示直肠）水肿减轻，肠黏膜病变加重，表层坏死形成麸皮状或豆腐渣样的假膜（图4-605、图4-606）。

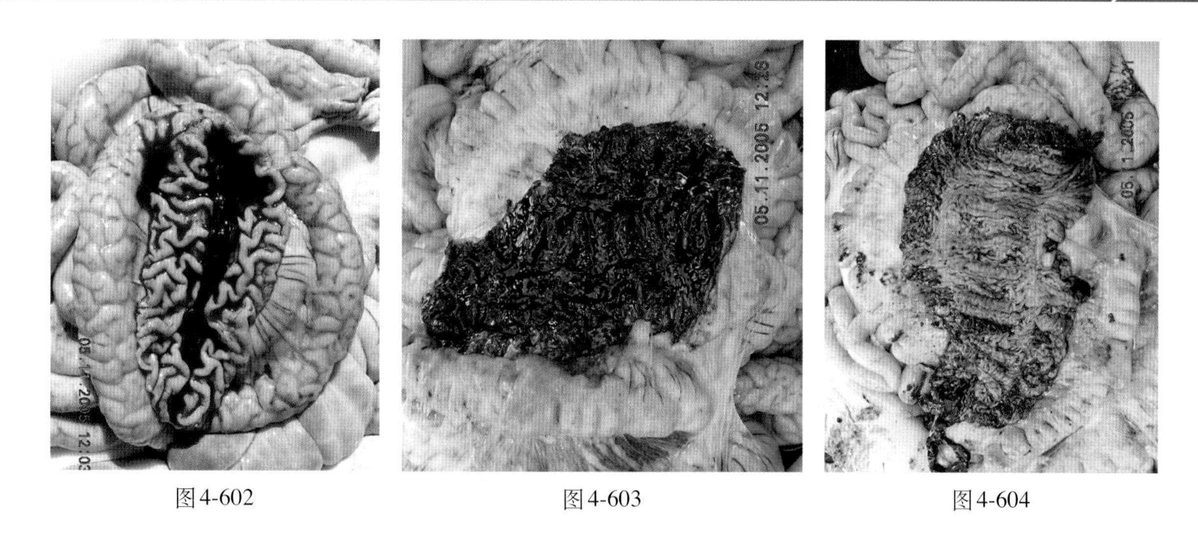


图4-602　　图4-603　　图4-604

图4-605

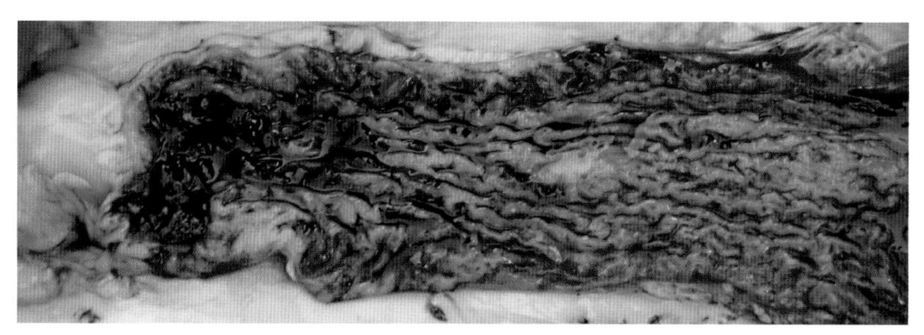

图4-606

## （四）防制措施

预防本病重在加强厩舍和环境的卫生和消毒，发现病猪立即隔离、消毒、治疗。

泰妙菌素、金霉素对猪痢疾有较好的治疗效果，在每吨饲料中添加泰妙菌素150g+金霉素200g+洛克沙胂40g，连喂7天。

# 猪　　痘

猪痘是由痘病毒引起猪皮肤发生痘疹为特征的一种急性、热性传染病。猪痘一年四季都可发生，但多见于温暖季节。各种年龄的猪都可感染发病，但以4～6周龄仔猪和断奶仔猪多发。

## （一）主要症状

猪痘病猪体温稍高，鼻黏膜和眼结膜潮红、肿胀、有黏性分泌物。在鼻、眼、下腹、股内侧等皮肤无毛或少毛的部位发生痘疹。痘疹开始为红斑，在红斑中间再发生丘疹样结节，2～3天后转为水疱（或不经过水疱），然后变为脓疱，整个病灶好似脐状突出于皮肤表面，最后变成棕黄色结痂（图4-607、图4-608）。这种有规律的病变是本病的特征性症状。多数患猪取良性经过，痂块脱落，留下白色斑块而痊愈，病程10～15天。少数严重病猪可发生出血性或融合性痘，在口、鼻黏膜、咽喉、气管黏膜上发生痘灶，致使呼吸困难、全身感染、败血症而死亡。

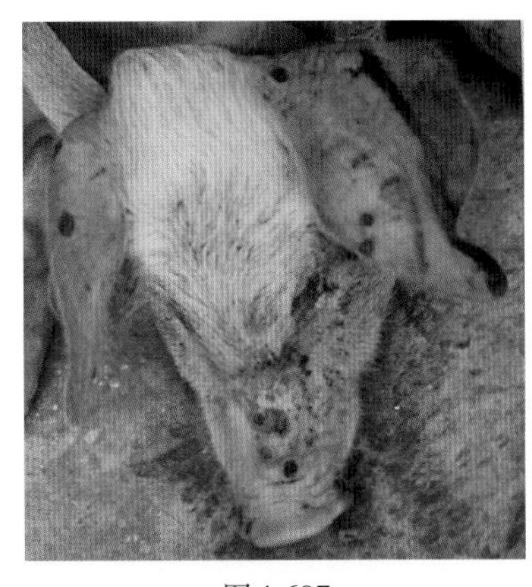
图4-607

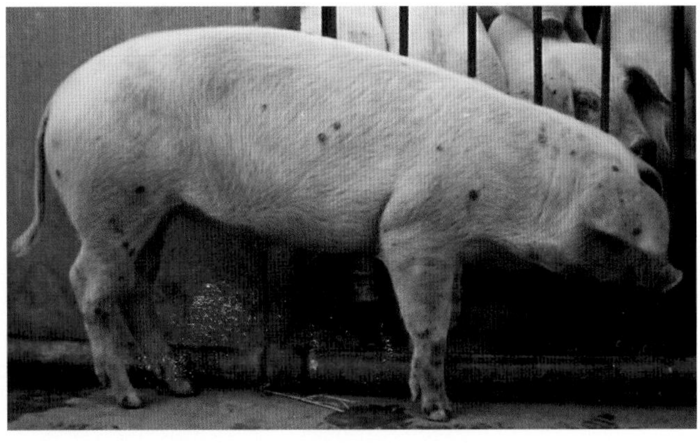
图4-608

## （二）防制措施

加强饲养管理，搞好猪舍和环境卫生，灭虱、灭蚊蝇对防止此病发生有重要作用。

当猪群中有猪痘发生时，立即用鸡新城疫Ⅰ系苗紧急干扰接种全群猪（含病猪），按50～100倍稀释，每头猪接种10～15羽剂量。接种该苗后可诱导猪体产生干扰素，干扰猪痘病毒的繁殖。

患部用5%碘甘油、1%龙胆紫液涂擦。有继发感染时配合抗生素治疗。

# 猪坏死杆菌病

猪坏死杆菌病是由坏死梭杆菌引起的一种慢性传染病，其特征是皮肤、肌肉、黏膜等组织坏死性炎症与溃疡，有的可引起全身和内脏形成转移性坏死灶。

本病呈散发或地方性流行，除猪外，牛、羊、马、兔、鹿均易感，人偶尔也感染。在多雨、潮湿及炎热季节多发。猪群密度过大、咬架、吸血昆虫叮咬、环境污秽等情况下，发病增多。损伤的皮肤、黏膜是本菌的入侵门户。新生仔猪有时可经脐带感染。

## （一）主要症状

本病由于发病部位不同，有以下四种表现。

（1）坏死性皮炎　以仔猪和架子猪多发，发病部位多在肌肉丰满之处，如臀部、肩外侧等体表皮肤和皮下发生坏死和溃疡，也有的在耳、尾、乳房等处发生。初起在发病部位产生突起的小丘疹，表面盖有一层干痂，触之硬固、肿胀（图4-609），随之痂下组织迅速坏死，形成表面有硬壳的小病灶，壳下是一个坏死囊（图4-610），内部组织坏死，积有大量灰黄色或灰棕色、恶臭的液体，继而皮肤溃烂，成为一个坏死空洞（图4-611）。当发生病灶转移和继发感染时，病猪体温升高。

（2）腐蹄病　腐蹄病是猪蹄受损伤后，坏死杆菌感染引起化脓，肢蹄肿大、跛行，以至不能站立或蹄尖点地，表现疼痛；蹄冠部逐渐肿胀、化脓，严重时变成坏疽性病灶，有脓汁或血液渗出、恶臭，创口很难愈合，蹄甲脱落、变形（图4-612、图4-613）；有些感染可蔓延至整个腿、关节，造成整个肢蹄肿胀、坏死。

（3）坏死性肠炎　坏死性肠炎常与仔猪副伤寒、猪瘟并发或继发（图4-614）。

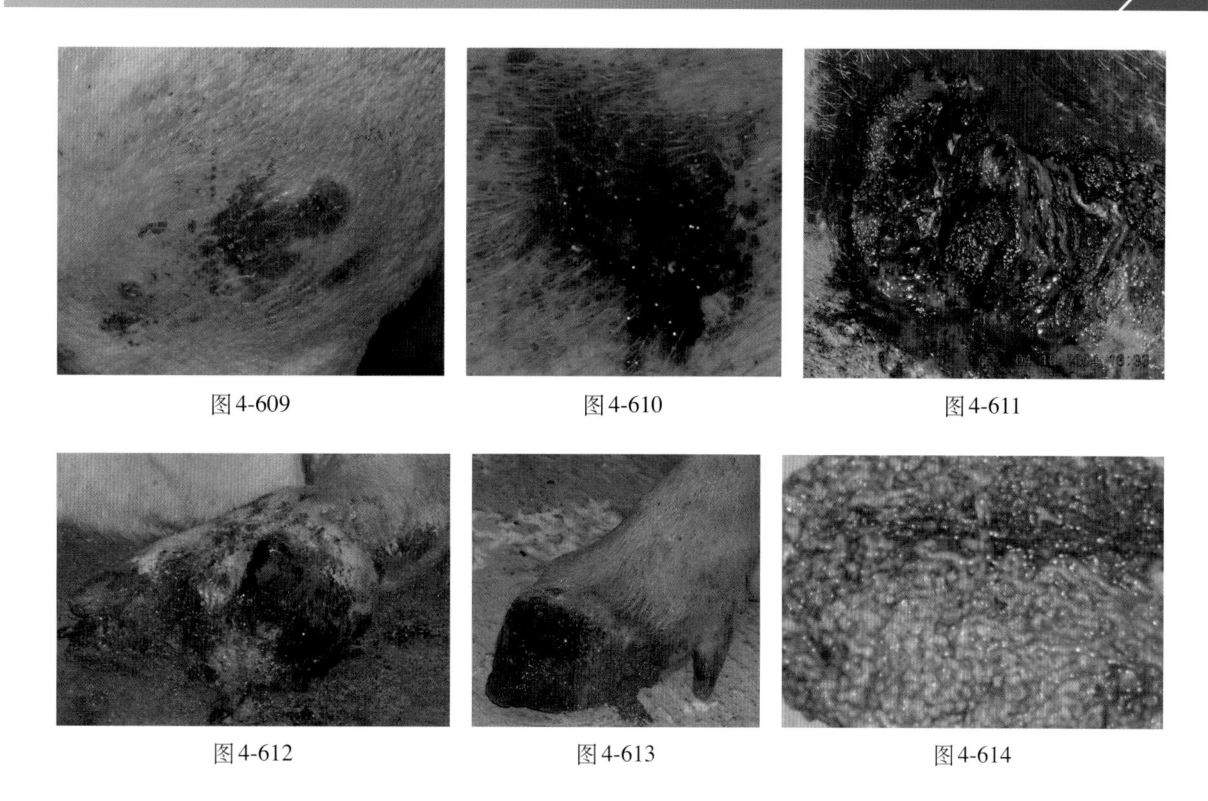

图4-609　图4-610　图4-611

图4-612　图4-613　图4-614

## （二）防制措施

预防本病要经常保持猪舍、运动场、猪体及用具的清洁卫生，避免猪体外伤。一旦有病猪要隔离治疗，对厩舍、环境彻底消毒，防止病原扩散；

对坏死性皮炎患猪的病灶首先要彻底清创，清除坏死组织，用1%高锰酸钾或3%双氧水进行清洗，然后用5%碘酊涂擦，再撒上磺胺粉或抗菌素粉。

对腐蹄病的治疗可用双氧水或0.1%利凡诺尔溶液反复冲洗伤口，再涂上10%鱼石脂软膏。也可用0.1%的高锰酸钾溶液洗净患蹄，然后用消毒的手术刀修割角质及腐烂坏死组织，使腐败发臭的脓、血流出，再用0.1%的高锰酸钾溶液清洗创口，之后将少量高锰酸钾粉包在纱布中敷于创口上，最后用绷带扎好患蹄，这样处理1～2次（每次包扎5～7天）即可治愈。

# 猪诺维氏梭菌病

猪诺维氏梭菌病是由诺维氏梭菌引起猪的一种传染病。该病以大肥猪和老龄母猪突然猝死为特征。

诺维氏梭菌又称水肿梭菌，该菌在动物体内能产生极强的外毒素，迅速引起肝脏气性腐败，使尸体迅速腐烂。

猪诺维氏梭菌病多在每年的冬、春寒冷季节发生，发病猪主要为成年猪、大肥猪、老龄母猪，其中老龄母猪占发病猪的83%

## （一）主要症状

本病通常突然发生，患猪腹围胀大，发抖、站立不稳，张口呼吸、喘，尾高举、肛门外突，（图4-615至图4-617）口流白沫（图4-618），倒地后痛苦地拼命挣扎，很快死亡（图4-619、图4-620）；死后腹围继续迅速地胀大，口鼻内流出泡沫，有时泡沫中带有血液。这些明显的临床症状往往不被发觉猪已死亡，死亡猪常常在头天晚上还一切正常，第二天起来已死在厩中，口鼻内有泡沫状液体，腹部高度胀大，肛门外翻。

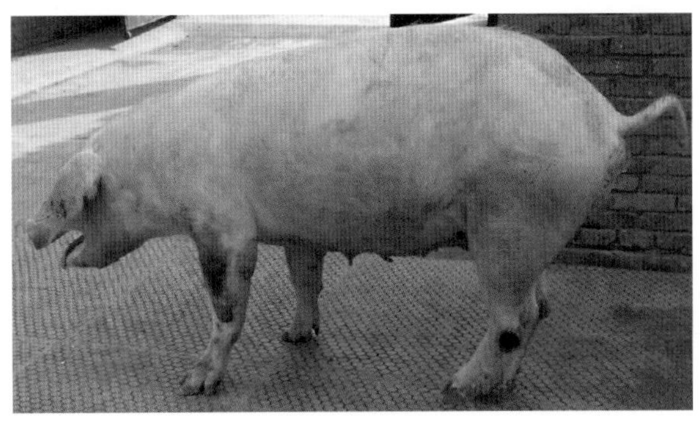
图4-615

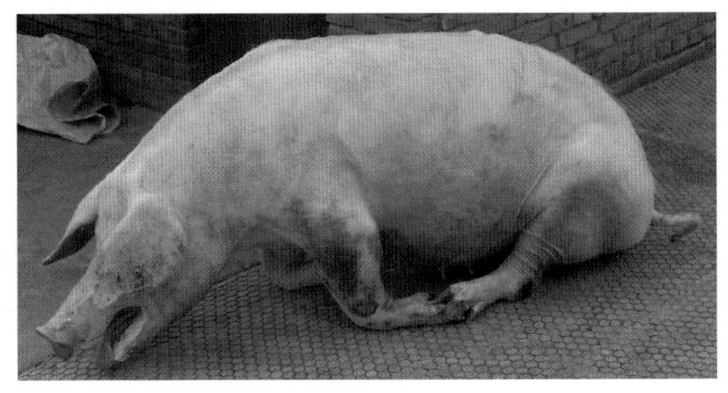
图4-616

图4-617

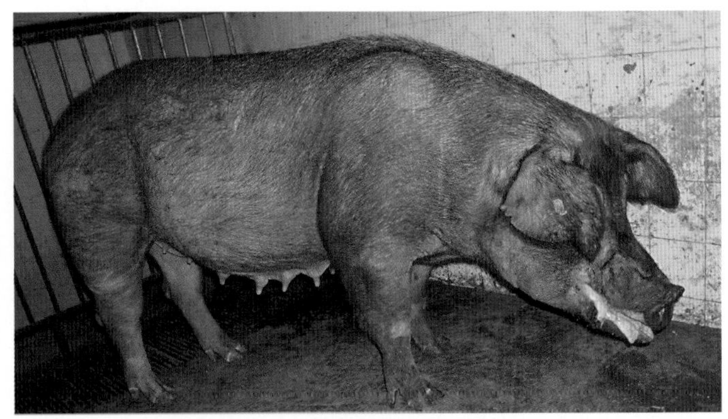
图4-618

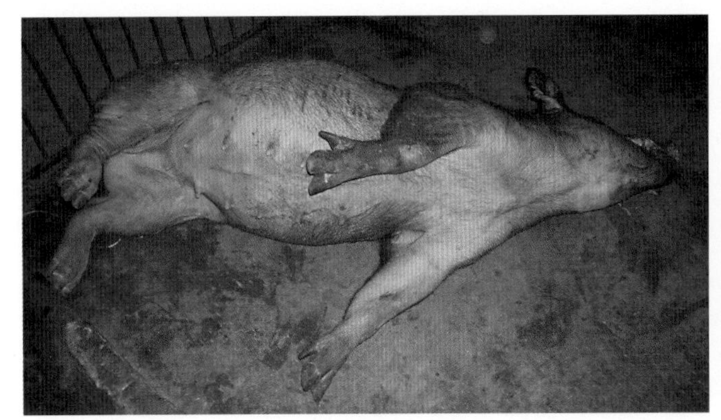
图4-619

图4-620

## （二）剖检病理变化

剖检死猪常见肺充血、水肿，气管内有带泡沫的血样黏液；心包腔内有大量血样渗出物，心内外膜常见出血性坏死，个别病猪心内膜下有小气泡凸出（图4-621）；胃臌气，肠臌气（图4-622、图4-623），肠浆膜面紫红色；急性脾肿（图4-622），有时可见胃被撑破，脾被撕裂；肝多为青铜色、气肿（图4-624），被膜下常有小气泡凸出于肝表面，有的小气泡如麻粒大在肝表面密布，轻轻按压小气泡可以移动（图4-625）。手捏或按压肝脏有捻发音、肝凹陷，放手后又慢慢复原，好似海绵；拍打肝表面发出鼓音，肝切面好似蜂巢状，又似“吹肝”（图4-626）。这是猪诺维氏梭菌病的特征性病理变化。

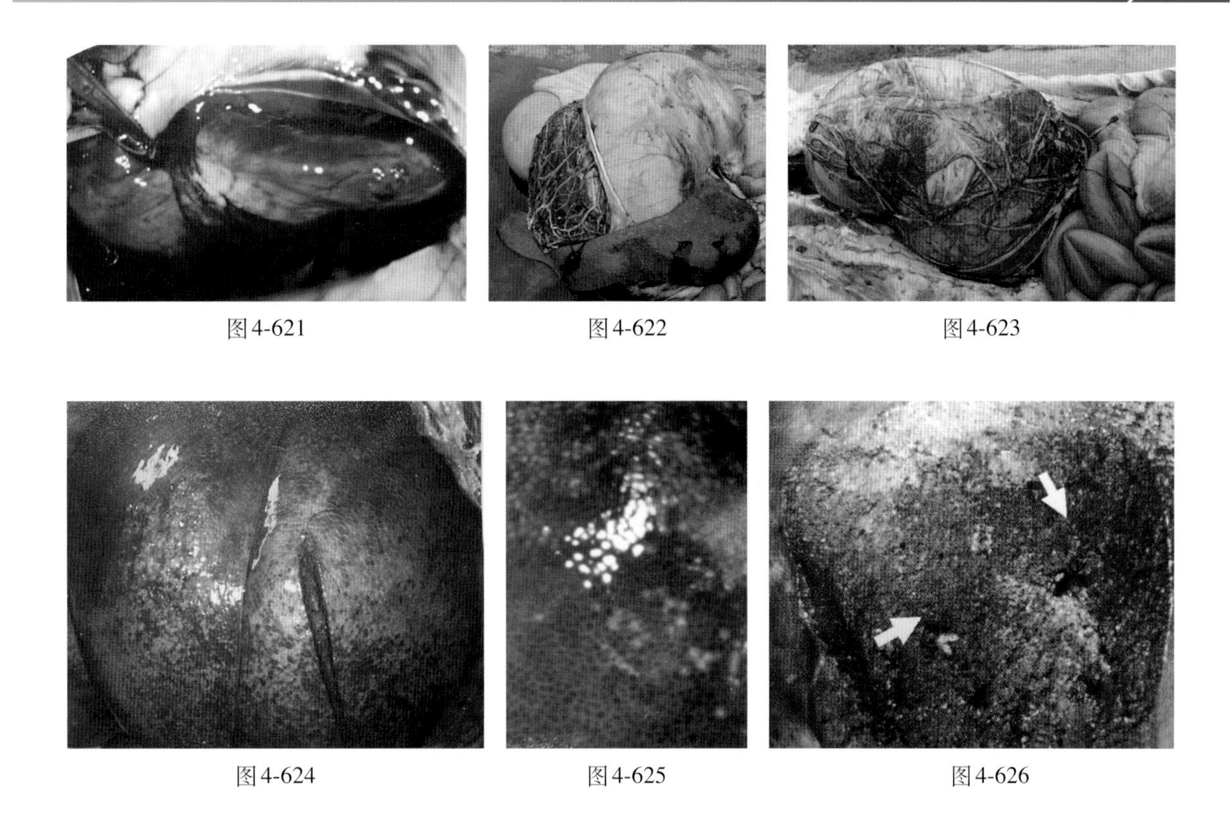

图4-621 图4-622 图4-623

图4-624 图4-625 图4-626

## （三）防制措施

在有本病发生史的猪场，每年9～10月，用诺维氏梭菌制苗免疫或用梭菌病多联苗免疫肥猪和种猪。

对发生诺维氏梭菌病的猪群，用恩拉霉素按每千克饲料添加8mg，连喂7天，可有效地减少该病的发生，同时对病猪也有治疗作用。

治疗可在每吨饲料中加痢菌净150g+地美硝唑150g+阿散酸60g，连用7天。

# 猪食管及胃溃疡

猪食管、胃溃疡是指食管、胃黏膜出现角化、糜烂和坏死，或自体消化，形成圆溃疡甚至穿孔，本病是集约化养猪场猪的常发病，主要发生于体重50kg以上猪。

猪食管、胃溃疡发生的主要原因是应激，饲料粒度过细（饲料粒度小于400 μm），饲料中粗纤维含量低，饲料中缺乏维生素E、维生素$B_1$、硒等，饲料中不饱和脂肪酸过多，饲喂干粉料等；一些疾病也易造成胃溃疡（慢性猪丹毒、猪瘟、仔猪副伤寒、蛔虫感染、铜中毒、白色念珠菌感染等）；还有学者认为本病有较高的遗传性，选育中过分追求生长速度和背膘薄也是原因之一。

## （一）主要症状

临床表现主要是患猪生长缓慢，被毛粗乱，渐进性消瘦，食欲不振或不食，呕吐、呕吐物中有时带血；粪便发黑，严重时粪呈黏稠沥青状。发生胃穿孔者、慢性失血者，造成贫血、眼结膜及皮肤苍白，这种病例还常继发腹膜炎。有这种情况的病猪常在分娩中或分娩后突然吐血、死亡。患猪由于溃疡部大出血或胃穿孔大出血，可突然死亡。

## （二）剖检病理变化

剖检可见食管、胃黏膜出血、糜烂、角化（图4-627）、上皮脱落、溃疡、染有胆汁，胃内有大量黏液状内容物、凝血块，也见胃穿孔（图4-628）。图4-629和图4-630可见胃黏膜大块状溃疡，图4-631是胃黏膜浅表性溃疡。

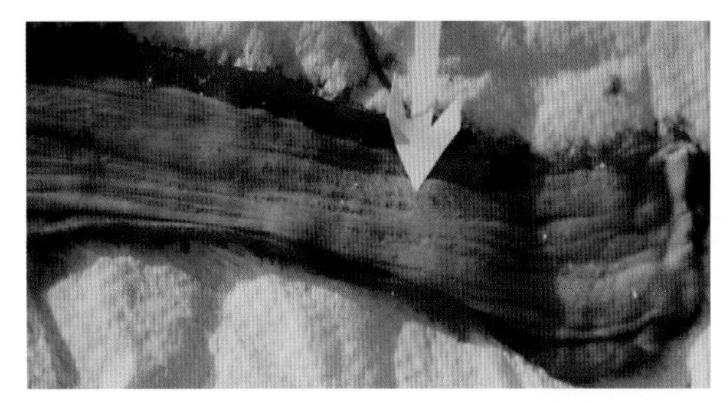

图4-627

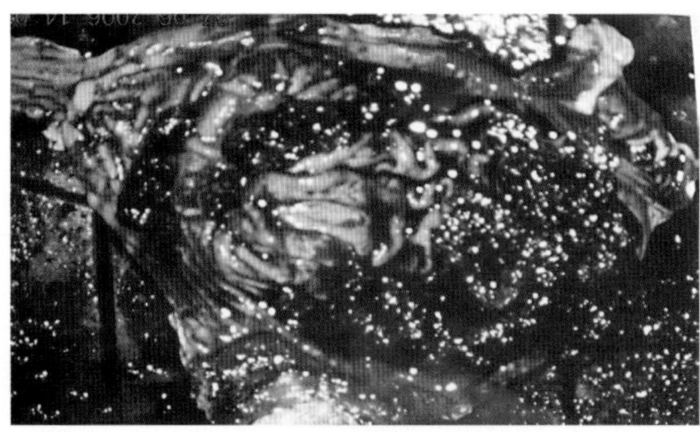

图4-628

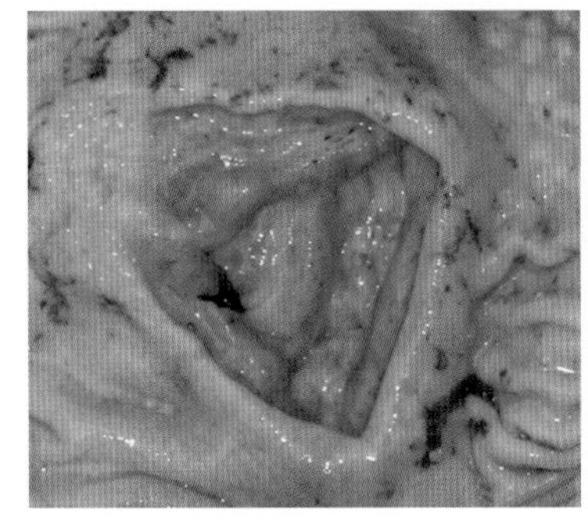

图4-629

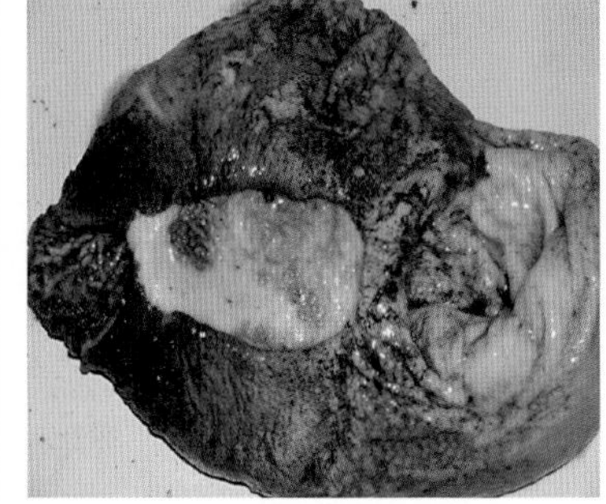

图4-630

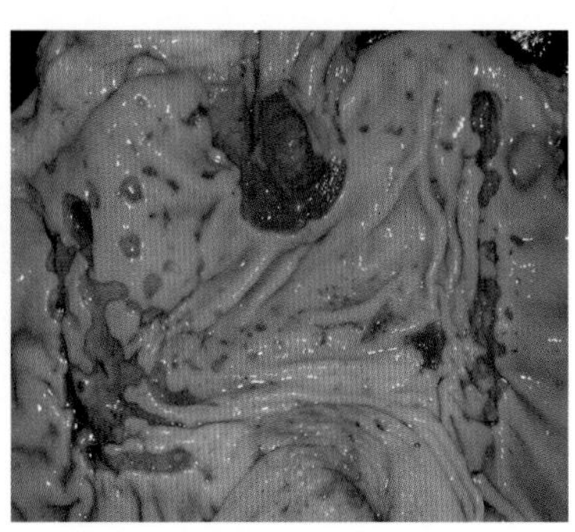

图4-631

### （三）防制措施

要预防猪胃溃疡的发生，可以尝试采取以下5条措施：

（1）减少应激因素，避免猪只应激。

（2）饲料粒度过细易造成胃溃疡，不同阶段的猪饲料粒度应该不同，一般情况下粉碎机筛片的选择原则是：仔猪料用1.0～1.5mm孔径，中大猪2.5～3mm孔径，种公猪和种母猪料用4.0～5.0mm孔径。

（3）饲喂湿料；

（4）日粮中补充维生素E，每千克饲料18mg。

（5）育肥猪后期在饲料中添加0.3%的小苏打。

育肥猪一旦确诊是胃溃疡，治疗很不划算，宜及早淘汰。如果是种猪、特别是较好的种猪需要治疗时，治疗的原则是消除病因、中和胃酸、保护胃黏膜。

中和胃酸、防止胃黏膜受损可用氢氧化铝硅酸镁或氧化镁等抗酸剂。保护溃疡面、防止出血、促进愈合，可于饲喂前投服次硝酸铋5～10g；也可投服鞣酸蛋白，每次2～5g，连用5～7天；或饲喂前投服硝酸钠5～10g；肌内注射西咪替丁或止血药。

如果证实胃穿孔，病猪又消瘦者，已失去治疗价值，宜及早淘汰。

## 猪李氏杆菌病

猪李氏杆菌病是由李氏杆菌引起的多种动物和人共患的传染病。在猪主要表现脑膜脑炎、败血症和流产。本病多为散发，发病率很低，死亡率较高，冬、春季多发，气候剧变等因素可促进发病，各种年龄的猪均可感染。

## （一）主要症状

本病的典型症状是脑炎症状：表现兴奋不安、运动失常、做圆圈运动；或无目的地呆走；或扭头、以头抵地、抵墙，呆立不动；有的头颈后仰、呈望天姿势，肌肉震颤，口吐白沫，后肢麻痹、不能站立（图4-632至图4-635）。病程一般1～4天、长者可达7～9天，多以死亡为转归。

仔猪发病多发生败血症，体温显著升高，口渴，呼吸困难，腹泻，耳和腹部皮肤发绀，多在1～3天内死亡。

图4-632

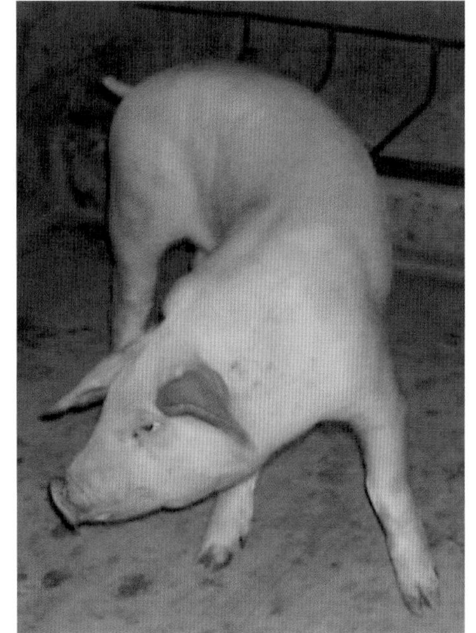

图4-633

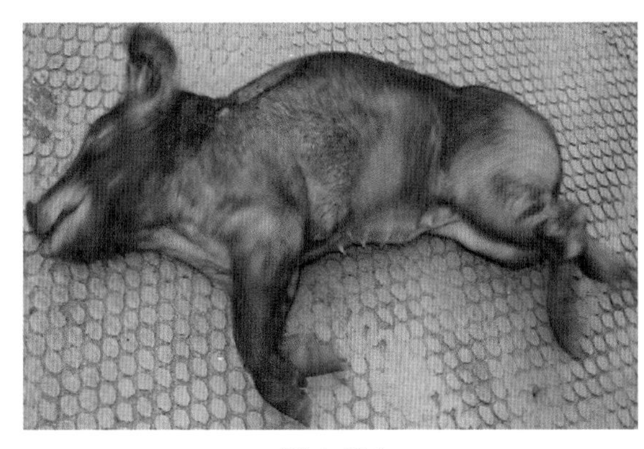

图4-634

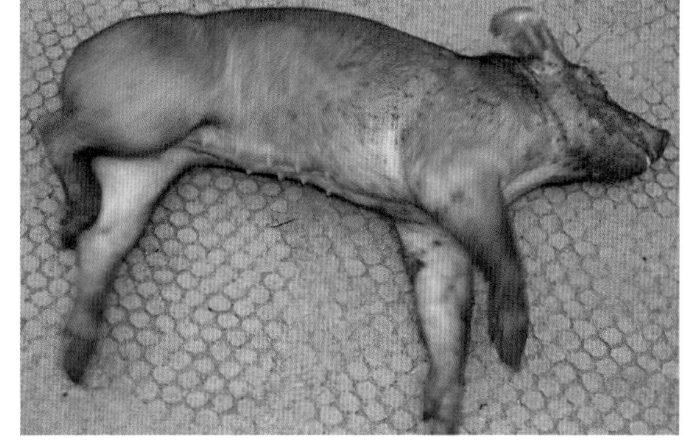

图4-635

## （二）剖检病理变化

败血死亡的仔猪特征性病变是局灶性肝坏死（图4-636），在脾、淋巴、脑组织等中也可出现小的坏死灶。有神经症状的猪可见脑充血、瘀血（图4-637）、水肿，脑脊液增多、稍混浊，有时脑组织变软、有小化脓灶（图4-638、图4-639）。

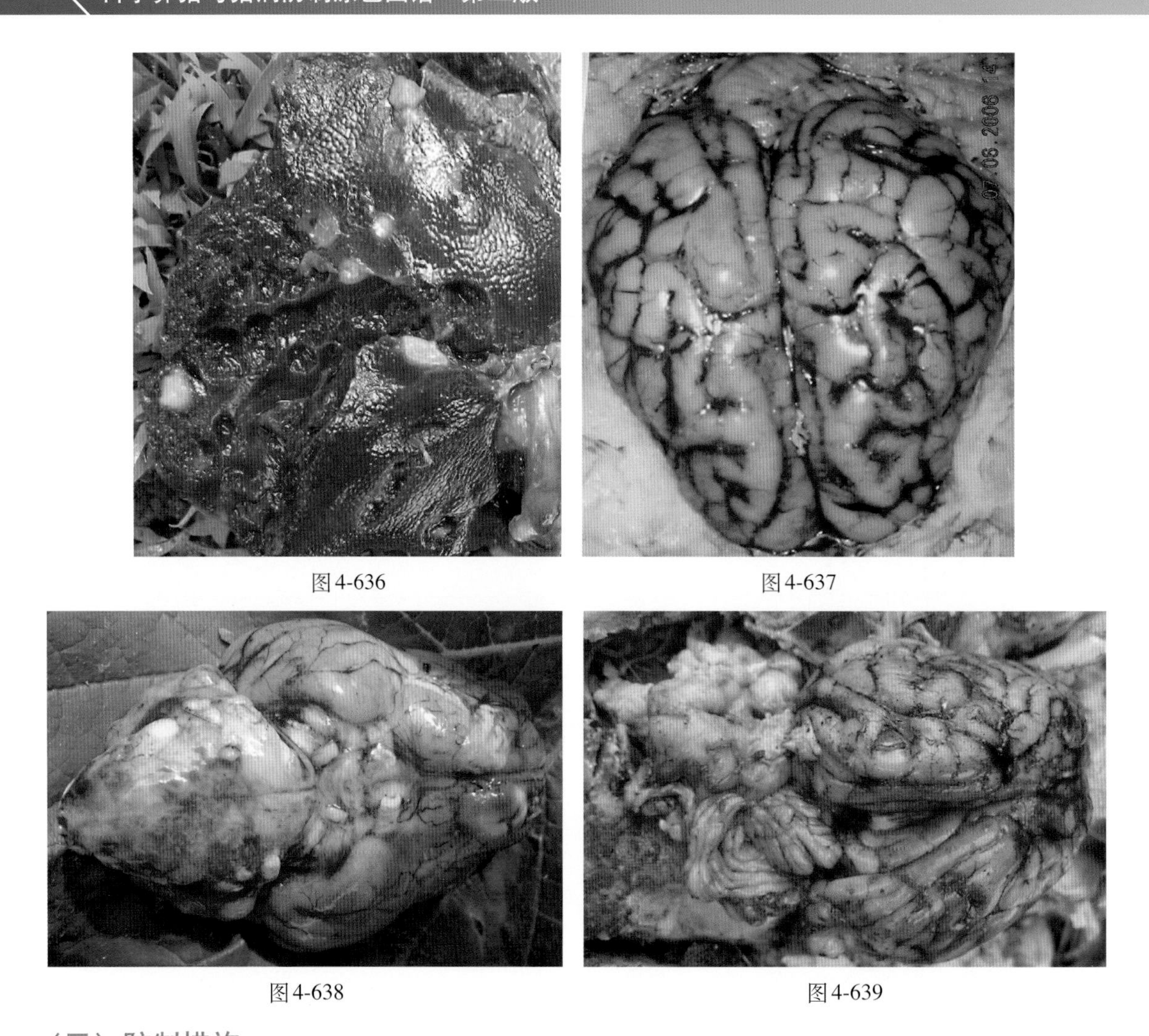


图4-636　　图4-637

图4-638　　图4-639

## （三）防制措施

预防本病在于加强饲养管理，提高猪体的抗感染力。一旦发病，立即隔离治疗病猪，加强猪舍环境消毒，防止该病传播。

多数抗生素对李氏杆菌有很好疗效，可根据当地药物供给情况选用。

# 猪 结 核 病

结核病是由分枝杆菌属的细菌引起人畜共患的一种慢性传染病。该病的特点是在某些器官形成结核结节。在集约化养猪场此病时有发生。该病在公共卫生上有重要意义。

结核病在全球范围内流行，并呈急剧回升之势，人和动物结核病流行均呈逐年上升趋势。目前，中国仍是全球22个结核病高负担国家之一，全国有5.5亿人感染过结核菌，占总人口的45%；每年发病人数超过100万，居全球第二位（新闻守望）。

结核杆菌可侵害50多种动物，其中牛最易感，特别是奶牛，其次是黄牛、水牛、牦牛、猪、禽。鹿、猴发病也多，羊极少发病。

## （一）主要症状

猪感染结核杆菌多呈无症状经过，严重者在淋巴结、扁桃体、骨等中发生病灶，渐近性消瘦、贫血、恶病质（图4-640、图4-641）。肺结核时，有短而干的咳嗽；乳房结核时，乳房淋巴结肿大；肠结核时，表现顽固性腹泻。但出现上述症状时，一般人们很难想到是结核病。因此，该病在猪生前一般不被发觉，多数是死后剖检或屠宰检疫时才被发现。

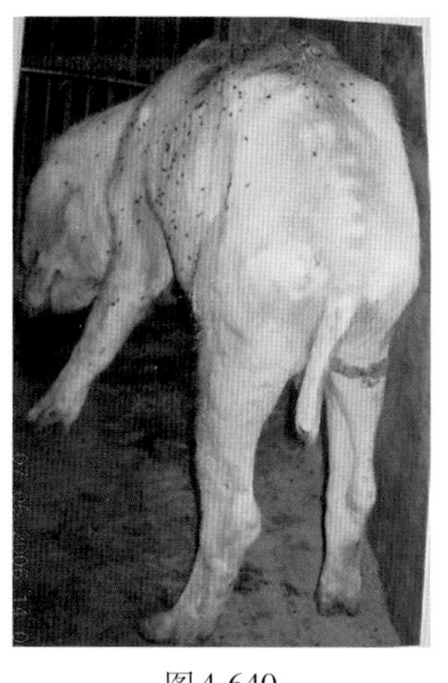
图4-640

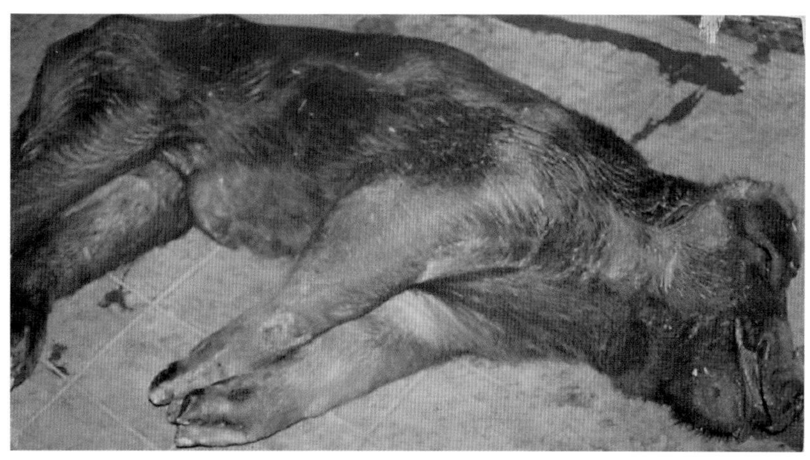
图4-641

## （二）剖检病理变化

本病的病理剖检特征是在多种组织器官形成肉芽肿和干酪样、钙化结节。切面呈黄白色或灰白色无臭黏稠的干酪样物，有时其中有钙化、有砂粒感，图4-642、图4-643是肺结核、子宫扩韧带和肠系膜结核。

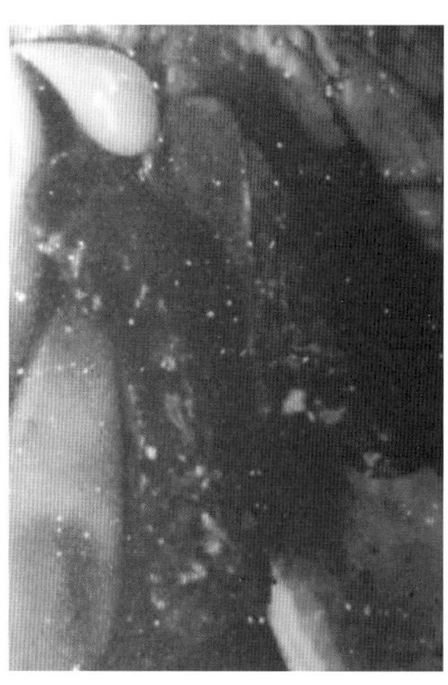
图4-642

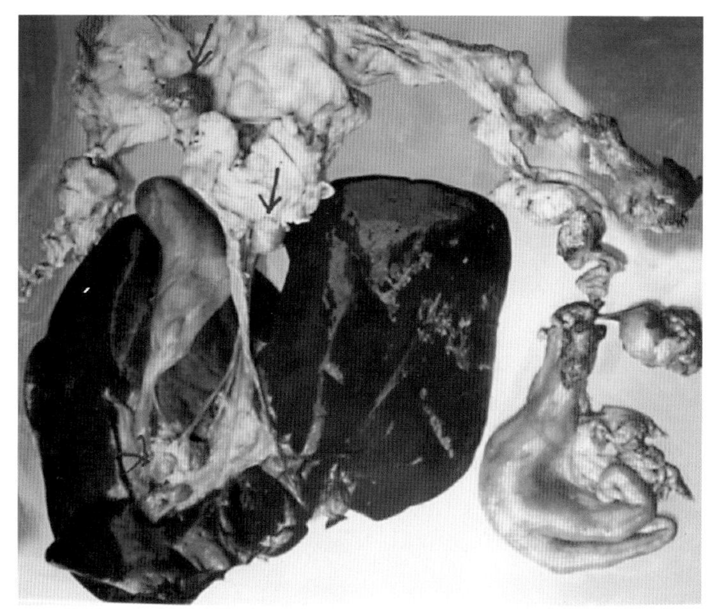
图4-643

## （三）防制措施

预防本病主要有三点，其一、不要让结核病人从事养猪；其二、不要使用未经消毒的鸡粪喂猪；其三、发现病猪，立即隔离淘汰，不建议做任何治疗。全群猪用结核菌素进行检疫，阳性者坚决淘汰。

# 猪增生性肠炎

增生性肠炎又称结肠腺瘤病或回肠炎，是由劳氏胞内菌引起猪小肠和结肠黏膜增生为特征的一种肠道传染病。

本病各种年龄的猪都易感，4 ～ 12月龄的后备猪易感性更高。病猪表现消瘦和不规律腹泻。

## （一）主要症状

病猪不吃食，耳发绀、眼四周发青，结膜苍白、全身发白等贫血症状（图4-644），排出黑色柏油状稀粪（图4-645），而有的猪没有出现这种粪便即死亡；发病初期尿呈茶褐色、其中有污黑色血块样渣，背部等处有针尖大出血点；病情严重时或晚期尿变成污黑色血尿，尿中有污黑色血块样沉渣；部分猪严重腹泻。

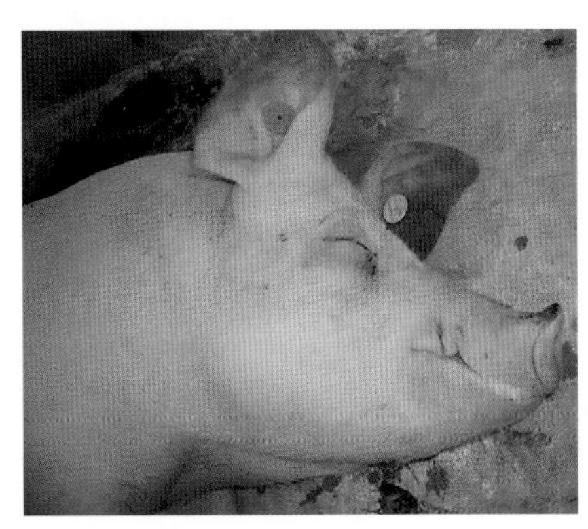
图4-644

图4-645

## （二）剖检病理变化

剖检病死猪肠腔中常常可见由血液和消化液混合成的黑色柏油状粪便和凝血块（图4-646），回肠末端和结肠肠壁增厚、浆膜水肿，黏膜除增厚外还有少量粗糙的损伤或溃疡（图4-647、图4-648）。

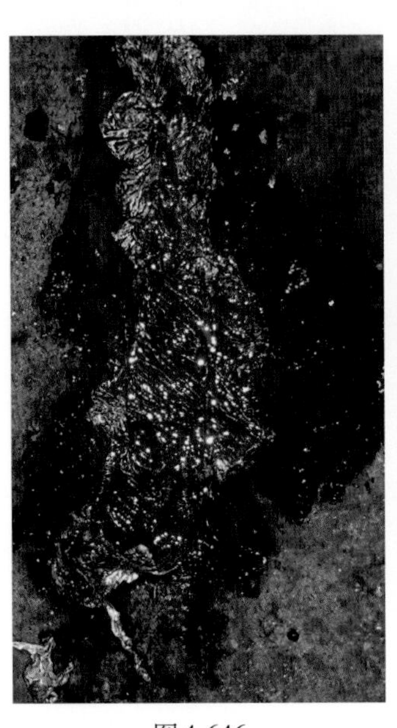
图4-646

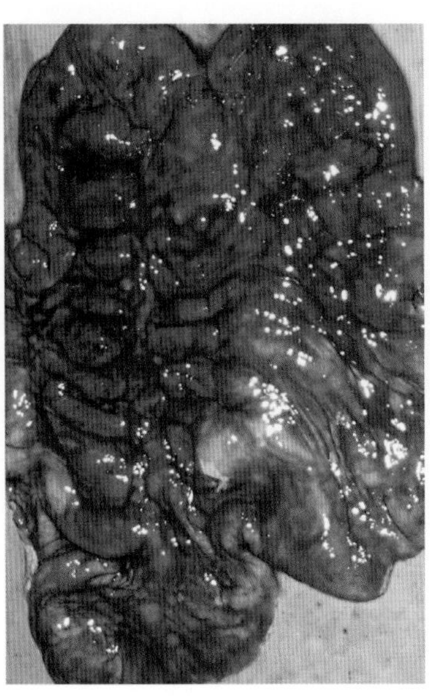
图4-647

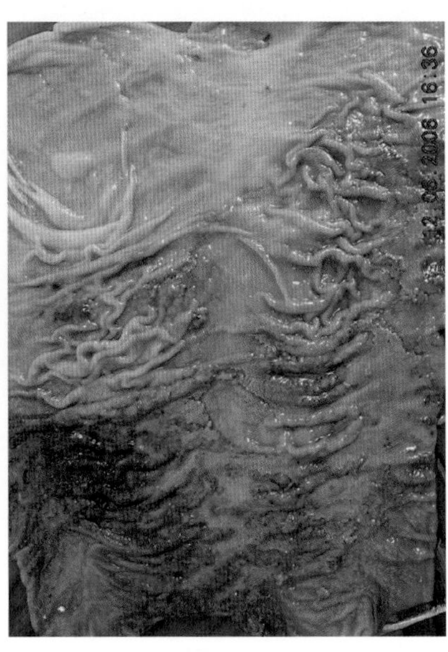
图4-648

慢性型猪增生性肠炎打开腹腔从肠道浆膜就可以看到回肠内发红、有肠炎病变，大结肠和盲肠内有黑色粪便（图4-649）；形成局限性回肠炎时肠腔缩小，下部小肠变得如同硬管，又称为“软管肠”，打开肠腔时可见外肌层肥大，黏膜上有呈直线形溃疡，肠黏膜间有残留的“岛状”变化（图4-650）；病程较长时可出现肉芽组织。

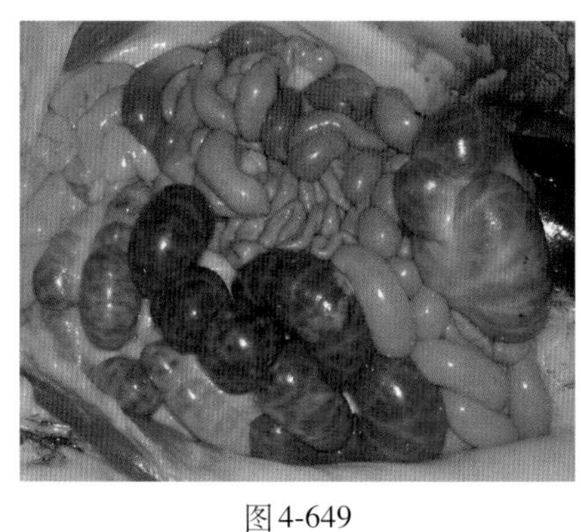
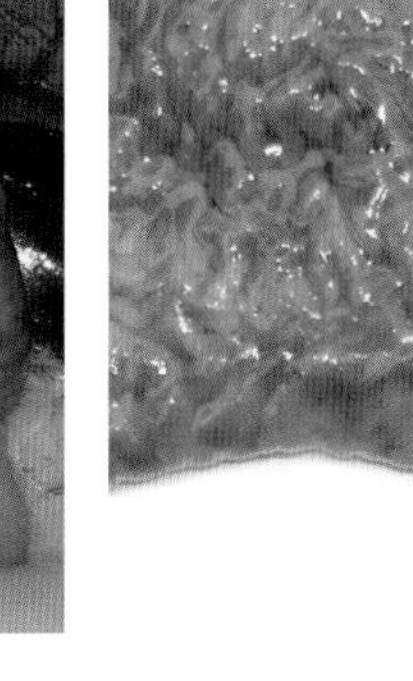

图4-649

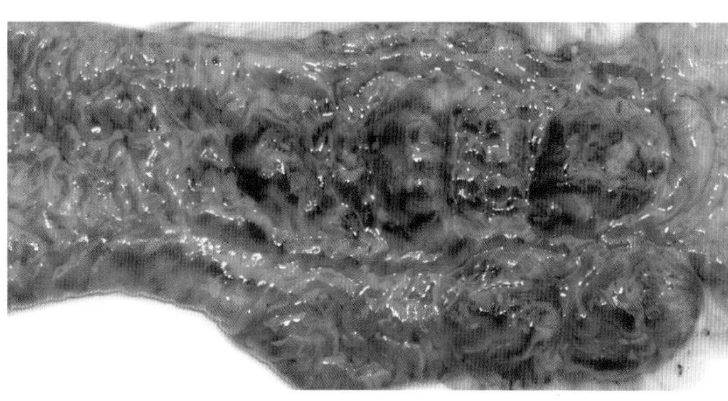

图4-650

出现血尿的猪可见肾髓质、肾盂、肾乳头染成蓝黑色（图4-651），膀胱黏膜表面有凝血丝、条、块状沉渣（图4-652）。

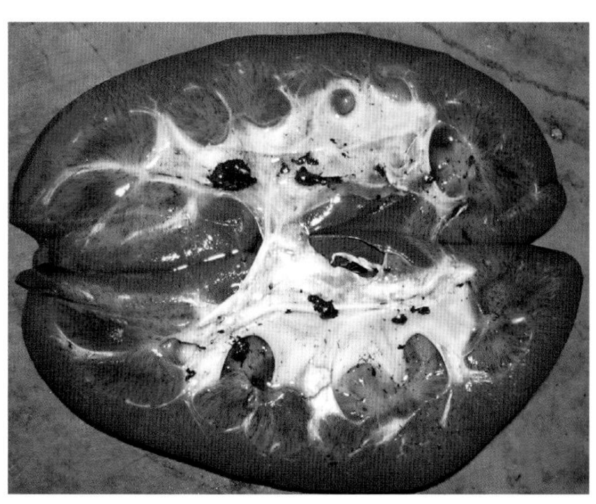

图4-651

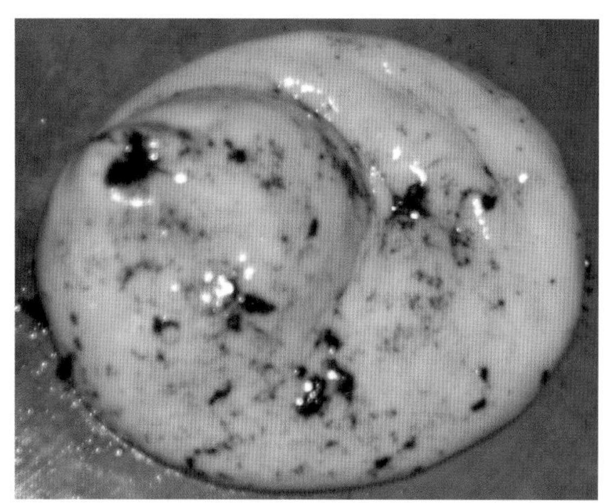

图4-652

### （三）防制措施

（1）在每吨饲料中添加泰妙菌素110g或沃尼妙林75g。
（2）每吨饲料中添加林可霉素150g+金霉素250g，连用2周以上。

## 猪皮肤真菌病

猪皮肤真菌病又称癣，是由小孢子菌、毛癣菌等中的一种致病真菌寄生于皮肤角质层而引起的皮肤病。不同品种的猪均可生癣，杜洛克猪和含有杜洛克猪血缘的杂交生长猪更易感。

### （一）主要症状

癣多发部位在躯干两侧，颈、胸、背、腹、臀等处（图4-653）。病损初期出现局灶性丘疹样圆形小团，大小不等、多呈浅褐色，逐渐扩展为环状或多环状，乃至扩大覆盖猪体一片或一大部分（图4-654）。癣表面覆盖一层细小鳞片或浅褐色痂皮，干燥，似干苔藓、更似松树皮（图4-655）。有的因寄发感染，结成污黑痂皮（图4-656）。刮去覆盖物，皮肤平整、充血、出血。本癣一般不脱毛，无痒感。

镜检覆盖物可发现真菌孢子和菌丝。

图4-653

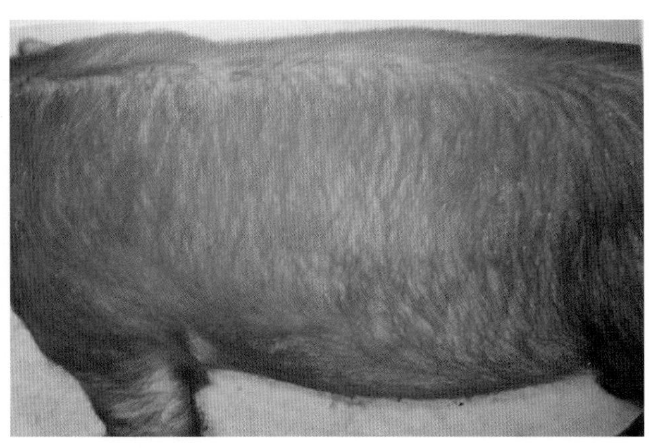

图4-654

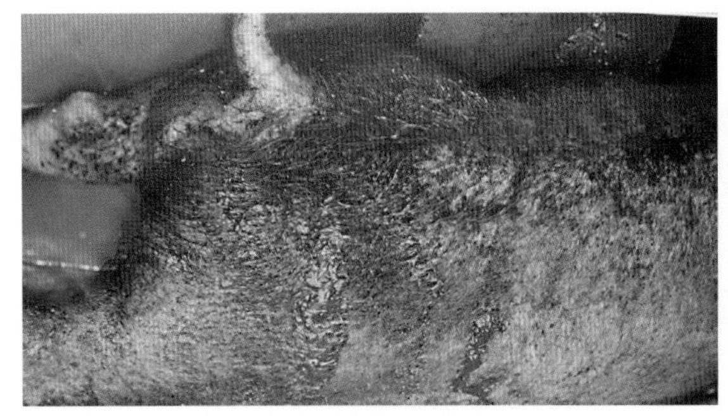

图4-655

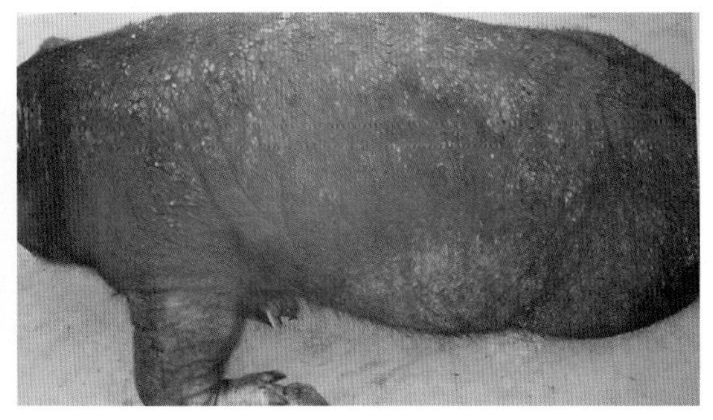

图4-656

### （二）防治方法

本癣一般取良性经过，治疗可选择对真菌有效的消毒剂，按规定比例稀释在温水中，中午或温暖时浸泡猪体，用刷子或粗糙物使劲擦去鳞片或浅褐色痂皮。间隔1～2天擦洗一次，几次后猪可逐渐康复。

## 猪 破 伤 风

破伤风是由破伤风梭菌引起的一种人畜共患传染病。临床特征为全身骨骼肌强直性痉挛和对外界的刺激反应性增高；死后半小时内体温继续上升，比生前都高，达到最高点。

本病一年四季都可发生，但多为散发，各种品种、年龄、性别的猪均可发生，多因外伤、阉割而感染发病。

### （一）主要症状

发病后患猪流涎、牙关紧闭、瞬膜外露，痉挛一般由头开始，耳直立、接着四肢僵硬、腹肌收缩、角弓反张、尾直立，逐渐全身痉挛（图4-657）。常卧地不起、呈强直状，呼吸急促，一般1～2周内死亡。

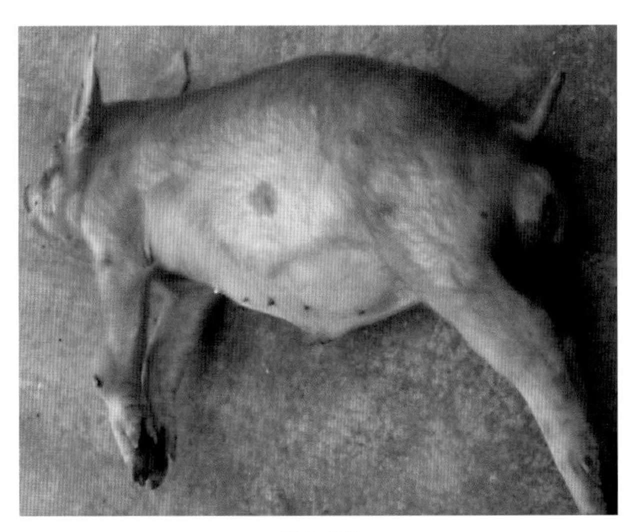
图4-657

### （二）防制措施

预防本病的发生主要是做好阉割、手术过程的卫生消毒，阉割、手术和外伤后的消炎、抗感染。一旦猪发病表现临床症状，死亡率很高，不建议治疗，尽早进行销毁。

## 炭　疽　病

炭疽是由炭疽芽孢杆菌（图4-658、图4-659，其中图4-659中白细胞在吞噬炭疽杆菌）引起的人畜共患的一种急性、热性、败血性传染病。在家畜中以牛、羊及马属动物最易感。猪有一定的抵抗力，常取慢性经过，以局限性咽型炭疽多见。

猪的局限性咽型炭疽很少有临床症状；少数病猪体温升高，咽喉、腮部急性肿胀，皮肤呈紫红色；严重时肿胀蔓延至颈部与胸前，出现呼吸困难，最后窒息死亡。但多数病猪常取慢性经过，表现为咽部的局灶性炎症多见，甚至生前不易发觉，在死后剖检或屠宰后检验才发现咽部周围、扁桃体充血、水肿、出血及有不同程度的红、黄色胶样浸润（图4-660）；淋巴结、尤其是颌下淋巴结肿胀、发红，刀切硬而脆，切面呈砖红色或樱桃红色，有时出现点状或斑块状的暗红色或黑色坏死灶；病程较长者淋巴结的被膜增厚、与周围组织粘连，表层可见化脓灶。

人常因接触、剖检、屠宰死于炭疽的家畜而感染，一般以皮肤炭疽多见（图4-661），发生肠道或肺炭疽者多以死亡而转归。

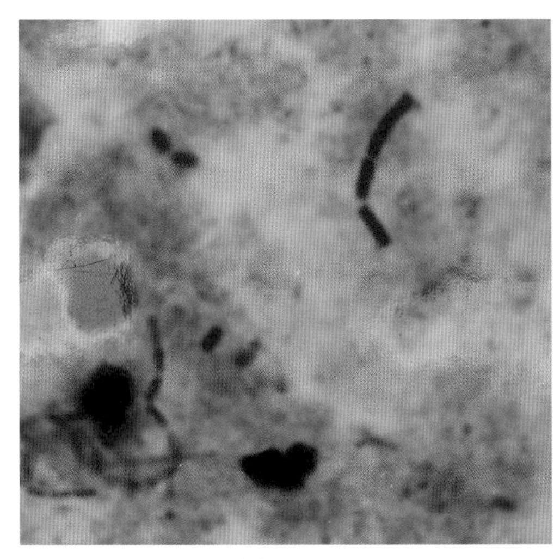
图4-658

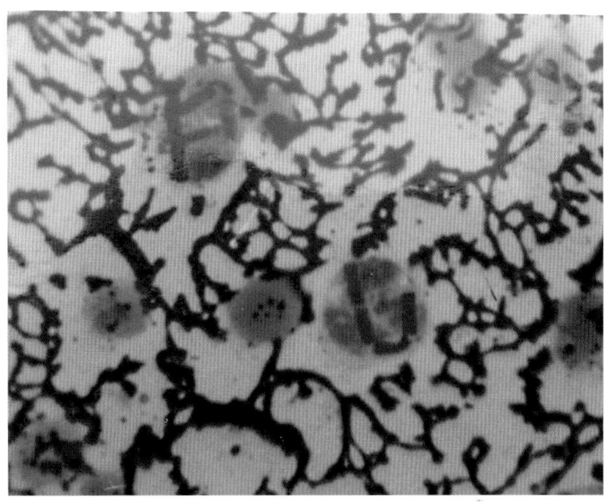
图4-659

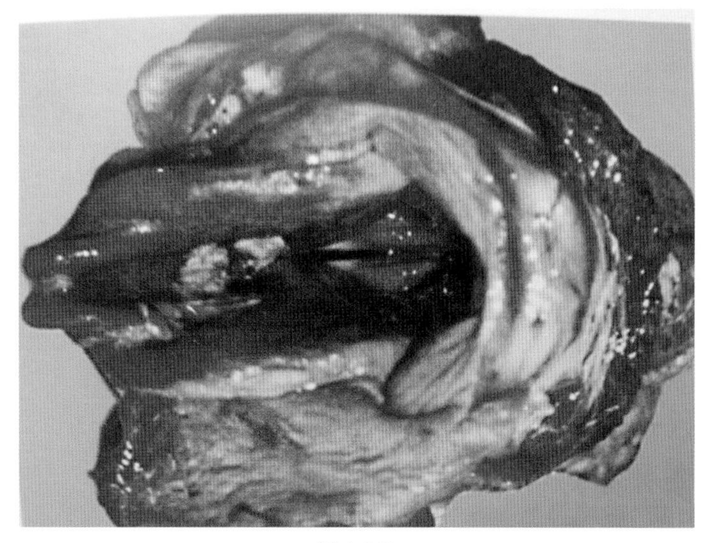

图4-660

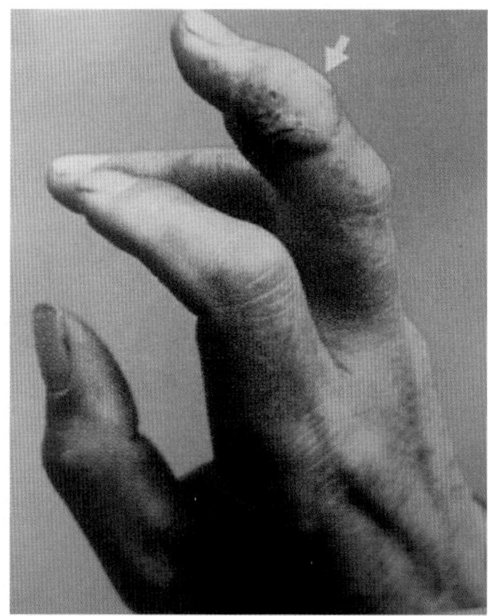

图4-661

发现疑似炭疽病猪严禁剖检、屠宰，应立即采取不放血的方式销毁。同群猪全部测温，体温正常的种猪注射2～3次大剂量抗生素后隔离观察饲养；体温正常的育肥猪急宰，宰后检出的炭疽病猪其血液、皮毛、内脏、胴体及被污染的血液、皮毛、内脏、胴体全部销毁；猪舍及被污染的场地、用具及一切物体用20%漂白粉、10%烧碱或5%福尔马林溶液彻底消毒；凡与炭疽病猪接触过的所有人员，必须进行卫生防护。

## 母猪乳房放线菌病

母猪乳房放线菌病是由猪放线菌引起的一种慢性传染病。其特征是在母猪乳房内形成化脓性肉芽肿，并在其脓肿中出现“硫黄颗粒”样放线菌团块。

本病一年四季都可发生，通常为散发，主要发生于产仔母猪。感染途径主要是损伤的皮肤、黏膜。

### （一）主要症状

母猪乳房放线菌病多在经产母猪的一个乳头基部发生（图4-662），形成无痛性硬性团块，逐渐蔓延增大，使乳房肿胀、表面凸凹不平，在大肿块的周围又会有小的放线菌肿块发生，肿块边界不清，外观呈肿瘤状。肿团（块）表面破溃后形成稍突出表面的黑色圆形溃疡、结痂，触诊放线菌肿块感觉很硬（图4-663）。母猪多数不表现疼痛，乳腺组织大量增生，放线菌肿块的生长速度很慢。

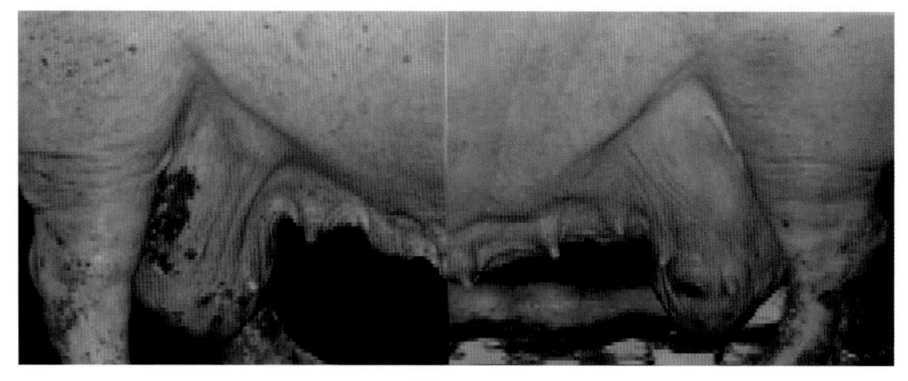

图4-662

切开放线菌肿块是由致密的结缔组织构成，切面有大小不等的多发性化脓性肉芽肿和脓性软化灶（图4-664）。病灶内有若干个米粒大乃至玉米粒大的黄白色“硫黄颗粒”，远看似“玉米酒糟颗粒”，发臭（图4-665）。

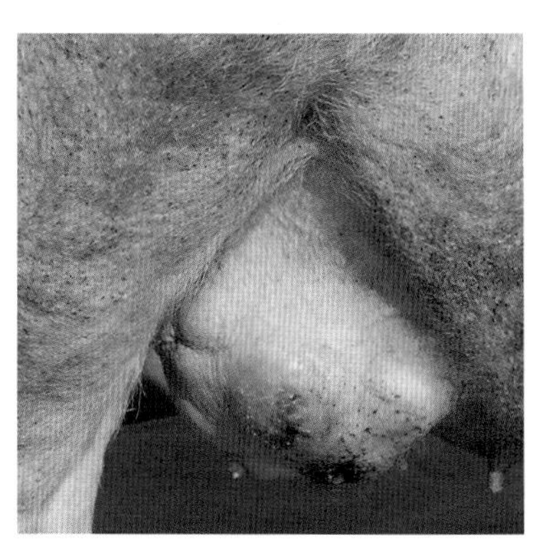
图4-663

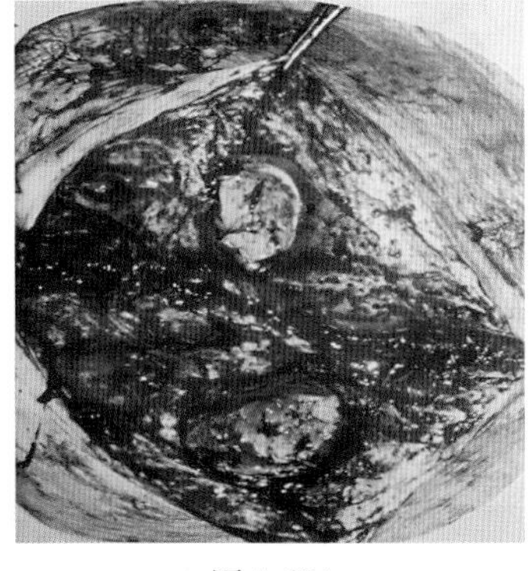
图4-664

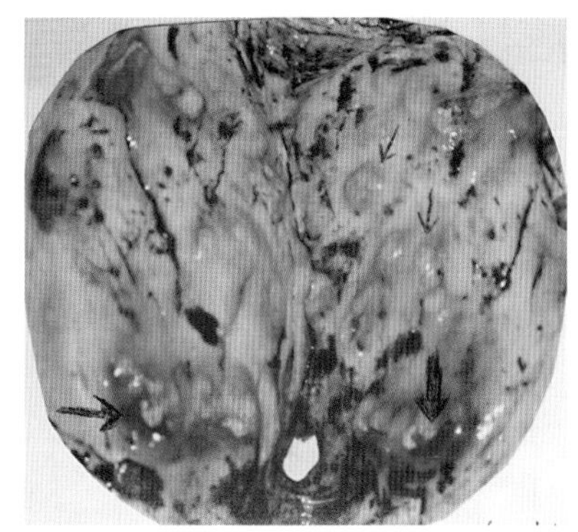
图4-665

## （二）防制措施

预防本病的要点是防止母猪乳房皮肤和黏膜损伤，仔猪哺乳前要剪去针状齿，防止咬伤母猪乳房。当发现母猪乳房皮肤和黏膜损伤时，要立即用碘酒或其他消毒药处理。母猪乳房上初现放线菌肿块时，可内服碘化钾，同时用青霉素、头孢噻呋等肌内注射治疗，7天为一个疗程。如果肿块比较大并发生溃疡后，治疗比较困难，唯一省事的办法是手术切除肿块。

# 八、猪常见寄生虫病

## 猪疥螨病

猪疥螨病又称猪疥癣、癞病，是由猪疥螨引起的一种接触传染的体表寄生虫病。该病分布很广，几乎所有猪场、包括野猪饲养场都有，能引起猪剧痒及皮肤炎，使猪生长缓慢，降低饲料转化率。因此，该病具有重要的经济意义。

### （一）主要症状

病变多由头部开始，常发生在眼圈、颊部和耳等处，尤其在耳郭内侧面形成结痂性病灶（图4-666），有时蔓延到腹部和四肢。患猪剧烈发痒，常用脚抓痒处（图4-667、图4-668），或在圈墙、栏柱、槽边等处擦痒（图4-669），患部常常擦出血，严重者可引起结缔组织增生和角质化，导致脱毛、皮肤增厚，尤其在经常摩擦的腰窝部位，并形成结痂，结痂如石棉样、松动地附着在皮肤上（图4-670），内含大量螨虫的皮肤发生龟裂。患猪休息不好、食欲减退、营养不良、消瘦，甚至死亡。

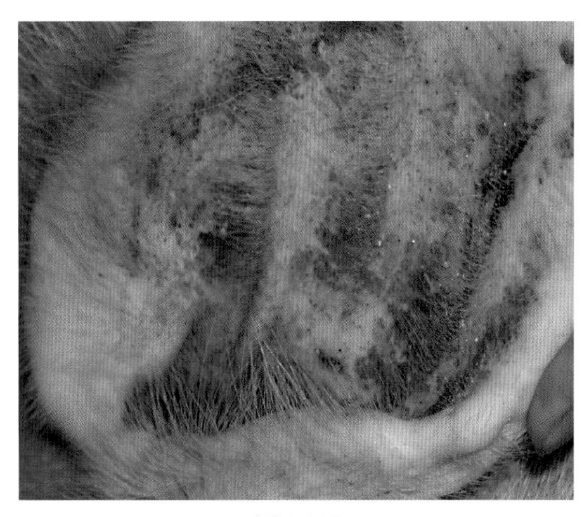
图4-666

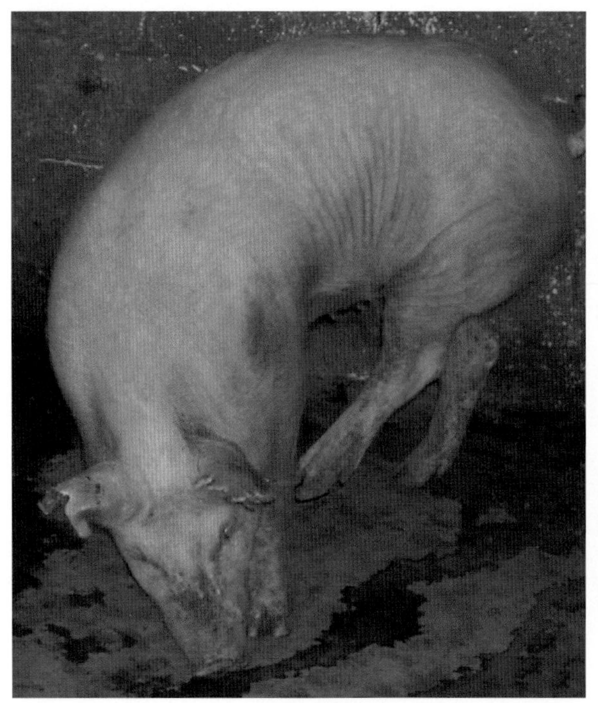

图4-667

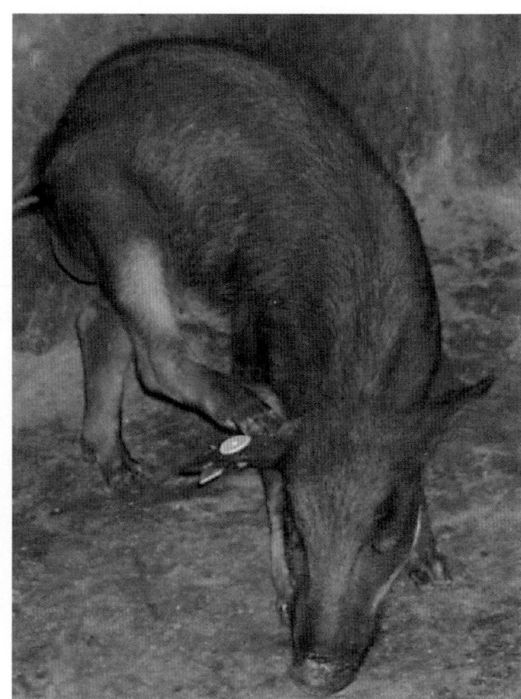

图4-668

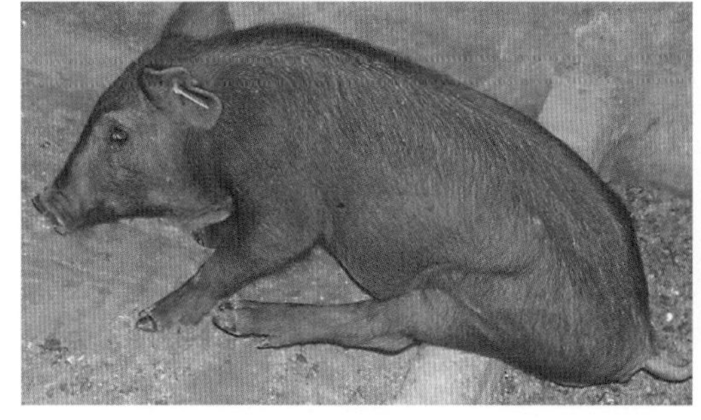

图4-669

图4-670

### （二）防制措施

防治猪疥癣必须定期驱虫，及时隔离治疗病猪，用5%氢氧化钠热溶液消毒猪舍；然后内、外结合治疗，内服伊维菌素或阿维菌素，猪每千克体重用药0.3mg，连服5～7天；外用1%敌百虫、螨净等水溶液擦洗猪体，7天后重复一次。或用多拉霉素注射液，用量猪每33kg体重1ml。

## 猪 囊 尾 蚴 病

猪囊尾蚴病又称猪囊虫病，是由寄生于人体内的猪带绦虫的幼虫寄生于猪、人等体内的一种人畜共患寄生虫病。有猪囊虫的猪肉不能食用，经济损失较大。

本病多见于散放猪、连厕厩和人随意排便的地区，猪吃了绦虫带孕卵节片或虫卵，在猪小肠内虫卵内的六钩蚴逸出，钻入肠壁，经血流到达身体各部，发育成囊尾蚴，肌肉中寄生最多。

猪寄生囊虫一般不表现明显的症状。只有在屠宰或剖检时在嚼肌、腰肌（图4-671）、膈肌、心肌（图4-672、图4-673）等肌肉（图4-674）内有白色泡粒，大小如米粒状、内有一头节，故称“米星猪”。

防治猪囊虫必须从公共卫生入手，建立卫生厕所，不要放养猪，防止猪吃人的大便；猪场要定期用广谱驱虫药给猪驱虫；严格肉品卫生检疫，凡检出囊虫肉一律化制或销毁处理。

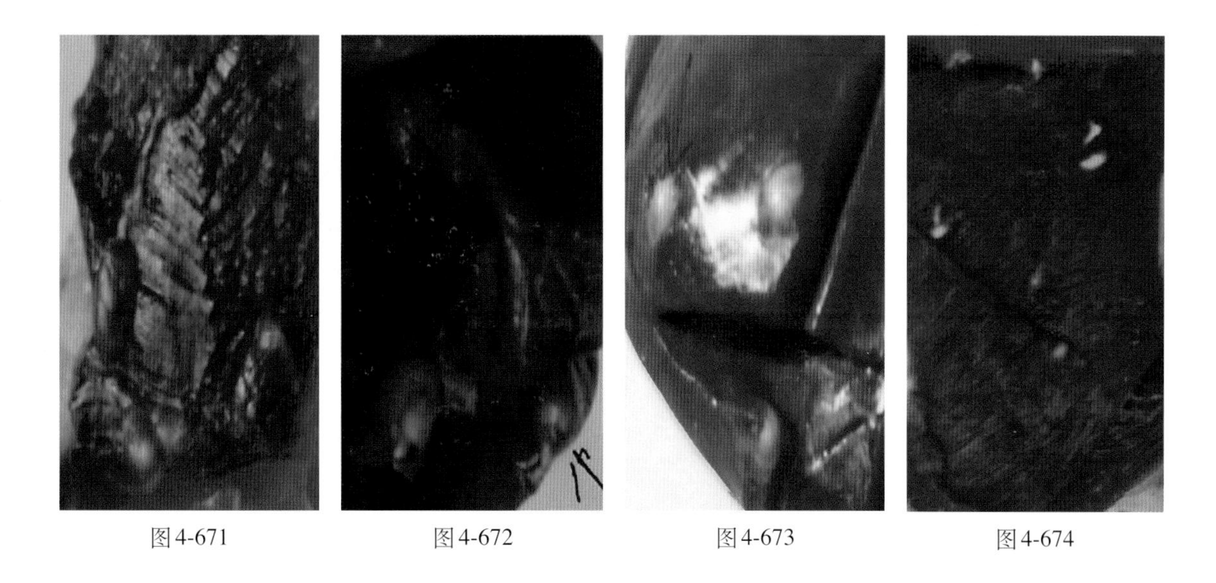

图4-671 图4-672 图4-673 图4-674

## 猪旋毛虫病

旋毛虫病是由旋毛虫幼虫和成虫引起人和多种动物共患的一种寄生虫病。人吃了生的或未煮熟的含旋毛虫包囊的肉引起感染。猪吞食了含旋毛虫的老鼠或吞食了含旋毛虫的生肉引起感染。

旋毛虫成虫很小，寄生于小肠，故称肠旋毛虫；幼虫寄生于横纹肌，故称肌旋毛虫。肌旋毛虫在肌肉中外被包囊，包囊呈梭形、呈螺蛳椎状盘绕（图4-675至图4-677）。

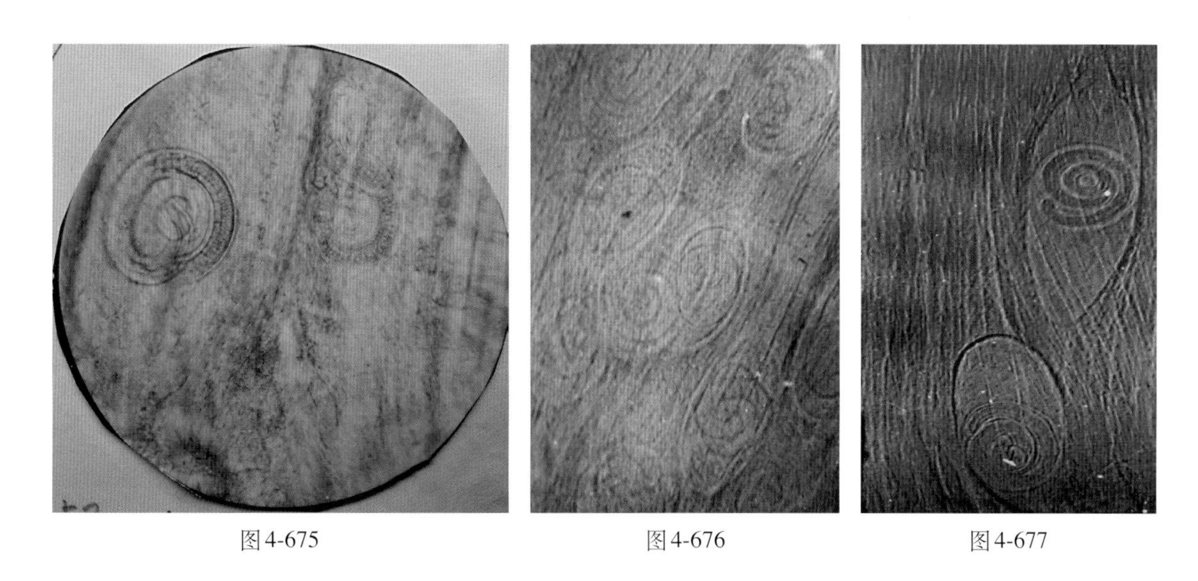

图4-675 图4-676 图4-677

旋毛虫病主要是人感染的疾病。猪自然感染肠旋毛虫影响很小，感染旋毛虫一般无临床症状。

由于猪旋毛虫对人体危害严重，在公共卫生方面有重要意义，是肉品检疫的重要项目之一。方法是采取膈肌脚肉样，撕去肌膜与脂肪，先肉眼观察肌纤维上是否有旋毛虫包囊钙化灶；然后剪取24个肉粒，压片镜检，发现虫体即可确诊。

预防猪感染旋毛虫的措施是灭鼠，禁用混有生肉屑的泔水喂猪，防止饲料受鼠类污染。预防人的感染要严格肉品卫生检疫，不吃生肉及未熟的肉，切生肉和切熟肉的刀具、案板要分开，及时清洗抹布、案板、刀具等。

猪场要定期用广谱驱虫药给猪驱虫。

## 猪 蛔 虫 病

猪普遍感染猪蛔虫，但主要危害仔猪，使仔猪发育不良，甚至形成僵猪、引起死亡。

猪蛔虫寄生于猪小肠中，为淡红色或淡黄色大型线虫，体表光滑、中间稍粗、两端较细，虫体长15～40cm，直径3～5mm，雄虫尾端似钓鱼钩状，雌虫尾直。虫卵随粪便排出体外，发育成含幼虫的感染性虫卵，猪吞食后在小肠内幼虫逸出、钻入肠壁，经血流入肝发育，再进入血流到右心，经肺动脉到肺泡生长发育后沿支气管、气管上行到咽，进入口腔，再次被吞下，在小肠内发育为成虫。成虫在猪体内寄生7～10个月，可随粪便排出体外（图4-678）。

仔猪感染猪蛔虫症状明显，主要表现咳嗽，呼吸和心跳加快，体温升高，食欲减少，营养不良、消瘦，变为僵猪，少数出现全身性黄疸。虫体阻塞肠道或进入胆管时表现疝痛。有的猪出现阵发性、强直性痉挛、兴奋等神经症状。

成年猪感染猪蛔虫一般无明显症状。

剖检感染蛔虫的患病猪，可见幼虫在猪体内移行时损害的路径组织和器官出血、变性坏死，常见肝组织致密、肝表面有幼虫移行的遗迹、出血点、灰白色坏死灶，称“乳斑肝”（图4-679）；蛔虫性肺炎；小肠内有成虫；胆道中有蛔虫时可造成胆道阻塞，肝黄染、变硬。

防治猪蛔最关键的是抓好母猪配种前、产仔前和仔猪进入生产群前1周的驱虫，即“三前”驱虫，每次内服伊维菌素或阿维菌素，猪每千克体重用药0.3mg，连服5～7天。

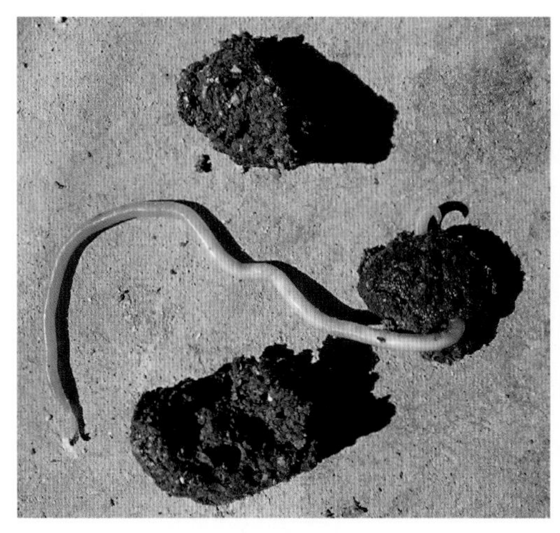
图4-678

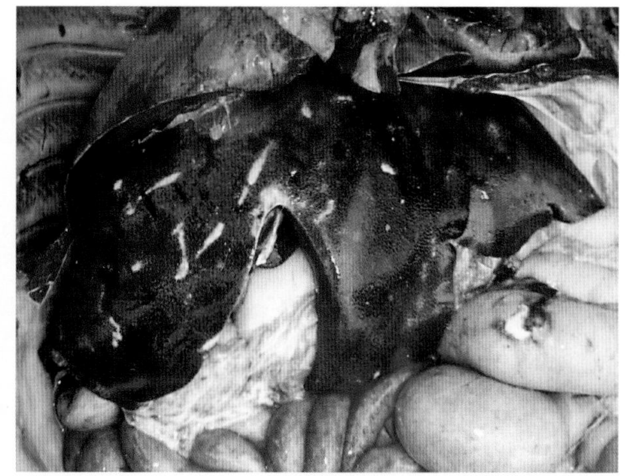
图4-679

## 猪 结 节 虫 病

猪食道口线虫的幼虫在大肠形成结节称猪结节虫。该虫广泛存在，虫体为乳白色或暗灰色小线虫，雄虫长6.2～9mm、雌虫长6.4～11.3mm。虫卵随粪便排出体外，发育成感染性幼虫，猪吞食后受到感染。该虫致病力虽弱，但感染哺乳仔猪或严重感染时引起结肠炎，粪便中带有黏膜，腹泻、下痢，特别是幼虫寄生在大肠壁上形成1～6mm的结节，破坏肠的结构，使肠管不能正常吸收养分和水分（图4-680至图4-683），造成患猪营养不良、贫血、消瘦、发育不良、衰弱。

猪结节虫在仔猪哺乳后期和保育期造成危害，因此，防治最关键的是抓好母猪配种前、产仔前及哺乳仔猪和保育猪四个阶段的驱虫，每个阶段内服伊维菌素或阿维菌素，猪每千克体重用药0.3mg，连服5～7天。

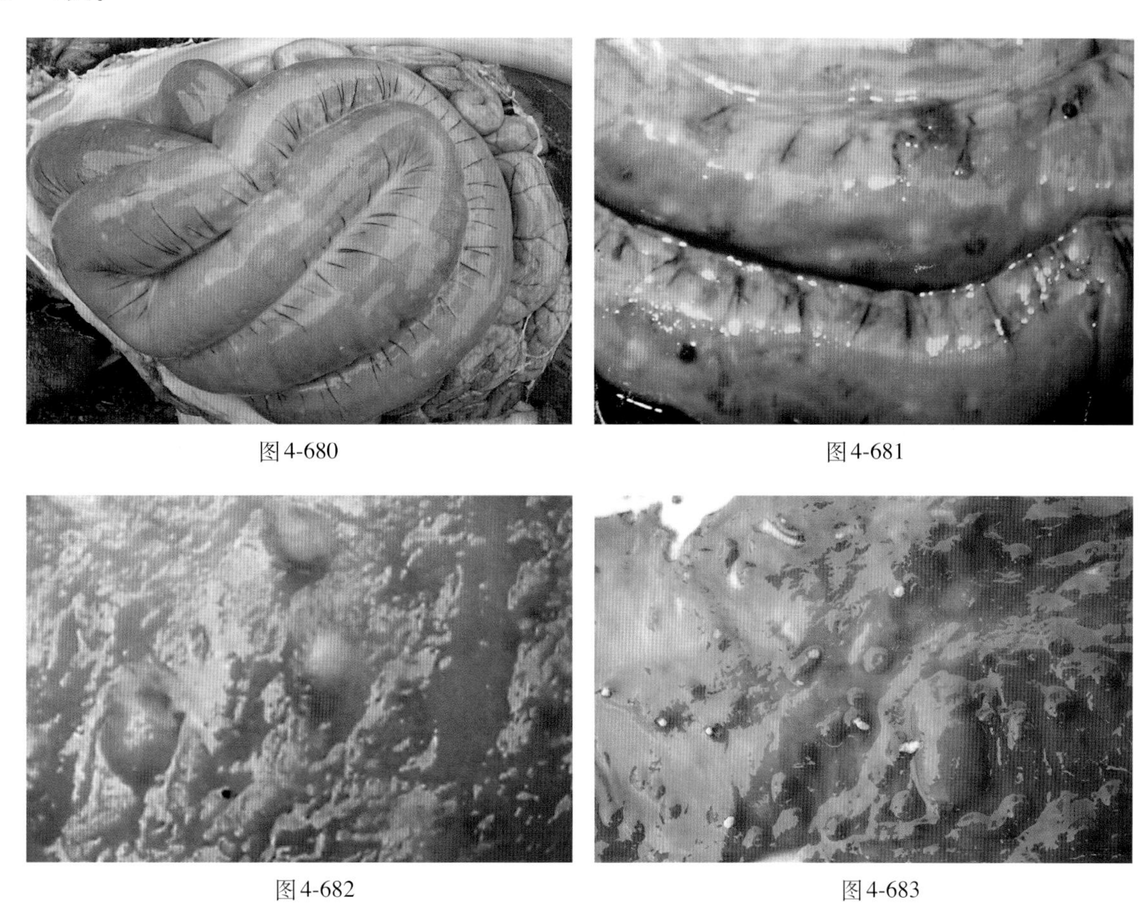

图4-680　　图4-681

图4-682　　图4-683

## 猪 鞭 虫 病

猪毛首线虫寄生于猪的大肠（盲肠），虫体呈乳白色，长2～6cm，前部呈毛发状，故称毛首线虫，整个外形又像鞭子，前部细像鞭梢，后部粗像鞭杆，故又称鞭虫。卵呈腰鼓形。

猪和野猪是猪鞭虫的自然宿主，人及灵长类也可感染鞭虫。对仔猪危害大，虫的头部钻入肠黏膜时，可引起肠毛细血管出血、黏膜炎症、溃疡，继发细菌感染，发生增生性结肠炎（图4-684、图4-685）。临床表现食欲减少，腹泻，粪便带有黏液和血液，造成脱水、死亡。

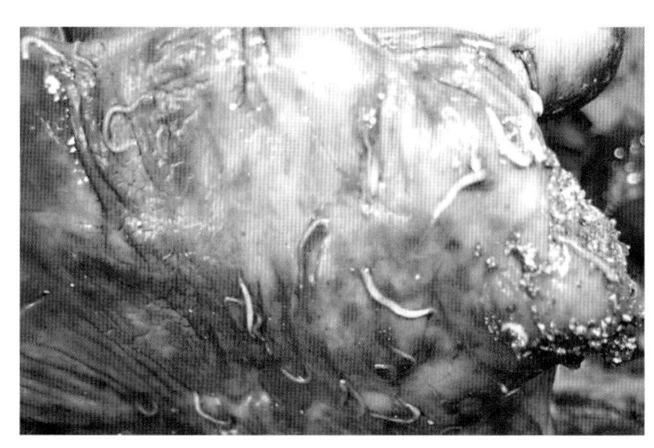

图4-684

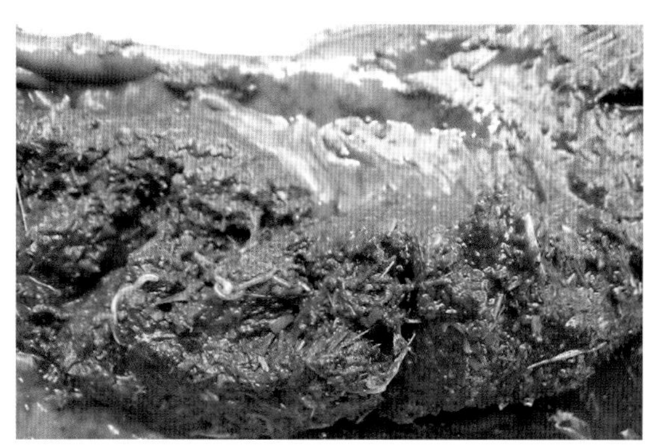

图4-685

# 猪 肾 虫 病

猪肾虫是猪有齿冠尾线虫的别称，它是猪的一种圆线虫。该虫是热带和亚热带地区平地养猪的主要寄生虫病，分布广泛、危害严重，常呈地方性流行。虫体粗壮，似火柴杆状，棕红色、透明，长2～4.5cm。寄生于肾盂、肾周围脂肪和输尿管壁等处的包囊中，虫卵随尿液排出，在外界发育成感染性幼虫，经口腔、皮肤进入猪体，在肝脏发育后进入腹腔，移行到肾、输尿管等处组织中形成包囊，发育为成虫。肾虫寄生猪的初期出现皮肤炎，皮肤上有丘疹和红色小结节，体表淋巴结肿大，消瘦，行动迟钝。随着病程发展，后肢、腰背软弱无力，后躯麻痹或后肢僵硬，跛行，喜卧。尿液中有白色黏稠絮状物或脓液。公猪不明原因地跛行、性欲减退或无配种能力。母猪流产或不孕。

剖检常见肾髓质、输尿管壁有包囊、结缔组织增生，内有成虫（图4-686至图4-689）。

防制按猪蛔虫的方法。

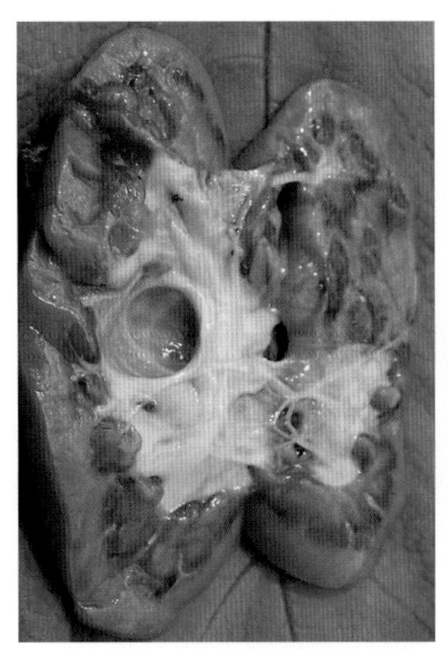

图4-686

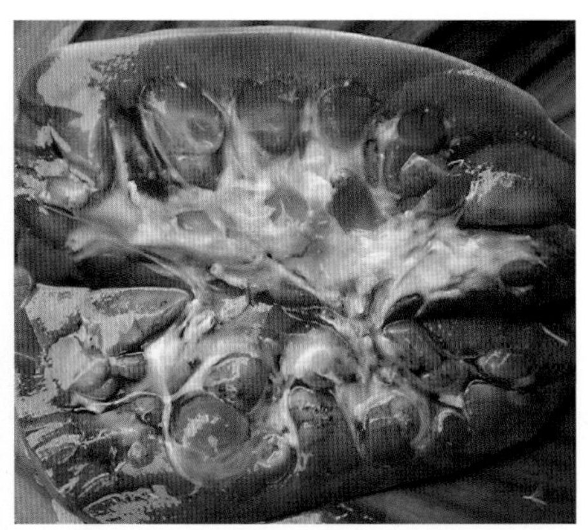

图4-687

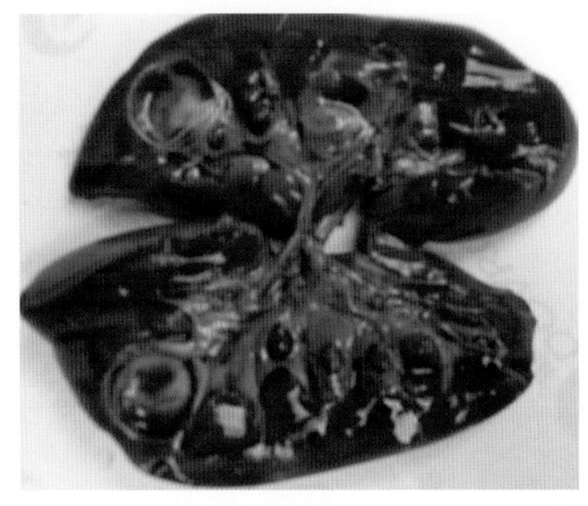

图4-688

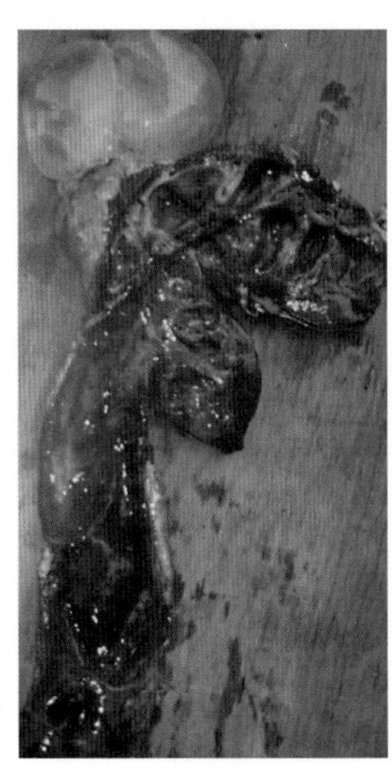

图4-689

## 细颈囊尾蚴病

本病是由细颈囊尾蚴寄生于猪的肠系膜、网膜和肝等处而引起的一种绦虫蚴病。

本病分布广泛，凡养犬的地方，猪都会有细颈囊尾蚴寄生。病原体为寄生在终末宿主犬类动物小肠内的泡状带绦虫的细颈囊尾蚴。

患猪一般不表现症状，只有在屠宰或剖检时可见肠系膜、网膜（图4-690）和肝（图4-691）、子宫扩韧带（图4-692）等处有鸡蛋大小的囊泡，形似“水铃铛”。泡内充满透明的囊液，因此，本病又称“水铃铛”。

预防本病发生的关键是养猪的地方禁绝养犬。

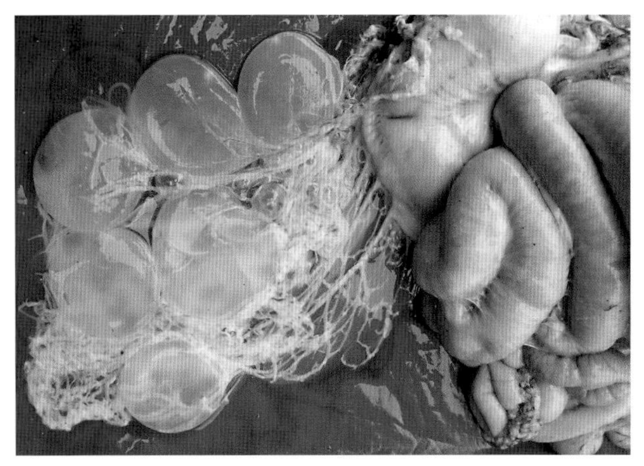

图4-690

图4-691

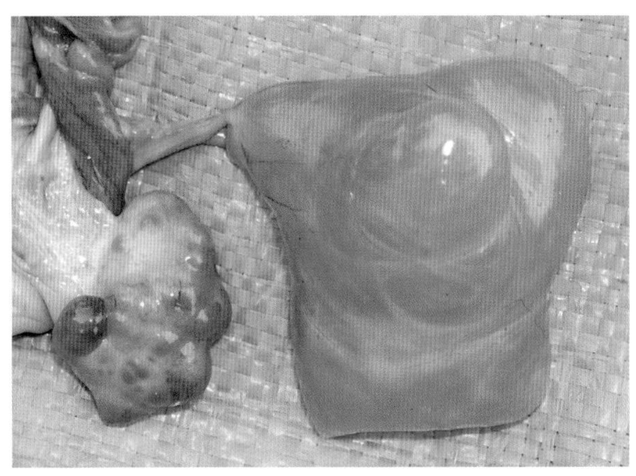

图4-692

## 棘头虫病

猪棘头虫病是由巨吻属的蛭形巨吻棘头虫寄生于猪的小肠内引起的一种寄生虫病。

猪棘头虫病在农村散养猪的地区流行，主要感染8～10月龄的仔猪。

2007年11月1日，笔者在扑杀喘气病患猪时，在数头6月龄的土猪小肠中发现大量蛭形巨吻棘头虫，虫体长24.5～34.0cm（图4-693、图4-694）。

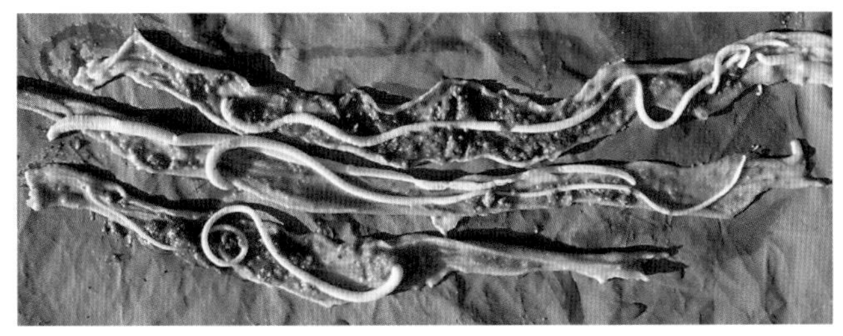

图4-693

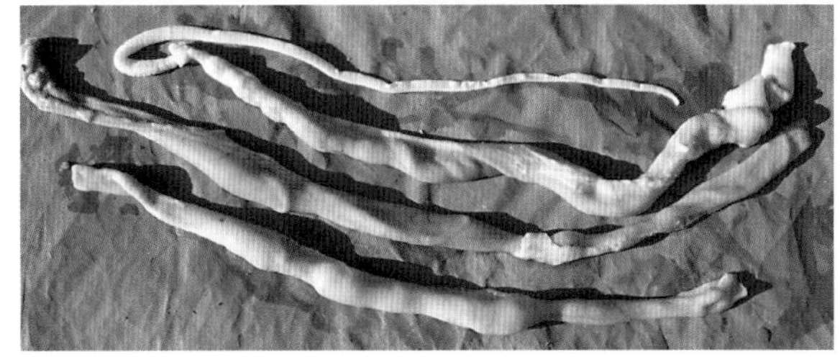

图4-694

棘头虫以吻突和角质小钩（图4-695）牢牢地叮在猪的肠黏膜上，可严重损伤肠黏膜，使肠壁形成火山口状的坏死、溃疡灶（图4-696、图4-697），严重者可形成肠结节状化脓灶，如果吻突钻得太深，可发生肠穿孔，诱发腹膜炎。患猪出现食欲减少，下痢、粪便带血、腹痛，如果发生肠穿孔，诱发腹膜炎时，症状加剧，体温升高，剧烈腹痛，多以死亡为转归。一般寄生少数虫时，由于虫体夺取营养和产生的毒素作用，患猪表现贫血、消瘦和生长缓慢。

在棘头虫病流行地区，可采取猪粪直接涂片或用沉淀法检查虫卵诊断该病。

图4-695

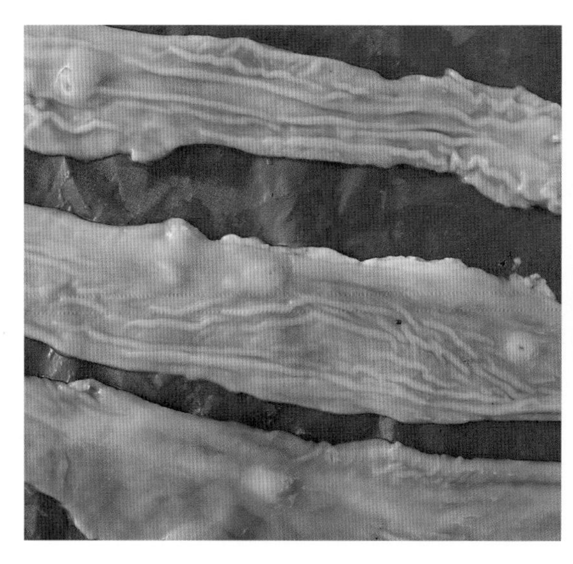

图4-696

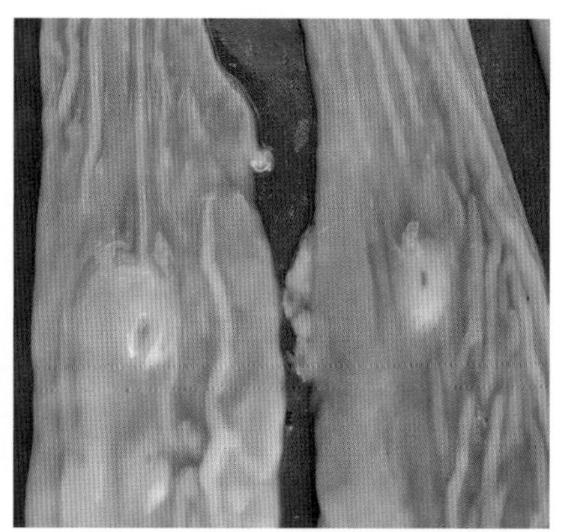

图4-697

预防棘头虫病的主要措施是：

（1）不放养猪，圈养者要防止猪吃到金龟子及其幼虫——蛴螬，因为蛴螬是棘头虫的中间宿主。

（2）勤清粪并堆积发酵处理。

（3）定期驱虫，最佳时间是每年的9～10月。对棘头虫目前尚无特效药，可试用：左旋咪唑，猪每千克体重8mg；敌百虫，猪每千克体重0.1～0.15g，均为口服。

## 九、遗传性、发育性疾病

猪常发生先天性缺陷或发育性疾病，先天性缺陷是指出生时就表现出机体结构或功能异常。先天性缺陷可以是解剖学的（器官不发育、发育不全或发育不良）或功能性的。解剖学缺陷也称结构异常、发育异常或畸形。具有特别古怪的结构异常的新生动物通称为畸胎。最典型的畸胎为“象猪”，先天性多关节屈曲、外翻腿和多趾是常见的畸胎之一。

有些发育异常较常见于某些品种，表明这些疾病具有遗传倾向，遗传缺陷通常在出生时就很明显的称为先天性缺陷。猪先天性缺陷（隐睾、脐疝、腹股沟疝、锁肛、外翻腿、后躯麻痹、雌雄同体、上皮形成不全、尾发育不良）等的发病率居各种家畜之首。玫瑰糠疹、长指甲应为自发性缺陷。据专家统计，仔猪先天性缺陷的发病率至少在2%～3%。

## （一）象猪

纯种杜洛克猪，公，死胎。妊娠期115天，同胎共13头，活仔12头、象猪1头，初生重平均为1 467g。象猪重1 800g，全身无毛，皮肤红白色。头部似象，有一个“象鼻”从额部长出，长40mm、直径15mm，超出上唇20mm，鼻孔长在正中。鼻根下两边有眼，只有眼缝，无眼睑、眼球。上唇呈0形，上牙床有针状牙3颗，门齿1颗、两边各1颗；下唇和舌正常，下牙床针状牙各两颗（图4-698）。该象猪大脑发育不全，软脑膜下脑室空空的，前1/3没有大脑组织，而是一层4mm厚的黄色胶冻样块，表面有丝丝微血管；后1/3是小脑和大脑未发育完全的一小部分（图4-699）。象鼻内有鼻道和不规则的鼻甲骨。

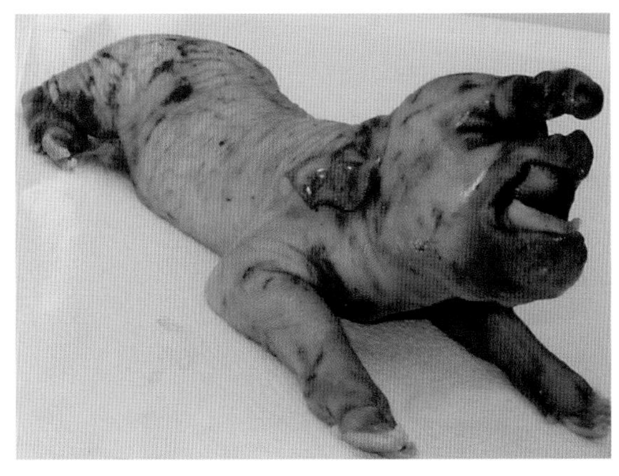

图4-698

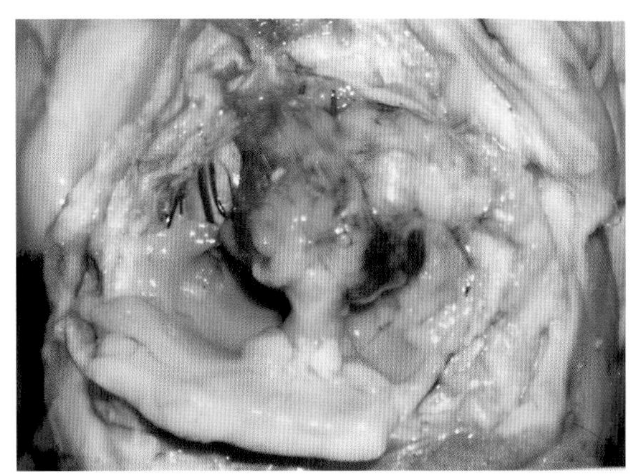

图4-699

## （二）脑形成不全

长白猪仔猪，出生时头部有6cm × 6cm × 3cm的团块，内有液体波动（图4-700），存活1天死亡。剖检时团块内充满液体，脑骨形成不全，脑组织形成不全（图4-701）。

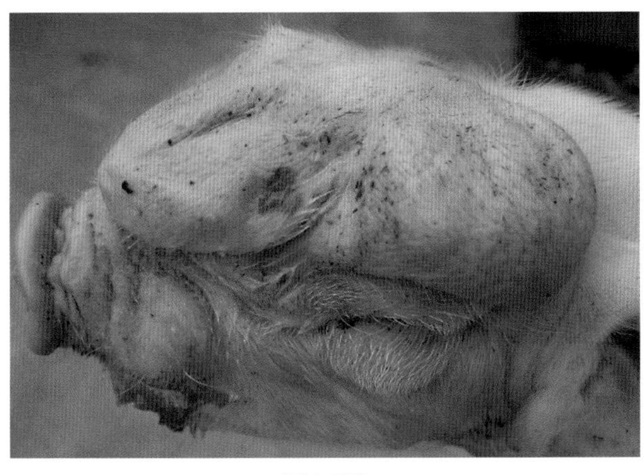

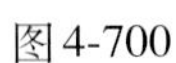

图4-700

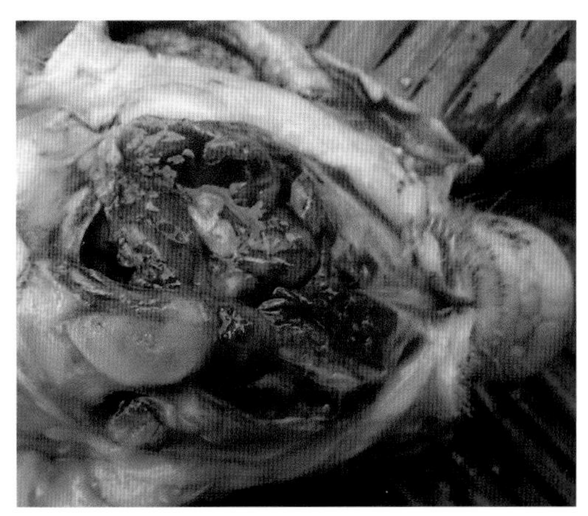

图4-701

图4-702至图4-705中仔猪头顶上长一大血囊，血囊通到脑内。

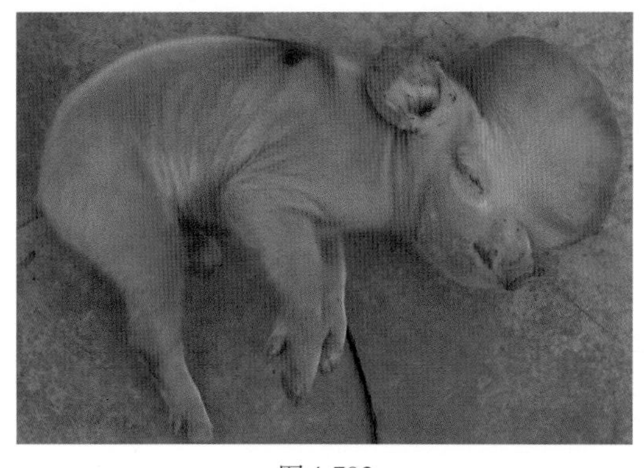

图4-702

图4-703

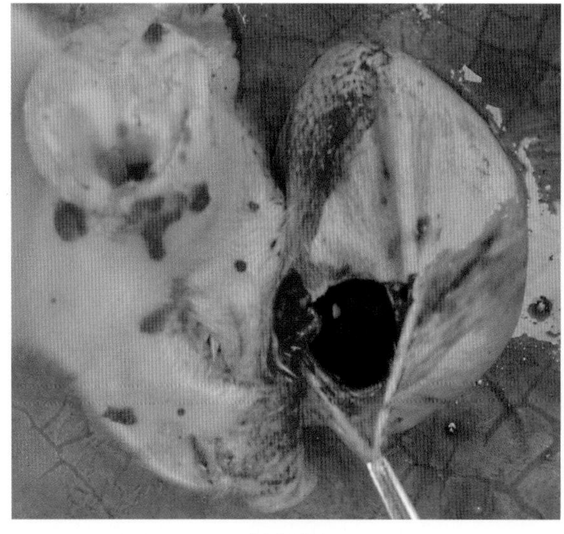

图4-704

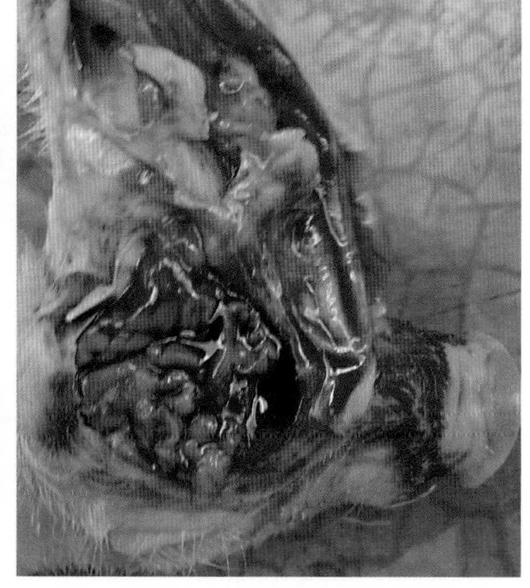

图4-705

## （三）外翻腿

外翻腿主要由肌原纤维发育不良所致。除遗传缺陷外，产生的原因有多因素的，妊娠后期母猪玉米赤霉烯酮中毒及仔猪应激、肌肉发育不成熟等也能出现外翻腿（图4-706、图4-707）。一般不伴有共济失调现象。外翻腿在初产仔猪中约占3%左右。剖检两头外翻腿仔猪，两头都出现了脑水肿（图4-708、图4-709）。

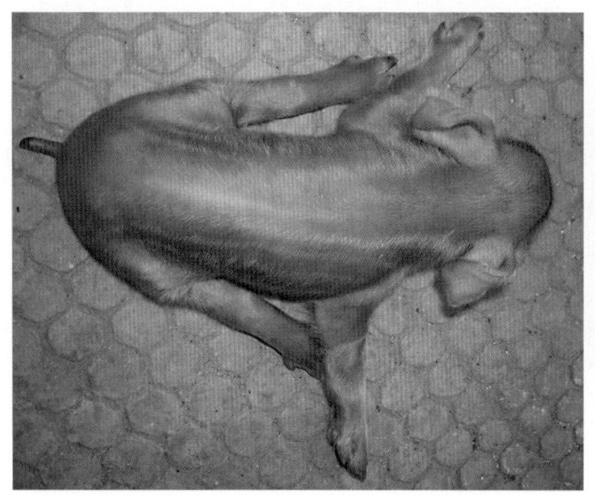

图4-706

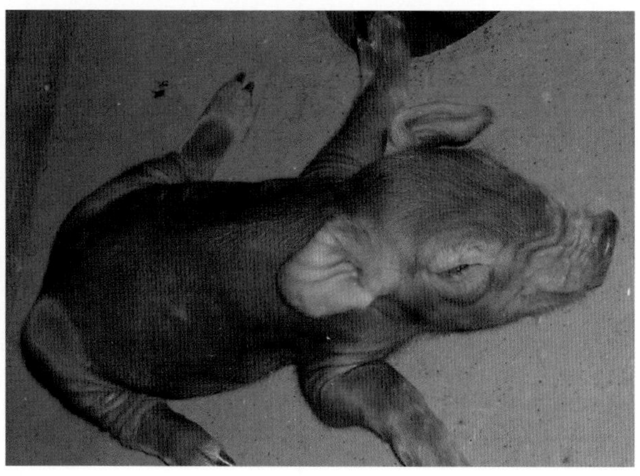

图4-707

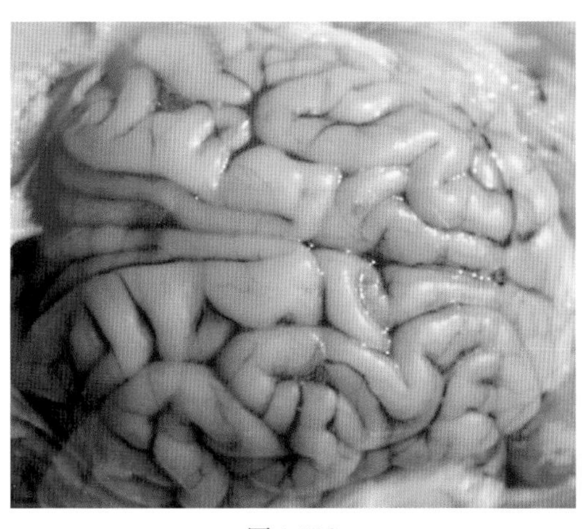

图4-708

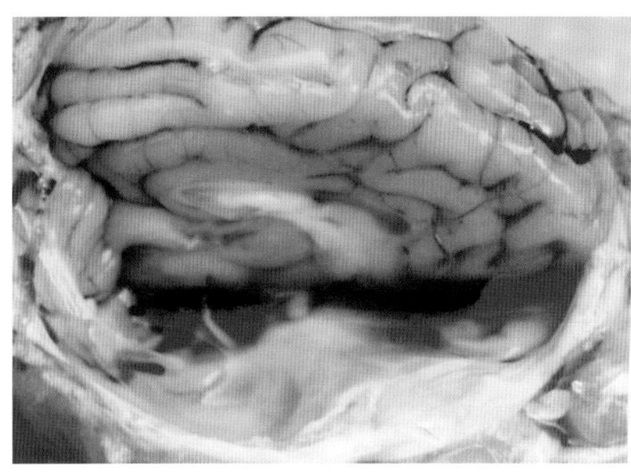

图4-709

外翻腿仔猪可用手术纠正：用胶布将外翻后肢的小腿部捆拢，将外翻前肢的前臂部捆住，中间留一定距离（图4-710至图4-712）。然后不断提猪尾巴或提猪背使猪站立，这样外翻腿就可以慢慢纠正过来。

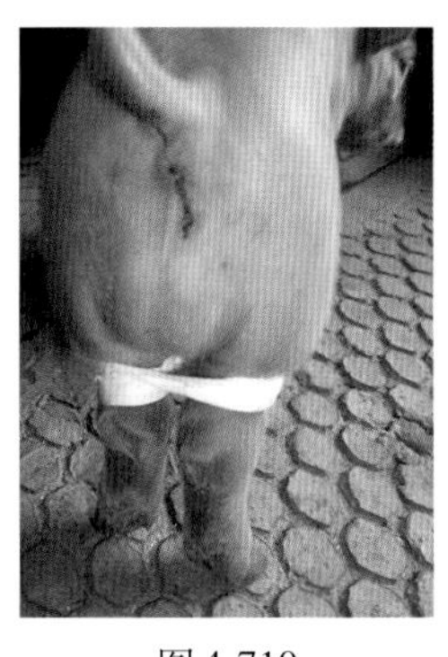

图4-710

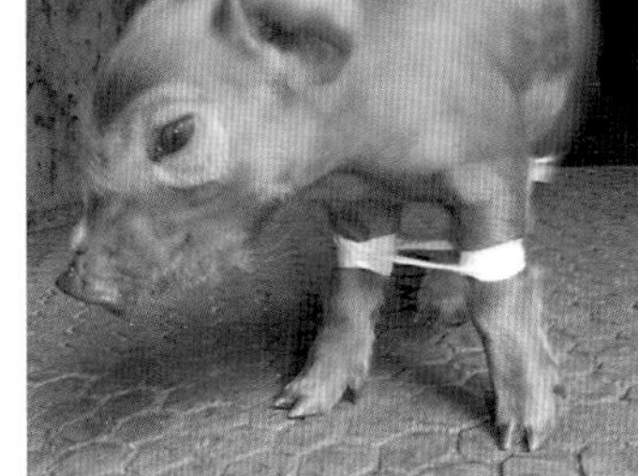

图4-711

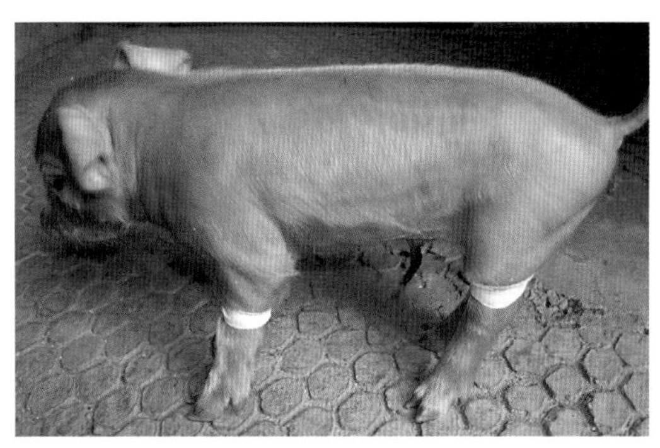

图4-712

## （四）关节屈曲症

关节屈曲症又称先天性多关节屈曲、先天性多关节强直。其特征是关节固定或强硬、屈曲或伸展。形似“企鹅”（图4-713、图4-714）。该病是由多种原因引起的，如仔猪出生前受病毒感染、植物或化学物质中毒、高热、营养缺乏和遗传。

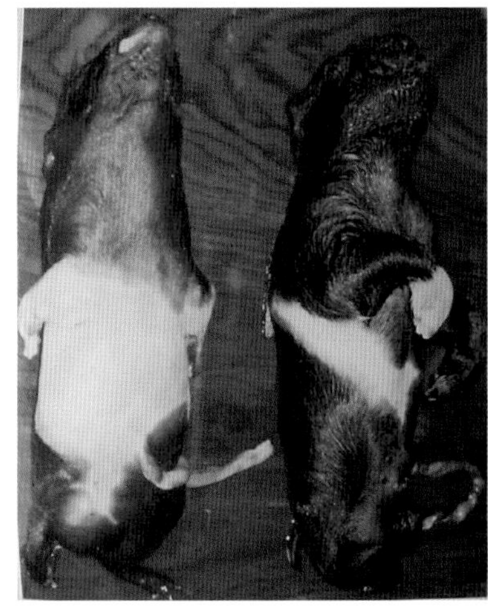

图4-713

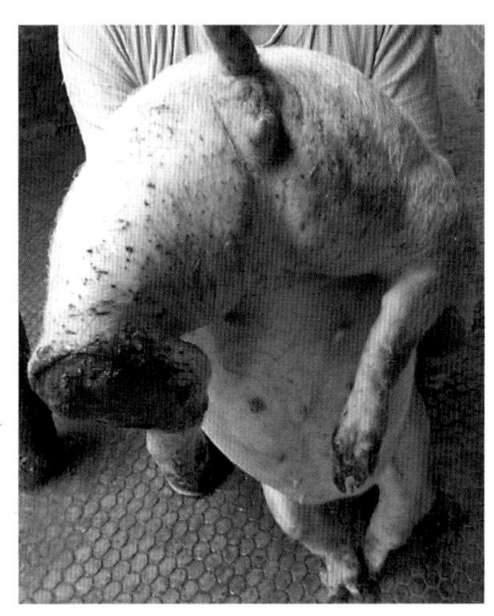

图4-714

### （五）其他畸形

也有些刚出生的仔猪表现多趾（图4-715）以及胸腹腔脏器外露（图4-716）。

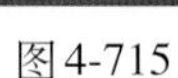

图4-715

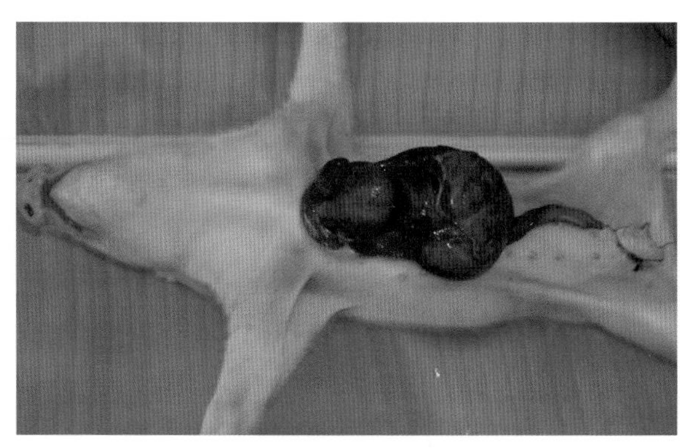

图4-716

## 先 天 性 缺 陷

### （一）隐睾和疝

仔猪先天性缺陷较多见的有隐睾（图4-717）、脐疝（图4-718）和腹股沟疝（图4-719）。

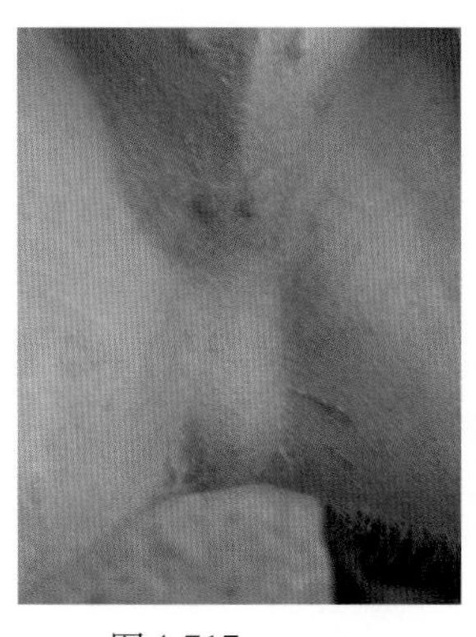

图4-717

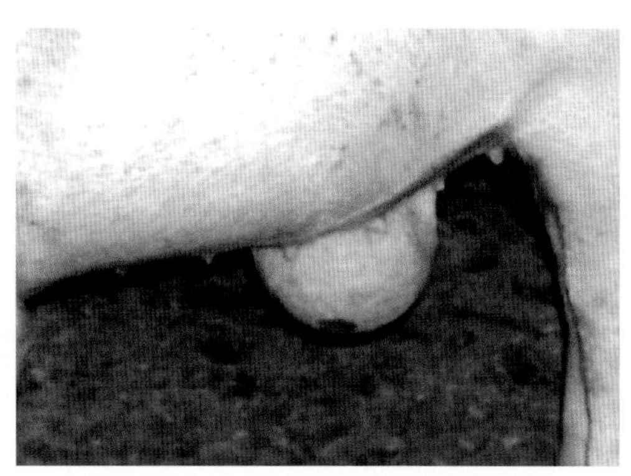

图4-718

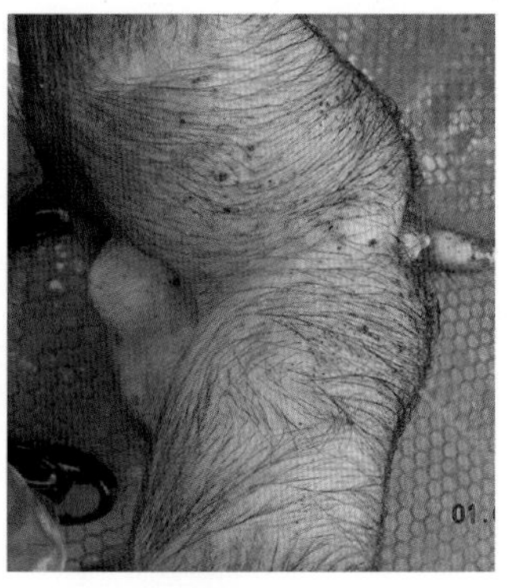

图4-719

### （二）雌雄同体

雌雄同体常见以下几种：

阴户和睾丸同时长出（图4-720、图4-721）；阴户内又长有一类阴茎（图4-722）；猪肛门下长出一圆形物，类似阴茎，其上又有一个似小阴户（图4-723、图4-724），剖开后好似阴茎穿过阴户（图4-725）。

图4-726至图4-728是一头性器官生长异常的猪，从外表看：该猪肛门下有一个阴茎又有右睾丸，在正常位置外露，有附睾，连接右睾丸的是右子宫角；左睾丸移位腹腔内，无附睾，连接左子宫角。两侧子宫角附近无卵巢，该猪会爬跨母猪。图4-729在肛门下长出一个直径约1cm、长15cm的管形阴户。

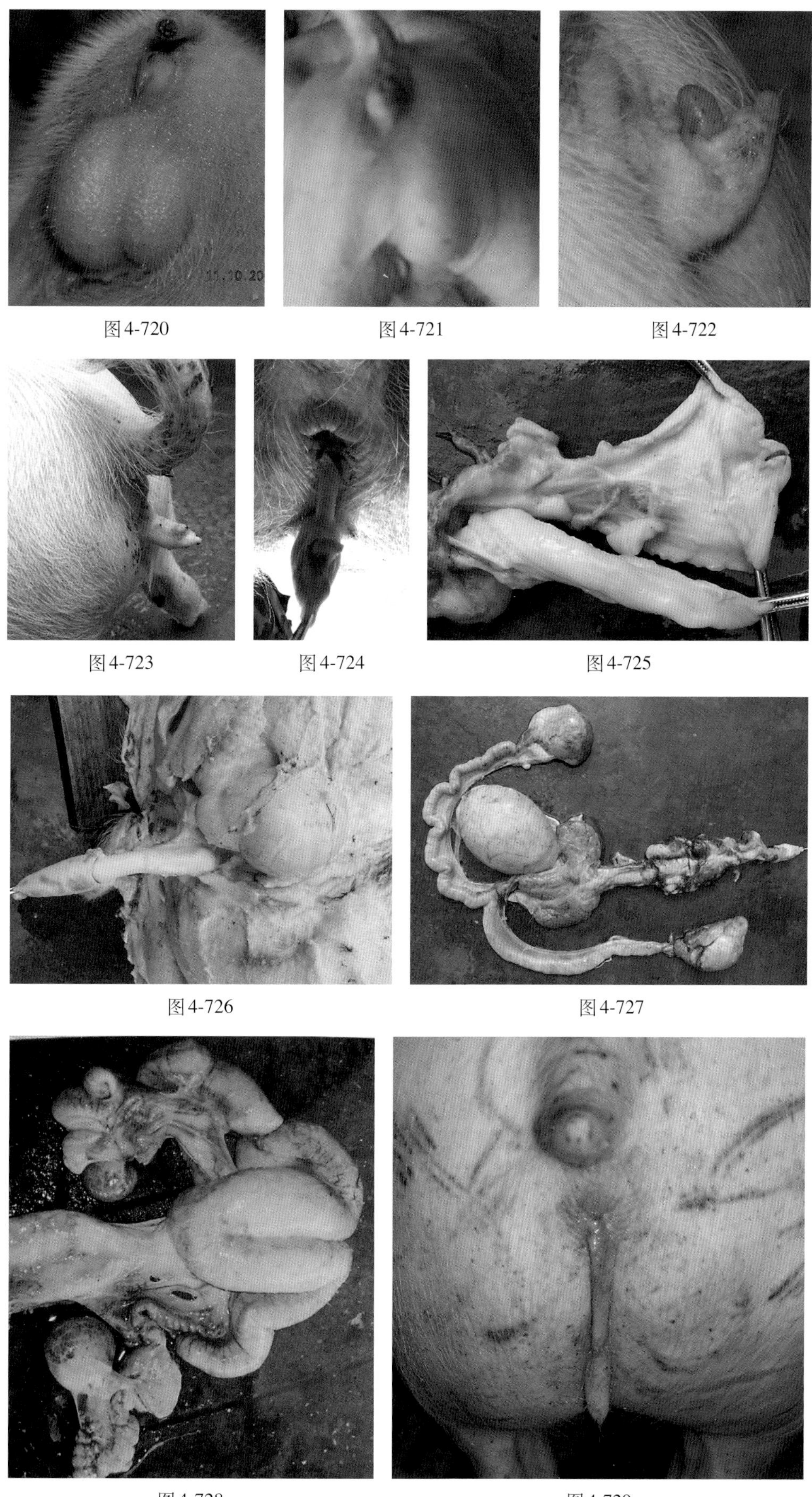

图4-720 图4-721 图4-722

图4-723 图4-724 图4-725

图4-726 图4-727

图4-728 图4-729

图4-730至图4-733是“泄殖腔”猪，没有肛门，只有肛门痕迹，有一阴户，从阴户里排尿、排粪。剖检发现直肠和阴道同时开口在一个腔内（图4-734）。

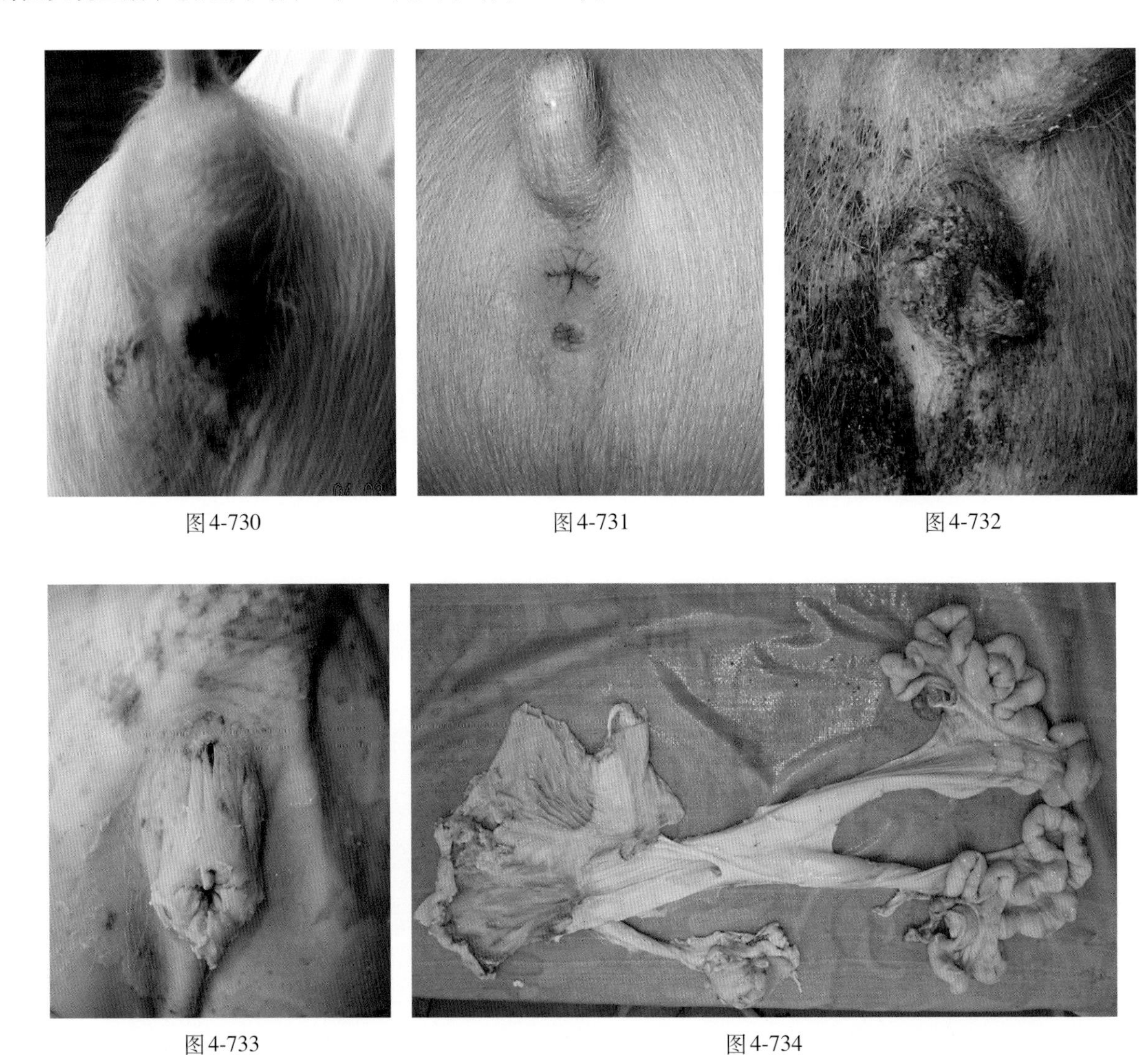

图4-730 图4-731 图4-732

图4-733 图4-734

## （三）皮肤形成不全

图4-735至图4-737是一头YLD三元杂初生仔猪，背、腹、股部皮肤形成不全，水肿。

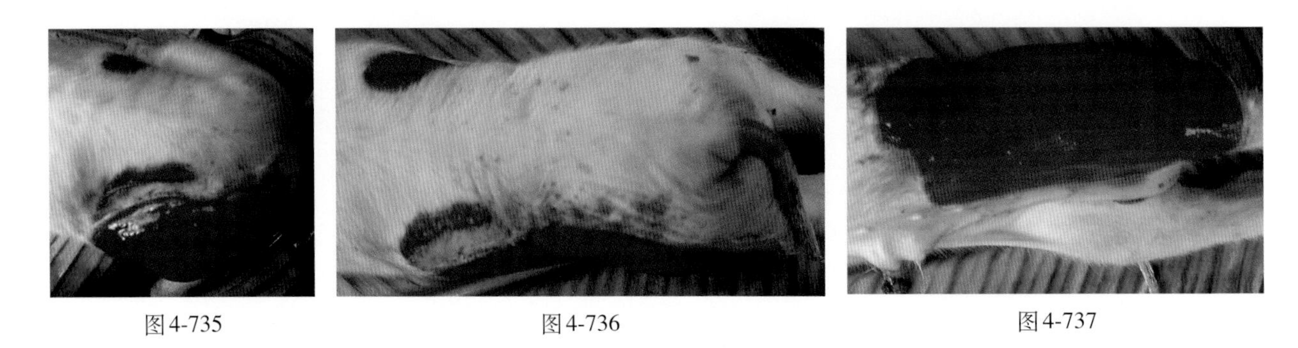

图4-735 图4-736 图4-737

图4-738是杜洛克猪初生仔猪，腰、背部真皮形成不全。

图4-739也是杜洛克猪初生仔猪，腰、荐、臀部表皮形成不全、无毛。

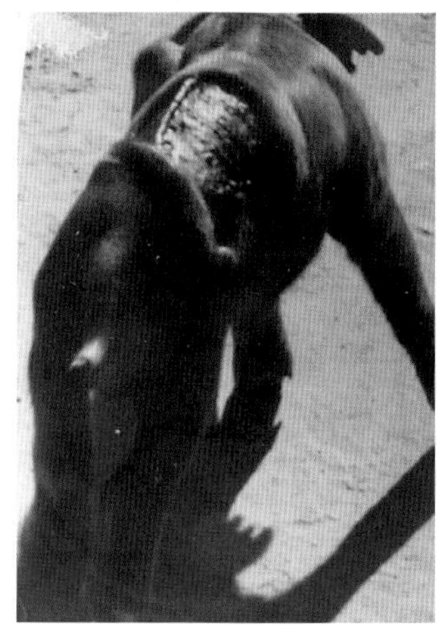
图4-738

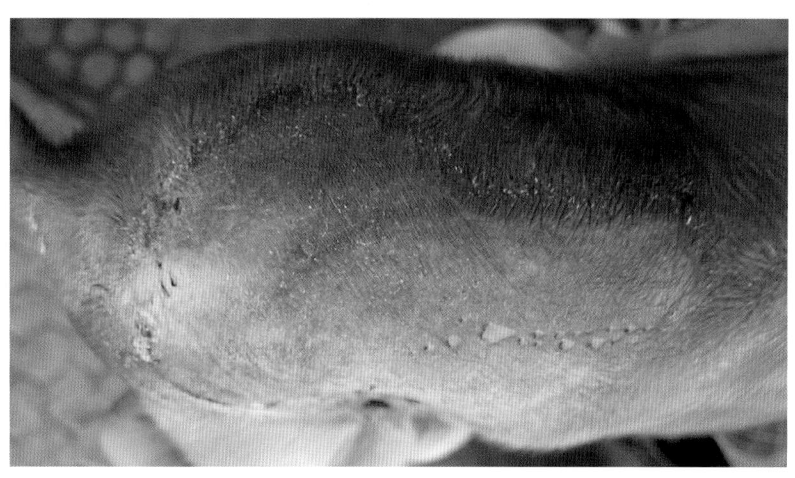
图4-739

图4-740至图4-742是一头YL二元杂初生仔猪，两肷部各有一3cm × 3cm × 2cm水囊，皮肤形成不全。

图4-740

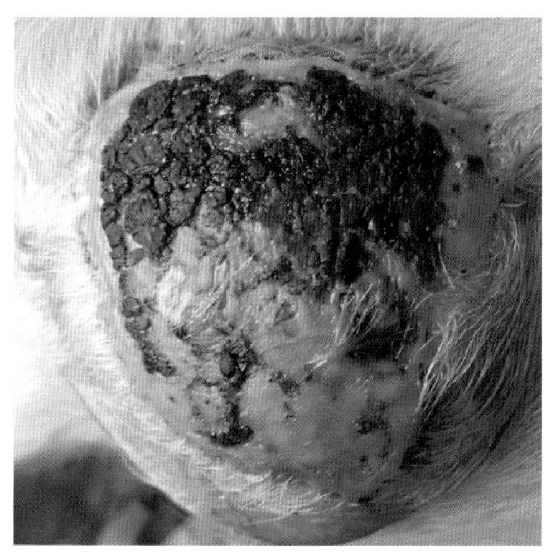
图4-741

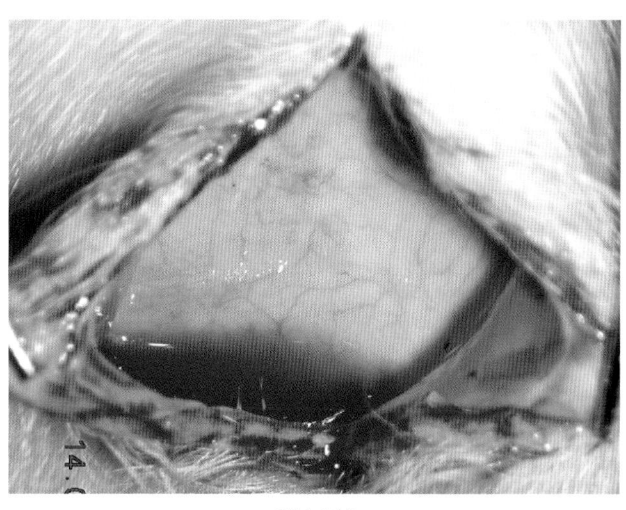
图4-742

图4-743、图4-744这3头猪为唇裂。

图4-745至图4-747中仔猪肢体形成不全。

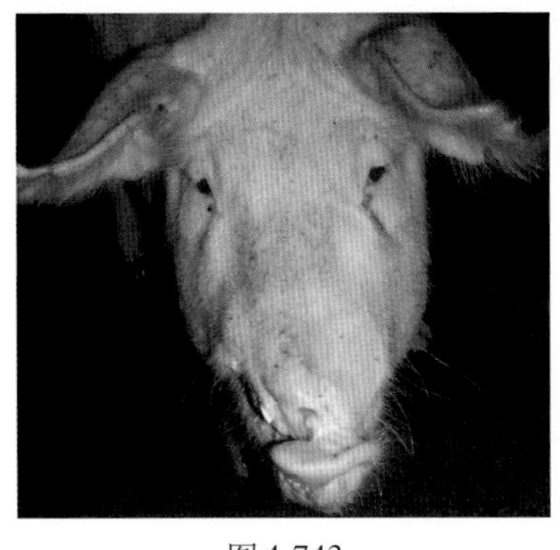
图4-743

图4-744

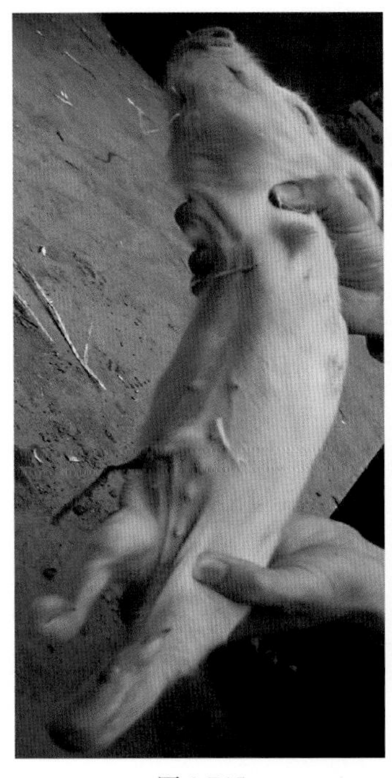
图4-745

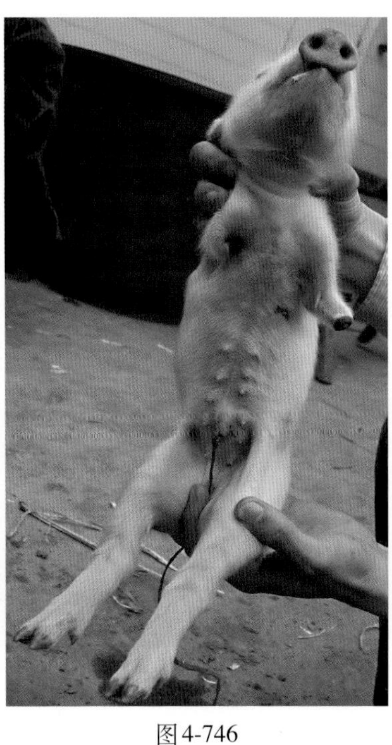
图4-746

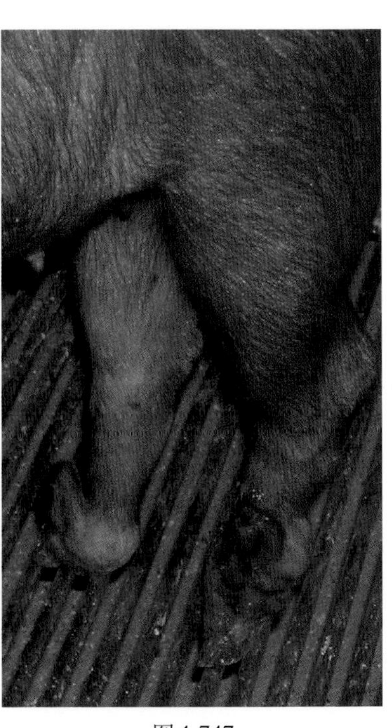
图4-747

## 自发性缺陷

自发性缺陷主要有玫瑰糠疹，又称银屑样脓疱性皮炎，专指猪的皮肤上出现外观呈环状疱疹的脓疱性皮炎。本病常见于仔猪和青年猪，属于一种遗传性、良性、自发性、自身限制性青年猪疾病。初生时不表现出来，在生长中才出现，患过病的母猪所生仔猪发生该病的频度高。但在一窝仔猪中，通常只见一头猪发病。

玫瑰糠疹临床上病变多见于四肢内侧（图4-748）、腹下（图4-749）、尾部、臀部等处。病初在患部皮肤上出现小的红斑丘疹，有些地方出现小脓疱，丘疹和小脓疱隆起，但中央低，呈火山口状。迅速扩展为项圈状，外周呈红玫瑰色并隆起，项圈内覆盖着灰黄色糠麸状银屑，故称玫瑰糠疹。随着项圈的扩展，病灶中央恢复正常，相邻的项圈各自扩展，可相互嵌合、相互融合。患部不掉毛、不瘙痒。治疗无特效药品，主要应防止继发感染，若无继发感染，经1个多月可慢慢地自然消退，皮肤恢复正常。

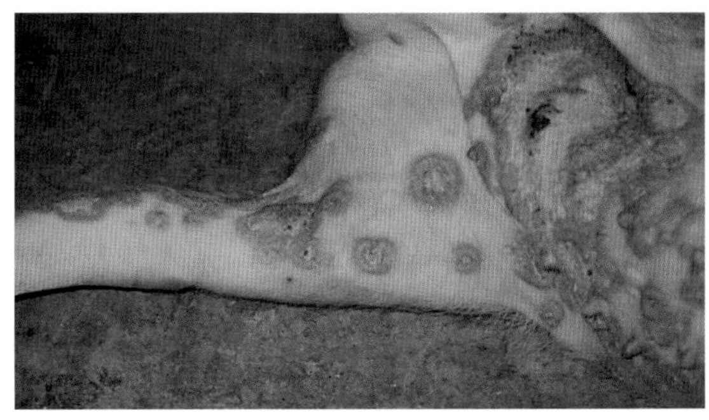

图4-748

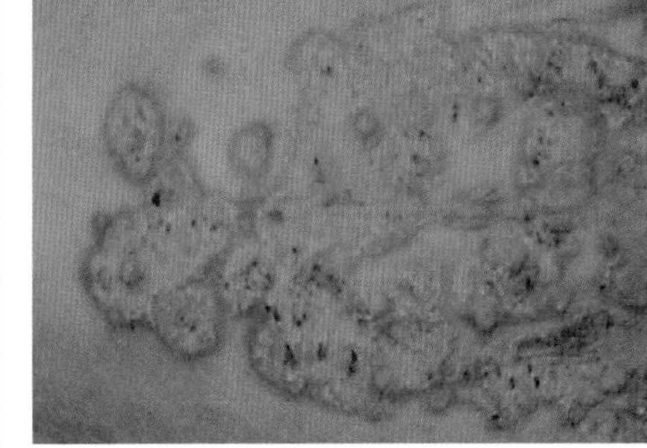

图4-749

## 皮肤色素脱落

皮肤色素脱落主要见于杜洛克猪，好似“白癜风”（图4-750、图4-751）。

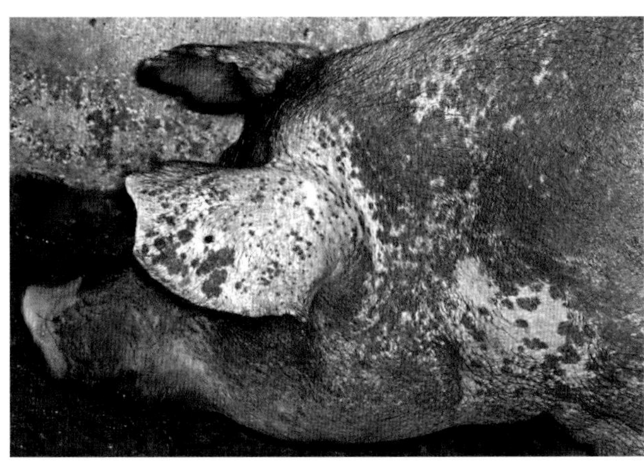

图4-750

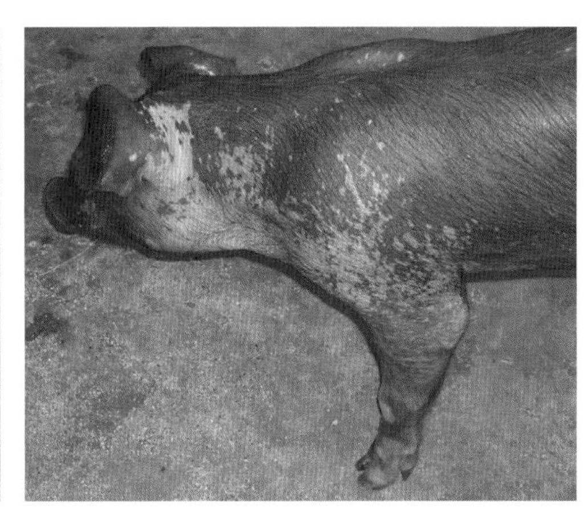

图4-751

## 遗传性器官异常

图4-752、图4-753是脾异常。

图4-752

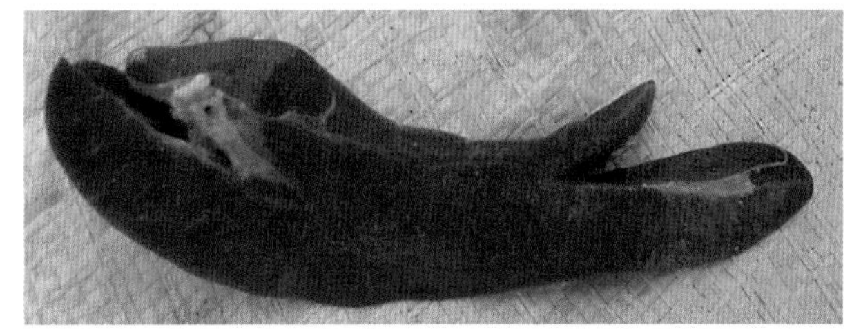

图4-753

要减少或消除遗传缺陷，主要的方法就是找出带有遗传缺陷基因的种猪并淘汰。还要注意，除育种需要外一般不要近亲繁殖，因近亲繁殖的后代容易出现遗传缺陷。

# 十、肿　　瘤

肿瘤是一大类以细胞异常生长为特征的病变。人和动物都可以发生肿瘤，肿瘤的种类繁多、形态各异，其中恶性肿瘤是对人危害极大的疾病之一。目前动物肿瘤与人类肿瘤的关系尚未完全弄清，但畜禽肿瘤与食品卫生及人体健康关系越来越引起人们的关注。因此，加强动物肿瘤的研究具有重要的意义。下面把作者眼见的几种猪的肿瘤介绍如下：

## 髋　骨　瘤

一头3月龄LY阉猪（7日龄阉割），45日龄以后发现右臀部有一核桃大肿块，肿块越来越大，到3月龄时右臀部高高耸起，肚子胀大，背凸，猪体变形，形似“蛤蟆”（图4-754）。淘汰剖检，发现有一个20cm×16cm×10cm不规则肿瘤，重720g，包围着髋骨，深入到盆腔内（图4-755、图4-756）。肿瘤靠荐椎方向化脓，内面充满豆渣样脓汁。右髂内淋巴结肿大，为左髂内淋巴结的5倍左右。

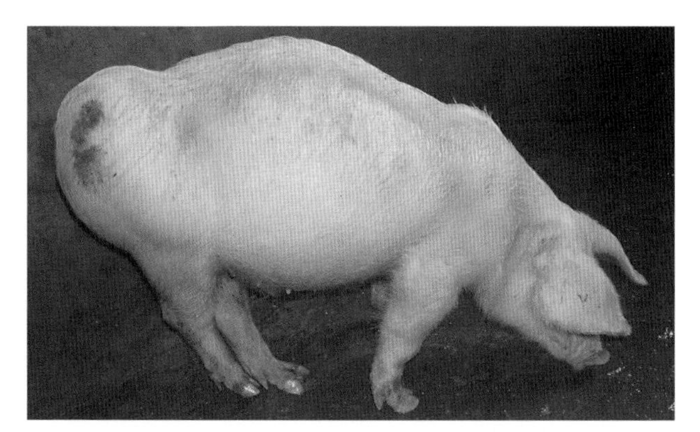

图4-754

图4-755

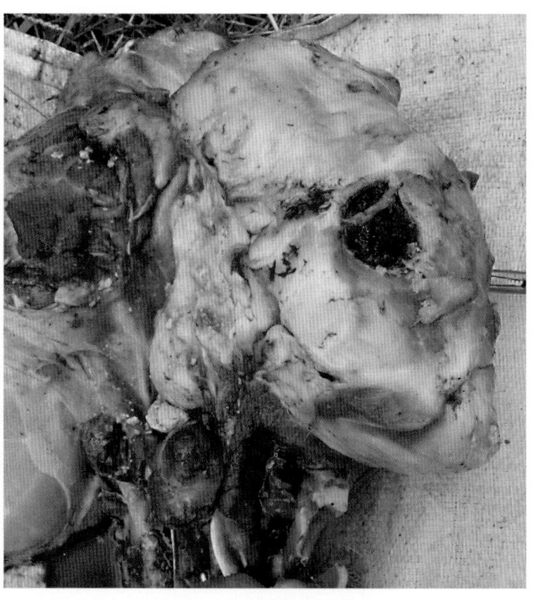

图4-756

深入到盆腔内的肿块压迫直肠（图4-757、图4-758），使排粪严重困难，整个大肠内积满稀粪，肠腔胀粗，直径8cm左右（图4-757）。因此，腹腔大部分被大肠占据，使腹围增大，胸腔被压缩得很小（图4-758）。

图4-757

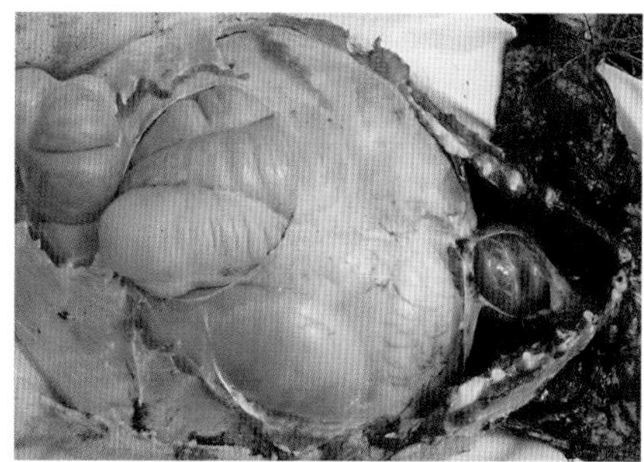

图4-758

## 肾包膜绒毛纤维瘤

肾包膜绒毛纤维瘤患猪腹围增大、下垂（图4-759）。剖检见左肾包膜上长有直径47cm、重8.4kg，由若干黄白色网状绒毛纤维薄片分隔构成的大囊（图4-760）。

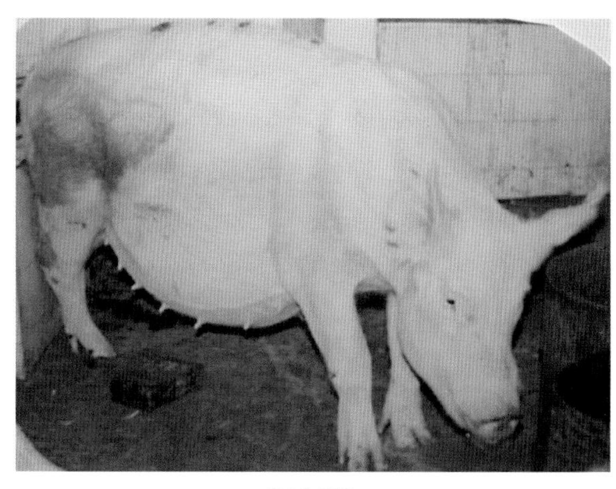

图4-759

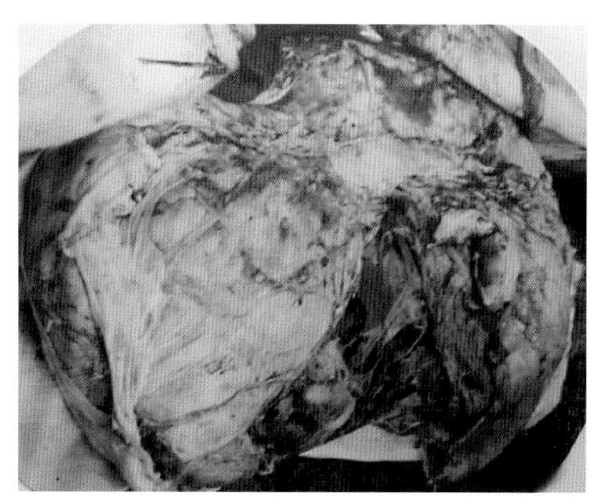

图4-760

## 输 尿 管 包 囊

有一中猪腹围增大、下垂（图4-761）。剖检见输尿管上长有一排球大包囊，包囊长在输尿管大约距膀胱20cm处，将膀胱和这段输尿管包在囊内（图4-762、图4-763），囊内装着约2 000ml左右污浊、灰白、恶臭的液体。出血性腹膜炎，腹腔内脏器肝、脾、肾、胃、肠互相粘连。

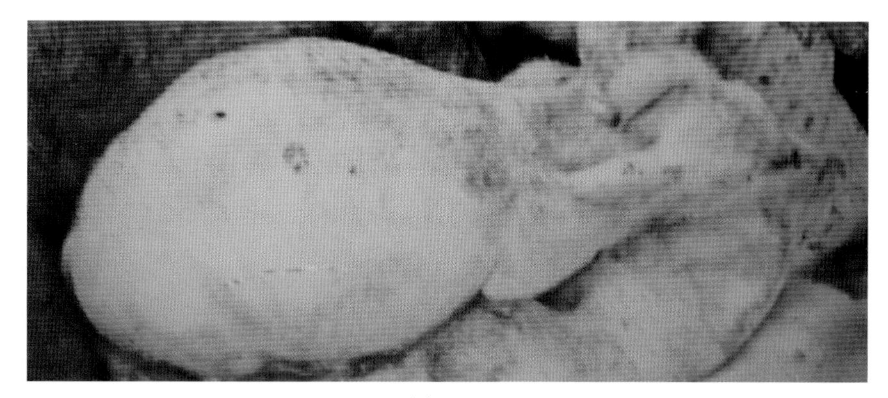

图4-761

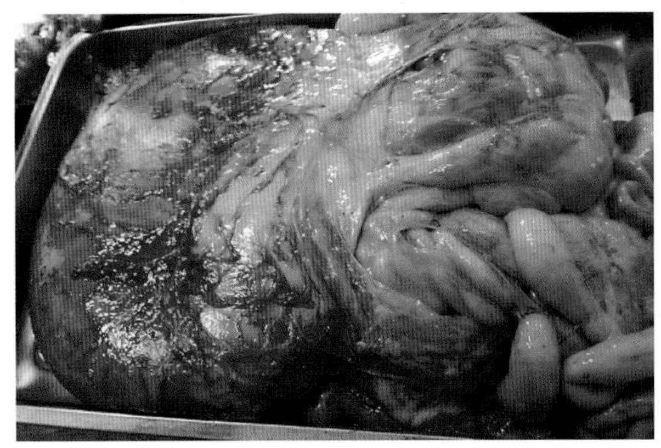

图4-762

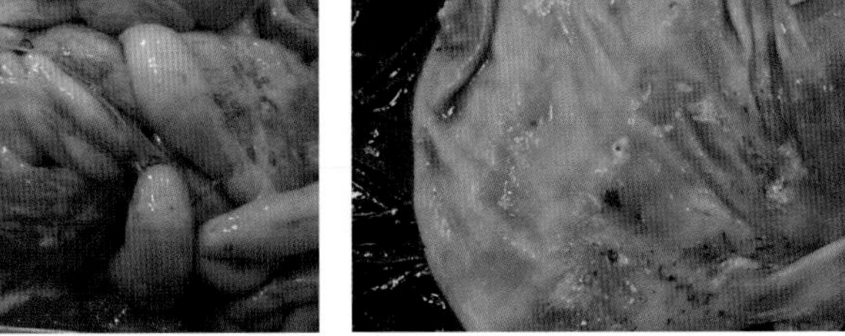

图4-763

## 肾母细胞瘤

肾母细胞瘤生于左肾上，由分叶状大肿瘤和小肿瘤组成，重2 115g（图4-764）。

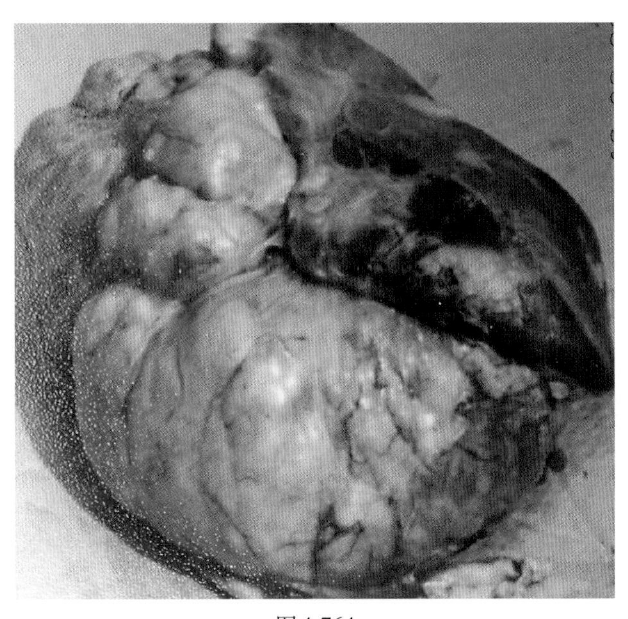

图4-764

## 胃　　癌

这个胃癌生于猪胃贲门四周，共有三个鸭蛋大的肿块，左边两个已切开（图4-765）。

## 肺　　癌

猪肺癌时有见到，图4-766猪的肺癌生于右肺膈叶，直径10cm；图4-767是1头猪左肺的两个肿块，图4-768是图4-767肿块的切面。

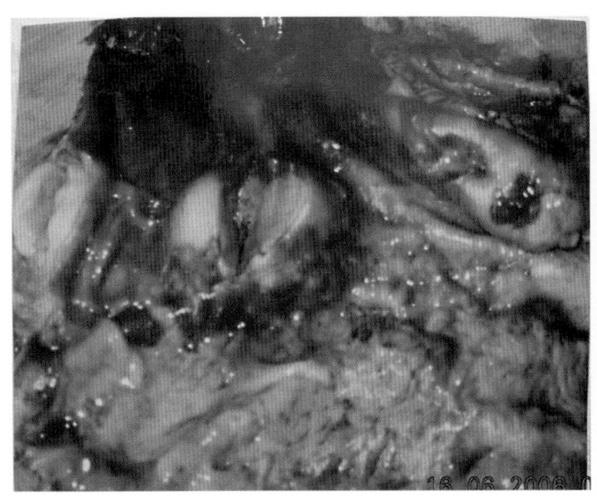

图4-765

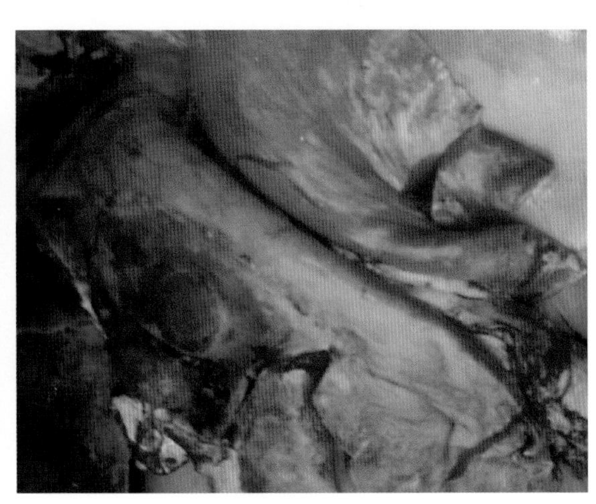

图4-766

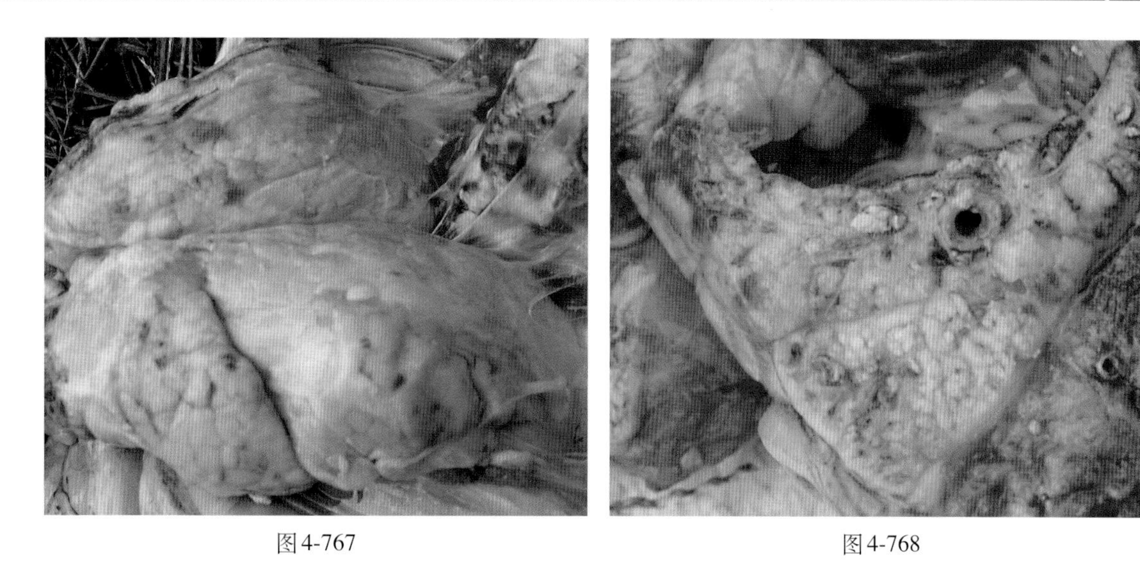

图4-767 图4-768

## 乳头疣状瘤

图4-769母猪乳头癌生于一个乳头上，已发生3个月的形状，外形似桑葚；图4-770为发生半年后的形状，外层为一包膜，内为致密肉样物。

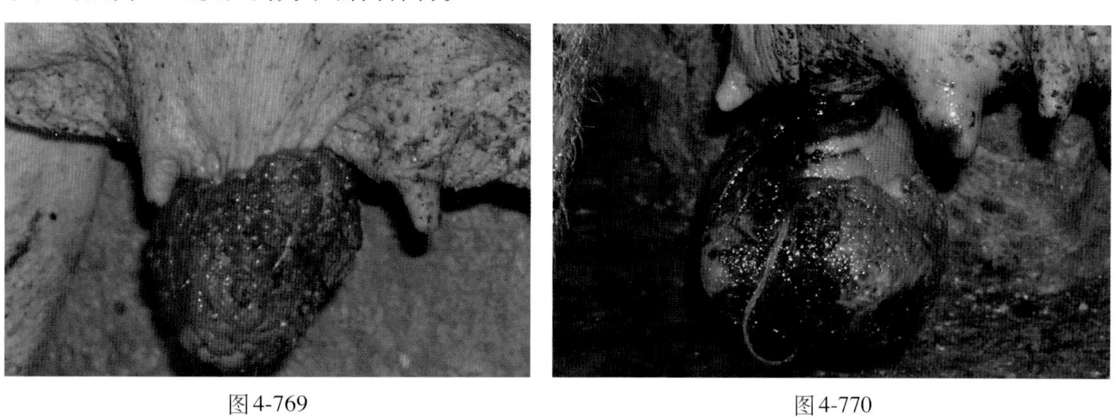

图4-769 图4-770

## 包皮肿瘤

图4-771这公头猪包皮上有一肿瘤。

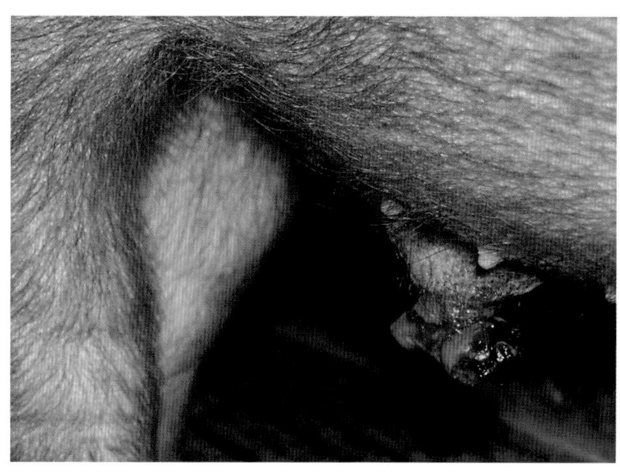

图4-771

## 小 脑 肿 瘤

图4-772是一头猪小脑上的肿瘤，生于猪小脑左半球腹侧，肿瘤大小为3.1cm × 2.8cm，图4-773为肿瘤切面。

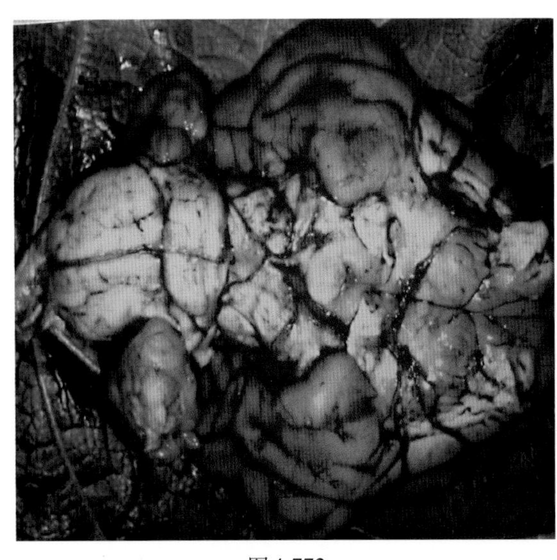

图4-772

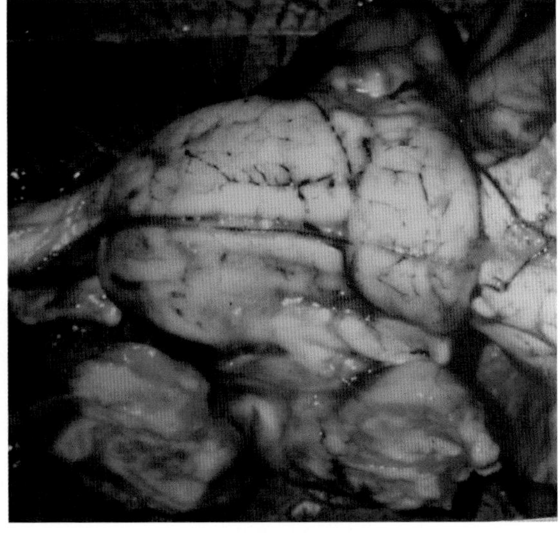

图4-773

# 十一、杂　症

## 赫 尔 尼 亚

赫尔尼亚又称疝，是指腹腔内的肠管从自然孔道或损伤后的腹壁裂口脱出于皮下的疾病。疝，可分为先天性和后天性两种。先天性疝在仔猪阶段就出现，如脐疝、腹股沟疝和公猪阴囊疝，先天性疝是发育缺陷性疾病，有遗传性。后天性疝多因外伤损伤腹壁而引起，如腹壁疝。

图4-774

### （一）疝的类别

1. 脐疝　脐疝是脐孔闭锁不全或完全没有闭锁，引起肠管从脐孔脱出于皮下而形成，脐部出现一个拳头大乃至小儿头大的半圆形或圆形肿团。触摸肿团感觉柔软，肿团与腹壁交界处可触摸到脐孔，将肿团朝腹腔方向往内推，可把疝内容物（肠管）推回腹腔，当手松开时内容物又会凸出，肿团又恢复。在肿团上听诊可听到肠蠕动声。当疝内肠管被嵌闭在脐孔当中，或疝形成时间太长、疝内肠浆膜水肿、发炎、与腹膜粘连时，肿团坚硬、有热痛感，患猪表现食欲减少，排粪减少，腹账、臌气、腹痛等症状。图4-774这头猪就有脐疝。

2. 腹股沟疝　腹股沟疝多发于母猪，在左或右腹股沟部有突出膨大的肿团，触摸时也如前述触摸脐疝的感觉。图4-775这头猪有腹股沟疝。

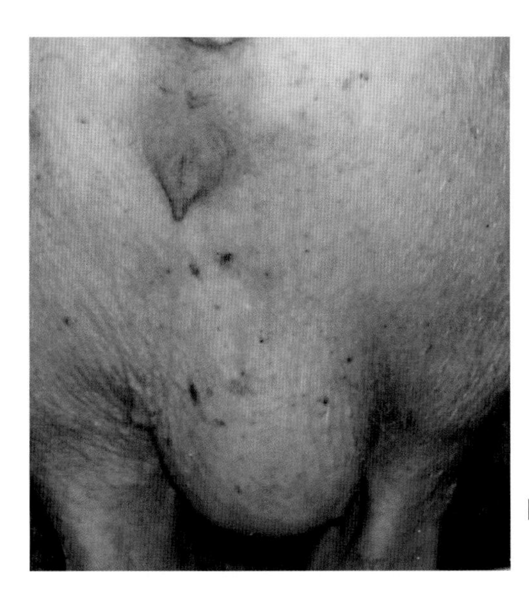

图4-775

3．**公猪阴囊疝**　公猪阴囊疝出现在公猪阴囊内，表现阴囊膨大，触摸时可摸到疝内容物（多为小肠），也可摸到睾丸。图4-776这头猪是阴囊疝。

4．**腹壁疝**　猪腹壁受到外伤后，在腹壁上见到球状肿团，触摸时可摸到腹肌有裂口，同时也可摸到疝内容物（多为小肠）。图4-777这头猪是腹壁疝。

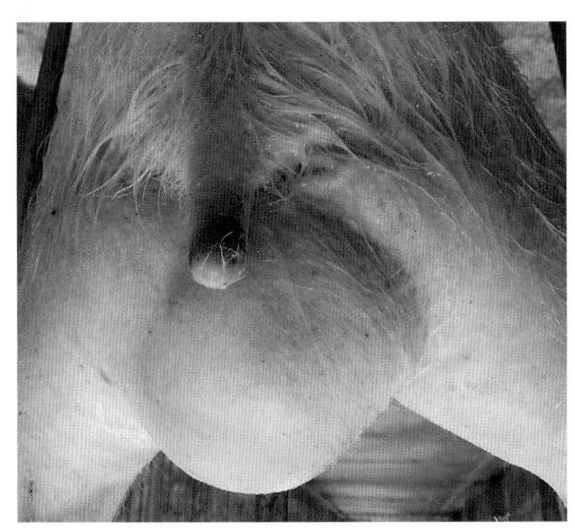

图4-776

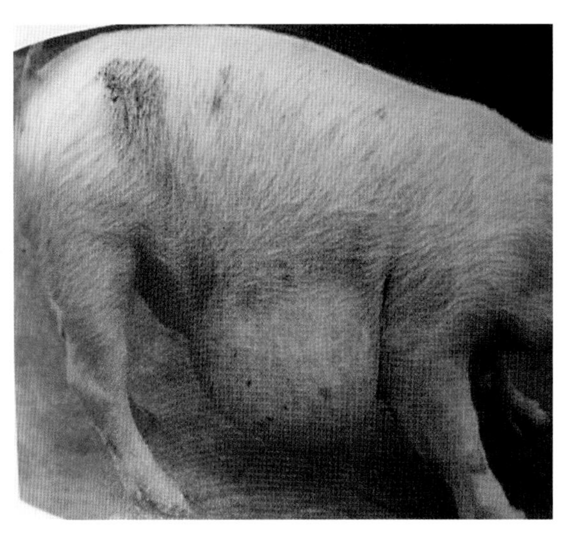

图4-777

## （二）疝的治疗

一旦发现猪体有疝，应该及早进行手术治疗，早期手术很易完成、效果也好，时间长了疝内肠浆膜水肿、发炎、与腹膜粘连，肿团坚硬，有全身症时，不仅手术分离肠管麻烦，效果也不很好。现以一严重脐疝手术为例，简述手术过程。

患猪为4月龄杜洛克猪，生后不久即见脐疝，术前疝的直径17cm，圆形肿团坚硬，已有全身症状。手术前停食1天，仰卧保定（图4-778），疝表面用1 ： 600安灭杀清洗消毒，术部涂以5%碘酊，普鲁卡因浸润麻醉。在疝最下面直切开皮肤10cm左右，见皮肤增厚，流出少量粉红色混浊的炎性渗出液（图4-779），皮下结缔组织增生、胶样浸润、坏死，肠浆膜与腹壁广泛疏松粘连（图4-780）。手术时将肠管从皮下和浆膜之间坏死组织中分离出来，割弃坏死组织，肠管用生理盐水冲洗后塞入腹腔。用肠线将脐孔四周的腹膜和腹肌（由于腹膜炎腹膜和腹肌已粘连）锁边缝合。用5%碘酊消毒创面，撒布160万U青霉素粉后，切除多余皮肤，作结节缝合（图4-781），留一小口排出炎性渗出液。手术结束后肌内注射320万U青霉素，放入干净的厩舍单独饲养，加强护理，每隔4小时注射240万U青霉素，连用3次。

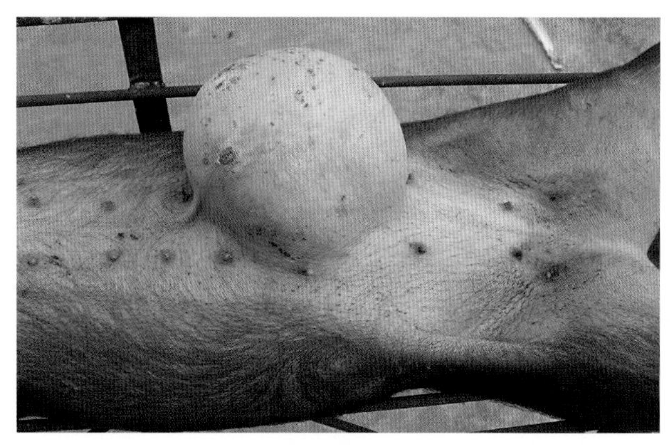

图4-778

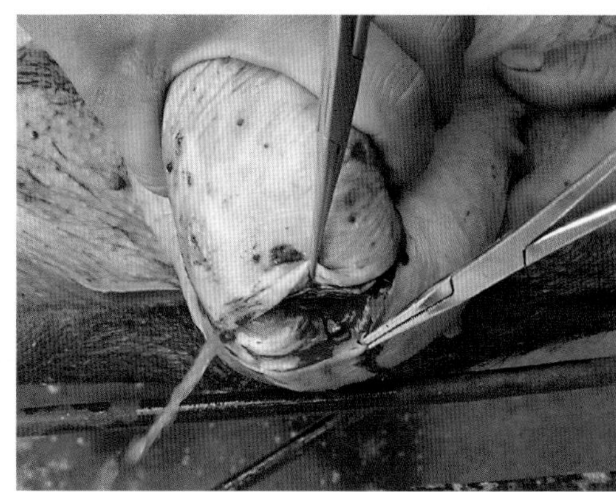

图4-779

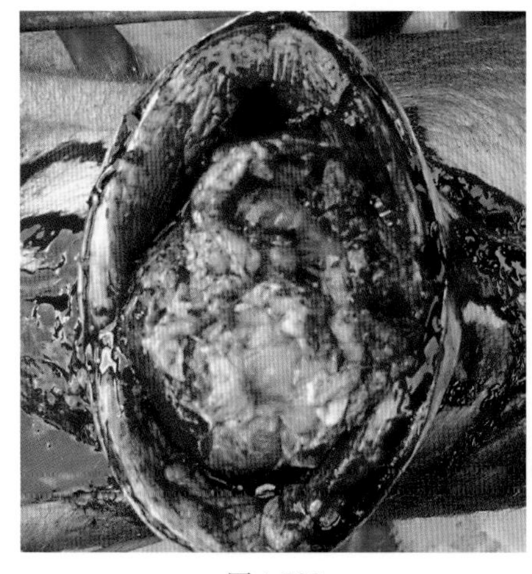

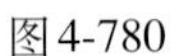

图4-780

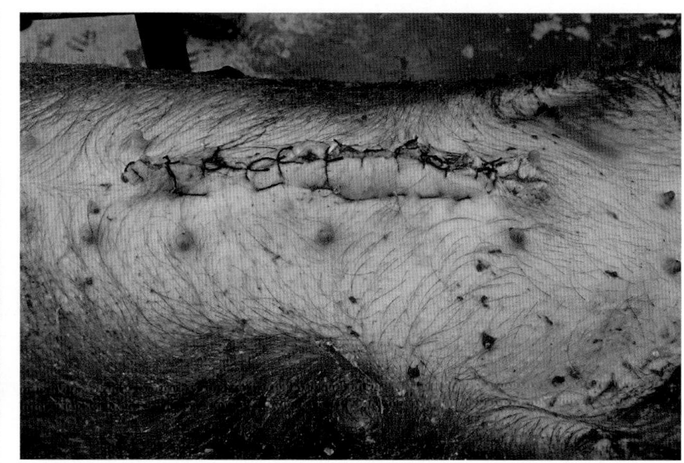

图4-781

## 猪 咬 尾 症

在集约化养猪中，猪咬尾的现象比较常见，多为体重10～40kg重的保育、生长猪中发生，特别是20kg左右的猪更易发生咬尾。轻者咬去半截（图4-782），重者尾全部被咬掉（图4-783），流血不止。一个猪的尾被咬出血，其他猪就会争相来咬它，咬尾的猪只要吃着血腥味，就想去咬其他猪的尾吸血，这头咬那头、那头咬这头，争相互咬（图4-784），很快一个栏内的猪就相互被咬尾。互相咬尾就不想采食，血液流得过多会发生贫血，加之尾部发炎，严重影响健康。尾部咬伤发炎常常继发化脓菌感染，猪化脓菌顺椎管而上造成化脓性脊柱炎，导致患猪后躯麻痹、瘫痪，危害相当严重。参看第四章，第七，猪化脓性放线杆菌病中化脓性脊柱炎。

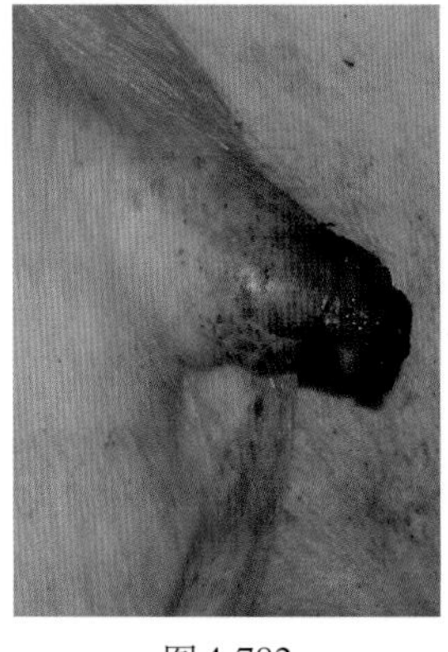

图4-782

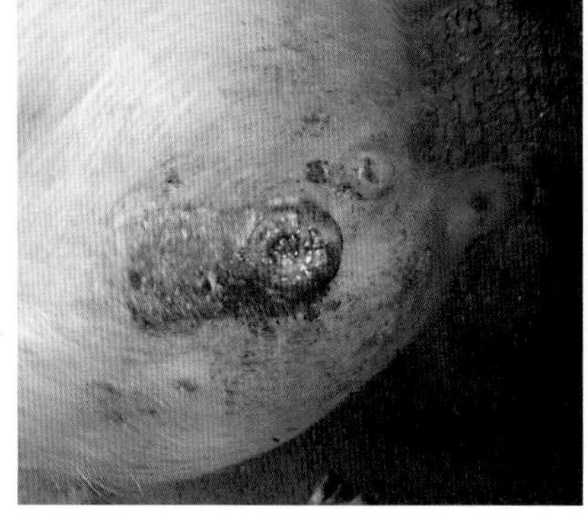

图4-783

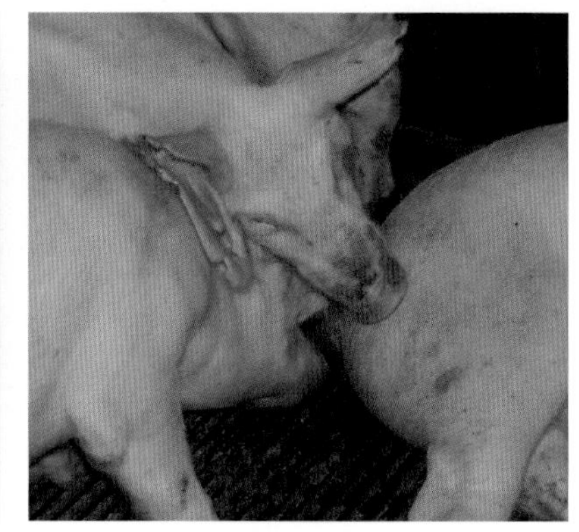

图4-784

引起咬尾的原因很多，有仔猪好玩喜斗咬尾；日粮中蛋白质、维生素和微量元素不足或不平衡，猪只也会咬尾；舍温过高，氨气重，光照过强，使猪不舒适、不采食、兴奋烦躁而咬尾。

为预防猪咬尾，在仔猪初生时就用断尾，可以有效防止保育和生长猪咬尾。另外，要消除造成猪咬尾的原因。一旦发现猪尾被咬伤，就立即隔离，单独饲养，按外伤常规治疗，局部涂擦黄油苦参膏（工业用黄油1 000g加细苦参粉200g调成膏）。

## 母猪咬阴户症

在集约化养猪中，母猪咬阴户的现象时有发生，主要发生于经产、妊娠母猪中，以杜洛克猪母猪多见，其次是长白猪母猪。咬阴户是少数母猪的一种恶癖。被咬母猪的阴户轻者咬去一小部分，重者可被咬去一半，最严重者大部分阴户被咬去（图4-785至图4-788）。阴户被咬之初鲜血淋漓，如果厩舍卫生好，治疗和护理得当，恢复也快；如果厩舍卫生不好，治疗不及时和护理不当，阴户感染后不同程度地发炎、肿胀、化脓、肉芽肿，影响对妊娠和胎儿的正常生长。

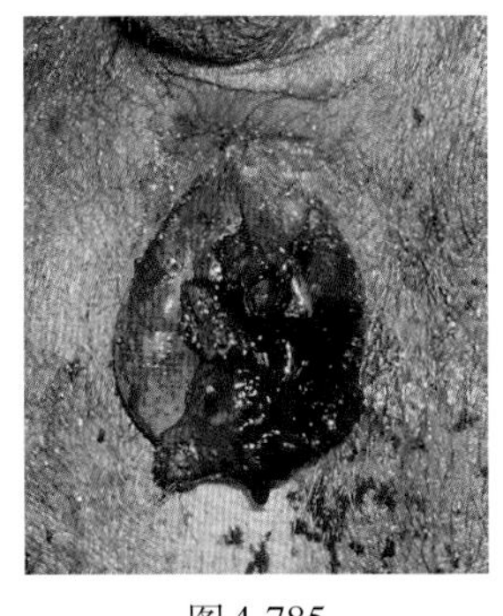
图4-785

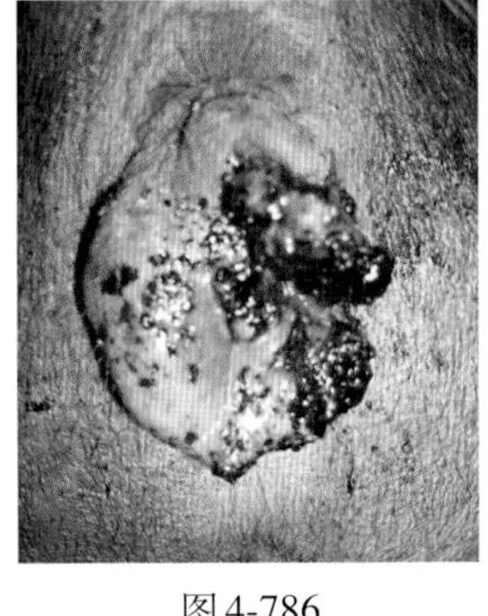
图4-786

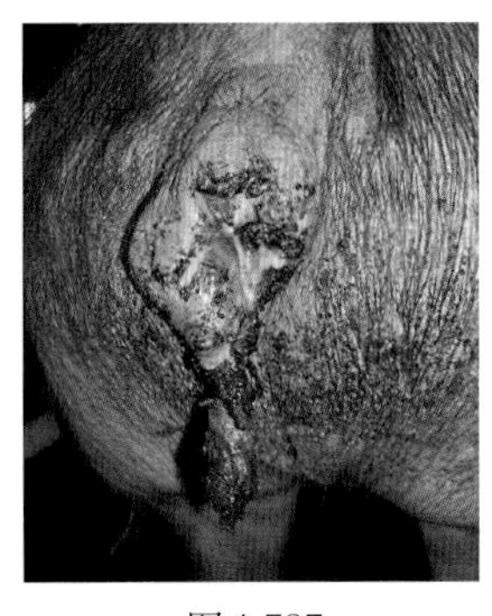
图4-787

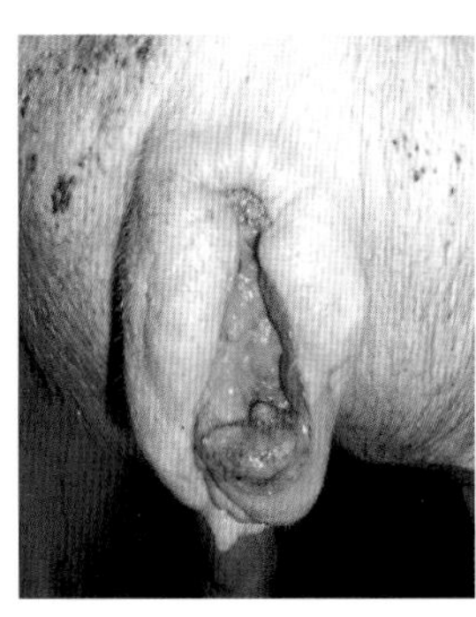
图4-788

母猪咬阴户的原因还不完全清楚，为什么都是经产、妊娠母猪咬阴户也待研究。

一个猪的阴户被咬出血，其他猪就会争相来咬它，咬阴户的猪只要吃着血腥味，就想去咬其他猪的阴户吸血。一旦发现母猪阴户被咬伤，要立即隔离，单独饲养，特别注重厩舍卫生，按外伤常规治疗，局部涂擦黄油苦参膏。

## 保育猪啃咬包皮

刚断奶的保育猪有一部分会啃咬包皮。主要原因是这些刚断奶的仔猪还在恋乳，就把小公猪的包皮误当做乳房和乳头去拱、啃、咬（图4-789、图4-790），造成被咬猪无法休息、采食，包皮周围乃

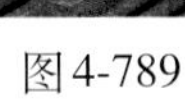
图4-789

图4-790

至大部分腹下被啃咬伤、肿胀、感染（图4-791至图4-794）。拱、咬其他猪的猪也不安心休息、采食。一群猪日渐变瘦，被咬伤、肿胀、感染的猪还会出现死亡。

要认真观察刚断奶的仔猪，留意有否啃咬包皮的情况出现，一旦发现就要把被拱、咬的猪和拱、咬其他猪的猪隔开，在饲料或饮水中添加抗应激药或多种维生素；另外，用来苏儿喷猪的包皮周围和口鼻。治疗可用青蒿（黑蒿）捣汁涂擦在猪的包皮周围和口鼻，这种植物很苦，还有消炎、杀虫的作用（图4-795至图4-797）。

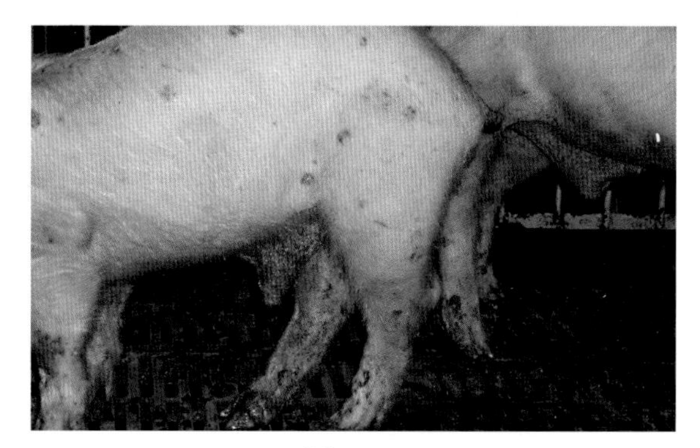

图4-791

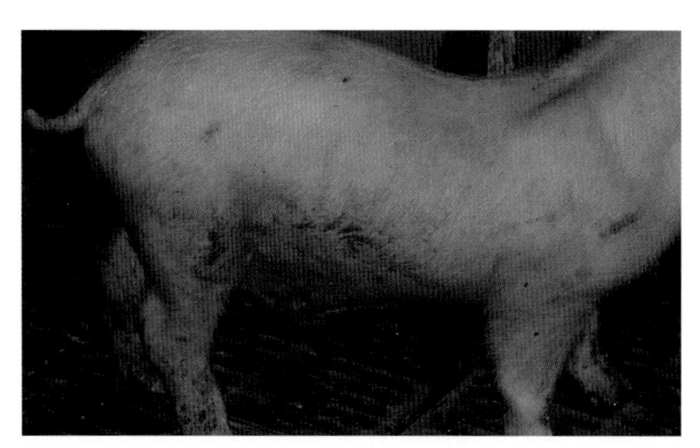

图4 792

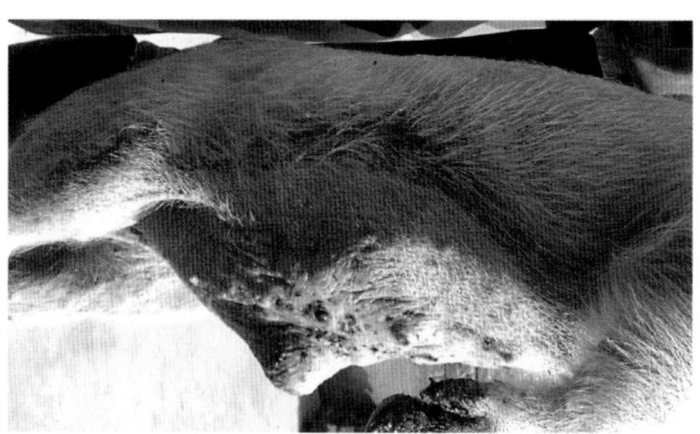

图4-793

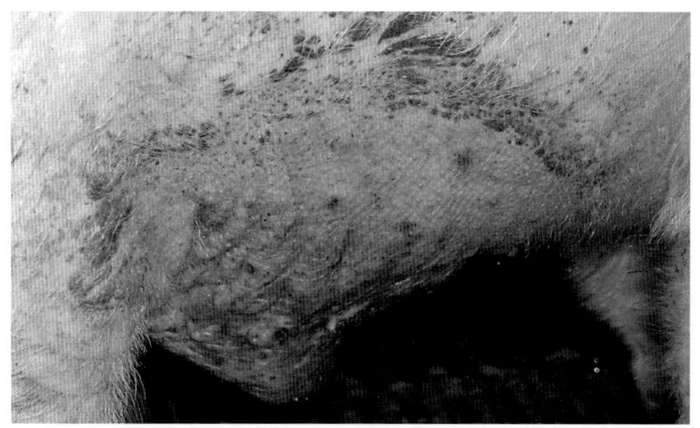

图4-794

图4-795

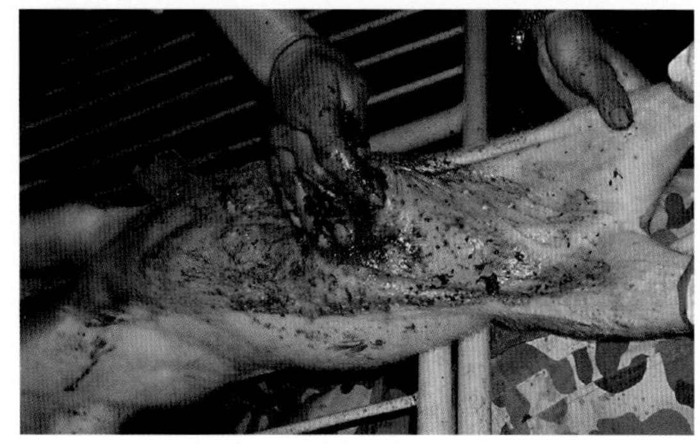

图4-796

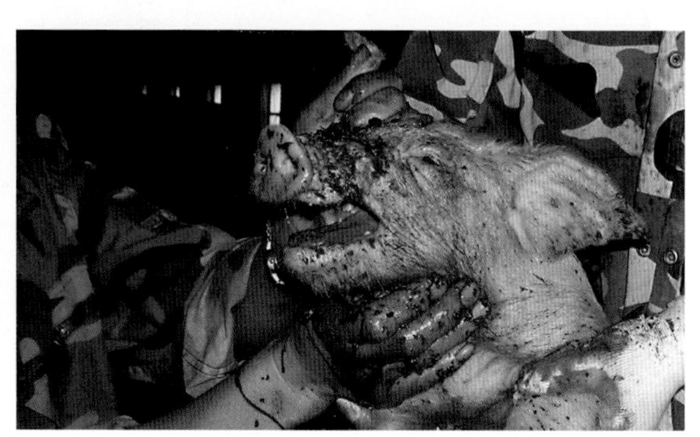

图4-797

## 猪 耳 坏 死

图4-798

猪耳坏死是1～10周龄仔猪发生的一种综合征，特征是耳出现双侧性或单侧性坏死。本病的发生主要是由于咬耳等耳部损伤后（图4-798），病原微生物感染造成耳坏死和溃疡（图4-799至图4-801）。最常见的病原有葡萄球菌、链球菌和螺旋体。本病的感染率很高，有时高达80%。病猪有时表现食欲不振、发热等症状，个别病例还会死亡。预防本病的发生主要是避免猪只打斗或咬耳，搞好厩舍卫生。治疗可用青霉素、阿莫西林等肌内注射，局部涂擦黄油苦参膏。

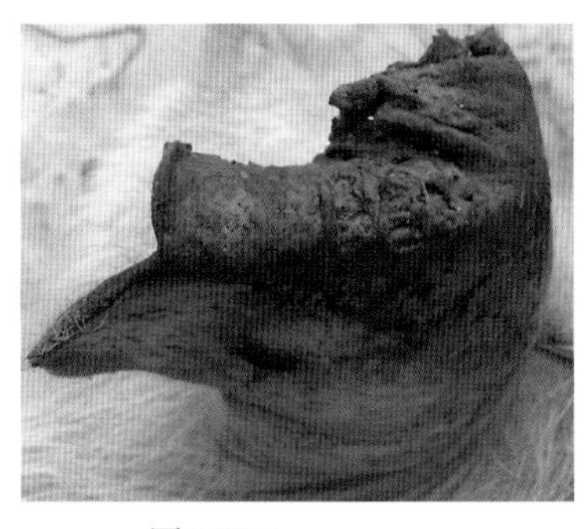
图4-799

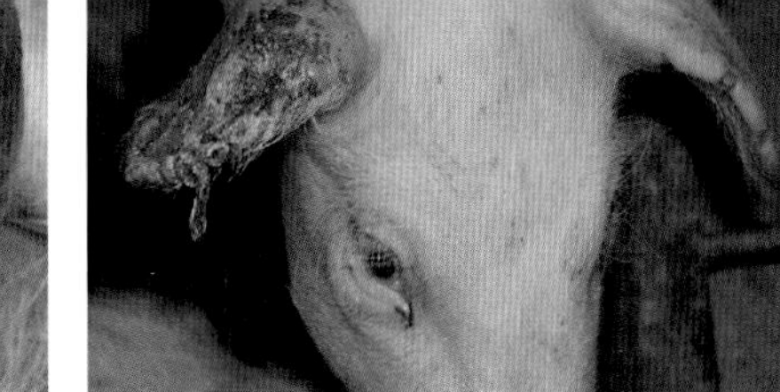
图4-800

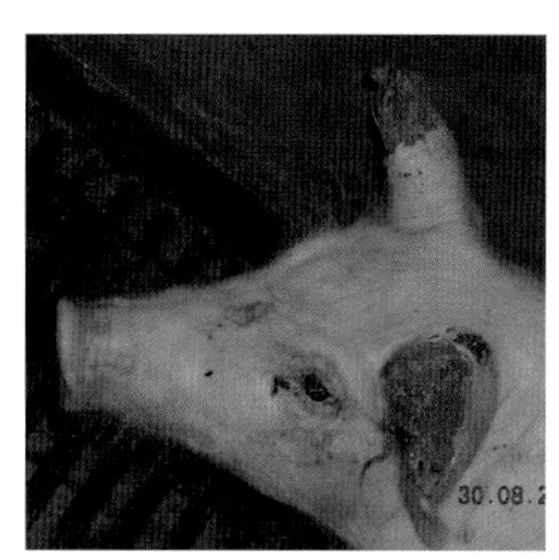

图4-801

## 猪直肠、阴道及子宫脱出

发生直肠脱出称脱肛（图4-802）、阴道脱出称脱阴（图4-803）、子宫脱出称脱宫（图4-804）。主要原因有：母猪怀孕期饲料营养不足，缺乏蛋白质和矿物质；母猪老龄，长期卧地，运动不足；便秘或长时间腹泻；母猪难产、过度努责，霉菌毒素中毒等。这三个症状有内在的联系，特别是阴道脱出和子宫脱出实际上就是一回事，发生阴道、子宫脱出的时候，有时也会伴发脱肛。出现这三个症状时，复位的方法也基本相同。

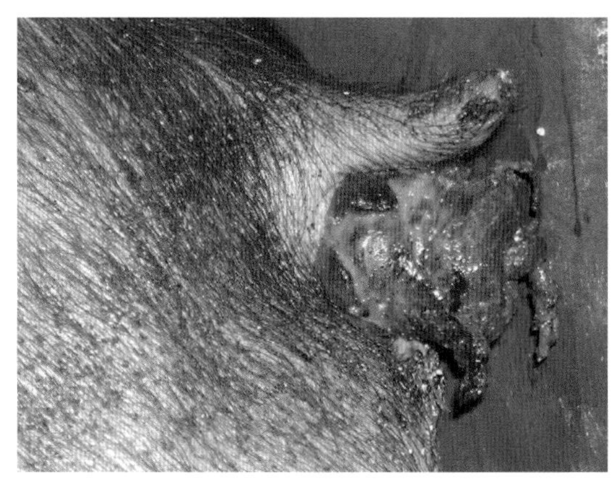
图4-802

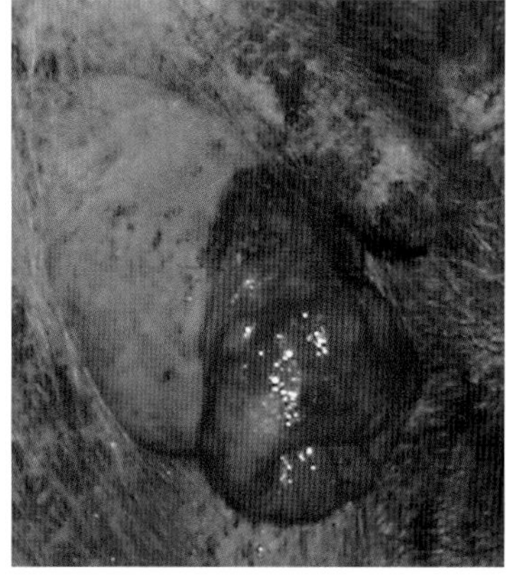
图4-803

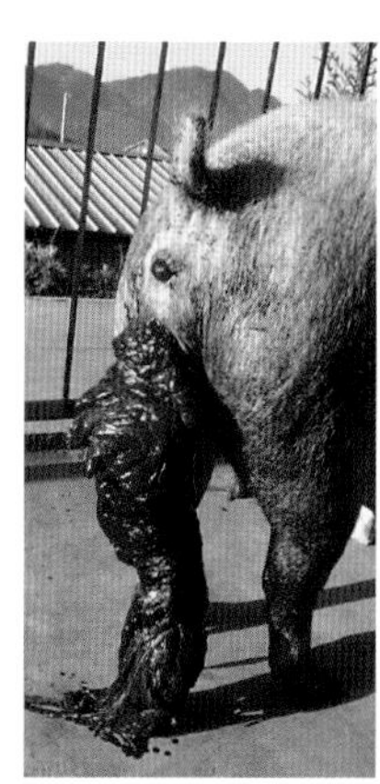
图4-804

复位阴道脱出、子宫脱出和脱肛的原则是越早越好，早发现、早复位。阴道脱出和脱肛刚发生、不全脱出时就要复位，复位操作如下：

（1）清洗消毒脱出的部分，可用0.1%高锰酸钾或0.1%新洁尔灭溶液冲洗。

（2）如果脱出部分已发生水肿，可用2%～3%明矾水冲洗（如果在夏天蚊蝇多时，可在明矾水中加适量花椒粉）后，再用细针尖散刺水肿部分，让其水肿液充分溢出，再用明矾水冲洗，除去水肿和坏死组织。

（3）整复脱出部分，用浸泡过消毒液的湿纱布，双手托住脱出部分，慢慢塞回阴门或肛门内。

（4）用75%酒精40ml左右，等分3点或4点注射于阴门或肛门周边皮下，注射部位会发生疼痛和肿胀，使猪不敢努责，肿胀能取到机械性的阻止脱出部分再脱出（图4-805）。

(5) 脱出部分复位后，要加强护理，喂食七分饱。

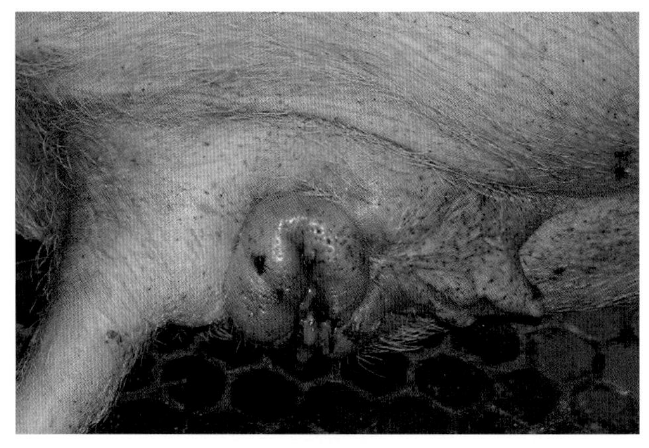

图4-805

## 种猪肢蹄病

蹄裂（图4-806、图4-807）是种公猪和种母猪经常发生的一种蹄病，往往造成种猪跛行，甚至使患肢残废，公猪不能配种，母猪怀孕期不堪重负而中途使胎儿夭折，使种猪失去生产能力而被迫淘汰，造成严重的损失，应该引起重视。

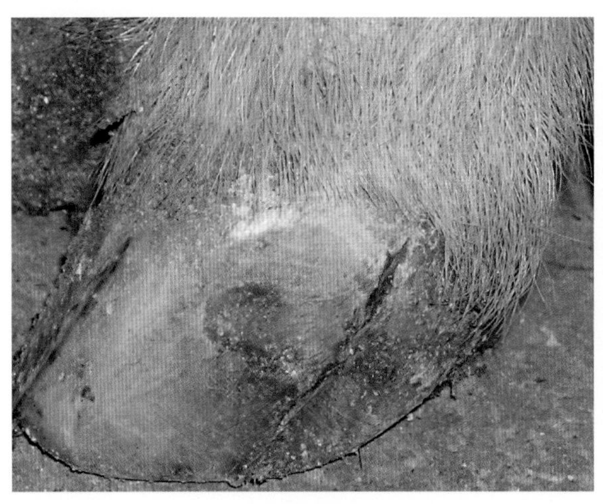

图4-806

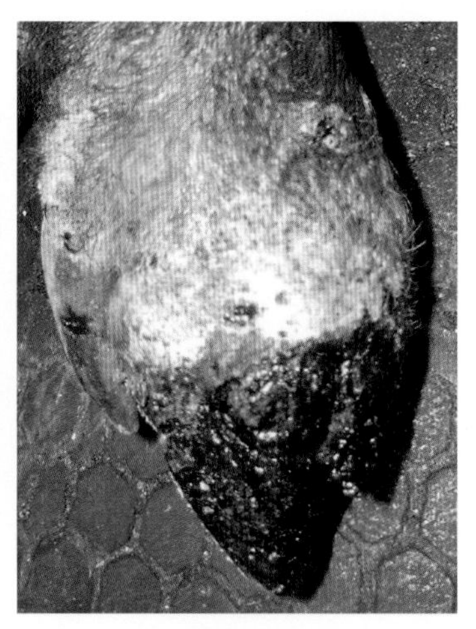

图4-807

造成蹄裂的原因是多方面的，有厩舍地面粗糙、不平损伤猪蹄；有品种（如长白猪）的蹄质差引起蹄裂；还有一个重要原因是日粮中缺乏生物素，生物素缺乏能引起猪蹄部病变，表现为蹄底青肿、糜烂、溃疡，蹄壳开裂。

蹄裂发生后首先要查找造成蹄裂的原因，加以排除，防止蹄裂的再发生。另外，就是精心护理、防止感染，让其尽快恢复。具体措施：

（1）加强猪只运动，锻炼猪的蹄甲和适应性。

（2）在饲料中添加各种维生素和生物素，用鸡蛋喂种公猪必须煮熟喂。

（3）改善饲养环境，栏舍地板既要防滑又不能太粗糙，坡度不要过大。

(4) 发生蹄裂时，可先用8%硫酸铜液浸泡蹄半小时左右，再用手术刀剔除蹄裂周围组织，然后用5%氯化铁溶液或松馏油1份、橄榄油9份混合后涂抹，每天一治，直至痊愈。把蹄裂猪放入清洁的猪栏内，单独饲养并精心护理。

## 猪的阉割创

猪阉割是开放性创伤，如果手术中消毒不严、手术后厩舍不清洁污染创口易造成感染，成为化脓性创伤。特别是不能种用的后备公猪和淘汰的大公猪阉割后常常出现感染、化脓，这是种猪场的麻烦事之一。

猪的阉割创感染表现为创口出血，创缘和创面肿胀、裂开（图4-808至图4-810），局部增温，创口不断流出脓血，创面溃烂、形成很厚的脓痂，体温升高。当创伤炎症逐渐消退后，创内出现新生肉芽组织，肉芽呈红色平整的颗粒状，表面附有少量灰白色的脓性物，结痂，创口愈合。

图4-808

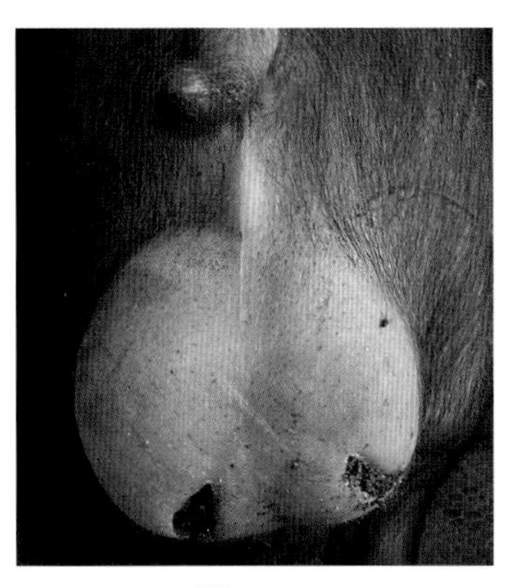

图4-809

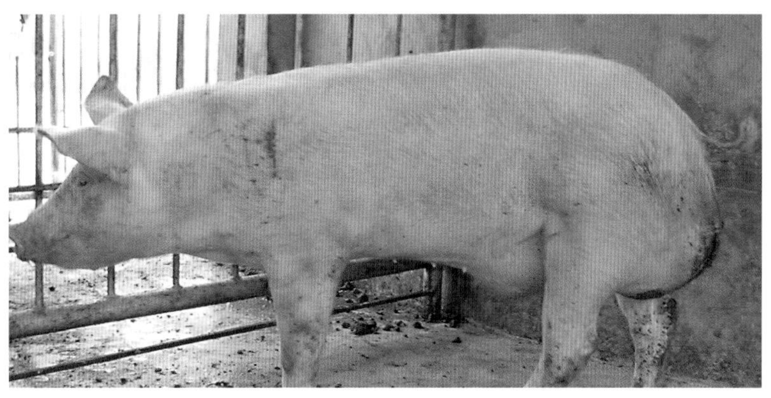

图4-810

为预防阉割创感染，术部必须严格消毒，阉割大公猪时，要先用穿线结扎总鞘膜、精索及血管，然后才除去睾丸。用5%碘酊涂擦阴囊内壁，再撒入青霉素、阿莫西林或碘仿磺胺粉（1:9）防止感染。阉割后的猪要放入清洁卫生的猪舍内，并勤扫粪尿、污物和消毒，避免感染。一旦感染，要做好清创、排脓，体温升高者注射抗生素，使创口早日愈合。

## 白毛及白皮猪皮肤日光灼伤

白毛、白皮或红毛、红皮猪较长时间地在阳光下晒，紫外线可以灼伤皮肤。这是饲养白色瘦肉猪和红色肉猪，如长白猪、约克夏猪、杜洛克猪及其杂交后代时常发生的，特别是有运动场的猪舍（图4-811）。

在阳光下时间不太长，被灼伤的猪，先是全身皮肤发红，接着有皮屑产生，这为轻度灼伤（图4-812至图4-815）；在阳光下时间太长，特别是夏天中午，很快就把猪灼伤，先是全身皮肤发红、发紫，猪十分不安，频频走动，找水喝、找遮阳的地方站，不吃食，这是皮肤受到严重灼伤。几个小时以后，皮肤上出现水泡，水泡很快破溃、出血。如受到感染，皮肤化脓、坏死、龟裂、结痂，患猪发热，体温升高（图4-816至图4-822），引起全身性损伤，危及猪的生命。

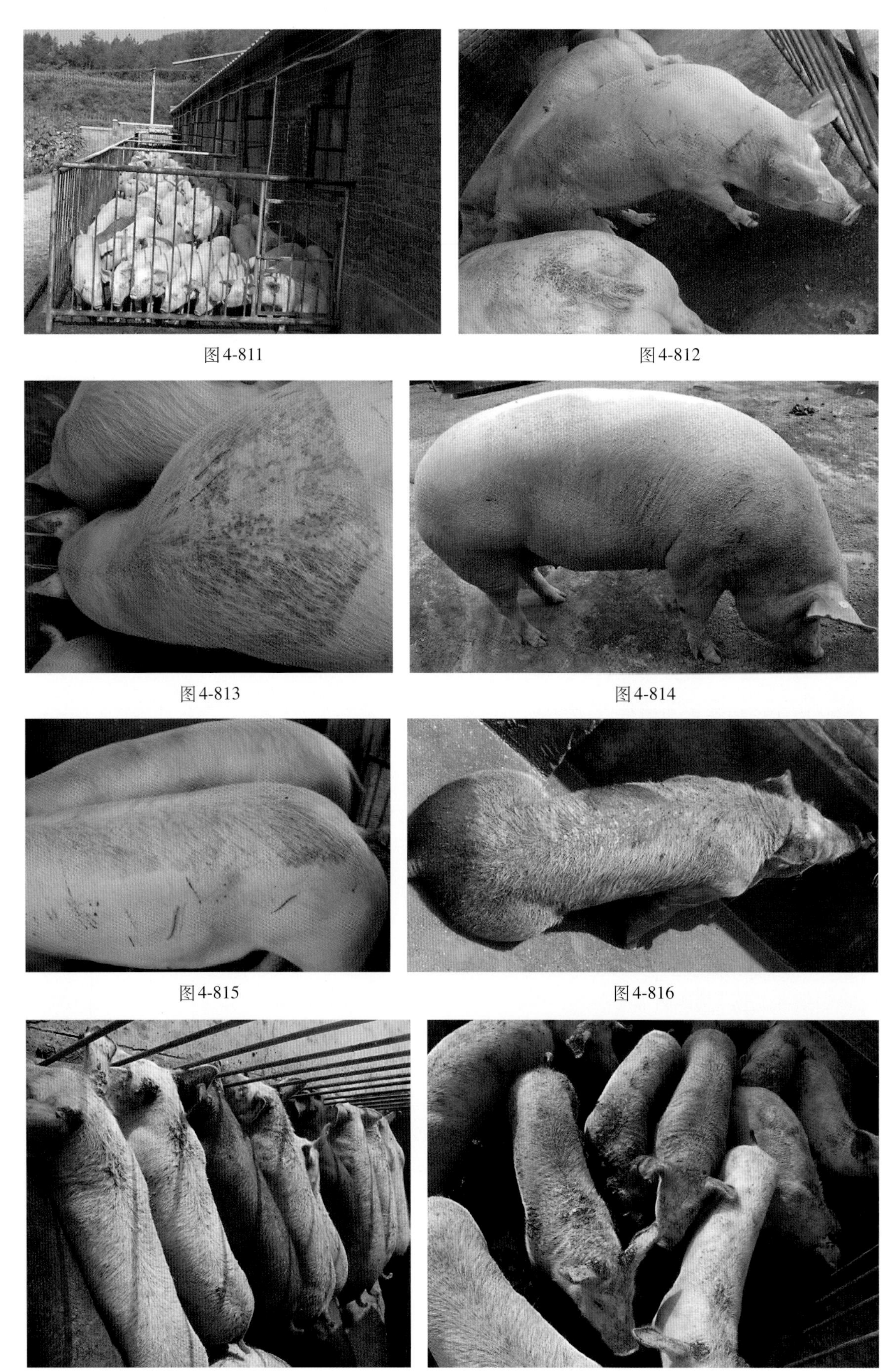

图4-811

图4-812

图4-813

图4-814

图4-815

图4-816

图4-817

图4-818

图4-819

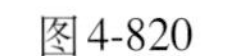
图4-820

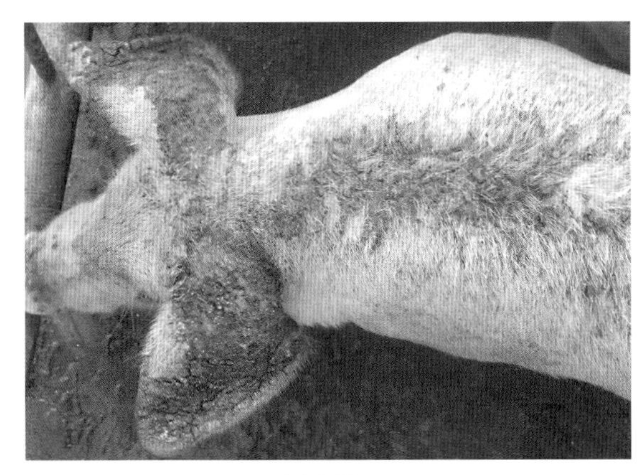

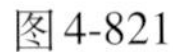
图4-821

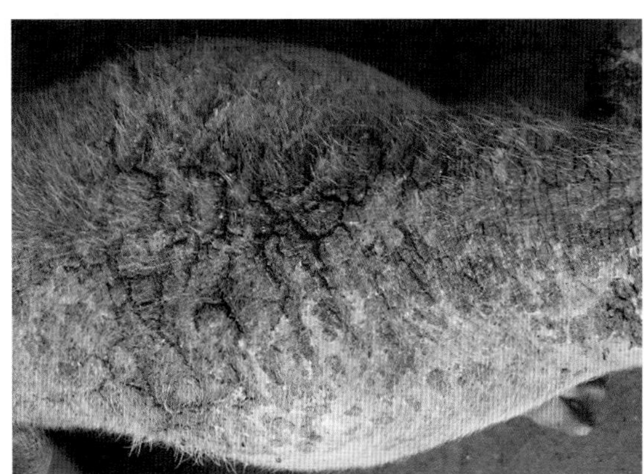

图4-822

猪皮肤灼伤后如能立即把猪只赶到阴凉的地方，脱离阳光照射，给皮肤降温、消炎，防止感染，护肤。受伤的皮肤慢慢恢复，痂皮脱落后长出新皮（图4-823、图4-824）。

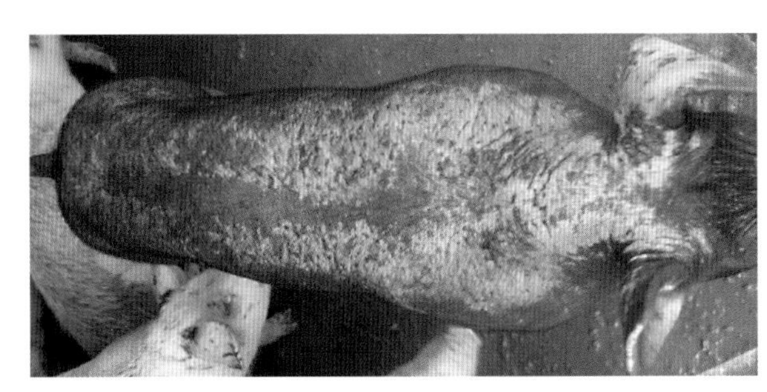

图4-823

图4-824

为了防止日光灼伤猪皮肤，在夏天、特别是中午不要将白毛猪和红毛猪放在日光下直接晒。冬天早晚可以晒一下，但时间不能过长，猪的运动场最好搭遮阳网。

## 猪蜂窝织炎

蜂窝织炎是指发生在皮下或肌间等处的疏松结缔组织的一种急性弥漫性蜂窝织炎，可由皮肤擦伤或软组织损伤感染而引起，也可由局部化脓病灶扩散或通过淋巴、血液转移。最常见的致病菌是链球菌、葡萄球菌。蜂窝织炎常发部位是皮下、黏膜下、筋膜下、软骨周围、腹膜下及食管、气管周围。在瘦肉型猪中又以保育猪耳部常发生蜂窝织炎，发病率可达3%。病猪一耳、少数两耳的血管破裂，皮下出现血肿，由根部向耳尖发展，臌起、疱肿（图4-825、图4-826），切开或用针头穿刺流出淡血水。此时有两种转归，多数血被机体吸收，炎症消退，结缔组织增生，肿胀部位皱缩，缩成囊状、饺子样、鸡冠样或桶样（图4-827、图4-828）。少数感染严重者整个耳坏死（图4-829）。

部分猪的肩部也会发生蜂窝织炎（图4-830）。

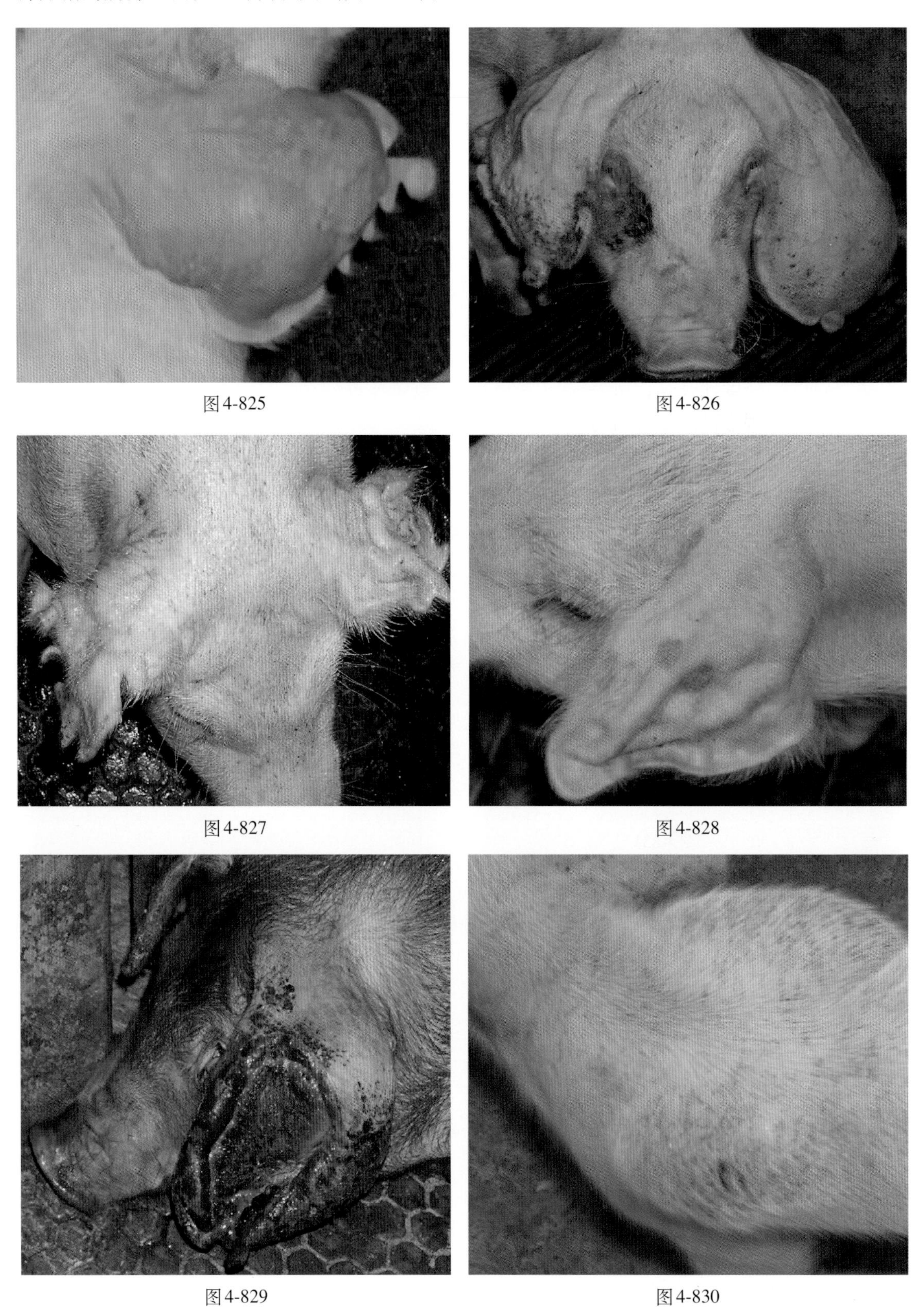

图4-825

图4-826

图4-827

图4-828

图4-829

图4-830

猪发生蜂窝织炎后，刚开始还硬时不要着急处理，待肿胀部位发软、有波动感时再处理。消毒皮肤后，在肿胀部位的下方切开，把炎性渗出液挤出，用0.1%高锰酸钾液冲洗，再用生理盐水冲洗后塞入适量青霉素或阿莫西林即可，开创处不必缝合。防止蜂窝织炎的发生，一是要搞好猪舍环境卫生，二是防止猪的皮肤、特别是耳部皮肤损伤。

## 猪 腹 膜 炎

猪腹膜炎常发生于母猪阉割和疝整复等手术后感染，也可继发于胃肠炎、泌尿生殖道感染、寄生虫幼虫侵袭、猪瘟、仔猪副伤寒等疾病之后。因此，猪腹膜炎是一个常见症候群。

猪腹膜炎分急性和慢性两种：

急性腹膜炎病猪体温升高，采食量减少，口渴多饮，喜卧躺，并表现回头看腹等腹痛症状；严重时不食，腹泻，腹下半部增大下垂。在这种情况下如患猪受惊、剧烈运动时，或腹部、特别是脐部受到外力作用时，炎症严重的腹膜及腹壁很容易破裂，肠道从破口脱出，当肠管破裂、大出血时，患猪常常死亡（图4-831）。

慢性腹膜炎病程缓慢，多为局部腹膜发炎，一般情况下食欲、体温、呼吸均正常。当炎症范围扩大时，体温短时、轻度地升高，患部结缔组织增生、腹膜增厚，腹膜与附近器官发生粘连。图4-832中猪患慢性腹膜炎造成肠与肝广泛粘连；图4-833、图4-834是一头小母猪阉割后感染化脓，并发生腹膜炎。

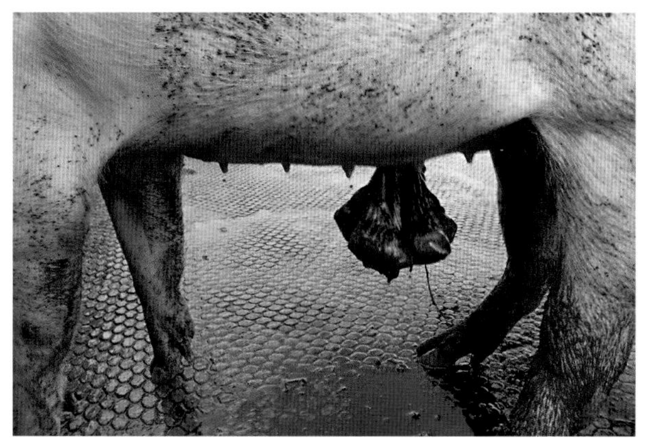

图4-831

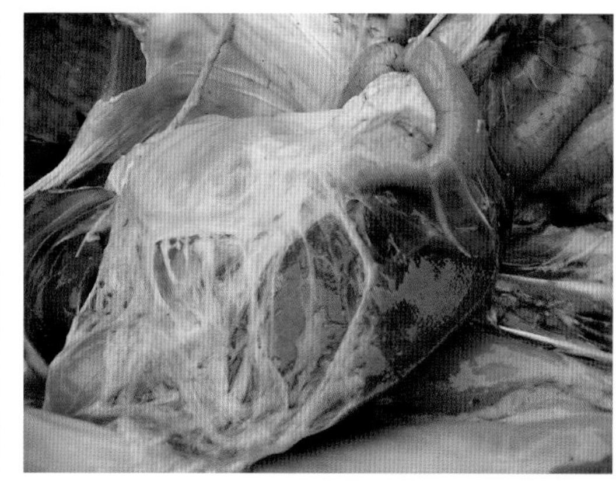

图4-832

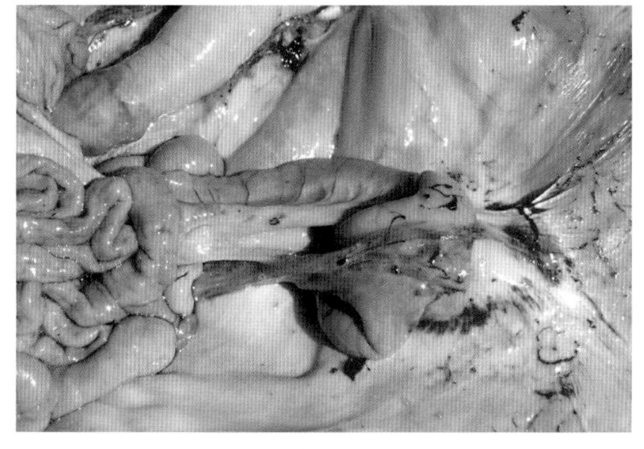

图4-833

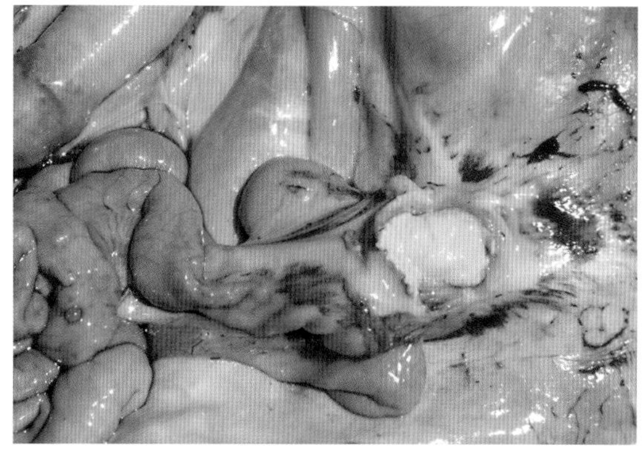

图4-834

预防腹膜炎要加强防疫及饲养管理，增强猪体抗病力；要特别注意阉割等腹腔手术及接产过程中的消毒卫生，防止感染；要做好饮水与青饲料的经常性清洁卫生，防止寄生虫侵袭等引发腹膜炎。

治疗腹膜炎的原则是抗菌消炎、止痛利水、清便制酵。炎症严重、体温高时使用青霉素、链霉素、磺胺等药物，出现腹痛症状时用阿托品2～3mg或颠茄酊1～2ml（肠臌气时禁用），大便秘结时用硫酸钠30g或植物油100mg，肠臌气时内服鱼石脂1～5g。

## 猪 肠 扭 转

肠管本身发生扭转称为肠扭转。成年猪、尤其是母猪多发，扭转部位常发生于结肠、盲肠和空肠，结肠扭转可在生长猪中散发。饲料过度发酵、酸败或饲料冰冷都能刺激肠管发生扭转。

肠扭转的一般过程是：当一段肠管剧烈蠕动，另一段肠管弛缓而充满食物，充实的肠段系膜就会拉紧，当前段肠管内食物迅速后移，或在猪体突然跳动、翻转等动力作用下，肠管即有可能发生扭转。肠扭转过程中患猪一般不表现临床症状，肠扭转后患猪出现疼痛、不安、频频起卧、争扎、在地上滚动，（图4-835、图4-836）并出现呼吸困难等症状。造成肠严重瘀血、出血、移位，致使猪只死亡。

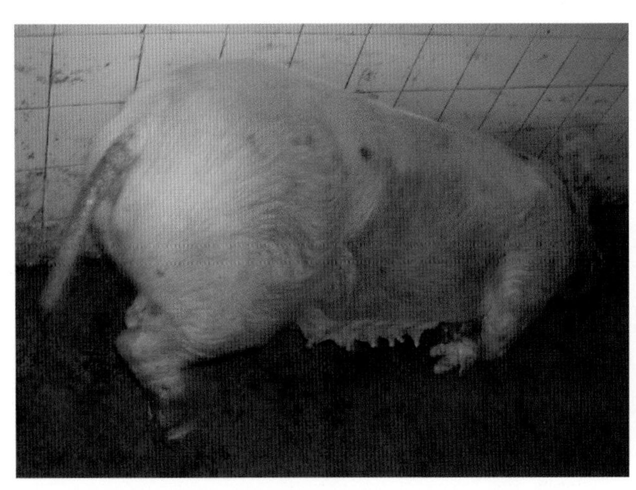

图4-835

图4-836

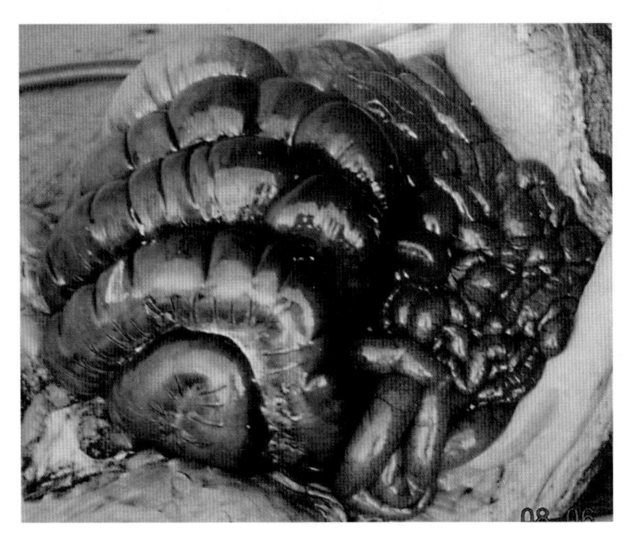

剖检时结肠、盲肠内容物呈血样，黏膜严重出血、呈污黑色、坏死，其他肠段也出血，结肠旋绊顺时针方向发生扭转（图4-837）。

加强饲养管理，防止饲料发霉、酸败，冬天不要喂冰冷饲料是防止猪肠扭转的有效方法。

图4-837

## 猪 肠 套 叠

一段肠管套入邻近的肠管内称为肠套叠（图4-838）。本病多发生于断奶后的仔猪。肠套叠发生的一般原因是：仔猪在饥饿或半饥饿时，肠管长时间处于弛缓和空虚状态，一旦食物由胃进入肠腔内时，前段肠管的肌肉伴随食物急剧蠕动，套入相接的后段的肠腔中。

肠套叠的临床症状是：患猪突然发病，表现剧烈腹痛，鸣叫，倒地、卧立不安、四肢划动，跪地爬行或翻滚；有的腹部收缩，背腰拱起。肠套叠初期患猪频频排粪，后期则停止排粪。体温一般不高，结膜充血，心跳加快，呼吸增数。十二指肠套叠时，常常发生呕吐。肠套叠的发生多数预后不良，因此，对仔猪要加强饲养管理，定时喂料，不要让其过分饥饿，也不要让其猛吃、猛喝，更不能喂给有刺激性的饲料，防止肠套叠发生。一旦发生，很多资料都说：可早期确诊、施行手术，但除非用B超诊断，否则很难做到早期诊断，肠套叠时间一长就会造成肠血液流通受阻，肠黏膜瘀血、出血、发炎、坏死，危及猪的生命（图4-839）。

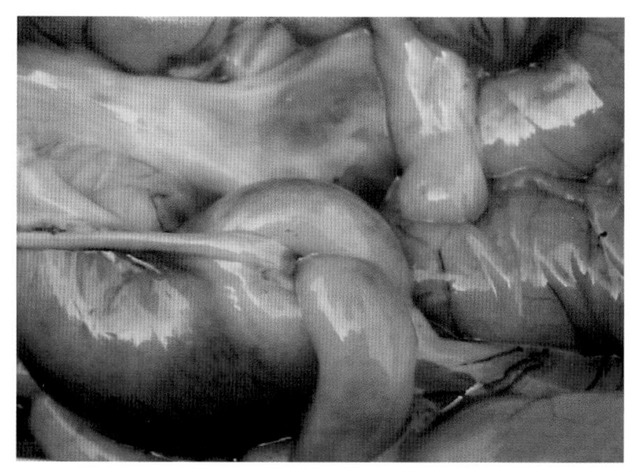

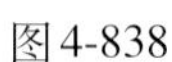

图4-838

图4-839

## 磺胺类药物中毒及残留

70多年来，世界上合成的磺胺类药物已超过3 000种，在我国常用的有10多种，广泛应用于人畜疫病的治疗上，发挥着抗菌作用。

但目前不少地方、不少人存在乱用、滥用磺胺类药物预防、治疗猪病，产生中毒及残留，造成对人体的危害。磺胺类药物中毒以仔猪最为常见，临床上病猪精神不振，食欲减少或不食，体温正常或略高，背毛粗乱，皮肤部分呈紫红色。有的病猪腹泻、排出灰黄色稀粪，痉挛，后肢无力。本病最突出的症状是后肢无力、跛行或拖拉着后肢行走，重者卧地不起。

剖检病死猪时常见皮下有少量淡黄色液体，皮下与骨骼肌有不同程度出血斑；淋巴结肿大、呈暗红色，切面多汁；肾肿大、呈淡黄色，肾盂和肾乳头中有大量磺胺类药物结晶（图4-840、图4-841）。一个猪场的保育猪大剂量、长时间使用磺胺类药物，剖检死猪时摄下以上两张肾切面照片。这是因为磺胺类药物的对位氨基中的一个氢原子为乙酰基所取代而成为乙酰化合物，乙酰化合物在酸性尿中难于溶解，不易从尿中排泄而残留在体内。因此，在应用磺胺类药物时，应给予碳酸氢钠使尿呈碱性，否则容易引起肾结石或尿道堵塞和磺胺类药在动物机体中残留。

当猪疑似或诊断为磺胺类药物中毒时，应立即停用该类药物；同时投服碳酸氢钠，使尿呈碱性，提高磺胺类药物的溶解速度；给猪大量饮水，使其尿量增多，以降低尿中磺胺类药物的浓度，加速排出，以防形成结晶。

图4-840

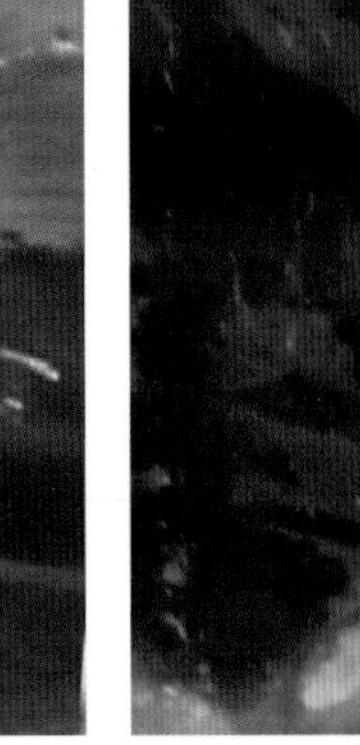

图2-841

## 十二、抗生素应用概要

抗生素是指能抑制或杀灭细菌，用于预防和治疗细菌性感染的药物。在目前或今后一段较长的时间内，抗生素用于预防和治疗猪病是必要的，目前尚无任何可靠的替代品。

猪体受病原微生物感染和使用抗生素治疗时都可以产生内毒素，内毒素可以引起猪休克。使用抗生素治疗猪病时可能会导致内毒素大量产生，不同抗生素类对内毒素释放的影响有较大差异。一般认为大环内酯类药物对内毒素影响较弱，而大剂量的青霉素或β-内酰胺类药物则产生内毒素的作用很强。植物成分药有抗内毒素的作用，如清开灵和双黄连制剂就有很好的抗内毒素作用。对肠道内的内毒素有抑制作用的中药有黄芪、大黄、茵陈、甘草等。为了抵抗内毒素，应用青霉素类及头孢类药物进行猪病治疗时可与清开灵配合使用。

猪体有限的发热或被动性体温升高，是机体生理系统包括免疫系统的正常防御反应，因此，不要猪的体温一升高就立即使用退热药或抗生素。猪的体温在40.5℃以下不要立即退热。一般主张：猪体温在39.0～40.0℃时不用药物退热，40.0～41.0℃时可用物理方法或中药退热，41.0℃以上才使用相应的药物进行针对性治疗。

### （一）抗生素的分类

目前兽用抗生素主要使用品种可分为12类：

1．β－内酰胺类　包括青霉素、苄星青霉素、氨苄西林、阿莫西林、海他西林、头孢噻呋和头孢喹肟等。

2．氨基糖苷类　包括链霉素、卡那霉素、庆大霉素、壮观霉素、新霉素、安普霉素、潮霉素B和越霉素A等。

3．四环素类　包括土霉素、金霉素、四环素和多西环素等。

4．大环内酯类　包括红霉素、吉他霉素、螺旋霉素、竹桃霉素、泰乐菌素、替米考星、泰万菌素和泰拉菌素等。

5．苯酰胺醇类　包括甲砜霉素和氟苯尼考等。

6．氟喹诺酮类　包括环丙沙星、恩诺沙星、沙拉沙星、二氟沙星、丹诺沙星和马波沙星等。

7．磺胺类　包括磺胺二甲嘧啶、磺胺嘧啶、磺胺噻唑、磺胺喹噁啉、磺胺氯吡嗪、磺胺氯哒嗪、磺胺对甲氧嘧啶、磺胺二甲氧嘧啶和磺胺间甲氧嘧啶等。

8．林可胺类　主要为林可霉素。

9．多肽类　包括杆菌肽、黏菌素、那西肽、维吉尼亚霉素、恩拉霉素和黄霉素等。

10. 截短侧耳类 包括泰妙菌素和沃尼妙林等。

11. 硝基咪唑类 包括甲硝唑和地美硝唑等。

12. 喹恶啉类 包括乙酰甲喹、喹乙醇和喹烯酮等。

## （二）抗菌药的临床联合应用

抗菌药的联合应用在理论上有很多推测、解释和观点，但应以临床实践中的实证事实为主要依据。

### 1. β－内酰胺类

（1）β-内酰胺类药物与β-内酰胺酶抑制剂如克拉维酸、舒巴坦等合用有较好的抑酶保护和增效作用。如克拉维酸、舒巴坦常与氨苄西林或阿莫西林组成复方制剂用于治疗畜禽消化道、呼吸道或泌尿道感染。

（2）与丙磺舒合用有药效增强作用。与氨基糖苷类呈协同作用，但剂量应基本平衡。

（3）治疗脑膜炎时，可用青霉素或头孢类与磺胺嘧啶注射给药。

（4）阿莫西林和复方阿莫西林对链球菌、葡萄球菌、副猪嗜血杆菌、胸膜肺炎放线杆菌、巴氏杆菌、大肠杆菌等有效。

（5）头孢塞呋和头孢喹肟对胸膜肺炎放线杆菌、巴氏杆菌、副猪嗜血杆菌、大肠杆菌有效，亦可用于细菌性肠炎、子宫炎、乳房炎和渗出性皮炎。

### 2. 氨基苷类

（1）氨基糖苷类药物与β-内酰胺类配伍有较好的协同作用。

（2）TMP可增强氨基糖苷类的作用，如庆大霉素与TMP合用可增强对各种革兰氏阳性杆菌的作用。

（3）氨基糖苷类可与多黏菌素类合用。

（4）氨基糖苷类同类药物不可联合应用，以免增强毒性。

（5）链霉素与四环素合用，能增强对布氏杆菌的治疗作用。

（6）链霉素与红霉素合用，对猪链球菌病有较好的疗效。

（7）庆大霉素（或卡那霉素）可与喹诺酮类药物合用。

（8）硫酸新霉素一般口服给药，与DVD配伍比TMP更好一些，与阿托品类配伍应用于仔猪腹泻。

### 3. 四环素类

（1）四环素类药物与泰妙菌素、泰乐菌素配伍用于胃肠道和呼吸道感染有协同作用，可降低使用浓度，缩短治疗时间。

（2）适量硫酸钠（1.25 ：1）与四环素类同时给药，有利于药物吸收。

（3）碱性物质如Al（OH）3、NaHCO3以及含钙、镁、铝、锌、铁等金属离子的药物或含多价离子的全价饲料可能阻滞四环素类药物的吸收。

（4）泰妙菌素和沃尼妙林对支原体、内劳森氏菌、放线菌痢疾、螺旋体等有作用。随着有机砷在饲料中的使用减少，以上病原微生物感染会更突出。

（5）多西环素对布氏杆菌、弯杆菌、立克次体、附红细胞体等有效。多西环素和许多药都可配合使用。

### 4. 大环内酯类

（1）大环内脂类药物与磺胺类合用可用于治疗呼吸道感染。

（2）泰乐菌素、替米考星、泰万菌素对支原体、巴氏杆菌、链球菌、波氏杆菌、螺旋体、内劳森氏菌等有作用，对蓝耳病病毒和部分病毒有间接作用，有抗炎和抗氧化作用，能减轻内脏的急性损伤程度。替米考星对治疗蓝耳病有效。

### 5. 苯酰胺醇类

（1）苯酰胺醇类药物与四环素类（四环素、土霉素、多西霉素）用于呼吸道病混合感染。

（2）氟苯尼考对衣原体、立克次体、钩端螺旋体有效。该药在肺的分布浓度高，治疗肺部感染效果好，但对支原体效果不好。

6．氟喹诺酮类

（1）氟喹诺酮类药物与青霉素类、氨基糖苷类及TMP在治疗特定细菌感染方面有协同作用，如环丙沙星+氨苄青霉素对金黄色葡萄球菌表现相加作用，而对大肠杆菌、鸡白痢沙门氏菌、禽多杀性巴氏杆菌均表现无关作用。

（2）环丙沙星+TMP对金黄色葡萄球菌、链球菌、禽大肠杆菌、鸡白痢沙门氏菌有协同作用，对猪大肠杆菌、禽大肠杆菌O78、鸡败血支原体有相加作用。

（3）氟喹诺酮类药物与利福平、氯霉素类、大环内酯类（如红霉素）、硝基呋喃类合用有拮抗作用。

（4）氟喹诺酮类药物与四环素类药物可配伍应用，如恩诺沙星与多西环素的复方制剂可有效防治包括呼吸道疾病在内的混合感染。

（5）氟喹诺酮类+林可霉素可用于治疗鸡支原体合并大肠杆菌感染或其他原因引起的呼吸道病继发肠道感染而导致严重的卵巢炎、输卵管炎及卵巢性腹膜炎。

（6）氟喹诺酮类药物也可与磺胺类药物配伍应用，如环丙沙星与磺胺二甲嘧啶合用对大肠杆菌和金黄色葡萄球菌有相加作用。

（7）含铝、镁的抗酸剂及金属离子对氟喹诺酮类药物的吸收有影响，给药期间饲喂全价饲料可干扰本品的吸收。

（8）给仔猪注射恩诺沙星易产生强应激。

7．磺胺类

（1）磺胺类药物与抗菌增效剂（TMP或DVD）合用有协同作用。

（2）碱性电解质可减少磺胺类药物在肾脏中的析淀。

（3）磺胺间甲氧嘧啶、磺胺嘧啶、磺胺氯达嗪对链球菌、巴氏杆菌、波氏杆菌、脑膜炎奈瑟菌、弓形虫、球虫、大肠杆菌、沙门氏菌等有效。磺胺药是治疗弓形虫病的首选药。治疗萎缩性鼻炎，可使用磺胺类与大环内酯类联合用药。

8．林可霉素

（1）林可霉素与四环素或氟喹诺酮配合应用于治疗合并感染。

（2）林可霉素与壮观霉素合用可治疗鸡慢性呼吸道病。有效供给口服补液盐和适量维生素可减少本品的副作用，提高疗效。

（3）林可霉素可与新霉素、恩诺沙星合用。

（4）林可霉素对链球菌、葡萄球菌、肺炎球菌、支原体、痢疾螺旋体和部分厌氧菌有效，在生殖道、关节、肺分布多，治疗猪喘气病有效。

（5）大观霉素+林可霉素对40日龄以前仔猪效果明显。

9．多黏菌素　与磺胺类药物、四环素类、氨基糖苷类、喹诺酮类合用可增强对大部分敏感菌的抗菌作用。

10．硝基咪唑　主要作用于厌氧菌和某些原虫如球虫、滴虫等。用于治疗厌氧菌感染时，可与林可霉素联合使用；用于球虫时，应与磺胺药配伍使用；用于滴虫时，可单独使用。

11．乙酰甲喹　主要用于肠道大肠杆菌、沙门氏菌、密螺旋体和内劳森氏菌相关疾病的治疗。可与喹诺酮类、四环素类、泰妙菌素或沃尼妙林以及阿散酸配伍，但应注意剂量控制。